普通高等教育“十一五”国家级规划教材
全国水利水电高职教研会推荐教材

水　电　站

（第2版）

主　编　袁俊森
副主编　刘进宝　杨慧丽　汤能见
　　　　陶永霞　王红霞　邢广彦
主　审　杨邦柱　吴伟民

黄河水利出版社
·郑州·

内 容 提 要

本书是普通高等教育"十一五"国家级规划教材，是按照国家对高职高专人才培养的规格要求及高职高专教学特点编写完成的。本书共分十二章，对水轮机的类型、构造、选型计算及水电站建筑物的布置设计进行了全面系统的介绍，包括水轮机和水电站建筑物及水电站厂房施工三部分。水轮机部分主要包括水轮机类型与构造、能量损失及汽蚀、特性曲线与选型、调速设备等内容；水电站建筑物部分主要包括进水和引水建筑物布置、水电站压力水管、水电站水击与调压室、水电站厂房厂区布置设计等内容；水电站厂房施工部分主要包括水电站厂房施工程序和一、二期混凝土的施工方法等内容。

本书为高职高专院校水利水电建筑工程专业的教材，并可作为有关专业的教学参考书，还可供相关工程技术人员阅读参考。

图书在版编目(CIP)数据

水电站/袁俊森主编. —2 版. —郑州：黄河水利出版社，2010.4 (2014.5 重印)

普通高等教育"十一五"国家级规划教材

ISBN 978-7-80734-774-3

Ⅰ.①水… Ⅱ.①袁… Ⅲ.①水力发电站-高等学校-教材 Ⅳ.①TV7

中国版本图书馆 CIP 数据核字(2010)第 000660 号

组稿编辑：王路平 电话：0371 66022212 E-mail：hhslwlp@163.com

出 版 社：黄河水利出版社

地址：河南省郑州市顺河路黄委会综合楼 14 层 邮政编码：450003

发行单位：黄河水利出版社

发行部电话：0371-66026940、66020550、66028024、66022620(传真)

E-mail：hhslcbs@126.com

承印单位：黄河水利委员会印刷厂

开本：787 mm×1 092 mm 1/16

印张：17.5

字数：400 千字

印数：19 001—21 000

版次：2002 年 7 月第 1 版

2010 年 4 月第 2 版

2012 年 6 月修订

印次：2014 年 5 月第 6 次印刷

定价：38.00 元

再版前言

本书是普通高等教育“十一五”国家级规划教材，是根据《国务院关于大力发展职业教育的决定》、教育部《关于全面提高高等职业教育教学质量的若干意见》等文件精神，以及教育部对普通高等教育“十一五”国家级规划教材建设的具体要求组织编写的。

全书共十二章，对水轮机的类型、构造、选型计算及水电站建筑物的布置设计进行了全面系统的介绍，包括水轮机和水电站建筑物及水电站厂房施工三部分。水轮机部分主要包括水轮机类型与构造、水轮机能量损失及汽蚀、水轮机特性曲线与选型、水轮机调速设备等内容；水电站建筑物部分主要包括进水和引水建筑物布置、水电站压力水管、水电站水击与调压室、水电站厂房厂区布置设计等内容；水电站厂房施工部分主要包括水电站厂房施工程序和一、二期混凝土的施工方法等内容。此外，为了便于学生在教学实训活动中查询资料，在附录中编录了部分实训参考资料。

本书在编写过程中，编者对水电工程设计和施工单位生产一线技术人员进行了广泛调查和研讨，针对高等职业技术教育特点，力求深入浅出，概念准确，文字通俗易懂，便于自学，密切联系工程实际，重点突出高职高专专业教学的工学结合特色，打破知识系统性，注重学生实践应用能力的培养。

本书编写人员及编写分工如下：黄河水利职业技术学院袁俊森（第一章、第十章的第四节、附录）；黄河水利职业技术学院陶永霞（第二章）；华北水利水电学院水利职业学院杨慧丽（第三章）；黄河水利职业技术学院曹明伟（第四章的第一节～第四节）；山西水利职业技术学院王红霞（第五章）；黄河水利职业技术学院邢广彦（第六章、第四章的第五节）；黄河水利职业技术学院万晓丹（第七章）；浙江同济科技职业学院刘进宝（第八章）；黑龙江农垦农业职业技术学院靳鹏（第九章）；福建水利电力职业技术学院李雪娇（第十章的第一节～第三节）；杨凌职业技术学院万亮婷（第十一章）；长江工程职业技术学院汤能见（第十二章）。

全书由袁俊森担任主编并统稿，由刘进宝、杨慧丽、汤能见、陶永霞、王红霞、邢广彦担任副主编，由黄河水利职业技术学院杨邦柱和福建水利电力职业技术学院吴伟民担任主审。

本书在编写过程中，得到了有关院校领导、水电工程设计和施工单位生产一线技术人员的热情帮助与大力支持，参考与引用了有关文献、资料的部分内容，在此一并表示感谢。

由于编者水平有限，不足之处在所难免，恳请广大读者对本书存在的缺点及错误提出批评和指正意见。

编　者

2009 年 7 月

目　录

第一章 绪 论

能源是国民经济重要的基础资源，是人类生产和生活必需的基本物质保障，是社会进步最为重要的物质基础，人均能耗被看做是国家与地区贫富的标志。煤炭、石油、天然气是非再生能源，称为一次能源。我国一次能源人均可采储量远低于世界平均水平。

据2006年《BP世界能源统计年鉴》披露，以目前的开采速度计算，全球石油总储量只可供应40年，天然气总储量只可供应63年。煤炭储量略为丰富，也不过供应147年左右。国土资源部对我国油气田的储量进行的初步统计结果表明：截至2006年年底，全国石油剩余经济可采储量20.43亿t，天然气剩余经济可采储量2.449万亿m^3，煤炭剩余经济可采储量1 145亿t。如维持现在的产量，石油仅可供应11年、天然气仅可供应42年、煤炭仅可供应48年生产之用。目前，我国已成为世界第二大能源生产国和能源消费国，随着经济的发展和人民生活水平的提高，我国能源需求将继续增长。在经济快速发展的今天，能源的承载力问题越来越突出。尽管专家对中国煤炭、石油、天然气的资源量和储量说法尚不一致，但我们最终都要面对一次能源枯竭的那一天。能源的最终目标必然是：以可再生能源代替石化燃料的一次能源。水能资源是可再生资源。我国具有丰富的水能资源，开发利用水能资源的主要形式是修建水电站，根据我国的水能资源特点，兴建水电站进行水力发电对于我国能源战略的调整具有重要的意义。

第一节 我国水能资源概况

一、我国水能资源蕴藏量

在江河海洋的水流中，蕴藏着巨大的水能资源。我国幅员辽阔，江河纵横，是世界上水能资源最丰富的国家，且具有发展水电事业的优越自然条件。根据2005年的全国水能资源复查结果，我国的水能资源理论蕴藏量6.94亿kW，技术可开发容量5.42亿kW，经济可开发容量4.02亿kW。不论是水能资源蕴藏量，还是可开发的水能资源量，都居世界第一位。在我国的水能资源中，小水电资源不仅蕴藏量大，而且分布面宽，全国2 300多个县中，有1 104个县的小水电可开发资源超过1万kW，其中有470个县有1万~3万kW，有500个县可达3万~10万kW，有134个县达10万kW以上。这些小水电资源多集中于国家电网供电范围以外的地方，开发条件非常有利。据2003年世界水能大会估计，世界小水电可开发资源为1.2亿~1.44亿kW，而我国可开发的小水电资源若以原统计数7 000万kW计，占世界一半左右。此外，我国还具有丰富的潮汐水能资源，可开发的潮汐水能资源约2 100万kW，相当于年发电量580亿kWh。

二、我国水能资源特点

从我国水能资源蕴藏分布及开发利用的现状来看，我国水能资源具有以下特点。

(一) 蕴藏丰富，分布不均

我国水能资源蕴藏量世界第一，但特殊的地形条件使得其在时空的分布上很不均衡。在时间上，夏秋季4~5个月的径流量占全年的60%~70%，冬春季径流量很少；在空间上，我国水能资源西多东少，大部分集中于西南地区。在全国可开发的水能资源中，东部的华东、东北、华北三大区一共仅占6.8%，中南地区占15.5%，西北地区占9.9%，西南地区占67.8%。其中，除西藏外，川、云、贵三省占全国的50.7%，70%以上的大型水电站和80%以上的特大型水电站集中分布在云、贵、川、藏西南四省。

(二) 开发率低，发展迅速

由于种种原因，尽管我国水能资源非常丰富，但与发达国家相比，我国的水能资源开发利用程度并不高。截至2007年年底，我国水电装机容量才达到了1.29亿kW，其开发率仅达到33%，世界其他国家的利用程度远远高于我国（美国水电资源已开发约82%，日本约84%，加拿大约65%，德国约73%，法国、挪威、瑞士也均在80%以上）。虽然我国水能资源开发利用程度较低，但其发展速度是非常迅速的。1949年新中国成立之初，全国水电站装机容量仅36万kW。新中国成立后，水电事业得到了蓬勃发展，特别是党的十一届三中全会以来，水电发展的速度更快，建成了一大批大中型水力发电站。我国的三峡水电站，装机容量1 820万kW，单机容量70万kW，是目前世界上最大的水利水电工程。

(三) 前景宏伟

利用自然界可再生的水能进行发电，为工农业服务，可节省大量的一次能源（如煤、天然气、石油等）。由于我国水能资源丰富，开发利用程度较低，所以水能开发利用、修建水电站有着光辉的前景。

为了有效、合理地开发利用这些资源，我国经过数次规划，形成了现在的十三大水电基地。工程总投资2万亿元以上，工程期限为1989~2050年。

1. 金沙江水电基地

金沙江分为上、中、下游三个河段，总装机容量6 338万kW，其中在建电站有：金安桥（250万kW）、向家坝（600万kW）和溪洛渡（1 260万kW）；正在进行可行性研究的电站有：观音岩（300万kW）、白鹤滩（1 250万kW），正在进行预可行性研究的有：上虎跳（280万kW）、两家人（400万kW）、梨园（228万kW）、阿海（210万kW）、龙开口（180万kW）、鲁地拉（210万kW）、乌东德（740万kW），上游的日冕电站（180万kW）和托顶电站（250万kW）正在进行勘察。

2. 雅砻江水电基地

雅砻江是金沙江的最大支流。按初步规划方案，干流自温波寺以下至河口拟定了21个梯级，总装机容量2 265万kW。其中两河口以下初拟分11级开发，装机容量共1 940万kW，是干流的重点开发河段。特别是大河湾以下的河段，拟分锦屏一级、锦屏二级、官地、二滩、桐子林5级开发，装机容量1 110万kW，开发目标单一，无其他综合利用要求，技术经济指标优越。二滩水电站是20世纪中国建成的最大水电站，总装机容量330万kW，年发电170亿kWh。

3. 大渡河水电基地

大渡河是岷江的最大支流，全长1 062 km，从河源至河口天然落差4 175 m，水能资源蕴藏量3 132万kW，可开发装机容量2 348万kW。大渡河的水能资源主要蕴藏在双江口至铜街子河段，该段河道长593 km，天然落差1 837 m，水能资源蕴藏量1 748万kW。大渡河干流双江口至铜街子段规划为独松、马奈、季家河坝、猴子岩、长河坝、冷竹关、泸定、硬梁包、大岗山、龙头石、老鹰岩、瀑布沟、深溪沟、枕头坝、龚嘴、铜街子等16级开发方案，共利用落差1 771 m，总装机容量1 805.5万kW。在16个梯级中，龚嘴水电站已按“高坝设计，低坝施工”的要求建成。

4. 乌江水电基地

乌江是长江上游右岸最大的一条支流，有南北两源，从南源至河口全长1 037 km，天然落差2 124 m，水能资源的理论蕴藏量1 043万kW，其中干流580万kW。经过多年勘测工作，各主要梯级的工程地质问题、岩溶防渗处理和建坝条件初步查明。1988年8月审查通过的《乌江干流规划报告》拟定了北源洪家渡，南源普定、引子渡，两源汇口以下东风、索风营、乌江渡、构皮滩、思林、沙沱、彭水、银盘、白马12级开发方案，总装机容量867.5万kW。其中，乌江渡水电站已于1982年建成（待上游洪家渡和东风水电站建成后可扩建到105万kW），洪家渡、构皮滩、彭水3个水电站在建。

5. 长江上游水电基地

长江上游宜宾至宜昌段（通称川江）全长1 040 km，总落差220 m。本河段的开发，结合下游堤防及分洪等多种防洪措施，可解决长江中下游的洪水灾害，改善川江和中下游的航运，并为南水北调创造条件。据规划，长江干流宜宾至宜昌段拟分石硼、朱杨溪、小南海、三峡、葛洲坝5级开发，总装机容量2 542.5万kW。其中，三峡工程位于湖北省宜昌境内，是本河段的重点工程，装机容量1 820万kW。

清江是长江中游的重要支流，自湖北省恩施至长滩250 km间有落差380 m。清江拟分水布垭、隔河岩和高坝洲3级开发，总装机容量289.1万kW。隔河岩水电站位于湖北省长阳县境内，装机容量120万kW；高坝洲水电站位于湖北省宜都，装机容量20万kW。

6. 南盘江、红水河水电基地

红水河为珠江水系西江上游干流，其上源南盘江在贵州省蔗香与北盘江汇合后称红水河。红水河干流在广西石龙三江口与柳江汇合后称黔江。南盘江全长927 km，总落差1 854 m，其中天生桥至纳贡段河长仅18.4 km，集中落差达184 m。红水河全长659 km，落差254 m；黔江长123 km，有著名的大藤峡谷。南盘江、红水河规划拟重点开发的兴义至桂平河段，长1 143 km，落差692 m，水能蕴藏量约860万kW。由国家能源委员会和国家计划委员会主持审查通过的《红水河综合利用规划报告》，提出了全河段按天生桥一级、天生桥二级、平班、龙滩、岩滩、大化、百龙滩、恶滩、桥巩和大藤峡的10级开发方案，总装机容量1 252万kW，保证出力338.82万kW，年发电量504.1亿kWh。

7. 澜沧江干流水电基地

澜沧江发源于青海省，在我国境内长2 000 km，落差约5 000 m，水能资源蕴藏量约

3 656万 kW,其中干流约 2 545 万 kW。干流从布衣至南腊河口全长 1 240 km,落差 1 780 m,水能蕴藏量约 1 800 万 kW。据初步规划,干流分 14 级开发,其中:上游河段(布衣—铁门坎)分溜筒江、佳碧、乌弄龙、托巴、黄登和铁门坎 6 级开发,总装机容量 706 万 kW;中、下游河段(铁门坎—临沧江桥—南腊河口)按功果桥、小湾、漫湾、大朝山、糯扎渡、景洪、橄榄坝和勐松 8 级方案开发,总装机容量 1 431 万 kW。

8. 黄河上游水电基地

黄河上游龙羊峡至青铜峡河段,全长 1 023 km,总落差 1 465 m,水能资源蕴藏量 1 133 万 kW。规划分龙羊峡、拉西瓦、李家峡、公伯峡、积石峡、寺沟峡、刘家峡、盐锅峡、八盘峡、小峡、大峡、乌金峡、小观音、大柳树、沙坡头、青铜峡 16 个梯级(如取大柳树高坝方案则为 15 级)开发,总利用水头 111. 8 m,装机容量 1 415. 48 万 kW,龙羊峡、刘家峡、小观音(或大柳树)三大水库分别处于本河段的首、中、尾部有利的地理位置。目前本河段已建刘家峡、盐锅峡、八盘峡、青铜峡、龙羊峡、李家峡 6 座电站,继李家峡水电站之后,规划建议安排大峡、黑山峡、公伯峡、拉西瓦等水电站的建设。

9. 黄河中游水电基地

黄河中游从托克托至花园口河段,是水能资源比较丰富、梯级电站比较集中、具有较大综合利用效益的河段。梯级开发区段全长 1 222 km,落差 893 m,初步规划为 10 ~ 12 个梯级,即万家寨、龙口、天桥、前北会、罗峪口、碛口、古贤、军渡、三交、龙门、三门峡、小浪底和西霞院。其中,龙口和碛口河段均有一级开发和二级开发两个方案。按 10 个梯级开发计算,总装机容量为 645 万 kW。

10. 湘西水电基地

湘西水电基地包括湖南省西部沅水、澧水和资水流域。水能资源蕴藏量总计 1 000 万 kW,规划总装机容量 661. 30 万 kW。

沅水全长 1 050 km,有酉水、潕水等 7 条支流,干支流水能资源蕴藏量达 538 万 kW。按初步规划方案,沅水干流拟分托口、洪江、安江、虎皮溪、大伏潭、五强溪、凌津滩 7 级开发,总装机容量 223 万 kW。支流上装机规模在 2. 5 万 kW 以上的水电站共有 9 处,总装机容量 120. 53 万 kW,其中酉水上的凤滩水电站已建成 40 万 kW。

澧水全长 389 km,落差 1 439 m,主要支流有溇水和溇水。澧水干流拟分凉水口、鱼潭、花岩、木龙滩、宜冲桥、岩泊渡、茶林河、三江口、艳洲 9 级开发,总装机容量 45. 42 万 kW,其中三江口水电站已建成。支流渫水分黄虎港、新街、中军渡、皂市 4 级开发,电站总装机容量 35. 1 万 kW;支流溇水分淋溪河、江垭、关门岩、长潭河 4 级开发,电站总装机容量 129. 4 万 kW。

资水全长 674 km,水能资源蕴藏量 184 万 kW,可开发的大中型水电站总装机容量 107 万 kW。资水的开发方案是:拓溪(44. 75 万 kW)以上主要梯级水电站有犬木塘、洞口塘、筱溪 3 处,总装机容量 16. 6 万 kW;柘溪以下有敷溪口、金塘冲、马迹塘、白竹州、修山等 5 级水电站,总装机容量 46. 5 万 kW。拓溪和马迹塘两水电站已建成。

11. 闽、浙、赣水电基地

闽、浙、赣水电基地包括福建、浙江和江西三省,水能资源理论蕴藏量约 2 330 万 kW,可能开发装机容量约 1 680 万 kW。各省情况如下:

(1)福建省水能资源理论蕴藏量1 046万kW,可开发装机容量705万kW。按初步开发方案,福建省可开发大中型水电站59座,总装机容量616万kW。其中已建成的主要电站有闽江流域的古田溪4个梯级、安砂、池潭、沙溪口、水口、水东、街面等,汀江上的永定(棉花滩)(60万kW)、金山(4万kW),穆阳溪上的芹山(6万kW)、周宁(25万kW)。

(2)浙江省水能资源理论蕴藏量606万kW。按初步开发方案,浙江省可开发大中型水电站22座,装机容量431万kW。其中已建成的主要水电站有新安江、富春江、湖南镇、黄坛口、紧水滩、石塘和枫树岭。还拟扩建新安江、湖南镇、黄坛口等水电站,扩机规模分别为90.25万kW、10.0万kW、5.2万kW。

(3)江西省水能资源理论蕴藏量约682万kW。按初步开发方案,江西省可开发大中型水电站37座,装机容量370万kW。其中已建成的主要水电站有拓林、上犹江和万安。根据径流电站补偿的需要,柘林水电站拟扩建20万kW。根据1990年10月国家计委批复的《江西省赣江流域规划报告》,赣江中下游干流河段按万安、泰和、石虎塘、峡江、永泰、龙头山6个梯级进行开发。

12. 东北水电基地

东北水电基地包括黑龙江干流界河段、牡丹江干流、第二松花江上游、鸭绿江流域(含浑江干流)和嫩江流域,规划总装机容量1 131.55万kW,年发电量308.68亿kWh。

(1)黑龙江干流界河段:黑龙江干流全长2 890 km,天然落差313 m,水能资源蕴藏量(640/2)万kW。黑龙江上、中游为中俄两国界河段。目前,中方就黑龙江上、中游具有开发条件的8个坝段,组成了9个梯级开发比较方案,进行分析比较,初步规划的总装机容量为(820/2)万kW。黑龙江梯级开发尚处于规划阶段。

(2)牡丹江干流:牡丹江干流全长705 km,天然落差869 m,可开发水能资源总装机容量107.1万kW,现已开发13.2万kW(其中包括镜泊湖水电站9.6万kW,另有几座小型水电站)。牡丹江下游柴河至长江屯之间,规划有莲花、二道沟、长江屯3级开发方案,总装机容量82万kW,占待开发资源93.9万kW的87%。

(3)第二松花江上游:第二松花江上游河道总长803 km,天然落差1 556 m,其中可利用落差613.7 m。丰满水电站以上流域的水能资源理论蕴藏量为138.16万kW,可开发的水电站站点有58个,装机容量381.24万kW,现已开发水电站13座,装机容量246.33万kW,占可开发装机容量的65%。其中,规模较大的有第二松花江干流上的丰满、红石、白山3座水电站,共装机242.4万kW(含丰满扩机17万kW),占已开发装机容量的98%。

(4)鸭绿江流域(含浑江干流):鸭绿江干流为中、朝两国界河,干流水能资源蕴藏量约(212.5/2)万kW。干流从长白县至入海口,经中、朝双方共同规划,目前共有12个梯级,即南尖头、上崴子、十三道沟、十二道湾、九道沟、临江、云峰、黄柏、渭源、水丰、太平湾、义州,电站总装机容量(253.3/2)万kW。其中:已建成的大中型水电站有云峰、渭源、太平湾、水丰4座,进行初步设计的有临江和义州2座水电站,6座水电站总计装机容量(228/2)万kW。

(5)嫩江流域:嫩江为松花江的上源,从发源地至三岔河口全长1 106 km。据初步规划，可开发3万~25万kW的梯级水电站15座，总装机容量126.6万kW。对于干流嫩江镇以上的上游河段，目前初步推荐卧都河、窝里河、固固河、库莫屯4级开发方案，固固河水电站为第一期工程，装机容量17.5万kW；干流中段（嫩江镇至布西）的布西水利枢纽，是一个以灌溉、防洪为主，结合发电的大型综合利用工程，也是北水南调工程的重要水源工程。该枢纽水库总库容为63.12亿m^3，电站装机容量25万kW，年发电量6.60亿kWh。

13. 怒江水电基地

怒江是云南省五大干流之一。中下游（干流松塔以下至中缅边界）共规划11级电站，装机容量2 132万kW，年发电量1 029.6亿kWh，目前尚未开发。

在环境问题日益受到世界性重视的今天，水能资源的开发利用更加受到重视，即使是水能资源开发充分的国家，也都又重新研究过去认为不值得开发的水能资源。显而易见，对于水能资源蕴藏丰富的我国来说，其水力发电事业有着宏伟的发展前景。

第二节　水电站电能生产过程及特点

一、水电站电能生产过程

水电站相当于将水能转变成电能的一个工厂，水能（水头和流量）相当于这个工厂的生产原料，电能相当于其生产的产品，水轮机和水轮发电机是水电站最主要的设备。

水电站生产电能的过程是有压水流通过水轮机，将水能转变为旋转机械能，水轮机又带动水轮发电机转动，再将旋转机械能转变为电能。水轮机和水轮发电机合起来称为水轮发电机组，简称机组。其生产电能的过程如下：

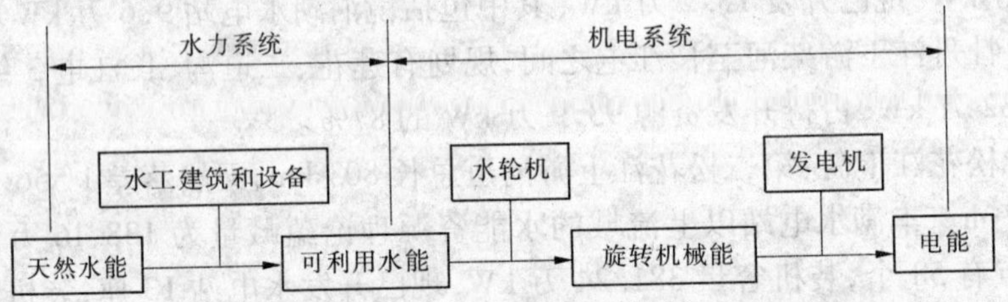

水轮机+水轮发电机=水轮发电机组（机组）

利用天然水资源中的水能进行发电的方式就称为水力发电，它是现代电力生产的重要方式之一，也是开发利用天然水能资源的重要方式。

如图1-1所示，在水库中的水体具有较大的位能，当水体通过隧洞、压力水管流经安装在水电站厂房内的水轮机时，水流带动水轮机转轮旋转，此时水能转变为旋转机械能。水轮机转轮带动发电机转子旋转切割磁力线，在发电机的定子绕组上就产生感应电动势，一旦发电机和外电路接通，就可供电。这样，旋转机械能又转变为电能。水电站就是为实现上述能量的连续转换而修建的水工建筑物及其所安装的水轮发电设备和附属设备的总体。

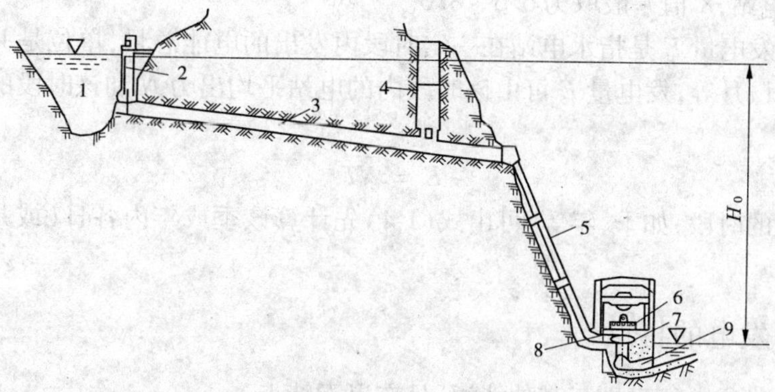

1—水库;2—进水建筑物;3—隧洞;4—调压室;5—压力钢管;

6—发电机;7—水轮机;8—蝶阀;9—泄水道

图 1-1　水电站示意图

二、水电站的出力及发电量计算

如图 1-1 所示,水电站上、下游水位差称为水电站的静水头,设水电站某时刻的静水头为 H_0,在时间 t 内有体积为 V 的水体经水轮机排入下游。若不考虑进出口水流动能变化和能量损失,则体积为 V 的水体在时间 t 内向水电站所供给的能量即是水体所减少的位能,单位时间内水体向水电站所供给的能量称为水电站的理论出力 N_t,水电站出力的单位用 kW 表示,则有

$$N_t = \gamma V H_0 / t = \gamma Q H_0 = 9.81 Q H_0 \quad (\text{kW}) \tag{1-1}$$

式中　γ——水的容重,$\gamma = 9.81\ \text{kN/m}^3$;

Q——水轮机流量,m^3/s,$Q = V/t$;

H_0——水电站上、下游水位差,称为水电站的静水头,$H_0 = Z_{上} - Z_{下}$,m。

水头和流量是构成水能的两个基本要素,是水电站动力特性的重要表征。实际上,在由水能到电能的转变过程中,一方面作用于水轮机上的水头并非是水电站的静水头 H_0,而是水电站的静水头 H_0 扣除水轮机前引水系统的水头损失 Δh 后的水头,该水头称为水轮机的工作水头。另一方面,还不可避免地会产生各种能量损失,包括水力(水头)损失、容积(流量)损失和机械损失。因此,水电站的实际出力要小于理论出力。若设水电站实际出力为 N,水轮发电机组的总效率为 η_T,则水电站实际出力 N 应由下式计算

$$N = 9.81 \eta_T Q (H_0 - \Delta h) = 9.81 \eta_T Q H \tag{1-2}$$

式中　H——水轮机的工作水头,m;

η_T——水轮发电机组总效率。

水轮发电机组总效率 η_T 的大小与设备类型、性能、机组传动方式、机组工作状态等因素有关,同时也受设备生产和安装工艺质量的影响,在初步计算中可近似地认为总效率 η_T 是一个常数。若令 $K = 9.81 \eta_T$,则式(1-2)可写为

$$N = KQH \tag{1-3}$$

式中　K——水电站的出力系数,对于大中型水电站,K 值可取为 8.0 ~ 8.5;对中小型水

电站，K 值一般取为6.5～8.0。

水电站的发电量 E 是指水电站在一定时段内发出的电能总量，单位是 kWh。对于较短的时段，如日、月等，发电量 E 可由该时段内的电站平均出力 $\overline{N}$ 和该时段的小时数 T 相乘得出，即

$$E = \overline{N}T \tag{1-4}$$

对于较长的时段，如季、年等，可由式(1-4)先计算该季或年内各日（或月）的发电量，然后相加得出。

三、水力发电的特点

水力发电供应电能区别于其他能源，具有以下特点。

（一）水能的再生

水能来自河川天然径流，而河川天然径流主要是由自然界气、水循环形成的，水的循环使水能可以再生循环使用，故水能称为"再生能源"。"再生能源"在能源建设中具有独特的地位。

（二）水资源可综合利用

水力发电只利用水流中的能量，不消耗水量。因此，水资源可综合利用，除发电外，可同时兼得防洪、灌溉、航运、供水、水产养殖、旅游等方面的效益，进行多目标开发。

（三）水能的调节

电能不能储存，生产和消费是同时完成的。水能则可存在水库里，根据电力系统的要求进行生产，水库相当于电力系统的能量储存仓库。水库的调节提高了电力系统对负荷的调节能力，增加了供电的可靠性与灵活性。

（四）水力发电的可逆性

把位于高处的水体引向低处的水轮机可进行发电，将水能转换成电能；反过来，把位于低处的水体通过电动抽水机利用电力系统电能送到高处的水库储存，将电能又转换成了水能。利用水力发电的这种可逆性修建抽水蓄能电站，对提高电力系统的负荷调节能力具有独特的作用。

（五）机组工作的灵活性

水力发电的机组设备简单，操作灵活可靠，增减负荷十分方便，可根据用户的需要，迅速启动或停机，易于实现自动化，最适于承担电力系统的调峰、调频任务和完成事故备用、负荷调整等功能，可增加电力系统的可靠性，动态效益突出。水电站是电力系统动态负荷的主要承担者。

（六）水力发电生产成本低、效率高

水力发电不消耗燃料，不需要开采和运输燃料所投入的大量人力、设施，设备简单，运行人员少，厂用电少，设备使用寿命长，运行维修费用低。所以，水电站的电能生产成本低廉，只有火电站的1/5～1/8，且水电站的能源利用率高，可达85%以上，而火电站燃煤热能效率只有40%左右。

（七）不污染环境

水力发电不污染环境，只是利用了径流中的水能，既不消耗水量，也不耗费一次性能

源资源，不会造成对环境的污染；而燃煤火电站，每燃烧 1 t 原煤需排放 SO_2 30 kg 左右，排放颗粒粉尘 30 kg 以上。据全国 50 座大中型燃煤电厂统计，90% 的电厂排放 SO_2 的浓度超过 860 mg/m^3，污染非常严重。在越来越重视世界性环境问题的今天，加快我国水电建设，提高水电比例，对减少环境污染有着极其重要的意义。

第三节　水能资源的开发方式及水电站的基本类型

水资源的开发利用所涉及的国民经济部门较广，包括水力发电、灌溉排涝、工业供水、生活供水、航运、水产养殖、环境生态及洪水控制等。在江河上兴建工程时必须全面考虑各方面的要求，以取得国民经济最大综合效益。本书仅介绍水力发电的开发利用问题，其他方面的内容请见有关方面文献。

一、水能资源的开发方式

由上节内容可知，构成水能的两个基本要素是水头和流量，水电站的水头一般是通过适当的工程措施，将分散在一定河段上的自然落差集中起来而形成的。就集中落差形成水头的措施而言，水能资源的开发方式可分为坝式、引水式和混合式三种基本方式。此外，还有开发利用海洋潮汐水能的潮汐开发方式。

(一)坝式开发

在河流峡谷处，拦河筑坝，坝前壅水，在坝址处集中落差形成水头，这种水能开发方式称为坝式开发。坝式开发的基本原理在于：筑坝挡水，汇集水量，形成水库。坝前壅水水面线的坡降远小于原河道天然水面线的坡降，因而库内水流速度变得甚小，水流流动过程中的能量损耗大减，原河段的水流势能得到恢复，分散的落差积聚起来，在坝址处形成水电站的集中水头。在坝址处引取水库上游的水，通过水电站厂房里的水轮发电机组发电后，将尾水引至坝下游原河道。

坝式开发的水头取决于坝高，显然坝越高，水头也越大。但坝高常受地形、地质、水库淹没、工程投资等条件的限制。目前，坝式开发的最大水头只接近于 300 m。

坝式开发的显著优点是：由于形成蓄水库，可以用来调节流量，水电站引用流量大，电站规模也大，水能利用程度也较充分。此外，坝式开发因有蓄水库，故综合利用效益高，可同时解决防洪和其他兴利部门的水利问题。目前，世界上装机规模超过 200 万 kW 的巨型水电站大都是坝式开发。

当然，由于坝的工程量一般较大，尤其是形成蓄水库会带来淹没问题，造成库区土地、森林、矿产等的淹没损失和城镇居民搬迁安置工作的困难，所以坝式开发的水电站一般投资大，工期长，造价高。

坝式开发方式适用于河道坡降较缓、流量较大、有筑坝建库条件的河段。

(二)引水式开发

在河流坡降较陡的河段上游，通过人工建造的引水道(明渠、隧洞、管道等)引水到河段下游来集中落差，再经高压管道，引水至厂房。这种水能开发方式称为引水式开发。用来集中落差形成水头的引水道可以是无压的(如明渠、无压隧洞等)，也可以是有压的(如压力隧洞、压力管道等)。引水式开发由于引水道的坡降(或流速)小于原河道的坡降(或流速),因而随着引水道的延长,逐渐集中水头。显然,引水道越长、坡降越小,集中的水头也越大。当然,引水道坡降不宜太小,否则引水流速过小,引取一定流量时就要求很大的过水断面,从而造成引水建筑物造价的不经济。

与坝式开发相比,引水式开发集中落差形成的水头相对较高,由于无水库,不存在淹没损失,工程量一般较小,所以单位造价也往往较低。

引水式开发适用于河道坡降较大、流量较小的山区河段。裁弯引水和跨流域引水常采用有压引水隧洞集中落差。

(三)混合式开发

在一个河段上,同时采用坝和有压引水道共同集中落差形成水头的开发方式称为混合式开发。坝集中一部分落差后,再通过有压引水道(隧洞)集中坝后河段的另一部分落差。

混合式开发因有蓄水库可调节径流,所以具有坝式开发和引水式开发的优点,但必须具备合适的条件。一般来说,河段前部有筑坝建库条件,后部坡降大(如有急流或大河湾),宜采用混合式开发。

(四)潮汐水能开发

潮汐现象是地球表面的海水因受日、月引力而产生的周期性升降运动。从上次涨潮到下次涨潮(或落潮到落潮)之间相隔的时间约为12小时25分钟,该时间称为潮汐运动的周期(或称潮期)。每一次涨潮(或落潮)水位升降的幅度称为潮差,其大小因时因地而异。利用海洋涨、落潮所形成的水位差引海水发电的方式称为潮汐开发。

潮差一般只有几米,水头很低,引用的流量可以很大。潮汐开发方式由于需横跨海湾或河口建坝形成湾内水库,所以一般投资较大,施工较难,工期也较长。

潮汐水能的开发有单库单向、单库双向和双库等多种,需要结合具体地形、潮差等条件进行开发。

需要说明的是:抽水蓄能发电不是水能资源开发的方式。它不是为开发水能资源向系统提供电能,而是以水体为储能介质,起调节电能作用的一种水能利用方式。

二、水电站的基本类型

根据水能开发方式的不同,水电站有不同的类型。

(一)坝式水电站

采用坝式开发修建的水电站称为坝式水电站。坝式水电站按大坝和水电站厂房相对位置的不同又可分为河床式、坝后式、坝内式、溢流式等,在实际工程中,较常采用的坝式水电站是河床式水电站和坝后式水电站。

1. 河床式水电站

如图1-2所示,河床式水电站多建造在中、下游河道纵坡平缓的河段上,为避免大量淹没,坝建得较低,故水头较小。大中型河床式水电站水头一般为25 m以下,一般不超过30~40 m;中小型水电站水头一般为10 m以下。其引用流量一般都较大,属于低水头大流量型水电站。其特点是:厂房与坝(或闸)一起建在河床上,厂房本身承受上游水压力,并成为挡水建筑物的一部分,一般不设专门的引水管道,水流直接从厂房上游进水口进入水轮机。河床式水电站多建于平原河段或灌溉渠道上。我国广西大化、浙江富春江、甘肃八盘峡、湖北葛洲坝及灌溉渠道上的许多小型水电站，都属于此种类型。若挡水建筑物为水闸、厂房建在闸墩中，称为闸墩式水电站。

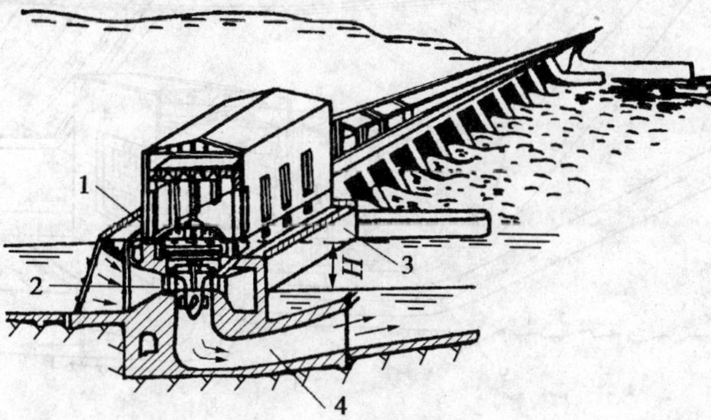

1—发电机;2—水轮机;3—厂房;4—尾水管

图 1-2　河床式水电站

2. 坝后式水电站

坝后式水电站一般修建在河流中、上游的山区峡谷地段，由于在这种河段上允许一定程度的淹没，所以坝可建得较高，水头也较大，在坝的上游形成了可调节天然径流的水库，有利于发挥防洪、灌溉、航运及水产等多方面的综合效益，并给水电站运行创造了十分有利的条件。由于水头较高，厂房不能承受上游过大水压力而建在坝后(坝下游)，如图 1-3 所示。其特点是水电站厂房布置在坝后，厂坝之间常用缝分开，上游水压力全部由坝承受。拦河坝可能是重力坝、支墩坝、拱坝或土石坝。坝后式水电站厂房的布置形式很多，当厂房布置在坝体以内时，称为坝内式水电站；当厂房布置在溢流坝段之后时，通常称为溢流式水电站。如果坝后式水电站的拦河坝是土坝或堆石坝等当地材料坝，其发电用的引水管道可以埋设在坝基内，如图 1-4(a)所示。采用这种埋设方法，当水管由于某种原因破裂时，不易检修，自管中漏出的水将直接威胁大坝安全。所以，大多数情况下压力管道采用隧洞而将厂房布置在河流一岸，如图 1-4(b)所示。这种布置方式称为河岸式，如我国著名的小浪底水利枢纽就属于此种类型。

(二)引水式水电站

在河道上游坡度较陡的河段上，不宜修建较高的拦河坝，用坡度比河道坡度缓的渠道集中水头，如图 1-5(a)所示。此外，当遇有大河湾时，可通过渠道或隧洞将河湾截直获得水头，如图 1-5(b)、(c)所示，所修建的水电站称为引水式水电站。在小型水电站中，引水式水电站比坝式水电站更为普遍。与坝式水电站相比，由于不存在淹没和筑坝技术上的限制，其水头常可达到极高数值，但发电引用流量一般比较小。如湖南崇山水电站，水头高达 612 m，而单机引用流量仅为 0.124 m^3/s。引水式水电站据引水建筑物的不同又可分为无压引水式水电站和有压引水式水电站两种类型。

1. 无压引水式水电站

无压引水式水电站的引水建筑物是无压的，如明渠、无压隧洞等。图 1-5(a)为典型

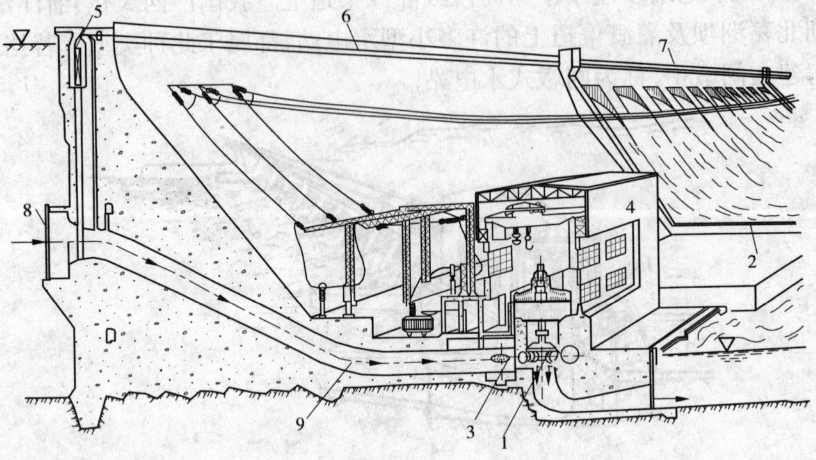

1—水轮机;2—导流墙;3—蝶阀;4—厂房;5—阀门;
6—挡水坝;7—溢流坝;8—拦污栅;9—压力管道

图 1-3 坝后式水电站

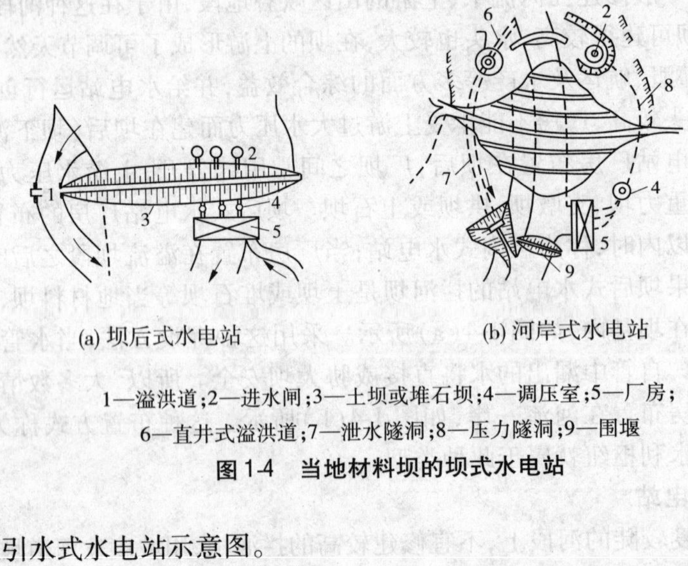

(a) 坝后式水电站　　　　(b) 河岸式水电站

1—溢洪道;2—进水闸;3—土坝或堆石坝;4—调压室;5—厂房;
6—直井式溢洪道;7—泄水隧洞;8—压力隧洞;9—围堰

图 1-4 当地材料坝的坝式水电站

的山区无压引水式水电站示意图。

在低丘区和平原地区,无压引水式水电站水头较小,一般在 10 m 以下,这时发电用水由渠道直接引入厂房水轮机室,如图 1-5(b)所示。

灌溉渠道上的跌水也可用来建造水电站,称为灌溉跌水式水电站,它也属于无压引水式水电站的类型,实质上是一种特殊形式的无压引水式水电站。

2. 有压引水式水电站

有压引水式水电站的引水建筑物一般是压力隧洞或压力水管,如图 1-5(c)所示。如果水电站主要利用有压引水建筑物来集中水头,那么,这个水电站就可以看成是有压引水式水电站。

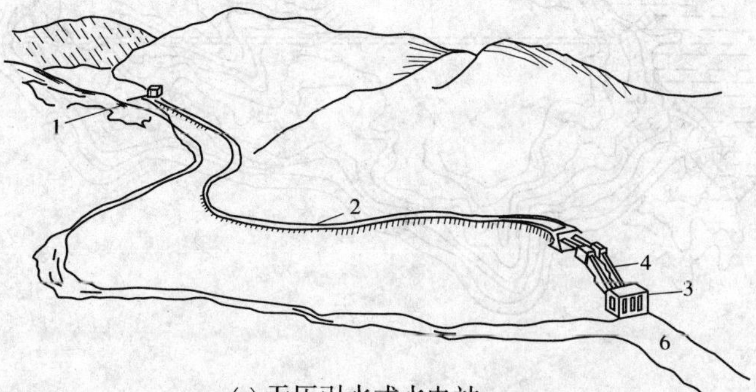

(a) 无压引水式水电站

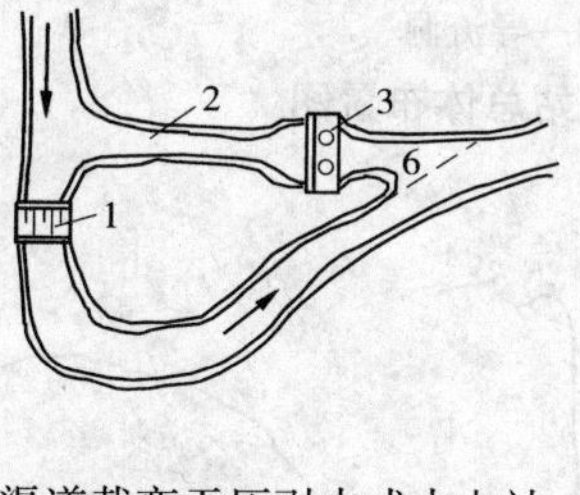

(b) 用渠道截弯无压引水式水电站

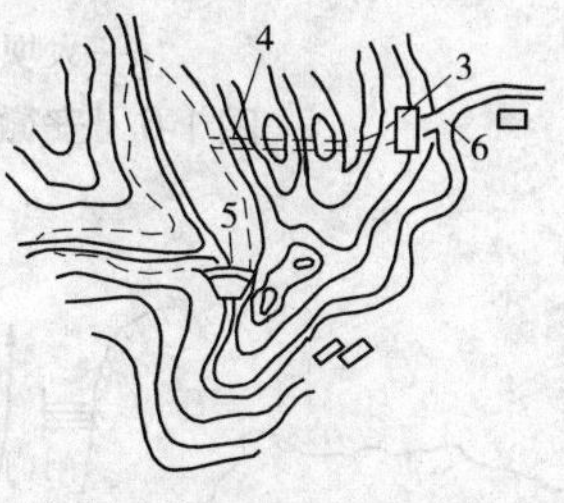

(c) 用有压隧洞截弯有压引水式水电站

1—溢流坝;2—引水渠;3—厂房;4—压力水管;5—坝;6—泄水道

图 1-5　引水式水电站

(三)混合式水电站

混合式水电站常建造在上游具有优良库址,适宜建库,而紧接水库以下河道坡度突然变陡,或有大河湾的河段上,水电站的水头一部分由坝集中,另一部分由引水建筑物集中,因而具有坝式水电站和引水式水电站两个方面的特点。如图 1-6 所示的安徽毛尖山水电站就是这种形式,它通过拦河建造的土石混合坝取得 20 m 的水头,又通过压力引水隧洞取得 120 m 左右的水头,电站总静水头达 138 m。但在工程实际中很少采用混合式水电站这一名称,常将具有一定长度引水建筑物的水电站通称为引水式水电站。

(四)潮汐水电站

潮汐水电站是利用大海涨潮和退潮时所形成的水头进行发电的,如图 1-7 所示。

单向潮汐电站仅在退潮时利用池中高水位与退潮低水位的落差发电;双向潮汐电站不仅在退潮时发电,而且也在涨潮时利用涨潮高水位与池中低水位的水位差发电。

(五)抽水蓄能电站

抽水蓄能电站是装设具有抽水和发电两种功能的机组,利用电力低谷负荷期间的剩余电能向上水库抽水储蓄水能,然后在系统高峰负荷期间从上水库放水发电的水电站,如图 1-8 所示。

纯抽水蓄能电站只是以水体为储能介质,不利用天然径流生产电能,仅需补充渗漏、蒸发等耗水量。混合抽水蓄能电站也称水电站—抽水蓄能电站,除抽水蓄能功用外,上库有天然来水可以生产电能。在有调节水库的水电站中加装抽水蓄能机组的电站称为混合式抽水蓄能电站。

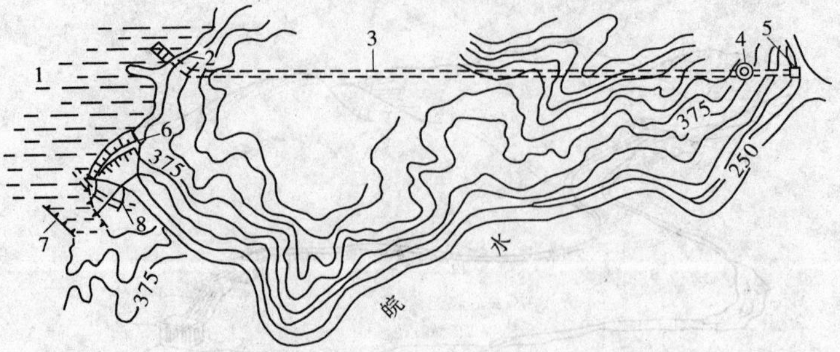

1—水库；2—进水口；3—发电引水洞；4—调压井；5—地面厂房；

6—大坝；7—溢洪道；8—导流洞

图 1-6　安徽毛尖山水电站总体布置图

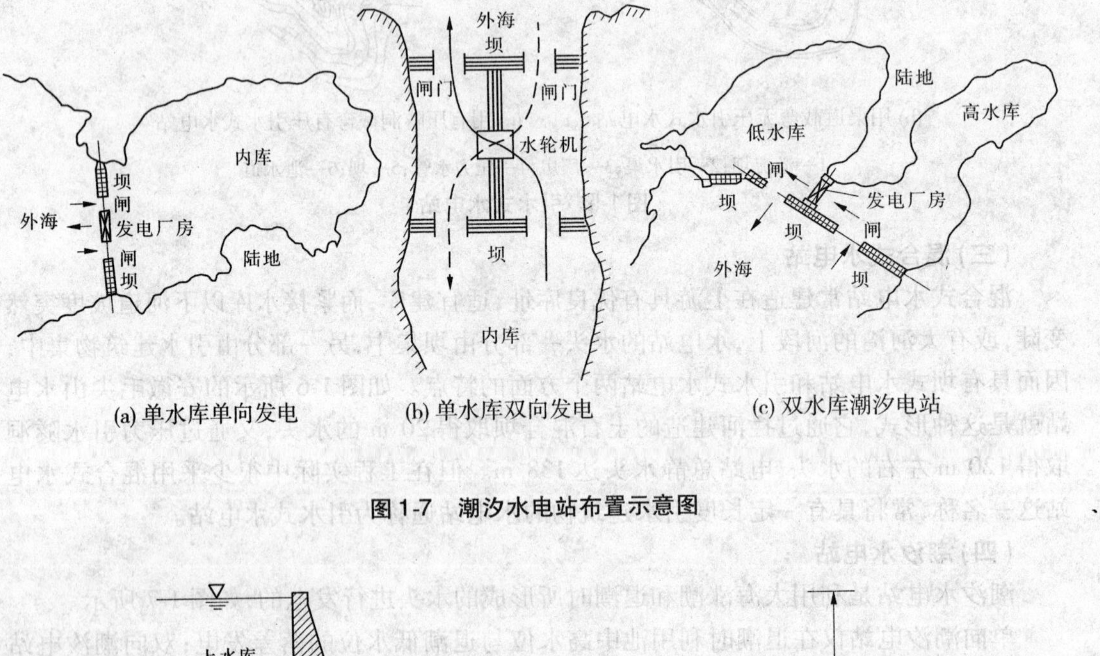

(a) 单水库单向发电　　(b) 单水库双向发电　　(c) 双水库潮汐电站

图 1-7　潮汐水电站布置示意图

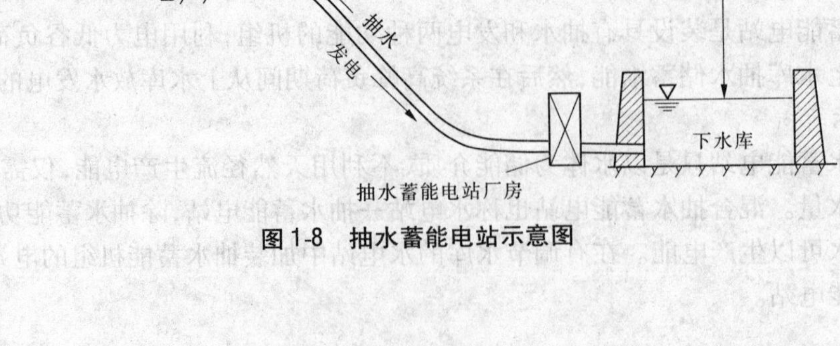

图 1-8　抽水蓄能电站示意图

三、水电站的组成建筑物

水电站枢纽的组成建筑物有以下几种(见图1-9)。

- 水电站枢纽
  - 枢纽建筑物
    - 挡水建筑物:坝、闸
    - 泄水建筑物:溢洪道、泄洪洞
    - 过坝建筑物:船闸、过木、过鱼、排冰及排沙建筑物
  - 发电建筑物
    - 引水建筑物
      - 进水建筑物:进水口、沉沙池等
      - 平水建筑物:前池、调压室
      - 引水建筑物:引水道、压力管道、尾水道
    - 厂房枢纽建筑物
      - 厂房
        - 主厂房
        - 副厂房
      - 变压器场、高压开关站

图1-9　水电站的组成建筑物

(一)挡水建筑物

挡水建筑物是指用以截断水流,集中落差,形成水库的拦河坝、闸或河床式水电站的厂房等的水工建筑物。如混凝土重力坝、拱坝、土石坝、堆石坝及拦河闸等。

(二)泄水建筑物

泄水建筑物是指用以宣泄洪水或放空水库的建筑物。如开敞式河岸溢洪道、溢流坝、泄洪洞及放水底孔等。

(三)过坝建筑物

过坝建筑物主要指水电站枢纽中的船闸、过木、过鱼、排冰及排沙等建筑物。

(四)进水建筑物

进水建筑物是指从河道或水库按发电要求引进发电流量的引水道首部建筑物,如有压、无压进水口等。

(五)引水建筑物

引水建筑物是指向水电站输送发电流量的明渠及其渠系建筑物、压力隧洞、压力管道等。

(六)平水建筑物

平水建筑物是指在水电站负荷变化时用以平稳引水建筑物中流量和压力的变化,保证水电站调节稳定的建筑物。对有压引水式水电站为调压塔或调压井,对无压引水式水电站为渠道末端的压力前池。

(七)厂房枢纽建筑物

水电站厂房枢纽建筑物主要是指水电站的主厂房、副厂房、变压器场、高压开关站、交通道路及尾水渠等建筑物。这些建筑物一般集中布置在同一局部区域内形成厂区。厂区是发电、变电、配电、送电的中心,是电能生产的中枢。

本书主要研究水电站枢纽的进水、引水、平水及水电站厂房等建筑物,而其余的建筑物则在水工建筑物课程中讨论。

第二章　水轮机类型与构造

第一节　水轮机基本类型、特点、适用条件

一、水轮机的基本类型

水轮机是将水能转变为旋转机械能的动力设备。根据水能转换的特征，可将水轮机分为反击型和冲击型两大类。

(1)反击型水轮机，是将水流的压力势能和动能转变为机械能的水轮机，同时利用动能和势能进行工作，主要是利用水流的势能。

(2)冲击型水轮机，是将水流能量转换为高速水流的动能，再将其动能转换为机械能的水轮机，利用的是水流的动能。

为适应不同水电站的具体自然条件，各种类型水轮机按照其水流方向和工作特点不同，又有如下不同的型式：

- 水轮机
  - 反击型
    - 混流式
    - 轴流式(轴流定桨式、轴流转桨式)
    - 贯流式(贯流定桨式、贯流转桨式)
    - 斜流式
  - 冲击型
    - 水斗式(切击式)
    - 斜击式
    - 双击式

二、水轮机的特点及适用条件

(一)反击型水轮机的特点及适用条件

反击型水轮机的特点如下：

(1)水流流经转轮时，充满整个转轮叶片流道，利用水流对叶片的反作用力，即叶片正反面的压力差使转轮旋转；

(2)同时利用水流的势能和动能，主要是利用水流的势能；

(3)水轮机在工作过程中，转轮完全浸没在水中。

反击型水轮机根据水流流经转轮的方式不同分为混流式、轴流式、斜流式、贯流式四种，这几种不同型式水轮机的特点及适用条件如下。

1. 轴流式水轮机

水流沿轴向流入转轮，又沿轴向流出转轮，故称轴流式水轮机。水流进出转轮的方向平行于主轴，如图2-1(a)所示。轴流式水轮机根据轮叶结构不同，又可分为定桨式和转

桨式两种。

定桨式水轮机的轮叶是固定在转轮轮毂上的，不能转动，其结构简单，易制造，但在负荷变化时水轮机效率相差较大，故适用于水头(H)、流量(Q)变化不大的情况(工况较稳定)，适用水头通常为 3～40 m。

转桨式水轮机的轮叶是可以转动的，其叶片装置角度可适应负荷变化自动调节，以保证水轮机高效率运行，但结构复杂，价格较高，一般适用于负荷、流量和水位变化较大的大、中型水电站，适用水头一般为 3～80 m。

轴流式水轮机多用于低水头、大流量的河床式水电站，单机容量可由几十千瓦到几十万千瓦。我国水口水电站单机容量为 20 万 kW。

2. 混流式水轮机

水流沿辐向进入转轮，沿轴向流出转轮，称为混流式水轮机，又称为辐向轴流式水轮机，如图 2-1(b)所示。

混流式水轮机是当前应用最广泛的一种水轮机。水头范围 30～700 m，单机容量自几十千瓦至几十万千瓦。李家峡水电站单机容量为 40 万 kW，三峡水电站单机容量达 70 万 kW。

3. 斜流式水轮机

水流斜向流进、流出转轮，水流进出转轮的方向与水轮机主轴轴线斜交，故称为斜流式水轮机，如图 2-1(c)所示。其转轮轮叶能随工况变化而自动调节，兼有轴流转桨式水轮机运行效率高，混流式水轮机抗汽蚀性能好、强度高的优点。

斜流式水轮机适用水头范围 40～200 m，由于具有可逆性，可作为水泵—水轮机使用，广泛地用于抽水蓄能电站。因其结构复杂，很少用于小型水电站。

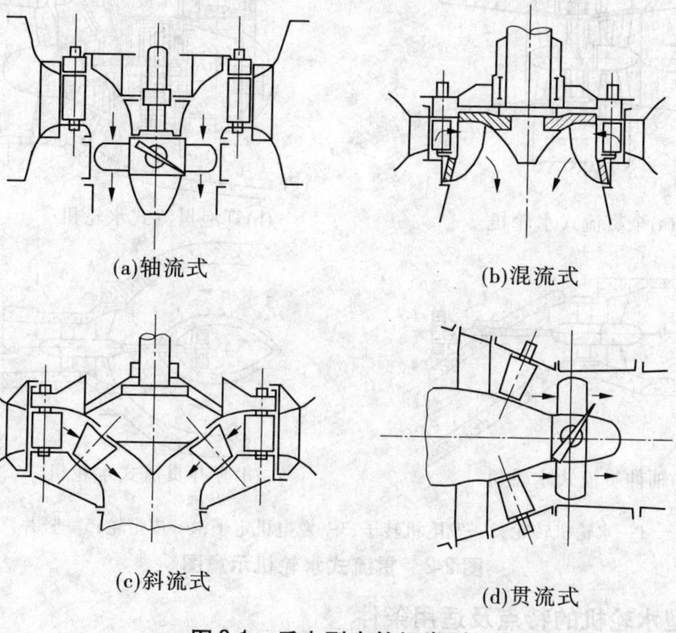

图 2-1　反击型水轮机类型

4. 贯流式水轮机

水流由管道进口到尾水管出口均为轴向流动，转轮与轴流式水轮机相同，只不过水轮机主轴装置成水平或倾斜，且不设置蜗壳，使水流沿轴向直贯流入、流出水轮机，故称为贯流式水轮机，如图 2-1(d)所示。根据发电机装置方式不同，此种水轮机又可分为全贯流式和半贯流式；根据转轮轮叶能否改变，又可分为贯流转桨式和贯流定桨式。

全贯流式水轮机，发电机转子安在转轮外缘，如图 2-2(a)所示。优点为水力损失小，过流量大，结构紧凑，但密封不易，应用较少。

半贯流式水轮机又可分为灯泡式、轴伸式、竖井式。

灯泡贯流式水轮机，将发电机布置在灯泡形密闭壳体内，并与下游的水轮机直接连接，如图 2-2(b)所示。此型式厂房结构紧凑，流道平直，水力效率较高，功率大，但通风、维修、冷却较困难，低水头水电站采用较多。

轴伸贯流式水轮机，水轮机主轴伸出尾水管外，并和尾水管外的发电机相连接，如图 2-2(c)所示。这种型式将降低水力效率，但通风、冷却、维护方便，多用于小型水电站中。

竖井贯流式水轮机，发电机布置在竖井内，水轮机布置在竖井下游，上游来水在竖井处被分成两半绕流进入水轮机转轮。水流过井时分流，过井后又合流，如图 2-2(d)所示。

贯流式水轮机过流能力较好，多用于河床式与潮汐式水电站，适用水头范围 2 ~ 30 m，单机容量由几千瓦到几万千瓦。

贯流定桨式、转桨式与轴流定桨式、转桨式相近，可参见前述内容。

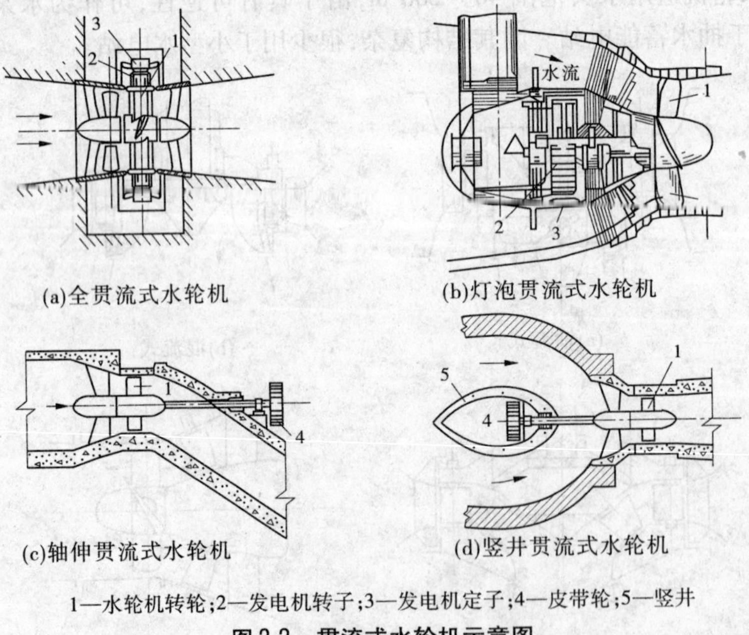

1—水轮机转轮；2—发电机转子；3—发电机定子；4—皮带轮；5—竖井

图 2-2　贯流式水轮机示意图

(二)冲击型水轮机的特点及适用条件

冲击型水轮机主要由喷嘴、折向器、转轮和机壳组成，喷嘴将水能全部转化为动能形成自由射流，冲击转轮转动，进而使水能转换为旋转机械能。其特点如下：

(1)转轮工作过程中，喷嘴射流冲击部分斗叶，转轮的一部分接触水流；

(2)转轮在大气压下工作；

(3)水轮机依靠喷嘴的射流冲击力使转轮转动，利用的是水流的动能。

冲击型水轮机按射流冲击转轮的方式不同，可分为水斗式（切击式）、斜击式和双击式三种。

1. 水斗式水轮机(切击式水轮机)

转轮上装有水斗，故称为水斗式水轮机；射流位于转轮的转动平面内，沿转轮圆周切线方向冲击斗叶，故又名切击式水轮机，如图 2-3(a)所示。

适用的水头范围为 40 ~ 2 000 m，用于小型水电站，一般常用的水头范围为 40 ~ 800 m。1998 年瑞士兴建的克留逊(Cleuson)水电站，安装 3 台各 40 万 kW 冲击式机组，最高水头 1 883 m。中国最高的水斗式水轮机在天湖水电站，水头高达 1 022.4 m。

2. 斜击式水轮机

喷嘴射流方向与转轮旋转平面斜交，射流自转轮侧冲击转轮，故称斜击式，如图 2-3(b)所示。

斜击式水轮机适用水头范围为 50 ~ 400 m，最大单机容量一般不超过 400 kW，故只适用于小型水电站。

3. 双击式水轮机

水流由喷嘴射到转轮一侧的轮叶上，由轮叶外缘流向转轮中心，而后水流穿过转轮内部空间再一次冲击到另一侧轮叶上，沿轮叶流向外缘，最后以很小的流速离开转轮，水流两次冲击转轮，故称双击式，如图 2-3(c)所示。

双击式水轮机适用的水头范围为 6 ~ 150 m，最大的单机容量一般不大于 300 kW，所以只适用于小型水电站。

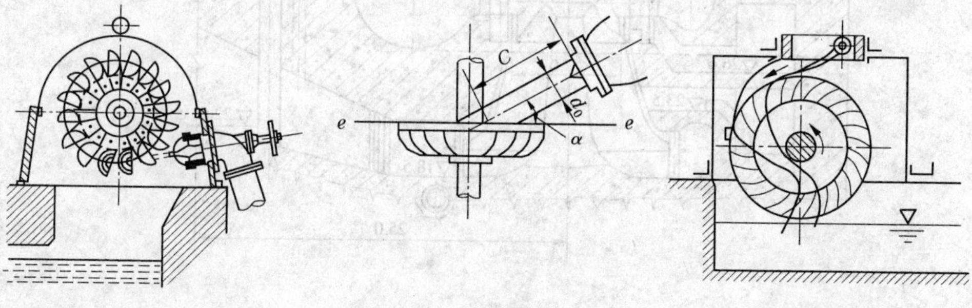

(a)水斗式(切击式)　　(b)斜击式　　(c)双击式

图 2-3　冲击型水轮机类型

三、水轮机新机型及新技术

近年来水轮机出现了一些新的结构型式，如辐向转桨混流式水轮机、双叶片转桨式水轮机、双转轮混流式水轮机，如图 2-4 ~ 图 2-6 所示。

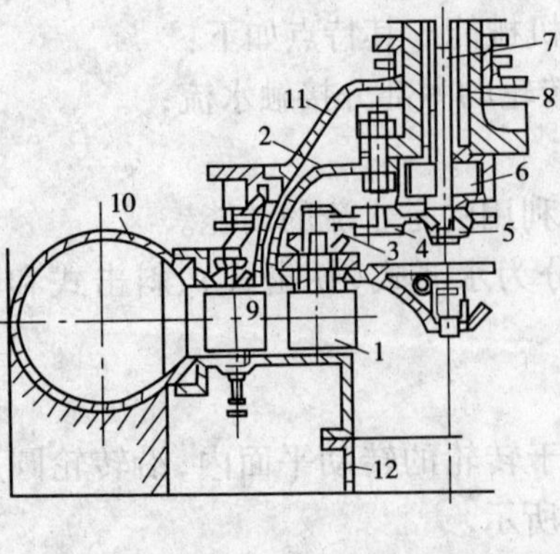

1—轮叶;2—套筒;3—拐臂;4—连杆;5—控制环;
6—接力器;7—油管;8—空心轴;9—导水机构;
10—蜗壳;11—顶盖;12—尾水管

图 2-4　辐向转桨混流式水轮机

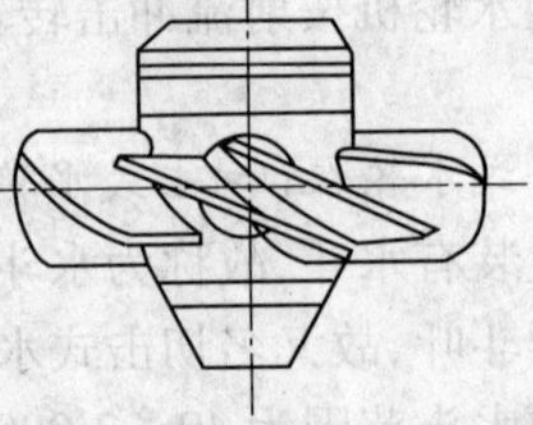

图 2-5　双叶片转桨式水轮机

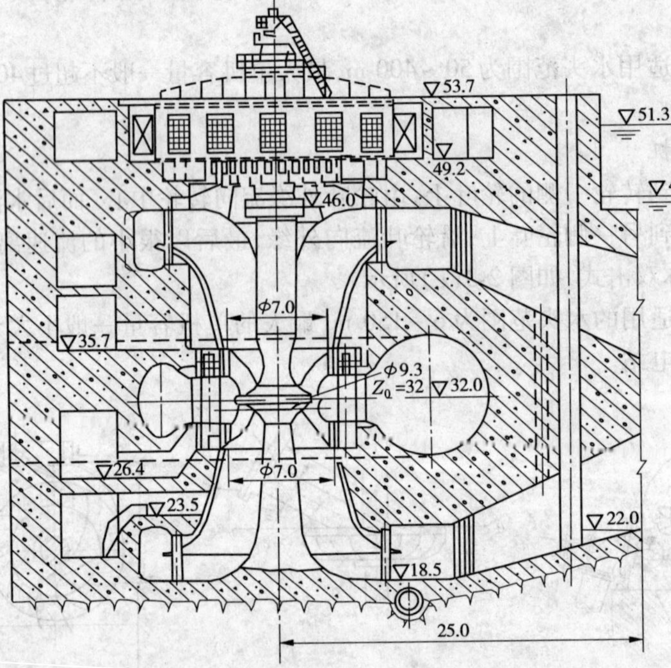

图 2-6　双转轮混流式水轮机　(单位:m)

此外,国内外相继研发出了一些新技术,以提高各类水轮机的使用水头,进一步有效地发挥水轮机的潜力。如 48 m 水头级的灯泡式、90 m 水头级的轴流式及 600 m 水头级的混流式水轮机的出现,反映了新型水轮机的发展趋势。但各类水轮机在高水头范围的使用,必然给强度、汽蚀、磨损及振动等方面带来许多新问题,这也给水轮机的结构设计和制造提出了新的课题。

第二节　反击型水轮机的主要过流部件

反击型水轮机的主要过流部件（沿水流方向从进口到出口）有：引水部件（蜗壳）、导水部件（座环与导叶）、工作部件（转轮）、泄水部件（尾水管）。为保证其正常运行和功率输出，还有其他部件，如主轴、轴承、顶盖、止漏装置等。

一、混流式水轮机的主要部件

（一）工作部件——转轮

转轮是水轮机的核心部件，水能是通过转轮转变为机械能的。因此，转轮的形状、加工工艺、轮叶数目等对水轮机的性能、结构、尺寸起决定性的作用。

转轮由上冠1、下环2、叶片3组成，如图2-7所示。转轮叶片均匀分布在上冠与下环之间，轮叶上端固定于转轮上冠，下端固定于转轮下环。轮叶呈扭曲形，各轮叶间形成狭窄的流道。轮叶数目、形状都会直接影响水轮机的性能，一般轮叶的数目为12～20片。上冠上端与水轮机主轴相连，下端装有泄水锥。泄水锥用来引导水流平顺地形成轴向流动，减小水力损失和振动。

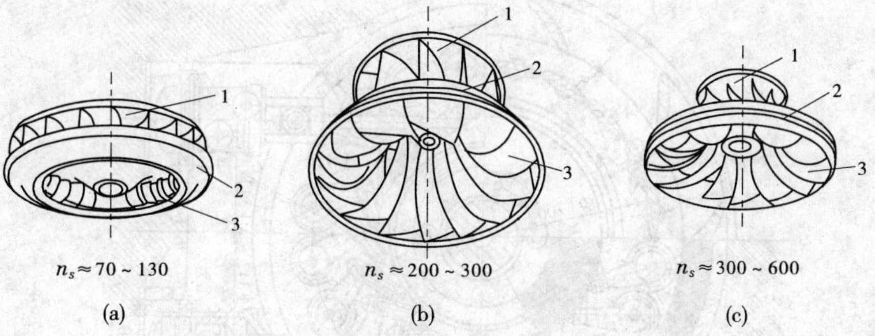

1—上冠；2—下环；3—叶片

图2-7　混流式转轮的形状

混流式水轮机转轮为适应不同水头和流量的要求，其形状不同。以 D_1 表示转轮进水口最大直径，D_2 表示出水口最大直径，进水口高度用 b_0 表示，如图2-8所示。

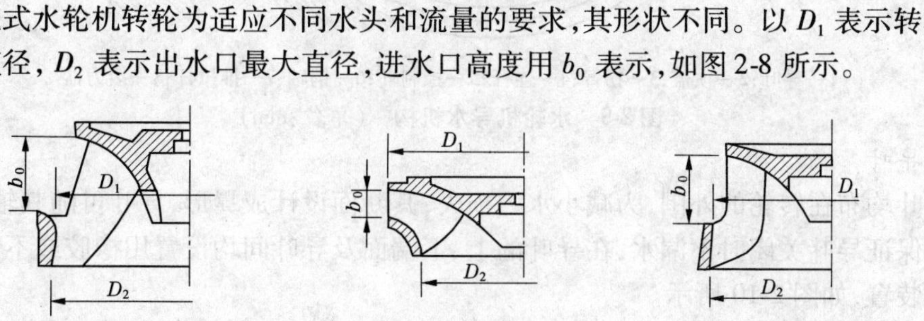

图2-8　混流式水轮机转轮剖面图

低水头，大流量，水轮机转轮所需进水和出水断面较大，则所用转轮的 b_0、D_2 大，如

图 2-8(a)所示。

高水头,流量较小,所需进水和出水断面均较小,故所用转轮的 b_0、D_2 均较小,如图 2-8(b)所示。

中水头所需转轮介于上述两者之间,如图 2-8(c)所示。

为减少漏水,转轮与固定部件之间设有止漏装置。为减小作用于轮毂端面的轴向水压力,轮毂上还设有减压孔,将漏到端面的水经减压孔排至尾水管。

(二)导水部件——导水机构

导水部件的主要作用为:根据机组负荷变化来调节进入水轮机转轮的流量,以达到改变水轮机输出功率与外界负荷平衡的目的,并引导水流按一定的方向进入转轮,形成一定的速度矩。

导水部件由流线型的导叶及其转动机构(包括转臂、连杆、销钉、控制环等)组成,如图 2-9 所示。导叶轴上装有转臂,用连杆与控制环相接,当控制环顺时针转动,带动所有转臂转动时,又带动导叶沿同一方向关闭,有效过流断面减小,过流流量减小;反之,则打开,流量增大。控制环转动由油压接力器来操作,控制环一般布置在水轮机顶盖上,小型水轮机也可布置在进水室(明槽、蜗壳)内。

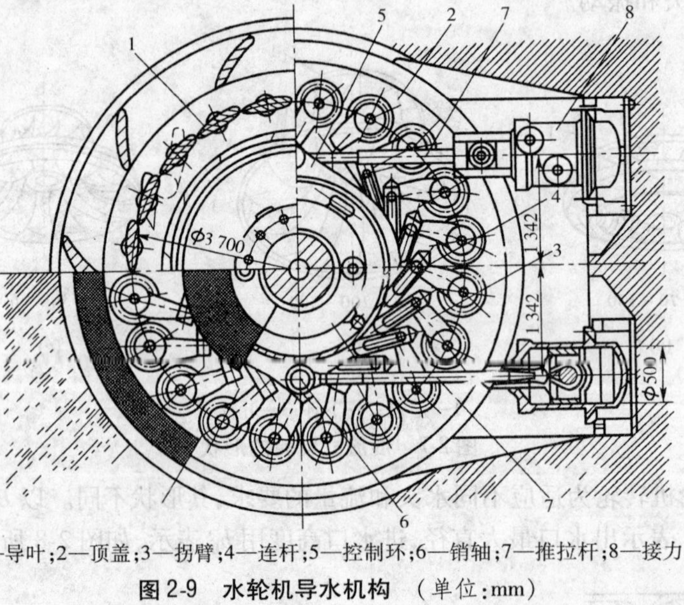

1—导叶;2—顶盖;3—拐臂;4—连杆;5—控制环;6—销轴;7—推拉杆;8—接力器

图 2-9 水轮机导水机构 (单位:mm)

1. 导叶

导叶均布在转轮的外围,为减小水力损失,其断面设计成翼形,导叶可随其轴转动。

为保证导叶关闭时不漏水,在导叶的上、下端面及导叶间均设置用橡胶或不锈钢制成的止漏装置,如图 2-10 所示。

2. 座环

座环位于蜗壳(引水部件)与导水机构之间,由上环、下环和若干流线型立柱组成,如图 2-11 所示。座环是水轮机的过流部件,又是水轮机的承重部件,机组安装后,座环顶部承受着发电机混凝土机墩及其传来的部分荷载,其外缘与蜗壳焊接,故座环在整个水轮机中起着骨架作用——承重，并把所承受的荷载传递到下部基础上去。因此，设计时座环要有足够的强度和刚度。

为了减小水力损失，座环中立柱断面为流线型，高度等于导叶高度 b_0，数目一般为导叶数目的一半。

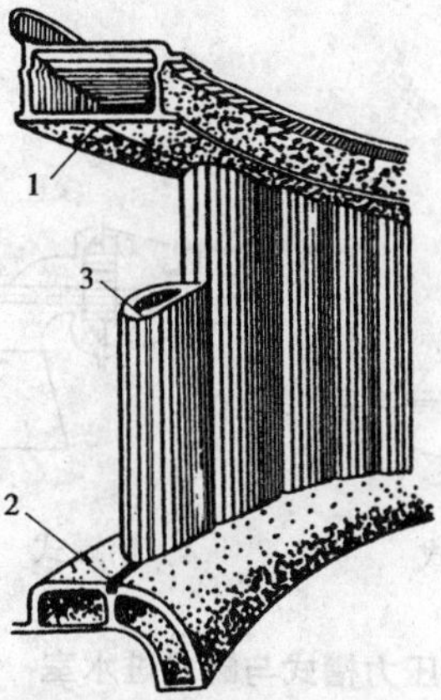

1、2—端面密封；3—立面密封

图 2-10　导叶密封

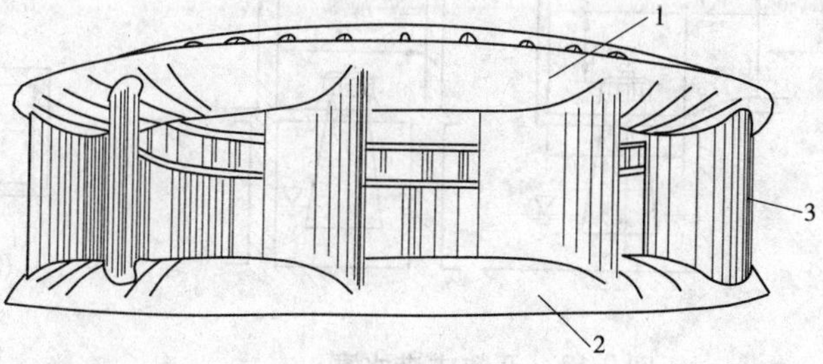

1—上环；2—下环；3—固定导叶

图 2-11　水轮机座环

3. 导水部件主要参数

（1）导叶数目 z_0：一般与水轮机直径 D_1 有关，当 $D_1=1.4\sim2.25$ m 时，$z_0=16$；当 $D_1=2.5\sim7.5$ m 时，$z_0=24$。

（2）导叶高度 b_0：是一与水轮机过水数量有关的参数。混流式水轮机 $b_0=(0.1\sim0.39)D_1$，轴流式水轮机 $b_0=(0.35\sim0.45)D_1$。

（3）导叶转轴的圆周直径 D_0：应使导叶在最大开度 a_{0max} 时不碰到转轮叶片。

（4）导叶开度 a_0：相邻两导叶之间的最短距离，如图 2-12 所示。

座环外径 D_a 和内径 D_b 与转轮直径 D_1 的关系为：混凝土蜗壳 $D_a/D_1=1.5\sim1.55$，$D_b/D_1=1.3\sim1.35$；金属蜗壳 $D_a/D_1=1.55\sim1.64$，$D_b/D_1=1.33\sim1.37$。

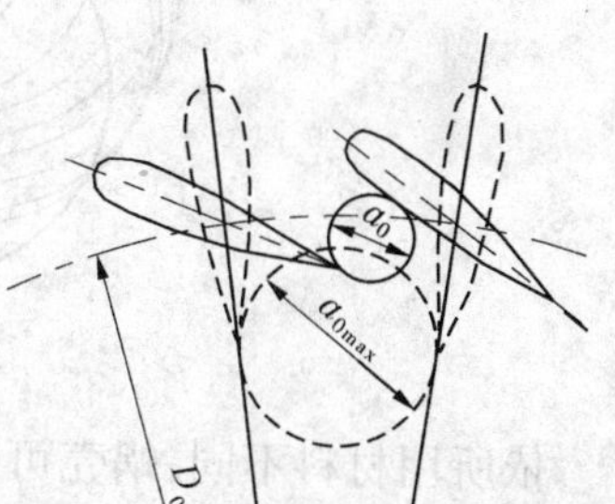

图 2-12　导叶的开度

（三）引水部件——蜗壳

1. 水轮机进水室的功用、类型及适用条件

水轮机的引水部件又称为引水室，其功用是将水流均匀、平顺、轴对称地引向水轮机的导水机构，进入转轮。

为适应不同条件，水轮机的引水室有开敞式与封闭式两大类。

（1）开敞式（明槽式）。水轮机导水机构外围为一开敞式矩形或蜗形的明槽，槽中水流具有自由水面，其外形如图 2-13 所示。其断面可为方形、蜗形，结构简单、施工方便，但由于地球自传，产生离心力，水流旋转进入转轮时带有空气，易形成真空，发生汽蚀，适用于低水头、转轮直径小于 2 m 的小型电站。因强度要求不高，材料用混凝土、浆砌石。

(2)封闭式。封闭式进水室中水流不具有自由水面，常见的有压力槽式、罐式、蜗壳式三种。

①压力槽式适用于水头为 8 ~ 20 m 的小型水轮机，如图 2-14(a)所示。

②罐式只适用于水头为 10 ~ 35 m、容量小于 1 000 kW 的机组，如图 2-14(b)所示。

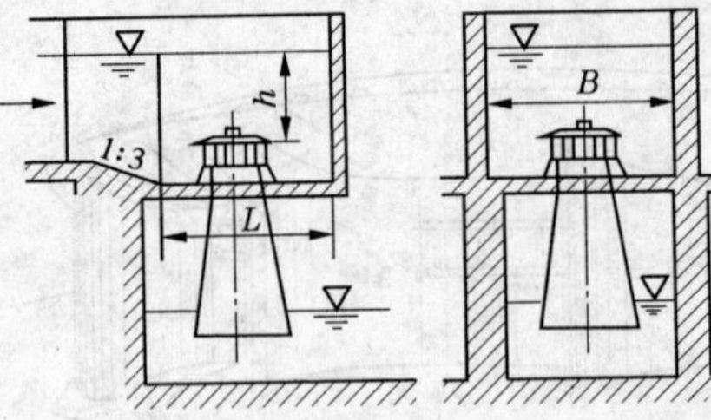

图 2-13　开敞式进水室

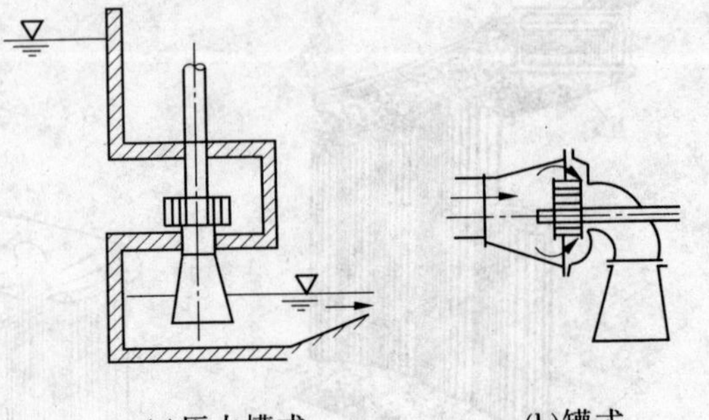

(a)压力槽式　(b)罐式

图 2-14　压力槽式与罐式进水室

③蜗壳式引水室，由于其平面形状像蜗牛壳，故常简称为蜗壳，如图 2-15 所示。蜗壳断面从进口到尾端逐渐减小，能使水流在进入导水机构前形成一定环流，且沿圆周均匀轴对称地进入导水机构，水力损失小，且蜗壳结构紧凑，可减小厂房尺寸，降低土建投资，因此被广泛应用。

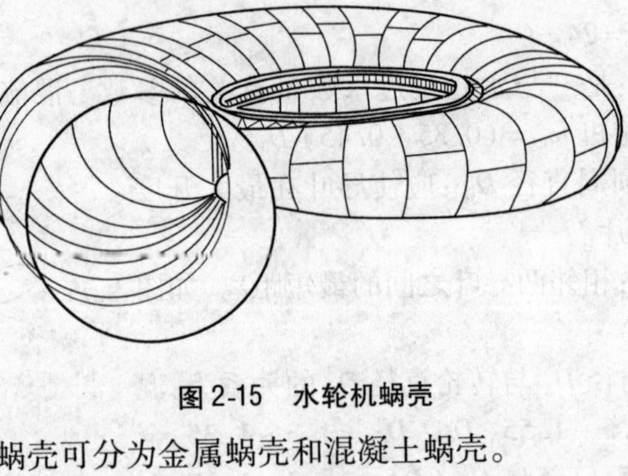

图 2-15　水轮机蜗壳

依所用材料不同，蜗壳可分为金属蜗壳和混凝土蜗壳。

金属蜗壳由铸铁、铸钢或钢板焊成，适用于较高水头（$H > 40$ m）的水电站和小型卧式机组。金属蜗壳形状如图 2-16 所示。

混凝土蜗壳一般适用于水头在 40 m 以下的大流量水电站，因水头较大时，只用混凝土材料不满足抗渗要求，需要在混凝土中加钢板衬砌防渗，同时为满足强度要求还需在混凝土中布置大量钢筋，则造价高，不经济。此外，由于流量大，若采用金属蜗壳，由于蜗壳平面尺寸较大，可能会增加厂房尺寸，从而增加厂房投资，但混凝蜗壳过水流条件比金属蜗壳稍差。其形状如图 2-17 所示。

2. 蜗壳主要参数选择

蜗壳主要参数有：蜗壳包角、蜗壳断面形状和蜗壳进口断面流速。

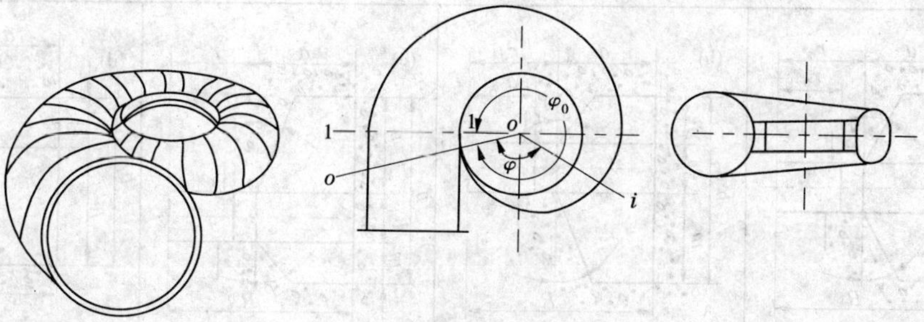

图 2-16　金属蜗壳

(1)蜗壳包角 φ_e。以蜗壳鼻端(尾端)断面为起点到蜗壳进口断面(垂直于压力管道轴线的断面)之间的夹角 φ_e 称为蜗壳的包角。包角的大小直接影响蜗壳的平面尺寸。包角大时(接近360°),水轮机的流量全部经蜗壳进口断面进入水轮机,则进口断面较大;包角较小时,部分流量直接进入导水机构,经进口断面进入水轮机的流量减少,进口断面尺寸减小,包角为180°时蜗壳宽度最小。

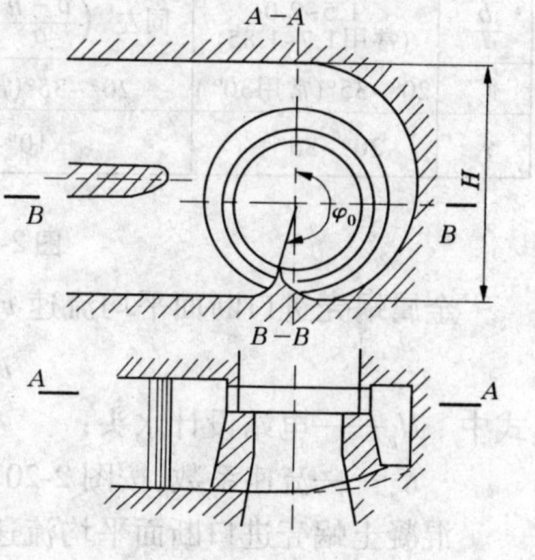

图 2-17　混凝土蜗壳

金属蜗壳由于过流量较小,蜗壳的外形尺寸对水电站厂房的尺寸和造价影响不大,故为了获得良好的水力性能,包角常采用345°。

混凝土蜗壳由于过流量较大,为减小蜗壳的平面尺寸,一般采用 $\varphi_e = 180° \sim 270°$,常用180°。

(2)蜗壳的断面形状及其变化规律。金属蜗壳断面形状均为圆形,如图 2-18(a)所示。

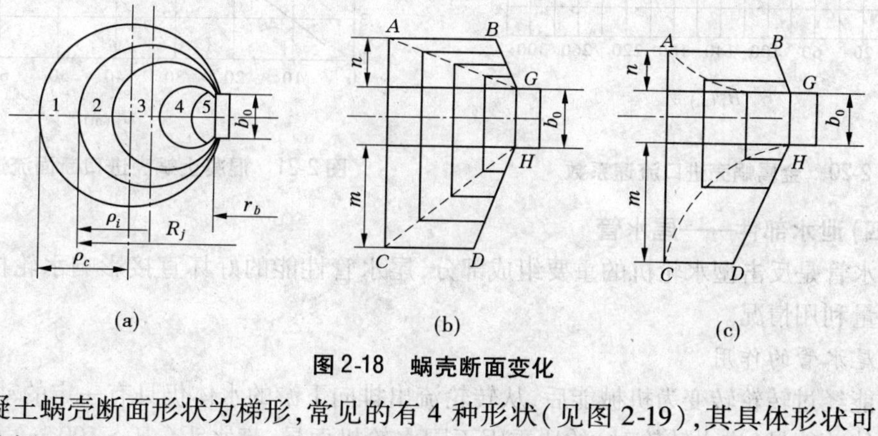

图 2-18　蜗壳断面变化

混凝土蜗壳断面形状为梯形,常见的有 4 种形状(见图 2-19),其具体形状可根据厂房布置选择。为减小蜗壳平面尺寸,通常选择 $b > a$。

(3)蜗壳进口断面平均流速 v_e。蜗壳进口断面平均流速 v_e 是蜗壳水力计算中需确定的一个重要参数,同流量下,流速大,断面尺寸小,但蜗壳中的水力损失大;流速小,断面尺寸大,电站投资增加,但其水力损失小。故应合理确定蜗壳进口断面平均流速。

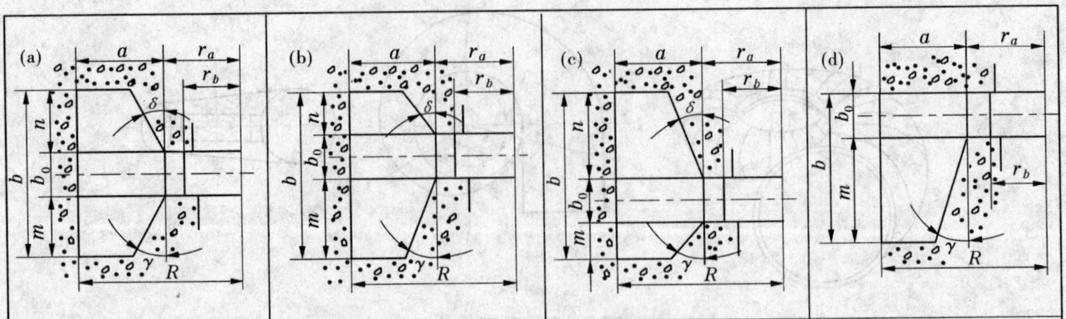

形状	对称形（$m=n$）	下伸形（$m>n$）	上伸形（$m<n$）	平顶形（$n=0$）
$\frac{b}{a}$	1.5~2.0 (常用1.7~1.85)	同左，$\left(\frac{b-n}{a}=1.2\sim1.85\right)$	同左，$\left(\frac{b-m}{a}=1.2\sim1.85\right)$	1.5~1.8
δ	20°~35°(常用30°)	20°~35°(常用30°)	20°~35°(常用30°)	
γ	20°~35°	10°~20°	20°~35°	10°~15°

图 2-19 混凝土蜗壳的断面形状

金属蜗壳进口断面平均流速 v_e 可按下列经验公式确定

$$v_e = K_e\sqrt{H_p} \quad (\mathrm{m/s}) \tag{2-1}$$

式中 H_p——电站设计水头；

K_e——流速系数，按图 2-20 查取。

混凝土蜗壳进口断面平均流速 v_e 可根据 H_p 值直接由图 2-21 查得。

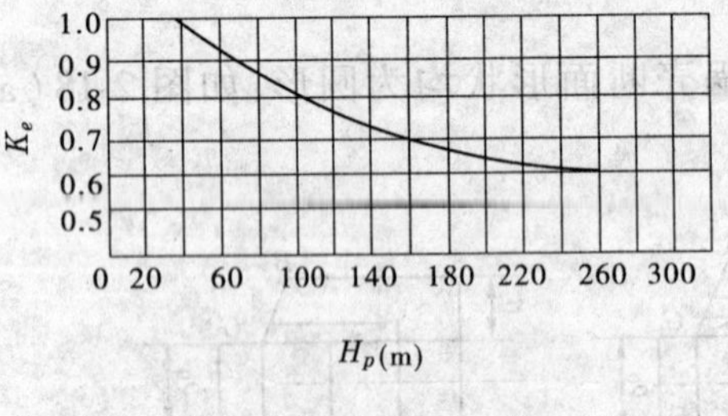

图 2-20 金属蜗壳进口流速系数

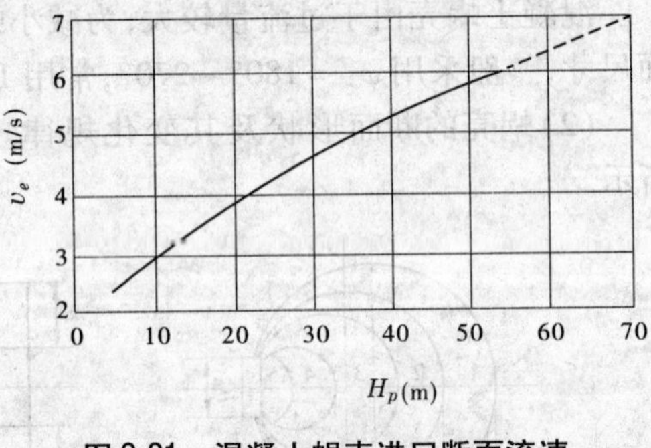

图 2-21 混凝土蜗壳进口断面流速

(四)泄水部件——尾水管

尾水管是反击型水轮机的重要组成部分，尾水管性能的好坏直接影响水轮机的效率及其能量利用情况。

1. 尾水管的作用

水能经过转轮转变为机械能后，从转轮流出排向下游的水体仍具有一定的动能，此能量占水体总能量（进入转轮时）的比重因不同水轮机而异，高水头（$H>100$ m）水轮机小于 10%，低水头水轮机能达到 40% ~50%。为了尽量利用这部分能量，而在水轮机转轮下部装一尾水管。尾水管的作用如下：

（1）将通过水轮机的水流泄向下游；

(2)转轮装置在下游水位之上时，能利用转轮出口与下游水位之间的势能；

(3)回收利用转轮出口的大部分动能。

一般地，以动能利用系数 η_d 来表示尾水管利用转轮出口动能的相对数，又称为尾水管效率，它反映了尾水管性能的好坏。尾水管型式不同，其动能利用系数不同，差别比较大，一般为 0.4 ~0.85。

$$\eta_d = \left(\frac{\alpha_2 v_2^2 - \alpha_5 v_5^2}{2g} - \Delta h_{2-5}\right) / \frac{\alpha_2 v_2^2}{2g} \qquad (2\text{-}2)$$

2. 尾水管的型式和尺寸

尾水管的型式有直锥型、弯管直锥型、弯曲型三种。

(1)直锥型尾水管。尾水管为一扩散的圆锥管，是一种结构简单且性能好的型式，但尾水管过长时，会增加厂房下部开挖量，常用于小型水电站，如图 2-22 所示。

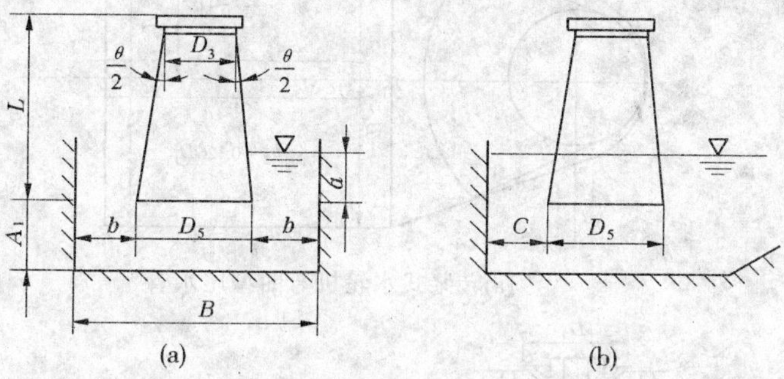

图 2-22　直锥型尾水管及其尾水室尺寸

(2)弯管直锥型尾水管。此种型式由弯管和直锥管两部分组成，如图 2-23 所示，直锥段与转轮出口之间有一弯管段，即水流从转轮出来进直锥段前必过弯管，则其水力损失大，效率较低，结构简单，常用于小型卧轴混流式水轮机。一般与水轮机配套生产。

(3)弯曲型尾水管(弯肘型)。此型式尾水管由锥管段(也称圆锥段)、弯管段(肘管)、水平扩散段三部分组成，如图 2-24 所示。此型式多用于大、中型水轮机。

①锥管段。断面为圆形，其作用是扩散水流，降低弯管入口流速，减小弯管段水头损失。

②弯管段。弯管段又名肘管，是尾水管中几何形状最复杂的一段，该断面形状由圆形过渡到矩形，将水流由垂直方向改变为水平方向，且使水流在水平方向扩散，以便与水平扩散段相连。

③扩散段。其为一矩形扩散段，一般宽度 B 不变，底板水平，顶板上翘，仰角 α 为 10° ~13°。其作用是进一步扩散水流，减小出口流速。

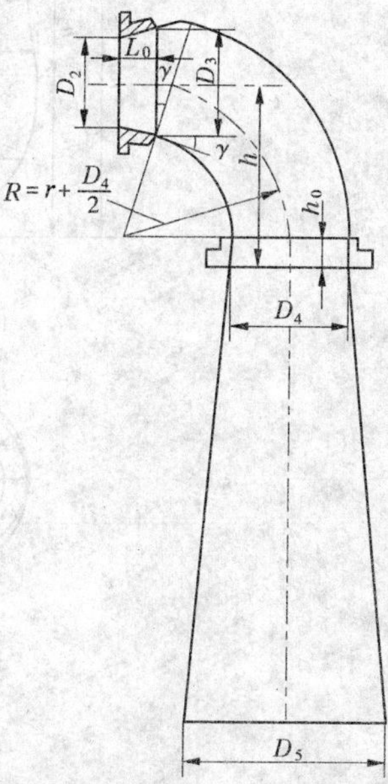

图 2-23　弯管直锥型尾水管

当出口较宽时，为改善顶板受力条件可加设中墩，但加中墩后应保证尾水管出口净宽

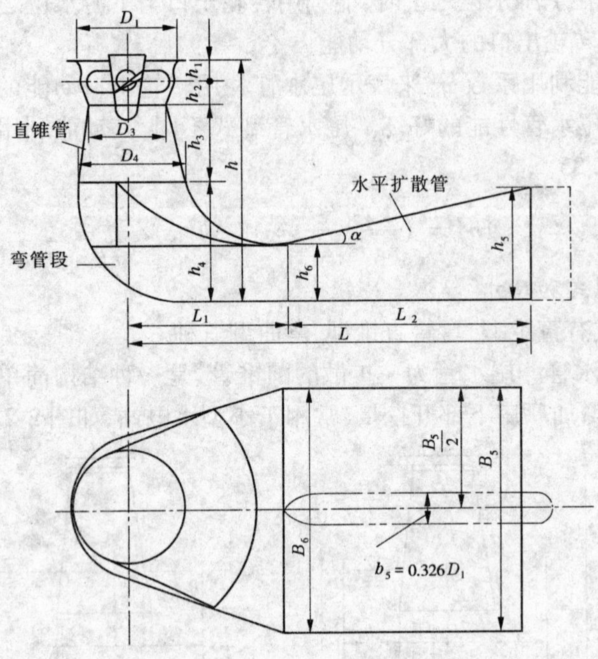

(a)转桨式水轮机弯曲型尾水管

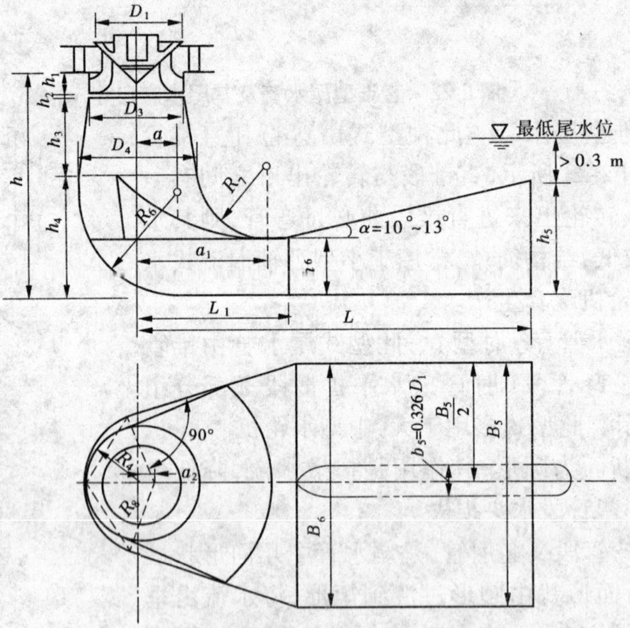

(b)混流式水轮机弯曲型尾水管

图 2-24　弯曲型尾水管

不变。当出口宽度大于 10 ~ 12 m 时,应设中墩,见图 2-25。

尾水管高度为水轮机导水机构下环顶面至尾水管底板平面的高度。

注意:不管什么型式的尾水管,其出口断面最高点均应在下游最低水位以下 0.3 ~

0.5 m，以防进气。

我国水轮机型号已标准化、系列化，每种型号的转轮都有配套的尾水管，推荐的标准系列尾水管尺寸见附录一。

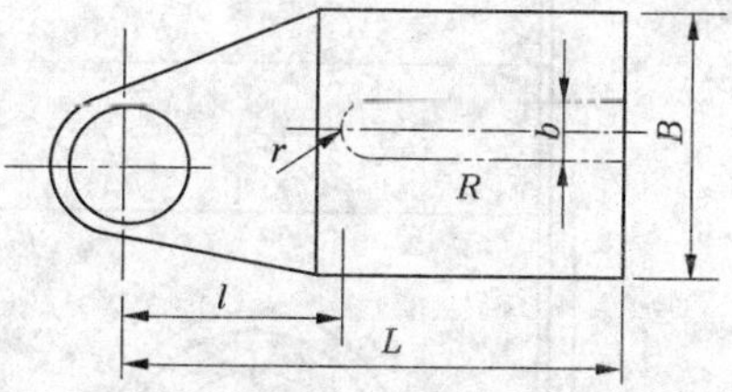

图 2-25　尾水管扩散段中加中墩

二、轴流式水轮机的主要部件

轴流水轮机的一些零部件与混流式水轮机基本相同，主要区别在于转轮，轴流式水轮机转轮如图 2-26 所示。它由轮毂 1、轮叶 2、泄水锥 3 组成。轮叶数目一般为 3～8 片，数目随水头增加而增加。

轴流式水轮机分为定桨式和转桨式两种。定桨式水轮机轮叶固定在轮毂上（焊接在轮毂上或与轮毂整体铸造），工作过程中，叶片装置角不能改变，叶片形状为扭曲面，轮叶厚度从边到根逐渐加厚。转桨式水轮机在工作过程中，叶片装置角可随水流变化而调整，叶片旋转角度称为轮叶的转角（φ），规定设计工况 $\varphi=0°$。φ 的一般范围为 $-15°$ ～ $+20°$，开启方向为“+”，关闭方向为“−”。转桨式水轮机轮叶的转动由布置在轮毂内的传动机构通过油压来操纵，其动作由调速器自动控制。其原理如图 2-27 所示。当压力油进入活塞 8 的上方，就推动活塞下移，带动活塞杆 9 使操作架下移，与操作架相连的连杆 6 拉动转臂 5 的右端下移，再通过枢轴 2 带动叶片旋转，使叶片开度加大（φ 增加）；反之，活塞上移则叶片开度减小（φ 减小）。轴流转桨式水轮机构造如图 2-28 所示。

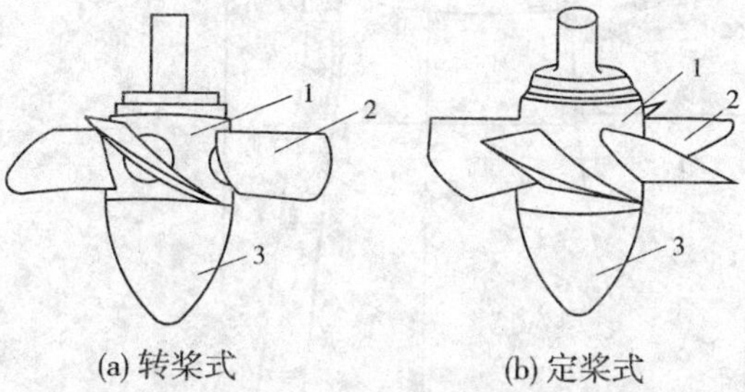

1—轮毂；2—轮叶；3—泄水锥

图 2-26　轴流式水轮机转轮

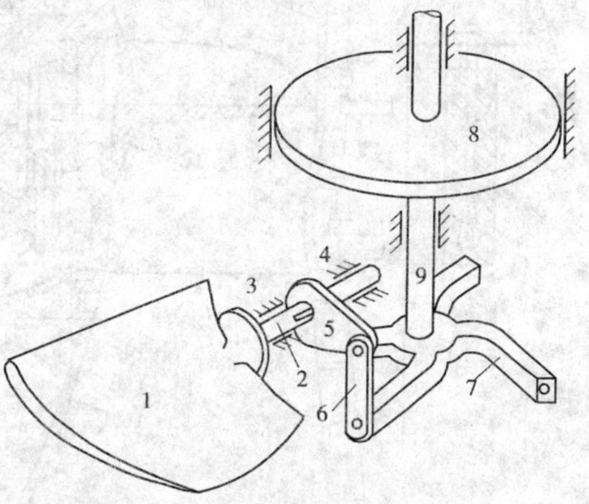

1—叶片；2—枢轴；3、4—轴承；5—转臂；6—连杆；7—操作架；8—活塞；9—活塞杆

图 2-27　转桨机构示意图

三、斜流式水轮机主要部件

斜流式水轮机是介于轴流式和混流式水轮机之间的一种型式，故其结构既与轴流式有相似处，又与混流式有相似处，其蜗壳、导水机构与混流式水轮机相同，叶片的转动机构与轴流转桨式水轮机基本相同。不同的是斜流式水轮机叶片数目较多（8～15 片），叶片转动轴线与水轮机轴线成锐角相交（交角 30°～60°），水头愈大交角愈小。

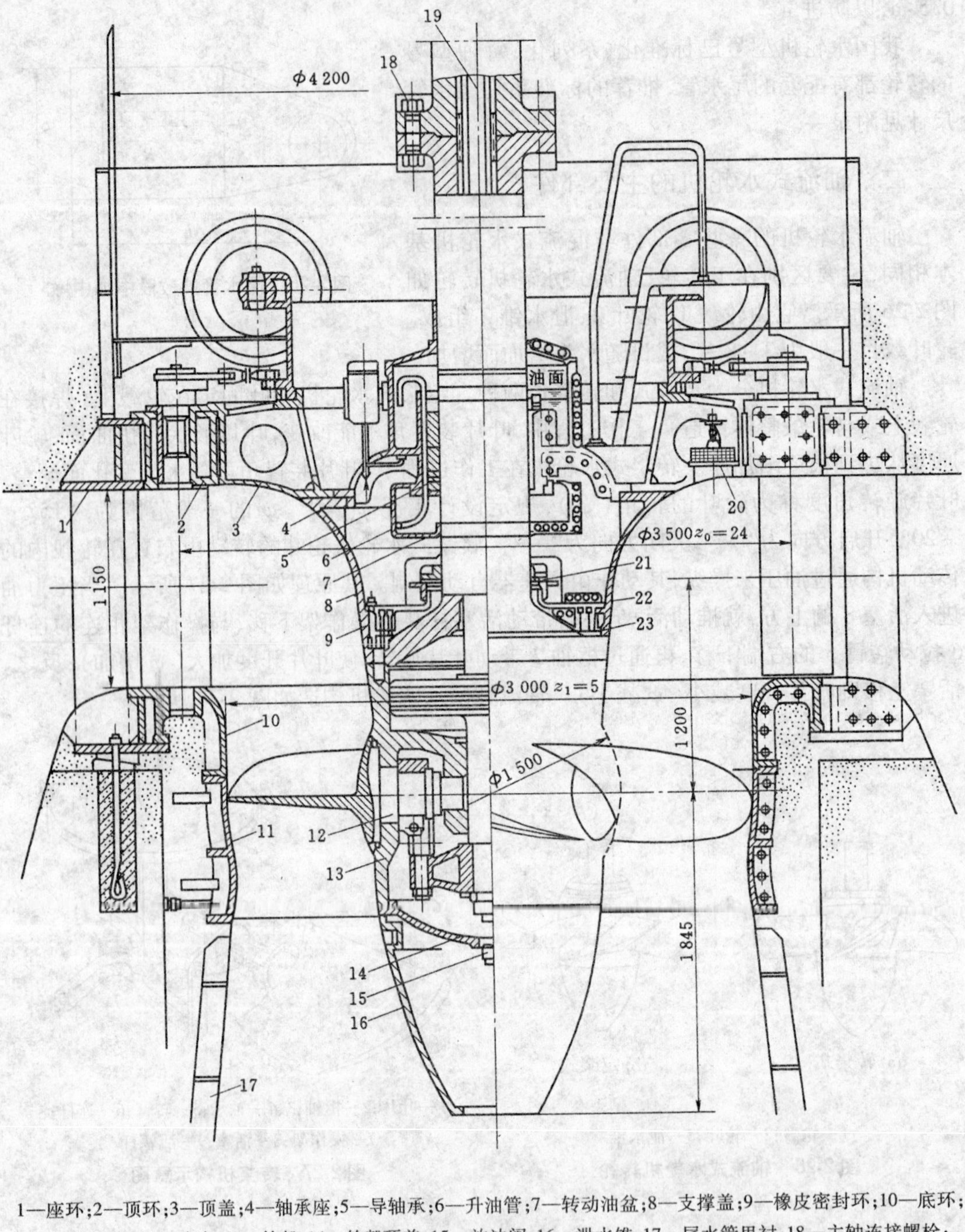

1—座环;2—顶环;3—顶盖;4—轴承座;5—导轴承;6—升油管;7—转动油盆;8—支撑盖;9—橡皮密封环;10—底环;11—转轮室;12—叶片;13—轮毂;14—轮毂顶盖;15—放油阀;16—泄水锥;17—尾水管里衬;18—主轴连接螺栓;19—操作油管;20—真空破坏阀;21—碳精密封;22、23—梳齿形止漏环

图 2-28　轴流转桨式水轮机构造图　(单位:mm)

由于斜流式水轮机轮叶装置角可调整且数目较多,故其适应的水头和流量变化范围较大,比混流式水轮机更能适应负荷变化,如图 2-29 所示。

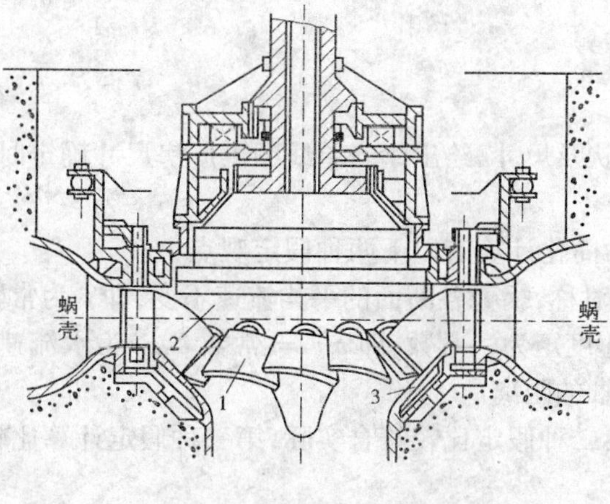

1—叶片；2—轮毂；3—转轮室

图 2-29　斜流式水轮机示意图

四、贯流式水轮机

这是一种由轴流式水轮机发展而来的机型，实质上亦是轴流式水轮机。两者的区别：一是贯流式没有蜗型进水室、弯曲型尾水管；二是贯流式的轴为卧轴，其引水管、导水机构、转轮、尾水管均布置在一直线上。贯流式水轮机亦可分为定桨、转桨两种。

贯流式水轮机水流为直线（轴向），不转弯，则其水力损失小，效率高，可达 90% ~ 92%，过流能力强，且尺寸小。贯流式水轮机多用于低水头的河床式水电站、潮汐式水电站，如图 2-30 所示。

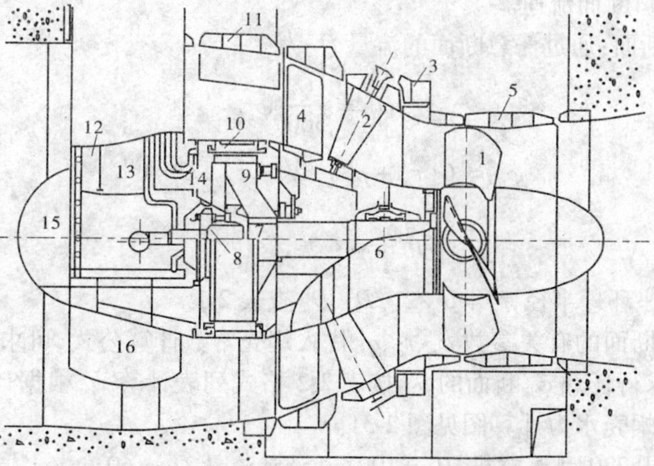

1—转轮；2—导水机构；3—调速环；4—后支柱；5—转轮室；6、7—导轴承；8—推力轴承；9—发电机转子；10—发电机定子；11、13—检修进人孔；12—管道通道；14—母线通道；15—发电机壳体；16—前支柱

图 2-30　灯泡式贯流机组

五、蜗壳水力计算

(一)目的

确定蜗壳断面形状及尺寸，绘出蜗壳单线图供厂房尺寸确定时参考。

(二)假定

实际流速复杂，为简化计算有以下两种假定观点：

(1)水流均匀、轴对称，蜗壳各断面的平均流速不变，即 v 为常数；

(2)蜗壳中水流速度矩为一常数，即 $v_u r$ = 常数 k，v_u 为水流速度的切向分速，r 为计算点处水流质点与转轴的距离。

实验结果表明，第二种假定比较符合实际，第一种假定计算比较简单。这里只介绍第二种假定的计算。

(三)水力计算(已知 Q_0、H_p、D_1、b_0)

1. 金属蜗壳外形尺寸确定

因金属蜗壳多采用圆形断面，只要确定 Q、v 就可确定断面面积 F，再利用圆面积的计算公式就可知道其断面半径。

(1)进口断面：进口断面的面积 F_e 和半径 ρ_e 的计算式为

$$F_e = \frac{Q_0\varphi_e}{360°v_e} \tag{2-3}$$

$$\rho_e = \sqrt{\frac{Q_0\varphi_e}{360°\pi v_e}} \tag{2-4}$$

式中 Q_0——水轮机设计流量；

φ_e——蜗壳包角；

v_e——进口断面流速。

(2)任意断面：通过任意断面的流量 Q_i 为

$$Q_i = \frac{Q_0}{360°}\varphi_i$$

$$\varphi_i = C[r_a + \rho_i - \sqrt{r_a(r_a + 2\rho_i)}] \tag{2-5}$$

或

$$\rho_i = \frac{\varphi_i}{C} + \sqrt{2r_a\frac{\varphi_i}{C}} \tag{2-6}$$

式中，r_a 为座环外半径，$r_a = D_a/2$。D_a、D_b 查表 2-1。

将蜗壳进口断面的有关参数 φ_e、r_a、ρ_e 代入蜗壳常数计算公式，可求出蜗壳常数 C，再应用式(2-6)可求得任意 φ_i 断面的 ρ_i，按表 2-2 格式列表计算 r_i，根据计算结果可绘出蜗壳单线图。金属蜗壳水力计算图见图 2-31。

【例 2-1】 HL220 型水轮机，$H_p = 100$ m，设计流量 $Q_0 = 60$ m^3/s，转轮标称直径 $D_1 = 2.5$ m，导叶高度 $b_0 = 0.625$ m，选蜗壳并绘蜗壳单线图及典型剖面图。

解：(1)选蜗壳定三要素。

$H_p = 100$ m > 40 m，选金属蜗壳；$\varphi_e = 345°$，断面为圆形，据 $H_p = 100$ m，查金属蜗壳进行口流速系数图得 $K_e = 0.8$。

表 2-1　导水机构主要尺寸　（单位:cm）

转轮标称直径	D_1	120	140	160	180	200	225	250	275	300	330	370	410	450	500	550	600
导叶轴圆周直径	D_0	145	170	190	215	235	265	290	320	350	385	430	475	525	580	640	700
座环内直径	D_b	175	200	225	250	275	310	340	375	410	450	500	550	605	670	735	805
座环外直径	D_a	206	241	270	300	334	370	410	440	480	530	580	640	700	790	860	945

表 2-2　圆形断面蜗壳尺寸计算

断面号	φ_i	φ_i/C	$2r_a\varphi_i/C$	$\sqrt{2r_a\varphi_i/C}$	ρ_i	$r_i=r_a+2\rho_i$

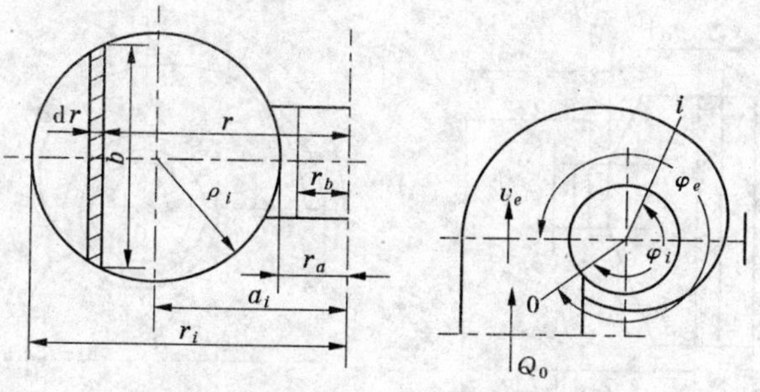

图 2-31　金属蜗壳水力计算图

由 $v_e = K_e\sqrt{H_p}$ 可得：$v_e = 0.8\times\sqrt{100} = 8(\text{m/s})$

（2）进行水力计算。

①求进口断面半径。

$$\rho_e = \sqrt{\frac{Q_0\varphi_e}{360°\pi v_e}} = \sqrt{\frac{60\times 345°}{360°\times\pi\times 8}} = 1.51(\text{m})$$

②求 C。

由 $D_1 = 2.5$ m，求 r_a，查表 2-1，得 $D_a = 410$ cm，$r_a = 2.05$ m，则

$$C = \frac{\varphi_e}{r_a+\rho_e-\sqrt{r_a(r_a+2\rho_e)}} = \frac{345}{2.05+1.51-\sqrt{2.05\times(2.05+2\times 1.51)}} = 1\,026.47$$

③求任意断面。

由 $\rho_i = \dfrac{\varphi_i}{C}+\sqrt{2r_a\dfrac{\varphi_i}{C}}$，$r_i = r_a+2\rho_i$，计算可得表 2-3。

（3）绘制单线图及典型剖面图。（略）

表 2-3　例 2-1 计算表

断面号	1	2	…	5	…	9
φ_i(°)	345	300	…	165	…	0
ρ_i	1.51	1.39	…	0.97	…	0
r_i	5.07	4.83	…	3.99	…	2.05

2. 混凝土蜗壳水力计算

对混凝土蜗壳的任意断面,有

$$\varphi_i = \frac{360°K}{Q_0}\int_{r_b}^{r_i}\frac{b}{r}\mathrm{d}r \tag{2-7}$$

式(2-7)为梯形断面蜗壳的基本公式,适用于包括进口断面在内的任意断面。如取进口断面为边界条件,可用此式求得常数 K,然后即可此式求解其他任意断面。下面介绍用图解法的求解步骤(见图 2-32)。

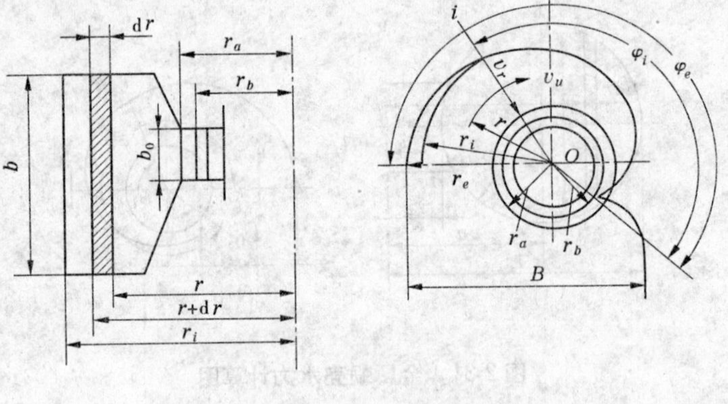

图 2-32　混凝土蜗壳水力计算图

(1)进口断面计算:按设计水头可由图 2-21 中查得进口断面平均流速,根据水轮机设计流量和选定的蜗壳包角,即可求出进口断面面积 F_e。

$$F_e = \frac{Q_0\varphi_e}{360°v_e} \tag{2-8}$$

再按 F_e 和选定的断面形状,即可绘出进口断面。

(2)绘制蜗壳各断面外边角连线 AG 和 CH(见图 2-33):连线 AG 和 CH 可以采用直线或抛物线。若采用抛物线,则根据进口断面尺寸可确定抛物线方程中的常数 K_1 和 K_2。

对 AG 线,$K_1 = \frac{a}{\sqrt{n}}$;对 CH 线,$K_2 = \frac{a}{\sqrt{m}}$;对其余断面,$a_i = K_1\sqrt{n_i} = K_2\sqrt{m_i}$。

从进口断面外半径 r_e 至座环外半径 r_a 之间给定若干 a_i 值,就可按上式求得相应的 n_i 和 m_i,并绘出抛物线 AG 和 CH。

(3)用图解法求积分值 $S_i = \int_{r_b}^{r_i}\frac{b}{r}\,\mathrm{d}r$:在图 2-33 中,按连线 AG 和 CH 所示的断面变

化规律，作出若干中间断面1、2、3、4，对每一断面假定若干 r 值并量出相应的 b，即可作出进口断面和各中间断面的半径 r 与比值 $\frac{b}{r}$ 的关系曲线，如图2-33(b)中的 $m_e n_e ab$ 即代表进口断面的 $\frac{b}{r}=f(r)$ 曲线。各曲线与坐标所围面积就是积分 $\int_{r_b}^{r_i}\frac{b}{r}\mathrm{d}r$ 的值，并分别以 S_e、S_1、S_2、S_3、S_4 计之。

(4)绘制曲线 $\varphi_i=f(r)$：由于包角 φ_e 和进口断面的 S_e 均已知，故用式(2-7)可求得常数 K。

$$K=\frac{Q_0\varphi_e}{360°S_e} \tag{2-9}$$

有了 K 值和各中间断面的 S_1、S_2 值，便可用式(2-9)求得各中间断面的 φ_1、φ_2，并绘制 φ 与断面外半径的关系曲线 $\varphi_i=f(r)$，如图2-33(c)所示。同时，在图中，还绘有 Q_i 与 r 的关系曲线 $Q_i=\frac{Q_0\varphi_i}{360°}=f_1(r)$ 及平均流速 $v_{平均}$ 与 r 的关系曲线 $v_{平均}=\frac{Q_i}{F_i}=f_2(r)$，$F_i$ 为各中间断面的面积。

(5)绘制蜗壳各个断面及平面单线图：在实际工程中，需要从进口断面起，每隔30°或45°取一断面，并绘出这些断面图和蜗壳平面图。为此，可利用图中的 $\varphi_i=f(r)$ 曲线，找出所需要的各 φ_{i0} 及相对应的 r 值，便可绘出蜗壳平面图。有了 r 值后，再利用 AG 和 CH 连线，即可绘出各相应断面图，如图2-33所示。

【例2-2】 已知某轴流式水轮机的参数如下：设计水头 $H_p=25.5$ m，在设计水头下的最大流量 $Q_0=54.7$ m³/s，转轮标称直径 $D_1=3.3$ m，水轮机导叶高度 $b_0=0.4D_1$。此外，因水电站条件的限制，厂房布置场地比较狭窄，要求选择蜗壳型式时考虑缩小机组段长度。试计算蜗壳的断面及平面尺寸。

解：1. 进口断面计算

(1)确定蜗壳型式和包角：根据 $H_p=25.5$ m 和厂房要求，选用包角 $\varphi_e=180°$ 的混凝土蜗壳。

(2)计算进口断面面积：按设计水头 $H_p=25.5$ m，可由图2-21查得进口断面平均流速 $v_e=4.3$ m/s，则

$$F_e=\frac{Q_0\varphi_e}{360°v_e}=\frac{54.7\times180°}{360°\times4.3}=6.36(\mathrm{m}^2)$$

(3)确定进口断面形状和尺寸：采用图2-19中的下伸形断面，考虑尽量缩小机组段长度的要求，选用 $\frac{b-n}{a}=1.6$，$\frac{b}{a}=\frac{b_0+m+n}{a}=2.1$，$\delta=30°$，$\gamma=19°$。

经过试算，取 $a=1.76$ m，解出 $b=3.7$ m，$m=1.5$ m，$n=0.88$ m，以 a、b、m、n、δ 和 γ 的数值绘出进口断面，如图2-34(a)所示。

(4)复核进口断面面积：由表2-1查得 $r_a=\frac{D_a}{2}=\frac{5.3}{2}=2.65$ (m)，$r_b=\frac{D_b}{2}=\frac{4.5}{2}=2.25$ (m)。依几何关系得

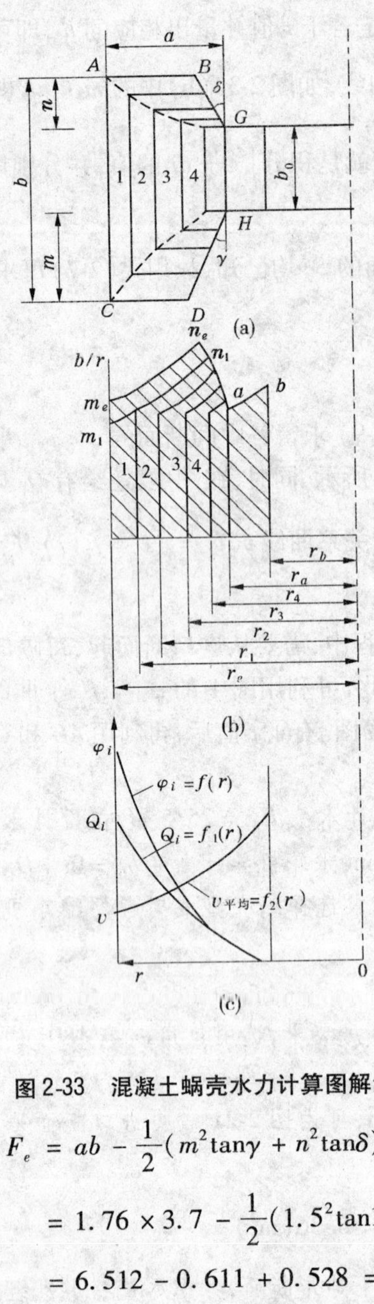

图 2-33　混凝土蜗壳水力计算图解法

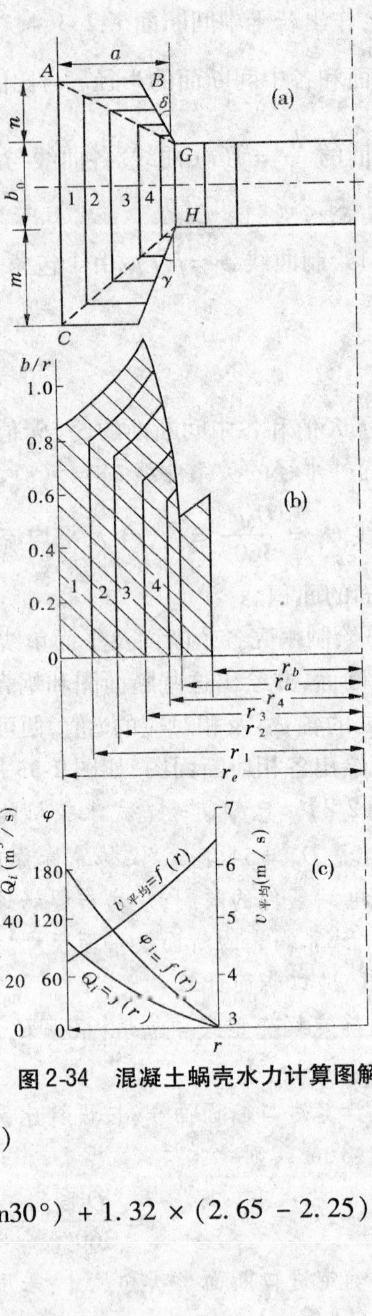

图 2-34　混凝土蜗壳水力计算图解

$$F_e = ab - \frac{1}{2}(m^2\tan\gamma + n^2\tan\delta) + b_0(r_a - r_b)$$

$$= 1.76 \times 3.7 - \frac{1}{2}(1.5^2\tan19° + 0.88^2\tan30°) + 1.32 \times (2.65 - 2.25)$$

$$= 6.512 - 0.611 + 0.528 = 6.43(\text{m}^2)$$

由此断面求进口断面平均流速

$$v_e = \frac{Q_e}{F_e} = \frac{Q_0\varphi_e}{360°F_e} = \frac{54.7 \times 180°}{360° \times 6.43} = 4.25(\text{m/s})$$

接近 4.3 m/s，故所定的尺寸合适。

2. 绘制蜗壳外边角连线 *AG* 和 *CH*

采用直线变化规律，绘出 4 个中间断面 1、2、3、4，并用直线 *AG* 和 *CH* 连接各断面。

3. 用图解法求积分 $\int_{r_b}^{r_i} \frac{b}{r} \mathrm{d}r$ 的值 S_i

按表 2-4 进行计算，并作出 r 与 $\frac{b}{r}$ 的关系曲线（见图 2-34(b)），则各断面 $\frac{b}{r} = f(r)$ 关系曲线下的阴影面积就是 $S_i = \int_{r_b}^{r_i} \frac{b}{r} \mathrm{d}r$ 的值，将作图求得的 S_i 及其对应的断面外半径 r_i，填入表 2-5。

4. 绘制 $\varphi_i = f(r)$ 曲线

(1) 以进口断面为边界条件求常数 K

$$K = \frac{Q_0 \varphi_e}{360° S_e} = \frac{54.7 \times 180°}{360° \times 1.897} = 14.4$$

(2) 根据表 2-5 中的 S_i 值由式 $\varphi_i = \frac{360° K}{Q_0} S_i$ 求出各中间断面的包角 φ_i，并列入表 2-5 中。

(3) 由式 $Q_i = \frac{Q_0}{360°} \varphi_i$ 求出各中间断面的流量 Q_i。

(4) 由图 2-34(a) 求出各中间断面的面积 F_i，并计算各断面的平均流速 $v_{平均}$。

将计算出的 φ_i、Q_i 及 $v_{平均}$ 填入表 2-5。按照表中数据即可绘出 $\varphi_i = f(r)$、$Q_i = f(r)$ 和 $v_{平均} = f(r)$ 的关系曲线，如图 2-34(c) 所示。

5. 绘制蜗壳各个断面及平面单线图

在图 2-34(c) 中 $\varphi_i = f(r)$ 的曲线上，每隔 30° 查出与 φ_i 相对应的 r_i，并填入表 2-6。依据表中数据即可绘出蜗壳平面单线图（见图 2-35）。

根据表 2-6 中的 r_i 值，即可在图 2-34(a) 中利用连线 AG 和 CH，找出各相应断面的轮廓尺寸。

表 2-4　b、r 关系表

进口断面	b	3.70	3.70	3.70	3.70	2.99	2.00	1.32	1.32
	r	4.41	4.00	3.60	3.16	3.00	2.80	2.65	2.25
	$\frac{b}{r}$	0.839	0.925	1.028	1.171	0.998	0.714	0.498	0.587
断面 1	b	3.19	3.19	3.19	3.19	2.24	1.74	1.32	1.32
	r	4.00	3.60	3.30	3.05	2.85	2.75	2.65	2.25
	$\frac{b}{r}$	0.798	0.886	0.967	1.046	0.786	0.633	0.498	0.587
断面 2	b	2.645	2.645	2.645	2.11	1.32	1.32		
	r	3.60	3.20	2.95	2.83	2.65	2.25		
	$\frac{b}{r}$	0.735	0.827	0.897	0.746	0.498	0.587		
断面 3	b	2.06	2.06	2.06	1.77	1.32	1.32		
	r	3.20	3.00	2.82	2.75	2.65	2.25		
	$\frac{b}{r}$	0.644	0.687	0.730	0.644	0.498	0.587		
断面 4	b	1.65	1.65	1.32	1.32				
	r	2.90	2.725	2.65	2.25				
	$\frac{b}{r}$	0.569	0.606	0.498	0.587				

表 2-5　S_i 和 φ_i 计算表

断面号	r_i (m)	$S_i=\int_{r_b}^{r_i}\frac{b}{r}\mathrm{d}r$	$\varphi_i=\frac{360°K}{Q_0}S_i$	Q_i (m^3/s)	F_i (m^2)	$v_{平均}$ (m/s)
进口	4.4	$S_e=1.897$	$\varphi_e=180°$	27.35	6.45	4.24
1	4.0	$S_1=1.410$	$\varphi_1=133.6°$	20.30	4.47	4.54
2	3.6	$S_2=0.961$	$\varphi_2=91.1°$	13.84	2.85	4.86
3	3.2	$S_3=0.584$	$\varphi_3=55.4°$	8.42	1.59	5.29
4	2.9	$S_4=0.362$	$\varphi_4=34.3°$	5.21	0.927	5.62

表 2-6　r_i 值

断面号	1	2	3	4	5	进口
包角 φ_i(°)	30	60	90	120	150	180
外径 r_i(m)	2.75	3.2	3.6	3.9	4.16	4.41

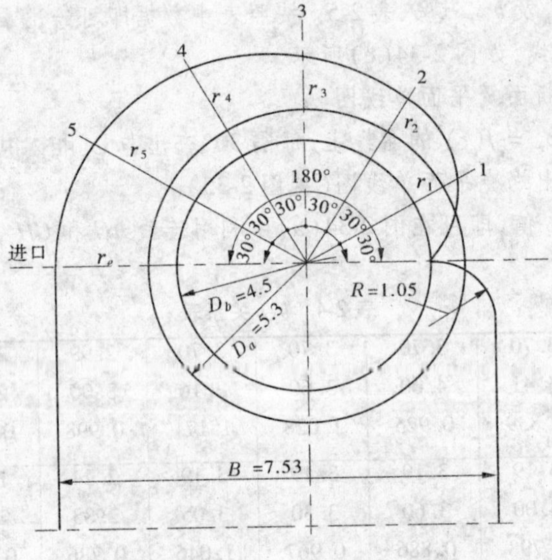

图 2-35　混凝土蜗壳平面图　（单位：m）

第三节　冲击型水轮机的主要过流部件

冲击型水轮机的主要过流部件为转轮、喷嘴（针阀）、折流板（折向器）、机壳。

一、转轮

转轮是核心部件，将水能转化为旋转机械能，如图 2-36 所示，由斗叶和轮盘组成。斗叶为沿轮盘圆周均布的勺形，数目常为 12 ~ 14 个。

切击式水轮机转轮，水斗像两只半勺，中间有一道分水刃，射向水斗的水流由此均匀地向两侧分开，来减少水流的碰撞损失。叶片顶端有一缺口，以保证能冲击后面的斗叶，使转轮充分利用水流能量，从而提高水轮机效率。为提高水斗强度，可在水斗背面设加劲肋。

斜击式水轮机转轮，斗叶形状为单曲面，如半个切击式转轮的斗叶，结构简单。

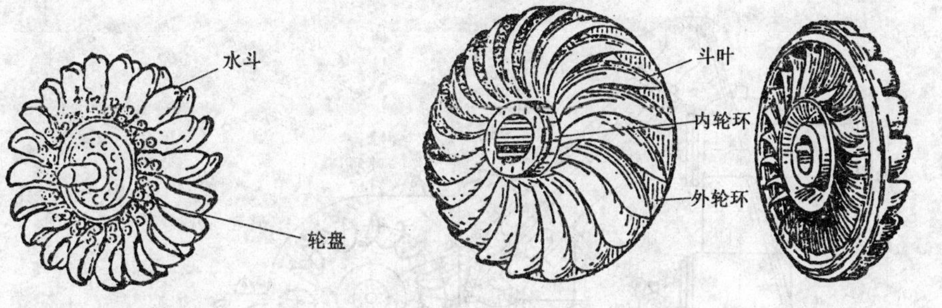

(a) 切击式　　(b) 斜击式

图 2-36　冲击型水轮机转轮形状图

二、喷嘴与针阀

喷嘴的作用是将水流压能变为动能，形成射流（射流速度 $v = k_v \sqrt{2gH}$, k_v = 0.98 ~ 0.99），并以一定方向冲击转轮，使转轮旋转，完成能量转换，图 2-37 为喷嘴结构。

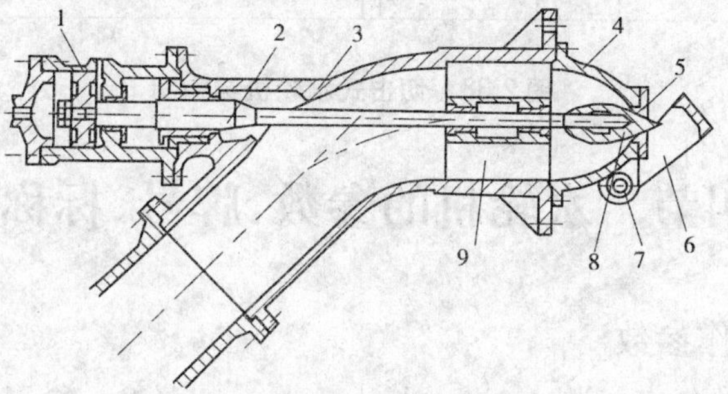

1—接力器；2—针阀杆；3—弯管；4—喷嘴；5—喷嘴口；
6—折向器；7—转轴；8—针阀；9—导水栅

图 2-37　喷嘴结构图

针阀的作用是调节进水流量，以调节水轮机出力。

一杆带一尖头，通过拉动杆使针阀呈现全开、全关、半关三种状态，从而调节流量。因针阀头与喷嘴口摩擦，故均由不锈钢制成，其他部件由普通钢制成。

三、折流板

当机组突然丢弃全部负荷时，若针阀快速关闭，则会使水管内产生过大的水锤压力；若延长针阀的关闭时间，会使机组转速急剧升高。为兼顾两者，在喷嘴外边装一可转动的折流板。当机组丢负荷时，折流板先转动，在 1 ~ 2 s 内使射流部分或全部偏向，不冲击转轮斗叶，此时针阀可在 5～10 s 或更长时间内缓慢关闭，减小水锤压力。

四、机壳

机壳起到将冲击完转轮的水流平顺地泄向下游的作用。为防止水流随转轮飞溅影响水轮机工作，在机壳内还常设引水板，如图 2-38 所示。

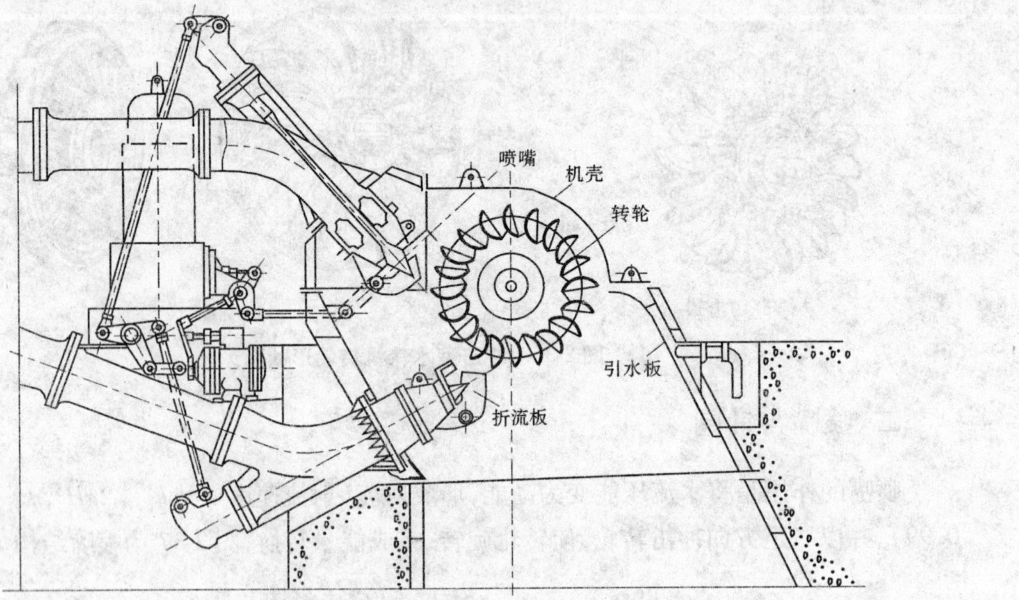

图 2-38 切击式水轮机结构图

第四节 水轮机的参数、牌号、标称直径

一、水轮机工作参数

水轮机的工作参数是表明水轮机性能和特点的一些数据，主要包括水头、流量、出力、转速、效率等。

(一)水头(H)

水轮机水头又叫净水头、工作水头，它是指水轮机进、出口断面的势能差。如图 2-39 所示，水轮机工作水头＝电站毛水头(上、下游水位差)－压力引水系统中水头损失。即

$$H = Z_{上} - Z_{下} - h_w$$

式中 $Z_{上}$——上游水位，m；

$Z_{下}$——下游水位，m；

h_w——引水系统水头损失，m。

水轮机的水头(工作水头)随着水电站上、下游水位的变化而经常变化，通常用几个特征水头来表示水轮机的运行工况与运行范围。常用特征水头为最大水头 H_{max}、最小水头 H_{min}、加权平均水头 H_a、设计水头 H_p。

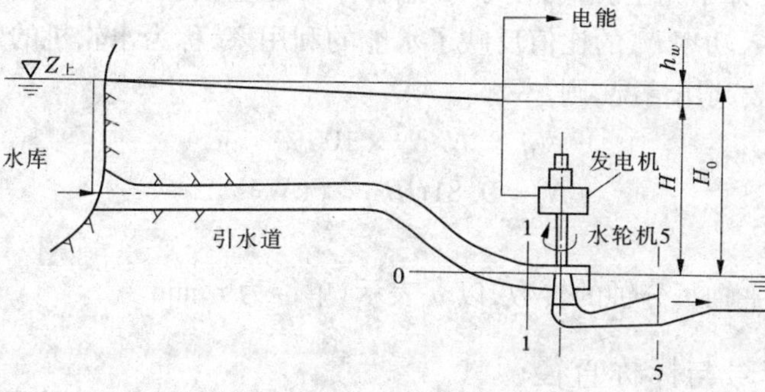

图 2-39　水电站示意图

1. 最大水头 H_{max}

水轮机运行过程中允许出现的最大净水头，受水轮机叶片强度和汽蚀条件影响。水轮机选型时，常用水库正常蓄水位或设计洪水位（无压引水式水电站为压力前池正常水位）与下游最低水位（1/3 装机容量或一台机组满载运行时相应的尾水位）之差减去引水系统损失所得的净水头为 H_{max}。

2. 最小水头 H_{min}

水轮机运行中允许出现的最小净水头，由机组效率和运行稳定性确定。选型时，常用水库死水位（无压引水为前池正常水位）与下游高水位（全部机组或电站以保证出力工作时的下游尾水位）之差减去引水系统损失所得的净水头为 H_{min}。

3. 加权平均水头 H_a

加权平均水头为水电站历年各月（日）净水头出力或电能的加权平均值。

$$H_a = \frac{N_1H_1 + N_2H_2 + \cdots + N_nH_n}{N_1 + N_2 + \cdots + N_n}$$

或

$$H_a = \frac{E_1H_1 + E_2H_2 + \cdots + E_nH_n}{E_1 + E_2 + \cdots + E_n}$$

式中，H_i、E_i、N_i 分别为计算时段的平均值。

4. 设计水头 H_p

设计水头为水轮机发出额定出力的最小净水头。选型时，应通过经济动态评价确定，初算时可用：河床式水电站 $H_p = 0.9H_a$，坝后式水电站 $H_p = 0.95H_a$。

（二）流量（Q）

流量指单位时间内通过水轮机的水量，以 Q 表示，单位 m^3/s。Q 是一随水轮机的水头和出力的变化而变化的参数。设计水头下水轮机发出额定出力时，水轮机过水流量为设计流量 $Q_{设}$。

（三）出力（N）

出力指水轮机主轴输出的功率，以 N 表示，单位 kW。$N = 9.81QH\eta$，其中 η 为水轮机的效率。

（四）效率 η

水流传给水轮机的功率（水轮机输入功率）N_s 和水轮机传给发电机的功率 N（即水

轮机输出功率)两者并不完全相同,由于水轮机存在能量损失,因此总存在 $N < N_s$。主轴输出功率 N 与输入功率 N_s 的比值反映了水能的利用率,称为水轮机的效率,用 η 表示,其反映了水能的有效利用情况,则

$$\eta = N/N_s \times 100\%$$

故

$$N = 9.81QH\eta \quad (\text{kW})$$

(五)转速(n)

转速指水轮机主轴每分钟的转数,以 n 表示,单位为 r/min。

二、水轮机牌号与标称直径

为了统一水轮机的品种规格,以便提高质量、降低造价和便于选择使用,我国对水轮机牌号作了统一的规定。统一规定的水轮机牌号由三部分组成,各部分之间用一短线分开。

(1)第一部分代表水轮机型式及转轮型号。水轮机型式用汉语拼音字母表示,如表2-7所示。转轮型号统一采用转轮比转速数字表示。在水轮机型式代表字母后加"N"表示可逆水力机械。

表2-7 水轮机牌号代表字母

水轮机类型	主轴装置方式	引水室特征
HL 混流式	L 立轴	M 明槽引水
XL 斜流式	W 卧轴	J 金属蜗壳
ZD 轴流定桨式	X 斜轴	H 混凝土蜗壳
ZZ 轴流转桨式		P 灯泡式
QJ 切击式		G 罐式
XJ 斜击式		S 竖井式
SJ 双击式		H 虹吸式
GD 贯流定桨式		Z 轴伸式
GZ 贯流转桨式		

(2)第二部分代表主轴装置方式及引水室特征,均用汉语拼音字母表示,如表2-7所示。

(3)第三部分是水轮机转轮标称直径 D_1(cm)。

反击型水轮机的转轮标称直径 D_1 用以厘米(cm)为单位的数值表示;冲击型水轮机牌号的第三部分表示方式为:

$$\frac{\text{水轮机转轮标称直径(cm)}}{\text{作用在每个转轮上的喷嘴数} \times \text{设计射流直径(cm)}}$$

不同的水轮机转轮型式、位置不同,直径也不同,为统一起见,对不同型式水轮机转轮的标称直径 D_1 规定如下(如图2-40所示):

(1)切击式水轮机 D_1 指转轮与射流中心相切处的节圆直径,如图2-40(a)所示。

(2)混流式水轮机 D_1 指转轮叶片进口边的最大直径,如图2-40(b)所示。

(3)斜流式水轮机 D_1 指与转轮叶片轴线相交处的转轮室内径,如图 2-40(c)所示。

(4)轴流式水轮机 D_1 指与转轮叶片轴线相交处的转轮室内径,如图 2-40(d)所示。

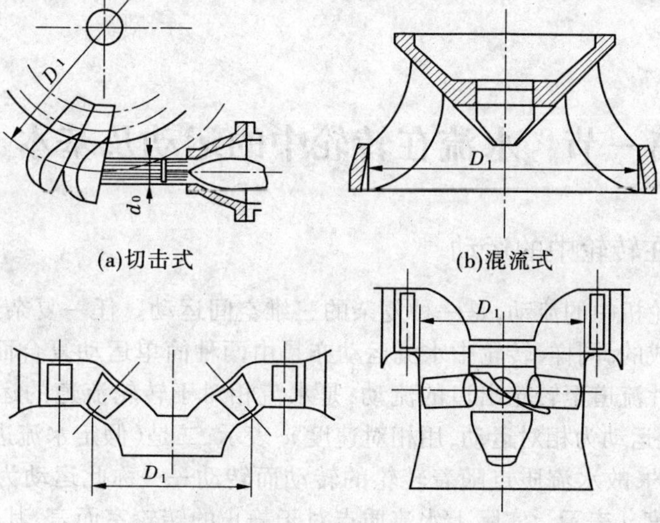

(a)切击式　(b)混流式

(c)斜流式　(d)轴流式

图 2-40　转轮标称直径

牌号示例:

HL220 - LJ - 450 表示混流式水轮机,转轮型号为 220,立轴,金属蜗壳,转轮标称直径为 450 cm。

ZZ560 - LH - 800 表示轴流转桨式水轮机,转轮型号为 560,立轴,混凝土蜗壳,转轮标称直径为 800 cm。

QJ20 - L - $\frac{170}{2 \times 15}$ 表示切击式水轮机,转轮型号为 20,立轴,转轮标称直径为 170 cm,2 个喷嘴,设计射流直径为 15 cm。

第三章　水轮机能量损失及汽蚀

第一节　水流在转轮中的运动及基本方程

一、水流在转轮中的运动

水流在水轮机中的流动，是一种复杂的三维空间运动。任一复杂运动都是由若干简单运动复合而成的，同样，转轮中水流运动亦是由两种简单运动复合而成的：一是水流从转轮进口沿叶片流道至转轮出口的流动，是水流相对于转轮流道的运动（假定转轮流道不动）——称此运动为相对运动，用相对速度 $\vec{w}$ 表示；二是（假定水流进入转轮后不动）由于转轮是旋转的，故水流质点随着转轮的转动而转动——称此运动为圆周运动（牵连运动），用圆周速度 $\vec{u}$ 表示。实际上水流质点对于静止的转轮室而言，其运动是由上述两种运动复合而成的绝对运动，此速度为绝对速度，用 $\vec{v}$ 表示，则

$$\vec{v} = \vec{w} + \vec{u} \tag{3-1}$$

由 $\vec{w}$ 、$\vec{u}$ 和 $\vec{v}$ 构成的三角形，称为速度三角形。水流质点在转轮中任一位置处都有其相应的速度三角形，常用进、出口两个位置处的速度三角形，分别用下角标 1、2 表示，即 $\triangle_1$、$\triangle_2$。

图 3-1 所示为一般速度三角形。图中 α 角为圆周速度与绝对速度间夹角；β 角为圆周速度反方向与相对速度间夹角；v_u 为绝对速度在圆周方向上的分量，称为圆周分速，$v_u = v\cos\alpha$；v_m 为绝对速度在某一轴面（考虑质点与主轴中心线所定平面）上的分速度，称为轴面分速，$v_m = v\sin\alpha$。

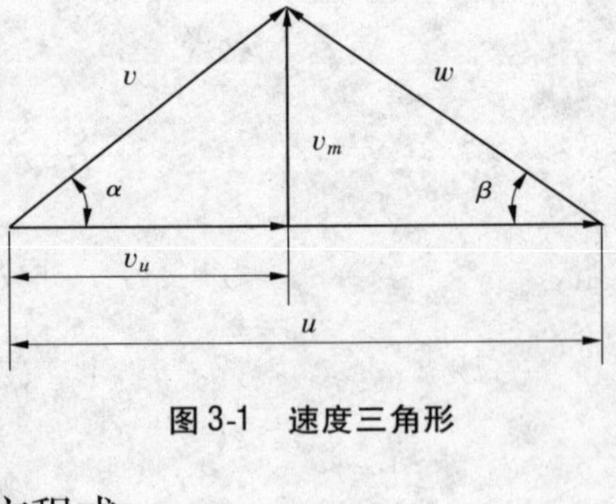

图 3-1　速度三角形

二、水轮机的基本方程式

为了了解转轮内水流能量与转轮所获得能量的关系，由动量矩定理可推得水轮机基本方程式。

按动量矩定理可知

$$H\eta = \frac{v_{u_1}u_1 - v_{u_2}u_2}{g} \tag{3-2}$$

因 $v_{u_1} = v_1\cos\alpha_1$，$v_{u_2} = v_2\cos\alpha_2$，则

$$H\eta = \frac{v_1\cos\alpha_1 u_1 - v_2\cos\alpha_2 u_2}{g} \tag{3-3}$$

式(3-2)、式(3-3)称为水轮机基本方程式或称欧拉方程式。

由基本方程式可知，其只与进、出口速度三角形有关，而与中间水流特征无关，故此基本方程式是一通用方程式，与水轮机类型无关，反击型、冲击型均适用。

第二节　水轮机的能量损失及效率

水轮机将水流输入功率 N_s 转变为输出功率 N，但 $N < N_s$，主要是因为水轮机在能量转变过程中有能量损失存在。能量损失主要包括水力损失、容积损失、机械损失三部分，分别用水力效率、容积效率、机械效率表示。

一、水力损失和水力效率

水流经过蜗壳、导水机构、转轮及尾水管等过流部件时，产生水力摩擦、撞击、涡流、脱壁等引起能量损失，这些损失称为水力损失。水力损失与水流流速和过流部件的形状、粗糙度有关。

若以 $\sum h$ 表示水力损失，水轮机的工作水头为 H，则水轮机有效水头为 $H - \sum h$。水轮机的水力效率

$$\eta_s = \frac{H - \sum h}{H} \tag{3-4}$$

二、容积损失与容积效率

水轮机固定部分与转动部分之间存在一定的间隙(如混流式上下止漏间隙，轴流式和斜流式叶片与转轮室之间的间隙等)，进入水轮机的水流，有一部分流量 q 会从这些间隙中漏掉，不对转轮做功，这样就会造成一部分能量损失，此损失称为容积损失。

设 Q 为进入水轮机的流量，而被水轮机有效利用的流量为 $Q - q$，有效利用流量与进入总流量的比值就表示了容积损失的大小，用 η_v 表示，故

$$\eta_v = \frac{Q - q}{Q} \tag{3-5}$$

三、机械损失和机械效率

转轮在完成能量转换的过程中，水轮机的一些部件之间还存在一定的摩擦(如密封与轴承之间、转轮外表面与周围水之间)，这些摩擦消耗一定的能量，这部分能量损失为机械损失，用 ΔN 表示。

若以 N_e 表示水流中扣掉水力损失、容积损失后作用在转轮上的有效功率，$N_e = 9.81(Q-q)(H-\sum h)$，而水轮机的轴功率为 N，则 $N = N_e - \Delta N$。若以 η_j 表示机械效率，则

$$\eta_j = \frac{N_e - \Delta N}{N_e} = \frac{N}{N_e} \tag{3-6}$$

对 $\eta = \frac{N}{N_s}$ 作恒等变形，即

$$\eta = \frac{N}{9.81QH} = \frac{N}{9.81(Q-q)(H-\sum h)} \cdot \frac{Q-q}{Q} \cdot \frac{H-\sum h}{H}$$

$$= \eta_j \cdot \eta_v \cdot \eta_s \tag{3-7}$$

即水轮机的总效率 η 为机械效率 η_j、容积效率 η_v、水力效率 η_s 三者的乘积。

水轮机的最高效率可达 90% ~96%，在上述三种损失中，水力损失为主要损失，其中局部撞击和涡流损失所占比重较大，容积损失、机械损失所占比重较小。

第三节　水轮机汽蚀、吸出高度与安装高程

一、汽蚀

（一）汽蚀现象

水以三态存在，而三态之间可以转化，当液态水转化为气态水时我们通常称为汽化现象。汽化现象的产生既与水温有关，也与压力有关，压力越低，水开始汽化的温度越低，这就是我们经常听到的高山地区水不到 100 ℃就开了的原因。水在某一温度下开始汽化的临界压力称为该温度下的汽化压力。水在各种温度下的汽化压力如表 3-1 所示。

表 3-1　水在各种温度下的汽化压力

水温(℃)	0	5	10	20	30	40	50	60	70	80	90	100
汽化压力（mH_2O）	0.06	0.09	0.12	0.24	0.43	0.75	1.26	2.03	3.17	4.83	7.15	10.33

水流流速在水轮机中各点大小不同，进而引起压力高低不同，也就造成水轮机内有高压区和低压区之分。当某点的压力达到（或低于）该温度下水的汽化压力时，水就开始局部汽化产生大量气泡，同时水体中存在的许多肉眼看不见的气核体积骤然增大也形成可见气泡。这些气泡随着水流进入高压区（压力高于汽化压力）时，气泡瞬时破灭。由于气泡中心压力较低，气泡周围的水流质点将以很高的速度向气泡中心撞击，形成巨大的压力（可达几百甚至上千个大气压力），并以很高的频率冲击金属表面。高频率冲击的结果，使水轮机过流部件的金属表面产生物理电化学作用遭到破坏，这一系列的现象就称为汽蚀现象，简称汽蚀。

(二)汽蚀的危害

汽蚀对水轮机的运行主要有下列危害：

(1)降低水轮机效率，减小出力。气泡的产生破坏了水流的连续性，水流质点相互撞击消耗部分能量，从而增大了水力损失，使水轮机效率降低，出力减小。

(2)破坏水轮机过流部件，影响机组寿命。汽蚀的产生，使金属表面失去光泽，产生麻点、蜂窝，严重时轮叶上产生孔洞或大面积剥落。

(3)产生强烈的噪声和震动，恶化工作环境，从而影响水轮机的安全稳定运行。

汽蚀破坏是机械、化学、电化学作用的共同结果，其中以机械破坏为主。

(三)汽蚀类型

根据汽蚀产生部位的不同，汽蚀可分为叶型汽蚀、间隙汽蚀、空腔汽蚀三种主要类型。

(1)叶型汽蚀(翼型)：发生在水轮机转轮叶片上的汽蚀，是反击型水轮机的主要汽蚀形式。水流流经转轮时，一般叶片正面为正压，背面为负压，靠近流道出口处的压力最低——压力最低点，此处最易产生汽蚀。如图 3-2(a)所示。

(2)间隙汽蚀：水流通过狭小的流道与间隙时产生的汽蚀为间隙汽蚀。如轴流式转轮与转轮室之间、导水叶端面间隙、转轮止漏装置，冲击型水轮机喷嘴内腔、针阀表面等部位。如图 3-2(b)所示。

(3)空腔汽蚀：反击型水轮机偏离最优工况时，水轮机出口流速则产生一圆周分量，使水流在转轮出口处产生脱流和旋涡，形成一大空腔，在中心产生很大真空，形成空腔汽蚀，如图 3-2(c)所示。空腔汽蚀多发生在尾水管中，使尾水管壁破坏，且有强烈的噪声和震动。

此外，水轮机过流部件局部凸凹不平时，也会引起局部压力降低形成局部汽蚀，如图 3-2(d)所示。

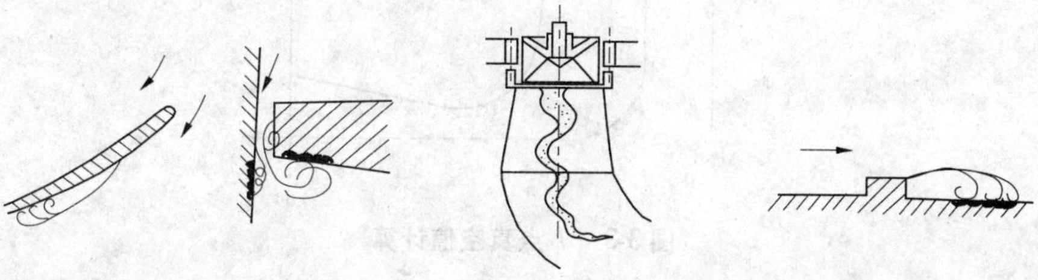

(a)　(b)　(c)　(d)

图 3-2　水轮机汽蚀的类型

(四)水轮机汽蚀的防护

在水轮机运行过程中，要完全避免汽蚀破坏是困难的，问题在于设法减轻汽蚀对水轮机过流部件的破坏作用。为防止和减轻汽蚀对水轮机的危害，需从多方面采取措施。因影响汽蚀的因素较多，一般从以下几个方面来考虑。

1. 水轮机设计制造方面

合理设计叶片形状、数目，使叶片具有平滑流线；尽可能使叶片背面压力分布均匀，减小低压区；提高加工工艺水平，减小叶片表面粗糙度。采用耐汽蚀性较好的材料，如不锈钢。

2. 工程措施方面

合理确定水轮机安装高程，使转轮出口处压力高于汽化压力，多沙河流上设除沙设施，防止粗粒径泥沙进入水轮机造成压力过多下降。

3. 运行方面

避免在易于产生汽蚀的工况下运行，出现真空低压区时补气增压，及时对产生汽蚀破坏的部件进行维护。

二、水轮机的吸出高度

(一)汽蚀系数

水轮机中产生汽蚀的根本原因是过流通道中出现了低于当时水温的汽化压力值。要避免汽蚀产生，只需使最低压力不低于当时水温下的汽化压力。水轮机中最易产生的汽蚀为叶型汽蚀，即在叶片背面的 k 点最易产生汽蚀，如图 3-3 所示。在此部位产生的汽蚀对水轮机效率和水轮机性能的影响最大，故衡量水轮机汽蚀性能的好坏，一般是对 k 点而言，只要使 k 点的压力值高于汽化压力就可避免汽蚀产生。

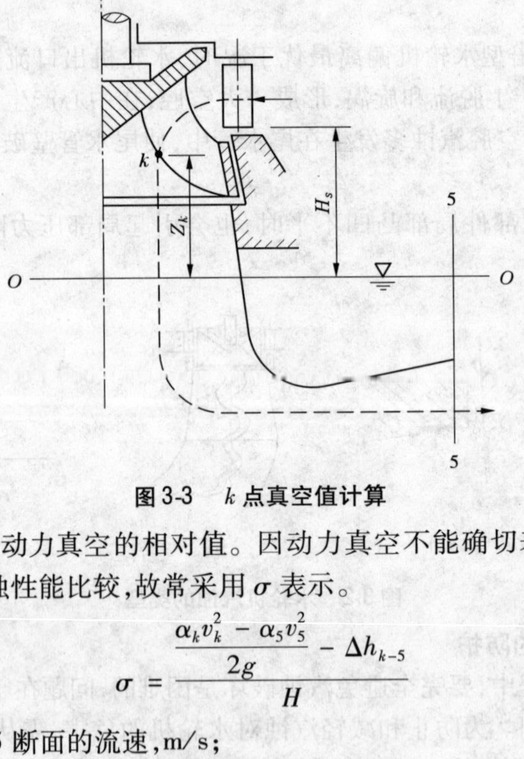

图 3-3　k 点真空值计算

σ 为汽蚀系数，是动力真空的相对值。因动力真空不能确切表达水轮机汽蚀特性，也不便于水轮机间汽蚀性能比较，故常采用 σ 表示。

$$\sigma = \frac{\dfrac{\alpha_k v_k^2 - \alpha_5 v_5^2}{2g} - \Delta h_{k-5}}{H} \tag{3-8}$$

式中　v_k、v_5——k 点、5 断面的流速，m/s；

Δh_{k-5}——k 点到 5 断面的水头损失，m；

$\left(\dfrac{\alpha_k v_k^2 - \alpha_5 v_5^2}{2g} - \Delta h_{k-5}\right)$——动力真空，与水轮机工况有关。

σ 是一无因次量；σ 随水轮机工况变化而变化，工况一定时，σ 为一定值；σ 与尾水管性能有关，尾水管动能恢复系数越高，σ 越大；σ 随水轮机比转速的增加而增加，因 n_s 越大，v 越大，则 σ 越大。

（二）吸出高度

水轮机的吸出高度是指转轮中压力最低点（k）到下游水面的垂直距离，常用 H_s 表示。其计算式为

$$H_s \leqslant \frac{p_a}{\gamma} - \frac{p_{汽}}{\gamma} - \sigma H \tag{3-9}$$

式中 $\frac{p_a}{\gamma}$——水轮机安装地点的大气压力，海平面标准大气压力为 10.33 m 水柱高，水轮机安装处的大气压力随海拔高程升高而降低，在 0～3 000 m 范围内，平均海拔高程每升高 900 m，大气压力就降低 1 m 水柱高，若水轮机处海拔高程为▽ m 时，则大气压为

$$\frac{p_a}{\gamma} = 10.33 - \frac{\nabla}{900} \tag{3-10}$$

$\frac{p_{汽}}{\gamma}$——当时水温下的汽化压力，水温在 5～20 ℃时，汽化压力 $\frac{p_{汽}}{\gamma} = 0.09 \sim 0.24$ m 水柱高，为安全和计算的简便，通常取 $\frac{p_{汽}}{\gamma} = 0.33$ m 水柱高。

所以，满足不产生汽蚀的吸出高度为

$$H_s \leqslant 10.0 - \frac{\nabla}{900} - \sigma H \tag{3-11}$$

σ 由模型汽蚀试验得出，受客观因素和主观因素的影响，试验得出的 σ 与实际的 σ 存在着一定的差别，所以在计算水轮机的实际吸出高度 H_s 时，通常引进一安全裕量或安全系数，对 σ 进行修正。为了减少电站厂房基础开挖量，在保证汽蚀不严重的条件下，应尽可能将水轮机安装在较高地点。因此，实际计算吸出高度 H_s 时，采用计算公式如下

$$H_s = 10.0 - \frac{\nabla}{900} - k\sigma H \tag{3-12}$$

或

$$H_s = 10.0 - \frac{\nabla}{900} - (\sigma + \Delta\sigma) H \tag{3-13}$$

式中 k——汽蚀安全系数，一般取 $k = 1.1 \sim 1.2$；

$\Delta\sigma$——汽蚀系数修正值，$\Delta\sigma$ 与设计水头有关，可由图 3-4 查得。

H_s 有正负之分，当最低压力点位于下游水位以上时，H_s 为正，最低压力点位于下游水位以下时为负。

吸出高度 H_s 本应从转轮中压力最低点算起，但在实践中很难确定此点的准确位置，为统一起见，对不同型式水轮机作如下规定（如图 3-5 所示）：

（1）立轴轴流式水轮机，H_s 为下游水面至叶片转动中心的距离，如图 3-5（a）所示；

（2）立轴混流式水轮机，H_s 为下游水面至导叶下环平面的垂直高度，如图 3-5（b）所示；

（3）立轴斜流式水轮机，H_s 为下游水面至叶片旋转轴线与转轮室内表面相交点的垂

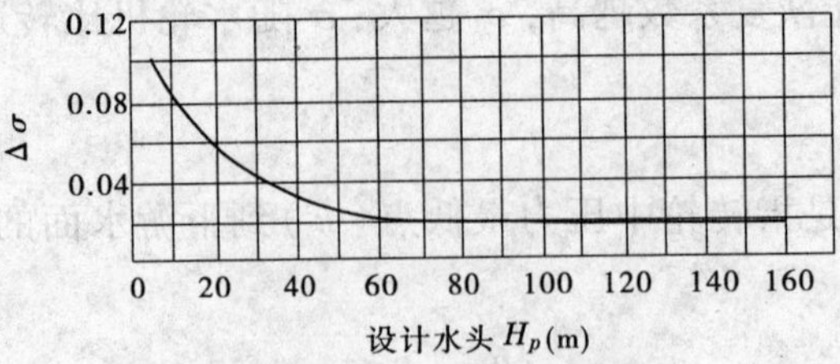

图 3-4　汽蚀系数修正值

直距离,如图 3-5(c)所示。

(4)卧轴混流式、贯流式水轮机, H_s 为下游水面至叶片最高点的垂直高度,如图 3-5(d)所示。

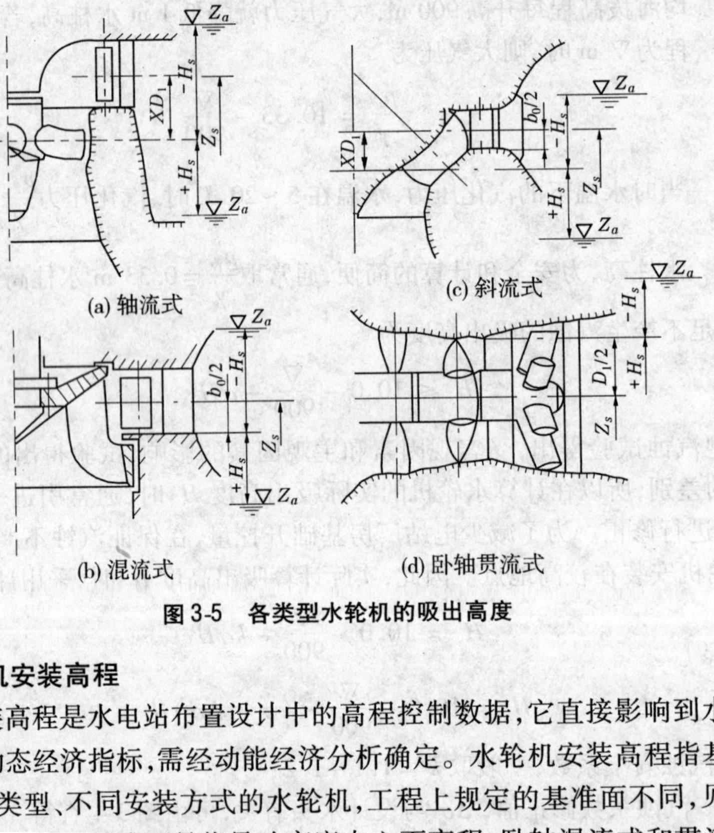

图 3-5　各类型水轮机的吸出高度

(三)水轮机安装高程

水轮机安装高程是水电站布置设计中的高程控制数据,它直接影响到水轮机的运行性能和电站的动态经济指标,需经动能经济分析确定。水轮机安装高程指基准面的安装高程,对于不同类型、不同安装方式的水轮机,工程上规定的基准面不同,见图 3-6,立轴轴流式和混流式水轮机基准面是指导叶高度中心面高程,卧轴混流式和贯流式水轮机基准面是指主轴中心线所在水平面高程。

1. 反击型水轮机安装高程确定

(1)立轴混流式水轮机

$$Z_s = Z_a + H_s + \frac{b_0}{2} \tag{3-14}$$

式中　Z_s ——安装高程,m;

Z_a ——下游尾水位,m;

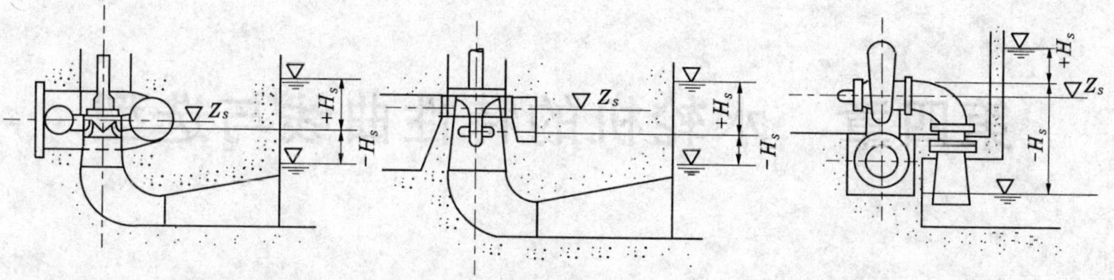

(a) 立轴混流式水轮机　(b) 立轴轴流式水轮机　(c) 卧轴水轮机

图 3-6　吸出高度与安装高程

H_s ——吸出高度，m；

b_0 ——导叶高度，m。

（2）立轴轴流式和斜流式水轮机

$$Z_s = Z_a + H_s + XD_1 \tag{3-15}$$

式中　X ——结构系数，转轮中心与导叶中心距离和 D_1 的比值，一般取 $X = 0.38 \sim 0.46$；

D_1 ——转轮标称直径，m；

Z_s、Z_a、H_s 意义同前。

（3）卧轴混流式和贯流式水轮机

$$Z_s = Z_a + H_s - \frac{D_1}{2} \tag{3-16}$$

2. 冲击型水轮机

冲击型水轮机无尾水管，除喷嘴、针阀和斗叶处可能产生间隙汽蚀外，不产生叶型汽蚀和空腔汽蚀，故其安装高程确定应在充分利用水头又保证通风和落水回溅不妨碍转轮运转的前提下，尽量减小水轮机的泄水高度 h_p。

$$Z_s = Z_{a\max} + h_p \tag{3-17}$$

式中　$Z_{a\max}$ ——下游最高水位，采用洪水频率 $p = 2\% \sim 5\%$ 的下游水位，m；

h_p ——泄水高度，取 $h_p \approx (1 \sim 1.5) D_1$，立轴机组取大值，卧轴机组取小值。

第四章　水轮机的特性曲线与选型

第一节　水轮机的相似律

在水电站设计中,为了选择适合于各水电站条件的水轮机,就必须了解水轮机的特性。由于水轮机工作条件很复杂,完全用理论分析全面阐明其特性是非常困难的,所以实践中均通过模型试验获得模型水轮机的全面性能,然后将模型试验成果换算到原型水轮机上去。为完成这种换算,就需要研究模型与原型水轮机之间的相似条件和相似定律。为区别原型与模型水轮机参数,模型水轮机参数加脚标 m 表示。

一、水轮机的相似条件

在进行模型试验时,模型与原型水轮机之间应满足的条件称为水轮机的相似条件。模型和原型水轮机之间应满足几何相似、运动相似和动力相似三个相似条件。

(一)几何相似

几何相似是指两个水轮机的过流部件形状相同(即过流部件几何形状的所有对应角相等),尺寸大小成比例。如图 4-1 所示,即

$$\beta_{e1} = \beta_{e1m}, \beta_{e2} = \beta_{e2m}, \varphi = \varphi_m, \cdots \tag{4-1}$$

$$\frac{D_1}{D_{1m}} = \frac{b_0}{b_{0m}} = \frac{a_0}{a_{0m}} = \cdots \tag{4-2}$$

式中　β_{e1}、β_{e2}、φ——水轮机转轮叶片的进口安装角、出口安装角、转角;

D_1、b_0、a_0——水轮机的转轮直径、导叶高度、导叶开度。

满足几何相似的一系列大小不同的水轮机,称为同轮系(或同型号)水轮机。只有同轮系的水轮机才能建立起运动相似或动力相似。

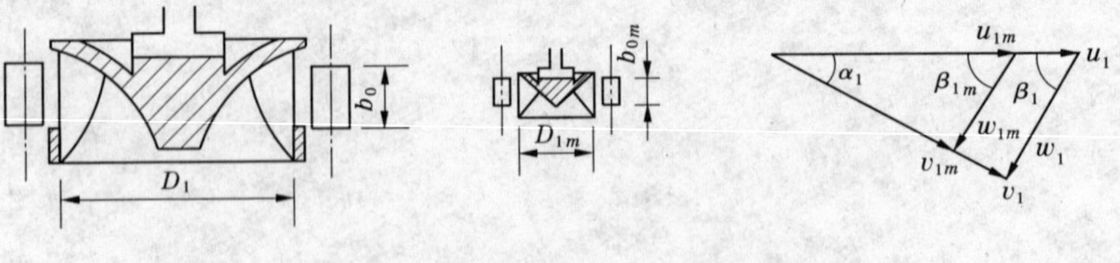

图 4-1　水轮机相似条件

(二)运动相似

运动相似是指同一轮系的水轮机,水流在过流通道中对应点的同名流速方向相同,大小成比例,也就是相应点的速度三角形相似,即

$$\alpha_1 = \alpha_{1m}, \beta_1 = \beta_{1m}, \alpha_2 = \alpha_{2m}, \cdots \tag{4-3}$$

$$\frac{v_1}{v_{1m}} = \frac{u_1}{u_{1m}} = \frac{\omega_1}{\omega_{1m}} = \cdots \tag{4-4}$$

两水轮机运动相似就称此两水轮机为等角工作状态。

(三)动力相似

动力相似是指同一轮系水轮机在等角工作状态下,水流在过流部件对应点的作用力(惯性力、重力、黏滞力、摩擦力等),同名力的方向相同、大小成比例。

在模型试验中,要完全满足上述条件是困难的。因此,可忽略相对糙度、水流的黏滞力及重力等一些次要因素的影响,得出近似关系式,然后由模型换算到原型时再进行适当修正。

二、水轮机的相似律

在满足相似条件的基础上,原型与模型水轮机各参数之间的相互关系称为水轮机的相似律,也称为水轮机的相似公式。

(一)转速相似律

$$\frac{nD_1}{\sqrt{H\eta_s}} = \frac{n_m D_{1m}}{\sqrt{H_m \eta_{sm}}} \tag{4-5}$$

(二)流量相似律

$$\frac{Q\eta_v}{D_1^2\sqrt{H\eta_s}} = \frac{Q_m \eta_{vm}}{D_{1m}^2\sqrt{H_m \eta_{sm}}} \tag{4-6}$$

式中 $Q\eta_v$ ——有效流量。

(三)出力相似律

$$\frac{N}{D_1^2(H\eta_s)^{\frac{3}{2}}\eta_j} = \frac{N_m}{D_{1m}^2(H_m\eta_{sm})^{\frac{3}{2}}\eta_{jm}} \tag{4-7}$$

上述水轮机相似律[式(4-5)、式(4-6)、式(4-7)],从理论上说是精确的,但在实际应用中却难以得出精确的结果。因为水轮机的水力效率 η_s、容积效率 η_v 和机械效率 η_j 都很难从总效率 η 中划分出来;同时,原型水轮机的总效率 η 事先也不知道;再者,动力相似条件也不易满足。所以,实际工作中通常是先假定 $\eta_s = \eta_{sm}$、$\eta_v = \eta_{vm}$、$\eta_j = \eta_{jm}$(即假定 $\eta = \eta_m$),得出近似相似律公式,然后在实际应用时,再进行适当修正。

假定 $\eta_s = \eta_{sm}$、$\eta_v = \eta_{vm}$、$\eta_j = \eta_{jm}$ 和 $\eta = \eta_m$,得出近似相似律公式如下

$$\frac{nD_1}{\sqrt{H}} = \frac{n_m D_{1m}}{\sqrt{H_m}} \tag{4-8}$$

$$\frac{Q}{D_1^2\sqrt{H}} = \frac{Q_m}{D_{1m}^2\sqrt{H_m}} \tag{4-9}$$

$$\frac{N}{D_1^2 H^{\frac{3}{2}}} = \frac{N_m}{D_{1m}^2 H_m^{\frac{3}{2}}} \tag{4-10}$$

第二节　水轮机的单位参数与比转速

一、水轮机的单位参数

式(4-8)、式(4-9)、式(4-10)说明,对于同轮系等角工作状态下一系列大小不等的水轮机,其$\frac{nD_1}{\sqrt{H}}$、$\frac{Q}{D_1^2\sqrt{H}}$、$\frac{N}{D_1^2H^{\frac{3}{2}}}$分别都相等,均为常数。若以$n'_1$、$Q'_1$、$N'_1$分别表示该三个常数,则

$$n'_1 = \frac{nD_1}{\sqrt{H}} \tag{4-11}$$

$$Q'_1 = \frac{Q}{D_1^2\sqrt{H}} \tag{4-12}$$

$$N'_1 = \frac{N}{D_1^2H^{\frac{3}{2}}} \tag{4-13}$$

由上述表达式可看出:当水轮机转轮直径D_1 =1 m、水头H =1 m时,n'_1、Q'_1、N'_1分别等于水轮机的转速、流量和出力,所以n'_1、Q'_1、N'_1分别被称为单位转速、单位流量和单位出力,统称为单位参数。

对于同轮系水轮机,单位参数随着工作状态(工况)的改变而改变。当工作状态(工况)一定时,则单位参数是不变的三个常数;工作状态(工况)变化时,单位参数则又是三个对应于工作状态(工况)的常数。显然可知,(n'_1、Q'_1、N'_1)就代表了同轮系水轮机的一个工作状态(工况)。水轮机效率最高时的工作状态(工况)称为最优工作状态(最优工况),相应于最优工作状态(最优工况)的单位参数称为最优单位参数,并分别以n'_{10}、Q'_{10}、N'_{10}表示。

由流量相似律可知:$Q = Q'_1D_1^2\sqrt{H}$,则

$$N'_1 = \frac{N}{D_1^2H^{\frac{3}{2}}} = \frac{9.81QH\eta}{D_1^2H^{\frac{3}{2}}}$$

$$= \frac{9.81Q'_1D_1^2H^{\frac{3}{2}}\eta}{D_1^2H^{\frac{3}{2}}} = 9.81\eta Q'_1$$

显然,N'_1并非独立参数,而是由Q'_1换算得来的。因此,在单位参数中,常用的只有n'_1和Q'_1。

对于冲击型水轮机,其单位参数通常用射流直径d_0、喷嘴个数z_0和转轮直径D_1来表示。

二、水轮机的比转速

由式(4-11)和式(4-13),消去D_1得

$$n'_1\sqrt{N'_1} = \frac{n\sqrt{N}}{H^{\frac{5}{4}}}$$

因为同轮系水轮机在相似工况(等角工作状态)时,单位参数是常数,所以 $n'_1\sqrt{N'_1}$ 也是一常数,该常数用 n_s 表示时,则有

$$n_s = \frac{n\sqrt{N}}{H^{\frac{5}{4}}} \tag{4-14}$$

当工作水头 $H=1$ m,发出功率 $N=1$ kW 时,n_s 在数值上等于水轮机所具有的转速 n,故称 n_s 为水轮机的比转速。

当 N 的单位用马力(1 马力 =0.736 kW)表示时,则

$$n_s = 0.858\frac{n\sqrt{N}}{H^{\frac{5}{4}}} \tag{4-15}$$

比转速 n_s 经换算,用单位参数表示时,则

$$n_s = 3.13n'_1\sqrt{Q'_1\eta} \tag{4-16}$$

比转速 n_s 是与水轮机转轮直径无关的一个重要综合性参数,它反映了水轮机的转速 n、出力 N 和水头 H 的相互关系。显然,当工作状态(工况)不同时,单位参数不同,所以 n_s 也不同。对同轮系水轮机而言,如果工作状态一定,则 n_s 就是唯一的。为便于不同轮系水轮机的比较,通常规定以设计工况(即设计水头、额定转速、额定出力)的比转速 n_s 值作为水轮机轮系的代表特征参数(也有采用最优工况下的比转速作为代表的)。n_s 也可作为水轮机选择的主要依据。现代各型水轮机的比转速范围如表 4-1 所示。

表 4-1　水轮机比转速分类

水轮机型式	比转速 n_s		
	低	中	高
冲击型	4 ~ 15	16 ~ 30	31 ~ 70
混流式	60 ~ 150	151 ~ 250	251 ~ 400
轴流式	300 ~ 450	451 ~ 700	701 ~ 1 100

以水轮机比转速的整数值代表水轮机转轮型号,从型号就可定性地估计该水轮机的基本性能和转轮形状。选择水轮机时,如果客观条件允许,采用比转速较高的水轮机是有利的,因为:

(1)在相同水头和相同出力条件下工作的水轮机,比转速越大则转速越高,机组尺寸较小,故厂房尺寸也小,可降低水电站投资。

(2)在水头一定的情况下,水轮机转速相同时,比转速大的水轮机出力也大,其动能效益可增大。但比转速大的水轮机,其汽蚀系数也大,这就限制了比转速的提高。

因此,在满足汽蚀性能的要求下,应尽可能选比转速较高的水轮机。

第三节　水轮机特性曲线

同轮系水轮机参数之间的关系虽有一定的规律性，但用数学公式完全表达是困难的，多采用曲线来表示各种参数之间的关系和变化规律。用来表示水轮机各参数之间相互关系的曲线称为水轮机的特性曲线。

水轮机的特性曲线可分为线性特性曲线和综合特性曲线两类。

一、线性特性曲线

当其他参数为常数时，表示两个参数之间关系的特性曲线称为线性特性曲线。线性特性曲线按其所表达的内容不同，又分为转速特性曲线和工作特性曲线。

（一）转速特性曲线

转速特性曲线是指某转轮直径为 D_1 的水轮机，在水头 H 和导叶开度 a_0 不变的情况下，流量 Q、出力 N 和效率 η 随转速 n 变化的曲线，即 $Q = f(n)$、$N = f(n)$ 和 $\eta = f(n)$。转速特性曲线不反映原型水轮机的实际运行情况，因为原型水轮机运行时转速是不允许变化的，必须保持同步转速。其常用于模型试验资料的整理和特性曲线的转换，故不多作介绍。

（二）工作特性曲线

工作特性曲线是指某转轮直径为 D_1 的水轮机，在水头 H 和转速 n 不变的情况下，表示导叶开度 a_0、出力 N、流量 Q 和效率 η 之间关系的曲线。常用的是 a_0、Q、η 随出力 N 变化的关系曲线，即 $a_0 = f(N)$、$Q = f(N)$ 和 $\eta = f(N)$ 曲线（如图 4-2 所示），称为出力工作特性曲线。

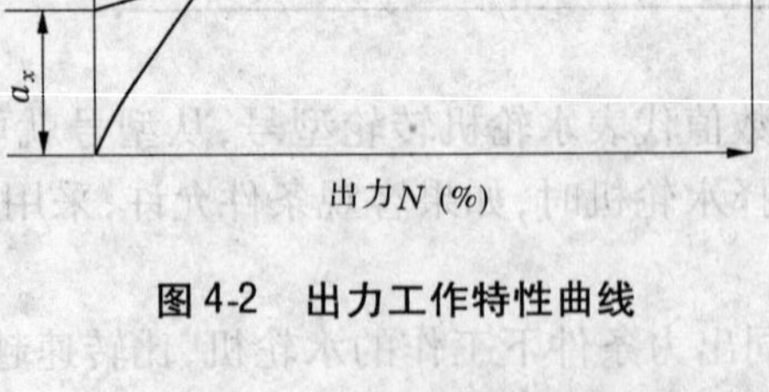

图 4-2　出力工作特性曲线

由图 4-2 可以看出，当出力为零时，导叶已有一定开度 a_x，并通过一定流量，使水轮机达到额定转速 n，但水能则全部损失掉了，不能发出有效功率，故此时的开度 a_x 称为空转开度。

在出力特性曲线中，最常用的是出力与效率的关系曲线。为便于比较水轮机的特性，将各型式水轮机的出力与效率(按百分比)的关系曲线绘在一张图上,如图4-3所示。

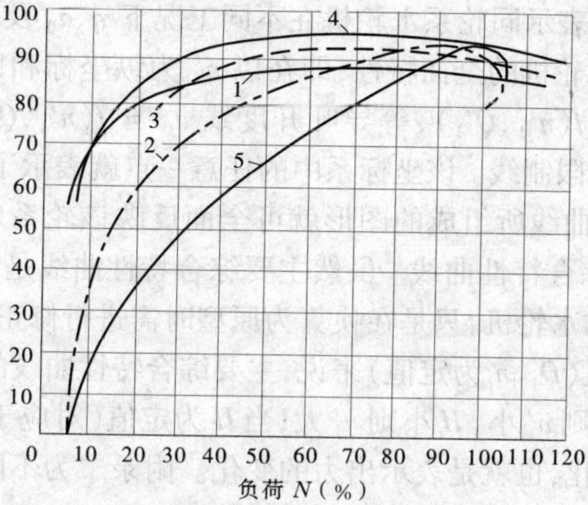

1—切击式,$n_s = 20$;2—混流式,$n_s = 300$;3—转桨式,$n_s = 625$;

4—斜流式,$n_s = 200$;5—定桨式,$n_s = 570$

图4-3 各型式水轮机工作特性曲线

由图4-3可以看出:

(1)切击(水斗)式水轮机 η_{max} 最低,但高效率区较宽。

(2)混流式水轮机 η_{max} 较大,虽高效率区不甚宽,但尚平缓。

(3)轴流转桨式水轮机高效率区也较宽,而定桨式最差。这是转桨式的叶片可以转动的缘故。

(4)斜流式水轮机的叶片也可以转动,所以不仅效率高,而且高效率区也最宽,对水头和流量变化的适应性更强。

(5)所有曲线,最高效率点和最大出力点都不在同一点。这是因为出力最大时,流量增大,水力损失也增大,从而使效率降低。特别是混流式和定桨式水轮机,当出力达最大值后,再增大流量,出力反而减小,形成钩子区,这时水轮机运行是不稳定的,所以水轮机应对最大出力有一定限制。通常混流式水轮机限制5%,定桨式水轮机限制3%,轴流转桨式水轮机因流量大时易产生汽蚀,故最大出力受汽蚀条件限制。

二、综合特性曲线

线性特性曲线只能表示在一定条件下某两个参数之间的关系,而实际上水轮机在运行中各个参数都可能变化,这时线性特性曲线用起来就很不方便,这就需要绘出能反映水轮机各参数变化的曲线,即综合特性曲线。综合特性曲线又分为主要(或转轮)综合特性曲线和运转(或运行)综合特性曲线。

(一)主要综合特性曲线

由前已知,同轮系水轮机在相似工况下各单位参数为常数,而且一定的 n'_1、Q'_1 值就决定了一个相似工况,同时由 $n'_1 = \frac{nD_1}{\sqrt{H}}$ 和 $Q'_1 = \frac{Q}{D_1^2\sqrt{H}}$ 可以看出:n'_1 和 Q'_1 与 Q、H、D_1、n 等

水轮机主要参数有着直接的关系，当其中某一参数变化时，n'_1和Q'_1就会发生相应的变化。若以n'_1和Q'_1为参数来表示同轮系水轮机在不同工况下η、a_0及σ等参数的变化情况，就可以表示出一个轮系水轮机的全面特性，即在以n'_1为纵坐标和以Q'_1为横坐标的坐标系中，绘出等效率线$\eta = f(n'_1,Q'_1)$、等导叶开度线$a_0 = f(n'_1,Q'_1)$、等汽蚀系数线$\sigma = f(n'_1,Q'_1)$及相应出力限制线。该坐标系中的任意一点就表示了该轮系水轮机的一个工况（工作状态）。由这些曲线所组成的图形就可全面反映该轮系水轮机的特性，这个图形就称为水轮机的主要综合特性曲线。虽然主要综合特性曲线是由模型试验得出的，但它完全适用于同一轮系的水轮机，只是在换算为原型时需进行修正。

对某一固定水轮机（D_1、n为定值）来说，主要综合特性曲线的纵坐标n'_1，实质上是表示水头H的变化，H大则n'_1小，H小则n'_1大；当H为定值（对应于某一纵坐标n'_1）时，横坐标Q'_1表示流量Q的变化，也就是表示出力的变化。附录二为不同型式水轮机的主要综合特性曲线示例。

在转桨式水轮机主要综合特性曲线上，除绘有等导叶开度线、等效率线、等汽蚀系数线外，还绘有叶片等装置角φ线，但无出力限制线，这是因为转桨式水轮机的限制工况是用允许汽蚀系数来确定的。

在冲击型水轮机的主要综合特性曲线上，绘有等效率线和喷针的等行程线，它相当于反击型水轮机的等开度线。由于喷嘴的流量取决于喷针的位置，所以不管n'_1如何变化，Q'_1是不变的，故喷针的等行程线均为与横轴垂直的直线。由于采用n'_1和Q'_1为坐标，这就使得模型试验的成果具有通用性，对于同一轮系的水轮机，它们的主要综合特性曲线是同一的。所以，在水轮机产品目录和有关手册中都给出了各轮系水轮机的主要综合特性曲线，以方便用户在选择水轮机和绘制原型水轮机特性曲线时使用。

（二）运转综合特性曲线

主要综合特性曲线虽然能全面反映水轮机的特性，但未能直观地反映水轮机主要参数之间的关系，查用不便。运转综合特性曲线是表示某一固定水轮机（D_1和n为定值）各主要参数H、N、η和H_s之间的关系曲线，即在以H、N为纵横坐标的坐标系中，绘出等效率曲线$\eta = f(N,H)$和等吸出高度曲线$H_s = f(N,H)$及出力限制线，如图4-4所示。

运转综合特性曲线一般由水轮机厂家提供，也可由主要综合特性曲线根据相似律换算绘出。图中出力限制线受两方面的影响：水头较高时，水轮机出力较大，此时出力受发电机容量限制，其限制线为一条竖直线；水头较低时，水轮机出力较小，达不到发电机额定容量，此时出力受水轮机最大过流能力和效率的限制，限制线近似于一条斜直线。所以，在运转综合特性曲线上，出力限制线为一折线，折点处对应的水头即为水轮机达到额定出力的最小水头，也就是水轮机的设计水头。混流式水轮机的出力限制线由5%出力限制线换算而来，而转桨式水轮机则受设计水头时导叶最大开度的限制。运转综合特性曲线对水轮机的选择，特别是对水轮机的运行管理都有重要用途。

特别需要说明的是：运转综合特性曲线是原型水轮机的特性曲线，曲线上的数据均为原型水轮机数据。

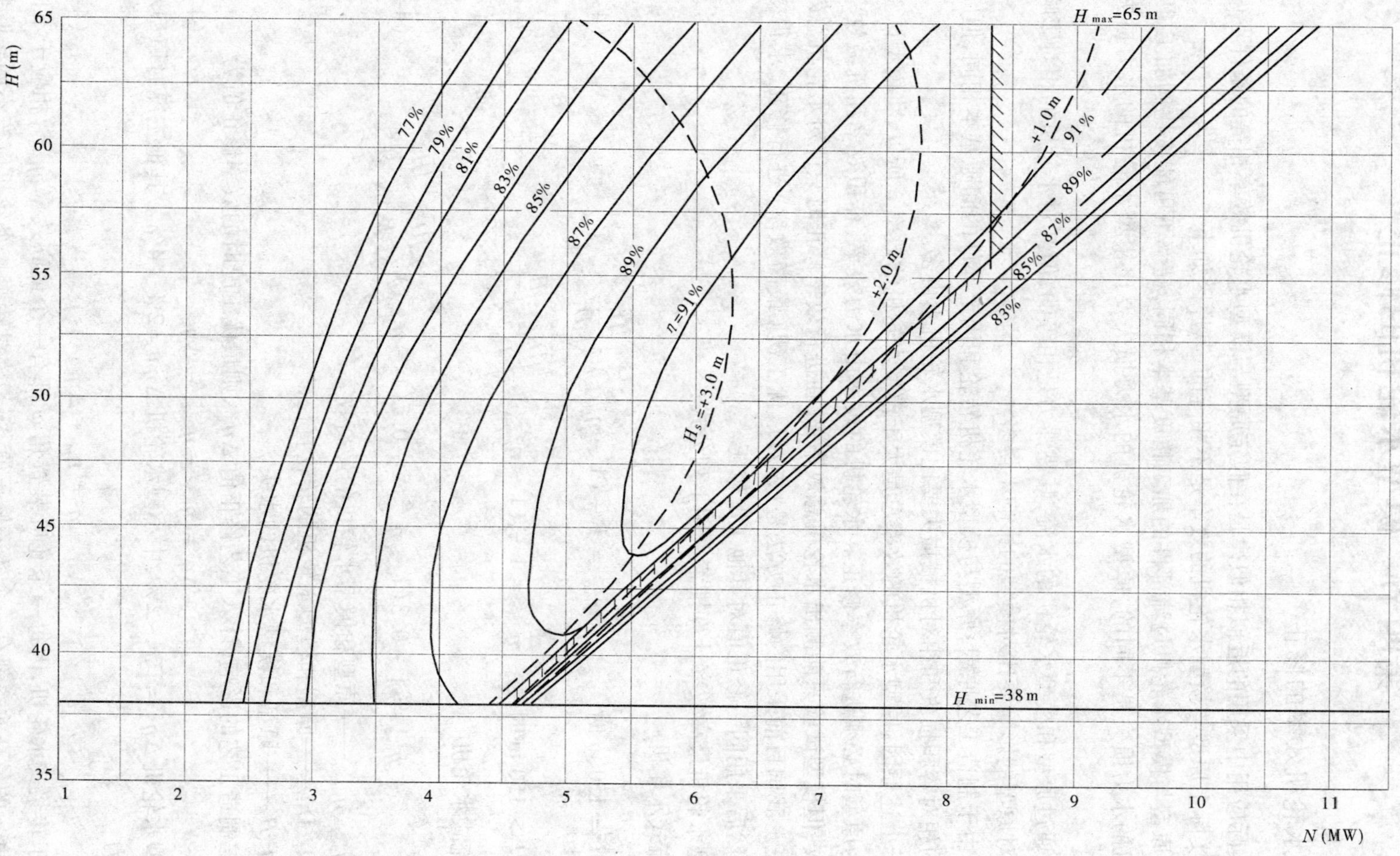

图 4-4 水轮机运转综合特性曲线

（HL220 – LJ – 140，$n = 375$ r/min）

第四节 模型水轮机的修正

一、水轮机效率的修正

在实际应用中采用的近似相似律是在假定原型与模型水轮机效率相等的条件下得出的，然而实际上原型与模型水轮机的效率是不相等的，其原因如下：

(1)原型与模型水轮机过流部件的加工精度基本相同，糙率不可能按比例加工，因此两水轮机的水力损失是不同的，原型水轮机的水力损失要比模型水轮机的水力损失相对小。

(2)通过原型和模型水轮机的水流，其黏滞力是相等的，但其对水轮机的相对影响是不同的，对原型的影响要比对模型的影响小得多。

(3)由于制造工艺原因，原型与模型水轮机转轮和固定部件的间隙基本相同，但原型水轮机的相对容积损失和相对机械损失要比模型水轮机小得多。

由于上述原因，原型水轮机的效率总是大于模型水轮机的效率。所以，将模型试验成果换算为原型时必须进行效率修正。水轮机的效率由水力效率、容积效率和机械效率三部分组成，但模型试验只能测出水轮机总效率，故在进行效率修正时只能对水轮机总效率进行修正。我国目前采用的修正方法是：先对最优工况(最高效率)进行修正，求得效率修正值，然后采用同一修正值对其他工况修正。

原型水轮机最高效率计算推荐采用下列公式：

混流式水轮机

当 $H = 150$ m 时
$$\eta_{max} = 1 - (1 - \eta_{mmax})\sqrt[5]{\frac{D_{1m}}{D_1}} \tag{4-17}$$

当 $H > 150$ m 时
$$\eta_{max} = 1 - (1 - \eta_{mmax})\sqrt[5]{\frac{D_{1m}}{D_1}}\sqrt[20]{\frac{H_m}{H}} \tag{4-18}$$

轴流式水轮机

$$\eta_{max} = 1 - 0.3(1 - \eta_{mmax}) - 0.7(1 - \eta_{mmax})\sqrt[5]{\frac{D_{1m}}{D_1}}\sqrt[10]{\frac{H_m}{H}} \tag{4-19}$$

式中 η_{max}、η_{mmax}——原型和模型水轮机的最高效率；

D_1、D_{1m}——原型和模型水轮机的转轮直径；

H、H_m——原型和模型水轮机的水头。

考虑制造工艺的影响，计入工艺修正值 $\Delta\eta_{工}$，则最优工况时的效率修正值为

$$\Delta\eta = \eta_{max} - \eta_{mmax} - \Delta\eta_{工} \tag{4-20}$$

大型水轮机 $\Delta\eta_{工} = 1\% \sim 2\%$，中小型水轮机 $\Delta\eta_{工} = 2\% \sim 4\%$。其他工况时原型水轮机效率为

$$\eta = \eta_m + \Delta\eta \tag{4-21}$$

对于转桨式水轮机，因每一个轮叶装置角 φ 都有一个最高效率 $\eta_{\varphi max}$，相应于不同轮叶装置角 φ 的最高效率都有一个效率修正值 $\Delta\eta_{\varphi}$，故对转桨式水轮机应按不同轮叶装置

角 φ 分别计算，即

$$\left.\begin{aligned}\Delta\eta_{\varphi} &= \eta_{\varphi\max} - \eta_{\varphi m\max} \\ \eta_{\varphi} &= \eta_{\varphi m} + \Delta\eta_{\varphi}\end{aligned}\right\} \tag{4-22}$$

对冲击式水轮机，合理的直径比为 $\frac{D_1}{d_0} = 10 \sim 20$，在此范围内水轮机的效率随尺寸的变化并不显著，因此可不作修正，即认为 $\eta = \eta_m$，但当模型水轮机的射流直径 $d_{0m} < 55$ mm 时，修正值可按图 4-5 确定。

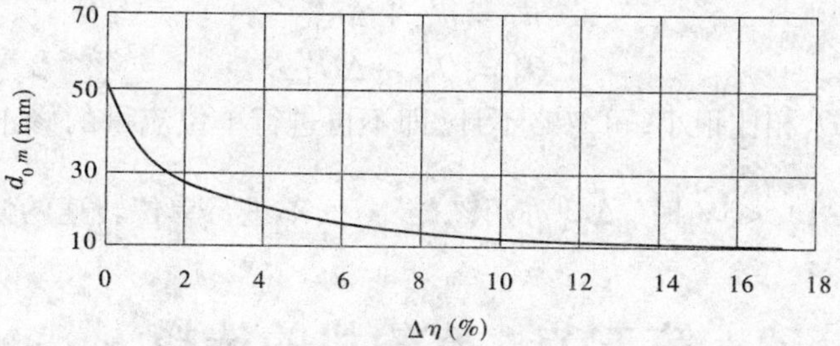

图 4-5　d_{0m} <55 mm 时单喷嘴水斗式水轮机的效率修正值

二、单位转速 n_1' 和单位流量 Q_1' 的修正

由于原型水轮机与模型水轮机效率不等，作用于原型水轮机与模型水轮机的有效水头分别为 $H\eta$ 和 $H_m\eta_m$，则

$$\frac{nD_1}{\sqrt{H}\sqrt{\eta}} = \frac{n_m D_{1m}}{\sqrt{H_m}\sqrt{\eta_m}}$$

即

$$\frac{n_1'}{\sqrt{\eta}} = \frac{n_{1m}'}{\sqrt{\eta_m}}$$

$$\frac{Q}{D_1^2\sqrt{H\eta}} = \frac{Q_m}{D_{1m}^2\sqrt{H_m\eta_m}}$$

即

$$\frac{Q_1'}{\sqrt{\eta}} = \frac{Q_{1m}'}{\sqrt{\eta_m}}$$

则原型水轮机单位转速为

$$n_1' = n_{1m}'\sqrt{\frac{\eta}{\eta_m}} \tag{4-23}$$

原型水轮机单位流量为

$$Q_1' = Q_{1m}'\sqrt{\frac{\eta}{\eta_m}} \tag{4-24}$$

在最优工况时，式(4-23)和式(4-24)可写为

$$n_{10}' = n_{10m}'\sqrt{\frac{\eta_{\max}}{\eta_{m\max}}}$$

$$Q'_{10} = Q'_{10m}\sqrt{\frac{\eta_{\max}}{\eta_{m\max}}}$$

由此可得单位转速和单位流量的修正值为

$$\Delta n'_1 = n'_{10} - n'_{10m} = n'_{10m}\left(\sqrt{\frac{\eta_{\max}}{\eta_{m\max}}} - 1\right) \tag{4-25}$$

$$\Delta Q'_1 = Q'_{10} - Q'_{10m} = Q'_{10m}\left(\sqrt{\frac{\eta_{\max}}{\eta_{m\max}}} - 1\right) \tag{4-26}$$

由此修正值,便可求得原型水轮机在其他工况下的单位转速和单位流量,即

$$n'_1 = n'_{1m} + \Delta n'_1$$

$$Q'_1 = Q'_{1m} + \Delta Q'_1$$

一般 $\Delta Q'_1$ 与 Q'_1 相比很小,可忽略不计,即不再进行单位流量的修正。对单位转速,当 $\frac{\Delta n'_1}{n'_{10m}} = \left(\sqrt{\frac{\eta_{\max}}{\eta_{m\max}}} - 1\right) < 3\%$ 时, $\Delta n'_1$ 亦可忽略不计,不进行单位转速的修正。

第五节　水轮机的选择

一、水轮机选择的原则和内容

在水电站设计中,水轮机选择是一项重要任务,它不仅关系到机组能否高效率安全可靠地工作,而且对水电站造价、建设速度、水电站专用建筑物的布置型式与尺寸都有影响。

(一)水轮机选择所需资料

在选择水轮机前,除应了解我国水电建设的方针政策外,主要应收集以下资料和参数:

(1)水利水电规划情况及与电站规模有关的参数。了解水电站所在流域的水文、地质、河流开发方式、水库调节性能、电站类型及枢纽布置情况等。掌握水头、流量特征参数,如最大水头、最小水头、平均水头、设计水头、最大流量、平均流量、装机容量及电站处海拔和电站下游的水位流量关系曲线等。

(2)所在电力系统的资料。如电力系统的容量、负荷情况、用户性质、设计电站在系统中的作用和地位及系统对设计电站的要求等。

(3)水轮机产品技术资料。如水轮机型谱资料、参数及性能,同类电站技术资料等。

(4)当地施工和运输条件。

(二)水轮机选择原则

水轮机选择遵循的原则是:在满足水电站出力要求及与水电站参数(水头和流量)相适应的条件下,选用性能好和尺寸小的水轮机。

所谓性能好,包括能量性能好和耐汽蚀性能好两个方面。能量性能好是要求水轮机的效率高,不仅水轮机最高效率高,而且在水头和负荷变化的情况下,其平均效率也高。为此,应尽可能在水电站水头变化范围内选择 $\eta = f(N)$ 曲线变化平缓的水轮机。耐汽蚀性能好,就是说所选水轮机的汽蚀系数要小,能保证机组运行稳定可靠。

要使水轮机尺寸小,就应尽可能选用比转速高的水轮机,比转速高的水轮机转速高,转轮直径小。为此,在水轮机选择计算时,应采用 n_1' 等于或稍高于最优单位转速 n_{10}',而 Q_1' 值则应采用型谱表中推荐使用的最大单位流量 Q_{1max}',以充分利用水轮机的过水能力,减小水轮机尺寸。

选择水轮机除考虑上述基本原则外,还应考虑所选择机组易于供货,运输困难小,施工安装方便,以便尽可能缩短水电站建设工期,争取早日发电。

(三)水轮机选择内容

水轮机选择的程序基本上是先拟订几个可能的待选方案,对各个待选方案分别求出其动能经济指标并进行比较,最后通过优选确定最佳方案。对每一个待选方案来说,水轮机选择的主要内容有:

(1)选择机组台数和单机容量;

(2)选择水轮机的型号及装置方式;

(3)确定水轮机的转轮直径及转速;

(4)确定水轮机的最大允许吸出高度和安装高程;

(5)绘制水轮机的运转综合特性曲线(一般由厂家提供);

(6)确定蜗壳和尾水管的型式及尺寸;

(7)选择调速器及油压装置(在第五章介绍)。

二、机组台数与机型的选择

(一)机组台数的选择

水电站的装机容量等于机组台数和单机容量的乘积,根据已确定的装机容量,就可拟订出几个机组台数的方案。当机组台数不同时,单机容量不同,水轮机的直径和转速也不同,从而引起工程投资、运行效率、运行条件和产品供应情况的变化。机组台数的选择通常从下列几个方面考虑。

1. 机组台数与水轮机类型的关系

水轮机类型不同,机组台数对水电站平均效率的影响也不同。轴流转桨式和低比转速的混流式水轮机,由于其工作特性曲线较平缓,高效率区较宽,故机组台数的增减对水电站平均效率的影响不大。轴流定桨式和高比转速混流式水轮机,当出力变化时,效率变化比较剧烈,因此增加机组台数可较显著地提高水电站的平均效率。

2. 机组台数与水电站在系统中担负负荷类型的关系

水电站在担任系统基荷工作时,选择较少的机组台数,亦可使水轮机在较长时间内以最优工况运行,使水电站的平均效率较高。水电站担任系统峰荷时,由于负荷经常变化,且变化幅度较大,为使每台机组都能以高效率工作,就需要较多的机组台数。

3. 机组台数与供电可靠性的关系

机组台数多,运行方式机动灵活,能适应负荷变化。一台机组发生事故时影响较小,检修也较易于安排。但机组台数过多时,设备就多,操作次数增加,发生事故的可能性增加,管理复杂,将会提高运行管理费用。

4. 机组台数与水电站造价的关系

通常机组台数少，厂房长度小（宽度略有增加），机电设备少，运行管理简单，因而可降低造价，但从另一方面来说，机组台数少，单机容量就大，厂房的起重能力、安装场地、基坑开挖量都将增加，因而又可能增加水电站造价；采用机组台数较多时，机组单机容量小，相应的各种机电设备套数增加，机组单位千瓦消耗的材料多，厂房长度大，总造价高，但采用小型机组，厂房的起重能力、安装场地、基坑开挖量都减小，因此又可减少一些投资。总的说来，机组台数增多将增大投资，所以一般希望选用较大容量的机组。

上述各因素中都包含着互相对立又互相联系的两个方面，在选择时应针对主要因素确定合理的机组台数。实际工程中，为了运行灵活和便于检修，除装机容量小于 100 kW 时选用一台机组外，一般应不少于两台；为了制造、安装和运行维修方便，如无特殊要求，一个电站应尽量选用同一机型。但对某些低水头电站或灌溉渠系上的电站，为了利用季节性电能，也可采用大小机组搭配方案。为便于主接线设计，机组台数一般选用偶数。我国已建成的中型水电站大多采用 4 ~ 6 台，大型水电站采用 6 ~ 8 台，小型水电站以 2 ~ 4 台为宜。

（二）机型选择

水轮机机型选择是在已知装机容量 N_y 和水电站各种特征水头 H_{max}、H_{min}、$H_{平均}$ 和 H_p 的情况下进行的。当已知装机容量 N_y 和选定机组台数 m 后，则水轮机单机出力 $N=\frac{N_y}{m\eta_电}$，其中 $\eta_电$ 为发电机效率，大中型机组 $\eta_电=96\%\sim98\%$，中小型机组 $\eta_电=95\%\sim96\%$。需要说明的是，尽管人们在习惯上常把单机容量也说成单机出力，但是，单机容量与单机出力还是有区别的，单机容量是指机组发电机的额定容量，单机出力则是指水轮机的额定出力。由于存在发电机效率问题，故单机出力总大于单机容量。

为了使水轮机系列化、通用化、标准化，我国已编制了反击型水轮机暂行系列型谱，见附录三，目前常用的两种水斗式系列水轮机转轮参数见附表 3-4。

大中型与中小型水轮机型谱的衔接，以转轮直径 D_1 为标准，$D_1\geqslant1$ m 的混流式水轮机和 $D_1\geqslant1.4$ m 的轴流式水轮机，按大中型水轮机型谱执行，其他按中小型水轮机型谱执行，且大中型与中小型水轮机型谱不能通用。大中小型水轮机的划分见表 4-2。

表 4-2　大中小型水轮机的划分

装机容量 N_y（万 kW）	水电站类型	单机出力 N（万 kW）	水轮机类型
<5	小	<1	小
5 ~ 20	中	1 ~ 3	中
>20	大	>3	大
>200	巨		

水轮机机型可根据水轮机型谱选择，也可根据水轮机使用范围综合图选择。

1. 根据水轮机型谱选择机型

根据已确定的单机出力及水电站水头范围，从水轮机型谱中选择出适宜的机型。型谱中推荐了各种机型适用的水头范围，其上限水头是由水轮机结构强度和汽蚀特性等条件限制的，下限水头主要是由经济因素定出的。适合电站水头范围的机型即为可选机型。

2. 根据水轮机使用范围综合图选择机型

水轮机使用范围综合图是在以水头为横坐标、出力为纵坐标的坐标系中，绘出每种水轮机使用范围的图形。在水轮机使用范围综合图上，每种水轮机使用范围为一斜方框，方框的两竖线为水头范围，两斜线为该型水轮机最大、最小转轮直径的出力范围，如图 4-6 所示。

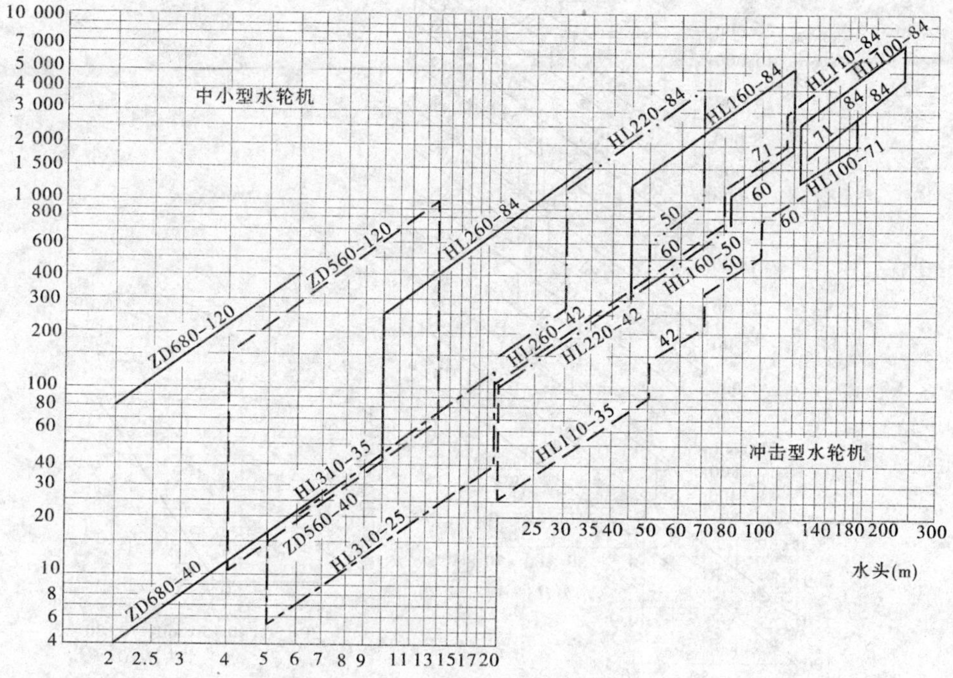

图 4-6　水轮机使用范围综合图

选择时，根据设计水头和单机出力查图确定，坐标点所在方框的机型即为可选机型。

【例 4-1】　某水电站设计水头为 34 m，最大水头为 40 m，单机出力为 600 kW，选择机型。

解：根据 $H_p = 34$ m，$N = 600$ kW，查图 4-6 知：其坐标点位于图中 HL260 和 HL220 的两个方框内，说明两种机型均可采用，因为最大水头为 40 m 已超过 HL260 的最大水头 35 m，所以选用 HL220 型水轮机较合适。

三、水轮机主要参数确定

（一）用系列应用范围图确定反击型水轮机主要参数

水轮机厂家对各系列水轮机均绘出了相应系列的应用范围图，应用范围图表明了该系列水轮机在各种转轮直径 D_1 和转速 n 情况下的最优工作范围，如图 4-7 为 HL220 系列水轮机的应用范围图，图 4-8 为 ZZ440 系列水轮机的应用范围图。

系列应用范围图是在以水轮机单机出力 N 为纵坐标、水头 H 为横坐标的坐标系中，绘有许多平行斜线，并用短线将其分成许多平行四边形方格，每一小方格内注明水轮机的同步转速，最右边的数字是水轮机的标称直径 D_1。

根据电站设计水头 H_p 和单机出力 N，在应用范围图上找出坐标点所在的小方格，则方格内的数字即为该型号水轮机的转速，方格最右边方框内的数字就是转轮直径 D_1 。

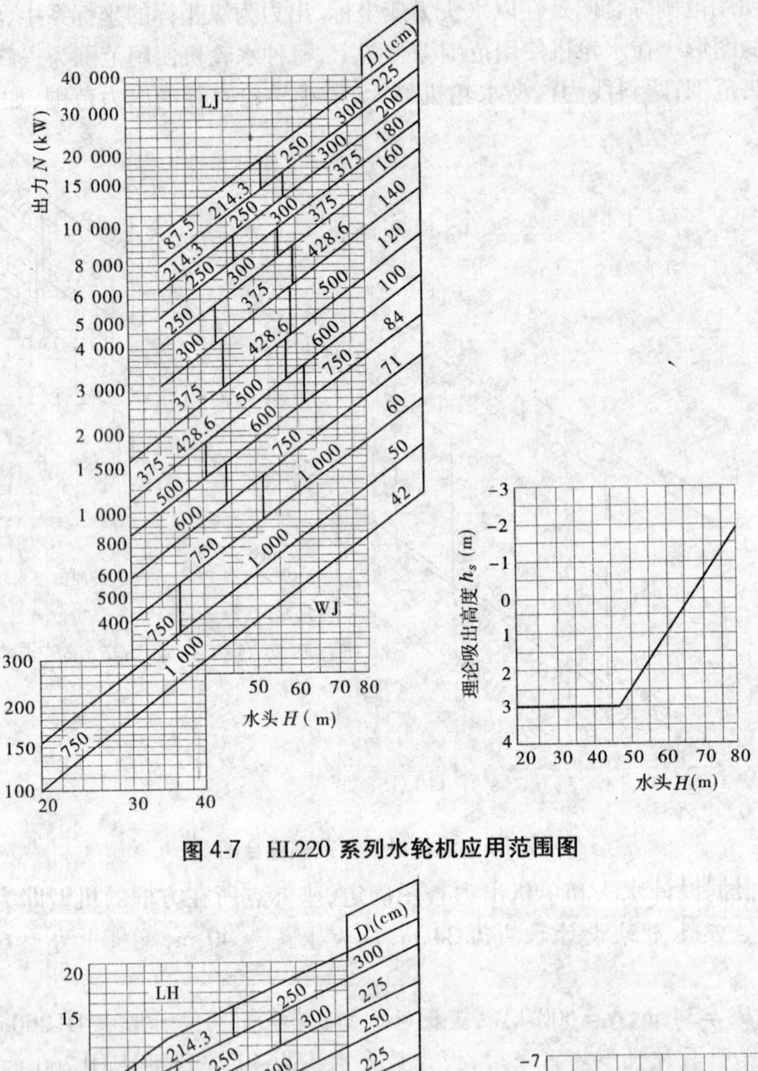

图 4-7　HL220 系列水轮机应用范围图

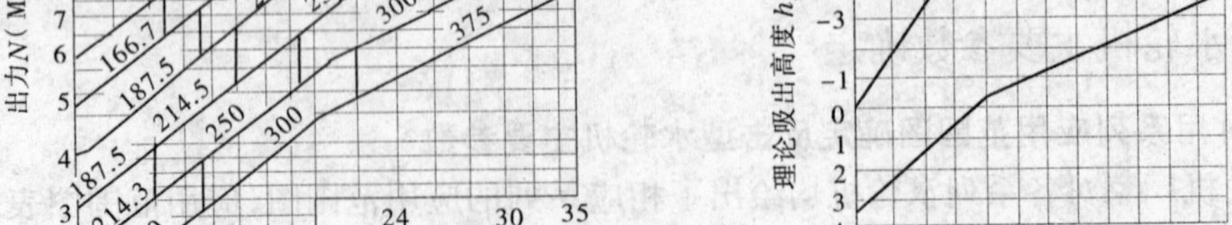

图 4-8　ZZ440 系列水轮机应用范围图

为了确定水轮机的吸出高度 H_s，在水轮机系列应用范围图旁边还绘有 $h_s = f(H)$ 关系曲线，曲线上 h_s 是理论吸出高度（假定水轮机安装地点的海拔 $\nabla = 0$ 时，水轮机的最大允许吸出高度）。确定水轮机吸出高度时，根据电站建设地点的海拔，由理论吸出高度进行修正，即

$$H_s = h_s - \frac{\nabla}{900} \tag{4-27}$$

对混流式水轮机，由于 H 与 N 变化时，汽蚀系数 σ 变化不大，故 $h_s = f(H)$ 关系曲线只有一条。对转桨式水轮机，当 H 与 N 变化时，汽蚀系数 σ 变化较大，故 $h_s = f(H)$ 关系曲线有两条。上、下两条线相当于同一转轮直径 D_1 时 σ 值的上、下限，h_s 可根据选择点 (H,N) 在系列应用范围图上方格中的位置选择。若选择点在斜方格的上斜线上，则采用上面的一条 $h_s = f(H)$ 关系曲线；若选择点在斜方格的下斜线上，则采用下面一条 $h_s = f(H)$ 关系曲线；若选择点在斜方格的上下斜线之间，则可按其位置内插查出 h_s。

用系列应用范围图确定水轮机主要参数简便易行，但较粗略，所以该方法只用于小型水电站，或为节省工作量用于水电站的规划和初设阶段各方案的比较。

【例 4-2】 某水电站最小水头 40 m，设计水头 49 m，最大水头 64.5 m；单机出力 N = 2 200 kW；厂房尾水处海拔 ∇ = 425 m。试初选水轮机机型，并按系列应用范围图确定水轮机主要参数。

解：1. 机型选择

根据电站水头范围（40 ~ 64.5 m）查中小型水轮机系列型谱表（或根据设计水头和单机出力查水轮机使用范围综合图），得适宜机型为 HL220（相应机型的水头范围为 30 ~ 70 m）。

2. 确定水轮机主要参数

查 HL220 系列应用范围图（见图 4-7），得：D_1 = 84 cm，n = 600 r/min，又根据设计水头 H_p = 49 m，查 $h_s = f(H)$ 曲线得：h_s = +2.5 m，则

$$H_s = h_s - \frac{\nabla}{900} = 2.5 - \frac{425}{900} = 2.03(\text{m})$$

（二）按模型主要综合特性曲线确定水轮机主要参数

根据模型主要综合特性曲线选择水轮机主要参数，是以模型和原型水轮机满足相似条件为前提，根据相似公式计算出所选原型水轮机的主要参数，然后将其换算成模型水轮机参数，并放置在主要综合特性曲线上，检验所选水轮机的性能是否理想。确定步骤如下。

1. 计算转轮直径 D_1

$$D_1 = \sqrt{\frac{N}{9.81 Q_1' H_p^{\frac{3}{2}} \eta}} \quad (\text{m}) \tag{4-28}$$

式中 N ——水轮机单机出力，kW；

H_p ——设计水头，m；

η ——原型水轮机的效率；

Q_1' ——水轮机单位流量，m^3/s。

Q'_1按有利于工作稳定性和经济性的原则选取。对混流式水轮机,取过最优单位转速的水平线与5%出力限制线交点所对应的单位流量Q'_{1k},如图4-9所示;对于受汽蚀条件限制的转桨式水轮机,则需根据允许的最大吸出高度H_s,反求出允许汽蚀系数σ,即$\sigma = \dfrac{10 - \dfrac{\nabla}{900} - H_s}{H} - \Delta\sigma$,取过最优单位转速$n'_{10}$的水平线与允许汽蚀系数$\sigma$线交点所对应的单位流量$Q'_{1k}$,如图4-10所示。对于$H_s$无限制要求的情况,则可采用型谱表中推荐的最大单位流量或设计单位流量。但在任何情况下,都不应超过型谱表中的推荐值。

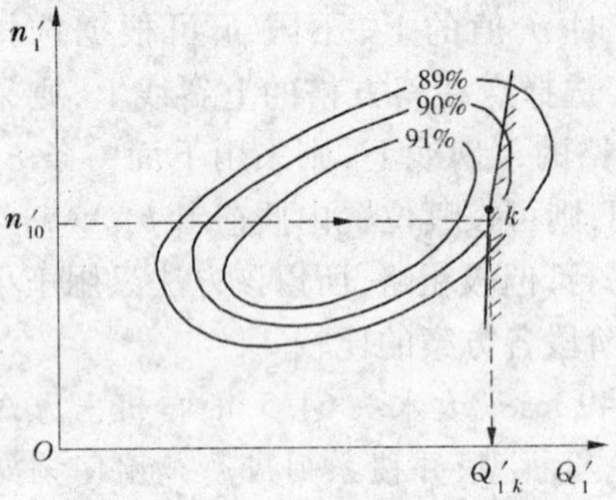

图4-9 混流式水轮机Q'_1的选择

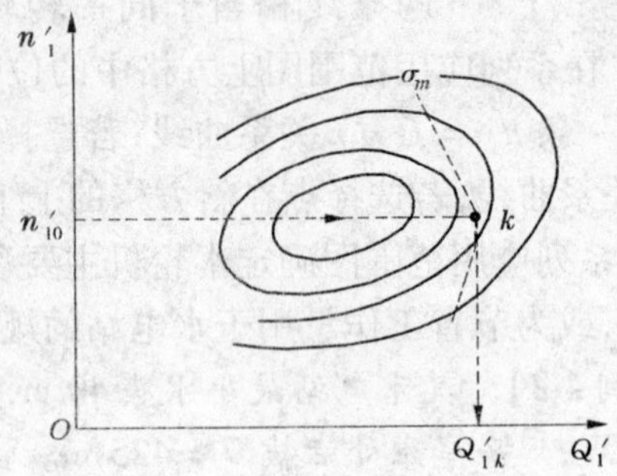

图4-10 转桨式水轮机Q'_1的选择

η取上述计算点处的模型效率η_m加效率修正值$\Delta\eta$,初步计算时可假定$\Delta\eta = 1\% \sim 3\%$,待$D_1$确定后再进行效率修正计算,计算的效率修正值$\Delta\eta$应与假定值相符,否则,应重新假定$\Delta\eta$,重新计算确定$D_1$。

计算出D_1后,应选取与计算值相近的标称直径,通常取偏大值。我国型谱规定的标称直径(cm)尺寸系列见表4-3。

表4-3 反击型水轮机转轮标称直径系列表 (单位:cm)

25	30	35	(40)	42	50	60	71	(80)	84
100	120	140	160	180	200	225	250	275	300
330	380	410	450	500	550	600	650	700	750
800	850	900	950	1 000					

注:括号中的数字仅适用于轴流式水轮机。

2. 计算转速n

转速计算式为

$$n = \frac{n'_1\sqrt{H}}{D_1} \quad (\text{r/min}) \tag{4-29}$$

式中 D_1——转轮直径,采用选定的标称直径,m;

H——水头,采用加权平均水头或设计水头,m;

n'_1——单位转速,采用最优单位转速n'_{10},$n'_{10} = n'_{10m} + \Delta n'_1$。

计算出转速后,应选取与计算值相近的同步转速。

水轮发电机的同步转速与其磁极对数有关，见表4-4。

表4-4　磁极对数与同步转速关系表

磁极对数 P	3	4	5	7	8	9	10	12	14
同步转速 n (r/min)	1 000	750	600	428.6	375	333.3	300	250	214.3
磁极对数 P	16	18	20	22	24	26	28	30	32
同步转速 n (r/min)	187.5	166.7	150	136.4	125	115.4	107.1	100	93.8
磁极对数 P	34	36	38	40	42	46	48	50	
同步转速 n (r/min)	88.2	83.3	79	75	71.4	68.2	62.5	60	

3. 检验水轮机实际工作范围

由于所选水轮机的直径和转速都是取标准值，所以与计算结果往往会有差异，这就需要检验所选参数是否符合选型原则。为此，可从以下两方面检验：

(1)据水轮机单机出力 N 、设计水头 H_p 和 D_1 、η ，计算相应的单位流量 Q'_1 ，即

$$Q'_1 = \frac{N}{9.81 D_1^2 H_p^{\frac{3}{2}} \eta} \tag{4-30}$$

检查计算的 Q'_1 是否接近而不超过原选择计算点所对应的 Q'_1 值。若超过，说明 D_1 太小，不能满足出力要求；若比原计算点的 Q'_1 小得多，说明 D_1 偏大，不经济。若符合接近而不超过原则，则将此 Q'_1 值代入 $Q = Q'_1 D_1^2 \sqrt{H}$ ，即可求得水轮机设计流量，作为计算蜗壳尺寸的依据。

(2)据最大水头 H_{max} 、最小水头 H_{min} 和 D_1 、n ，计算相应模型水轮机的最小单位转速 n'_{1mmin} 和最大单位转速 n'_{1mmax} ，即

$$n'_{1mmin} = \frac{nD_1}{\sqrt{H_{max}}} - \Delta n'_1 \tag{4-31}$$

$$n'_{1mmax} = \frac{nD_1}{\sqrt{H_{min}}} - \Delta n'_1 \tag{4-32}$$

在主要综合特性曲线上绘出对应于 n'_{1mmax} 和 n'_{1mmin} 为常数的两条直线，若这两条直线包括了主要综合特性曲线上的高效率区，则说明所选 D_1 和 n 是合理的；否则，应适当修改 D_1 和 n ，重新计算。

只有以上两方面都能满足，才说明所选 D_1 和 n 在设计水头时能发出额定出力，且水轮机效率高，尺寸小。

4. 计算允许吸出高度 H_s 并确定安装高程

$$H_s = 10 - \frac{\nabla}{900} - (\sigma + \nabla\sigma)H$$

或

$$H_s = 10 - \frac{\nabla}{900} - k\sigma H$$

式中，汽蚀系数 σ 应由根据 H_p 、H_{max} 和 H_{min} 分别求出的 n'_1 和 Q'_1 ，在主要综合特性曲线上查得，然后代入上式，分别计算 H_p 、H_{max} 和 H_{min} 时的 H_s ，并取偏于安全的最小值作为采

用值。

安装高程根据确定的 H_s 值和所选机型进行计算确定。

(三)冲击型水轮机主要参数选择

1. 水轮机系列应用范围图法

图 4-11 为水斗式水轮机 CJ22 系列应用范围图。由系列应用范围图可直接选定水轮机主要参数。例如，某水电站设计水头为 380 m，单机出力为 500 kW，从图 4-11 中可选定水轮机为 CJ22 - W - $\dfrac{70}{1\times 5.5}$，转速 n =1 000 r/min。

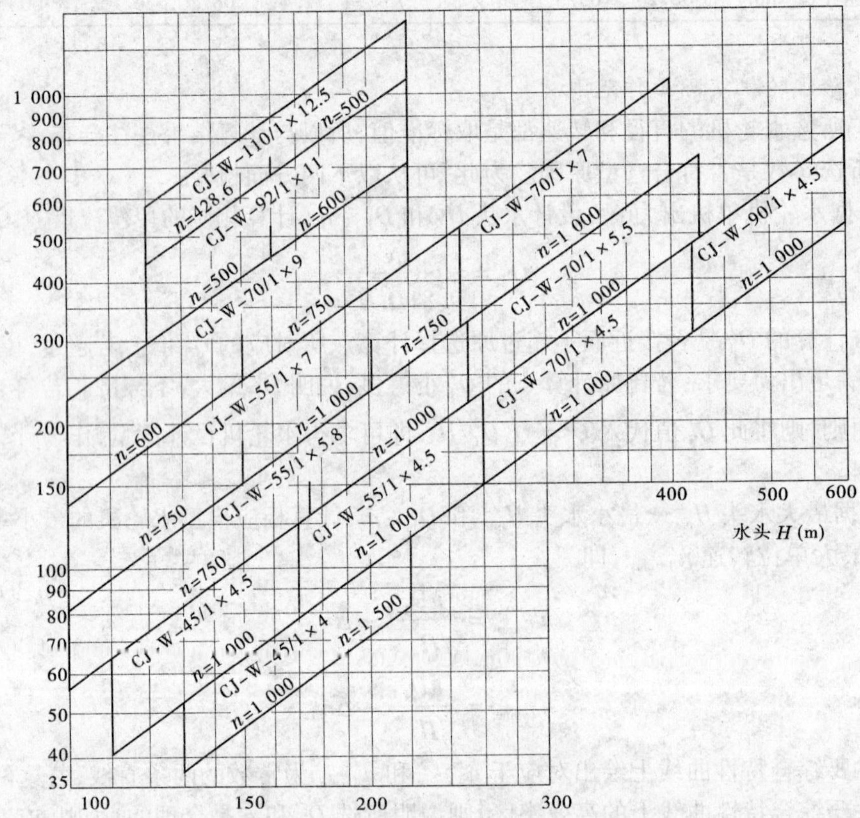

图 4-11　CJ22 系列水轮机应用范围图

图 4-12 为斜击式水轮机 XJ02 系列应用范围图。例如，某电站的设计水头为 85 m，单机额定出力为 250 kW，查图 4-12 可选定水轮机为 XJ02 - W - $\dfrac{50}{1\times 12.5}$，转速 n =750 r/min。

2. 公式计算法

水斗式水轮机主要参数的选择是在初步确定机组的装置方式、转轮个数和喷嘴数目的基础上进行的。所选择的参数主要有射流直径 d_0 、喷嘴直径 d 、转轮直径 D_1 、转速 n 和斗叶数目 z_1 等。其选择方法如下。

1) 转轮直径 D_1

当主轴上装有 z_p 个转轮，每个转轮上有 z_0 个喷嘴时，转轮的直径应为

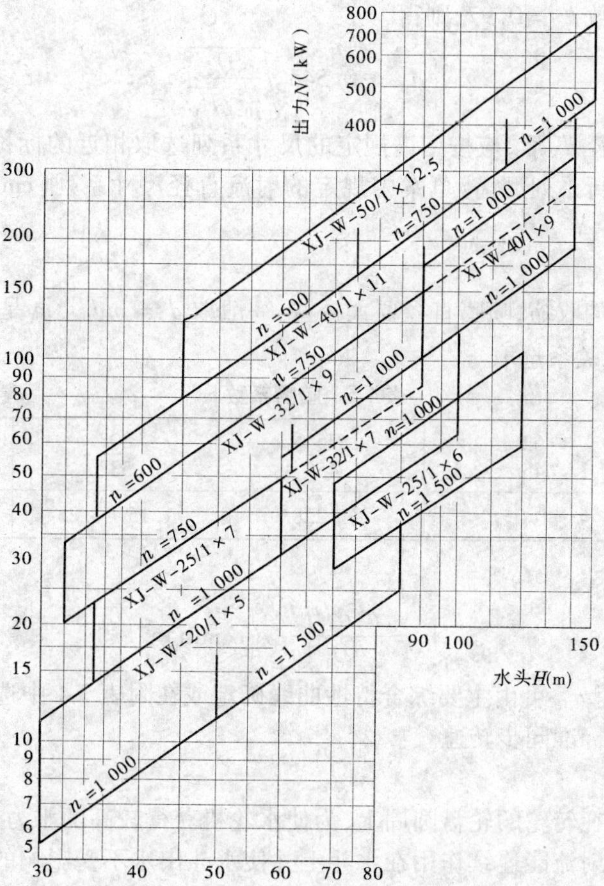

图 4-12　XJ02 系列水轮机应用范围图

$$D_1 = \sqrt{\frac{N}{9.81Q'_1 z_p z_0 H_p^{\frac{3}{2}} \eta}} \tag{4-33}$$

式中　Q'_1——单转轮单喷嘴水轮机在限制工况的单位流量，可由附表 3-4 查得；

η——水轮机在限制工况的效率，可先由模型特性曲线上查得相应的 η_m，并取 $\eta = \eta_m$。

计算出 D_1 后，选取与计算值相近的标称直径。

中小型水斗式水轮机转轮直径尺寸系列(cm)为:45,55,70,80,90,100,110,125,140。

为使水轮机在运行范围内均保持较高的效率，一般认为所选出的 $\frac{D_1}{d_0}$ 值以在 10～20 为宜。

2)射流直径 d_0

$$d_0 = \sqrt{\frac{4Q}{k_v \sqrt{2gH_p} z_0 \pi}}$$

取射流速度系数 $k_v=0.97$,则得

$$d_0 = 0.545\sqrt{\frac{Q}{z_0\sqrt{H_p}}} \tag{4-34}$$

计算出射流直径 d_0 后,应按型谱规定的尺寸系列选取相近的标称直径。我国《中小型水斗式水轮机暂行系列型谱》草案中规定的射流直径尺寸系列(cm)为:4.5,5.5,7,9,11,12.5,14。

3)喷嘴直径 d

由于喷射水流的收缩,喷嘴直径要大一些,一般取 $d = md_0$, m 是与喷嘴形状有关的系数,可按表 4-5 中关系选取。

表 4-5　喷嘴系数 m

喷嘴收缩夹角/喷针锥角	62°/45°	75°/45°	80°/53°	85°/65°
系数 m	1.05	1.228	1.15 ~ 1.25	1.25

4)转速 n

$$n = \frac{n'_{10}\sqrt{H_p}}{D_1} \quad (\text{r/min})$$

式中,最优单位转速 n'_{10} 可由主要综合特性曲线确定或在附表 3-4 中选取,计算出 n 后,选取与计算值相近的标准同步转速。

5)斗叶数目 z_1

水斗均匀分布在转轮的轮盘圆周上,为使水轮机获得较高的水力效率和容积效率,其数目的多少根据使射流能连续作用在水斗上并使水斗出水不受影响的原则选取。影响水斗数目的主要因素是直径比 $\frac{D_1}{d_0}$。斗叶数目可按下式进行估算

$$z_1 = 6.67\sqrt{\frac{D_1}{d_0}} \tag{4-35}$$

对于多喷嘴机组,其射流夹角应避免为相邻水斗夹角的整数倍。

【例 4-3】　某水电站的最大水头 $H_{max}=35.87$ m,加权平均水头 $H_a=30.0$ m,设计水头 $H_p=28.5$ m,最小水头 $H_{min}=24.72$ m,水电站装机容量 $N_y=68\ 000$ kW,水电站尾水处海拔 $\nabla=24.0$ m,要求吸出高度 $H_s>-4$ m,试选择适用于上述条件的水轮机。

解:1. 机组台数与机型选择

设选用 4 台机组,发电机效率 $\eta_{电}=96\%$,则水轮机单机出力为

$$N = \frac{N_y}{m\eta_{电}} = \frac{68\ 000}{4\times0.96} = 17\ 710(\text{kW})$$

根据水头范围(24.72 ~ 35.87 m),查转轮型谱表(附录三)知,有 ZZ440 和 HL240 两种机型可供选择,需对这两种方案分别进行计算和分析比较。

2. 选型计算

1)ZZ440 方案的选型计算

(1)计算转轮直径 D_1。

在公式 $D_1=\sqrt{\dfrac{N}{9.81Q'_1H_p^{\frac{3}{2}}\eta}}$ 中，$N=17\ 710$ kW，$H_p=28.5$ m，从附录三中查得 ZZ440 机型转轮的 Q'_1 不得大于 1 650 L/s，根据本电站的具体条件，要求 $H_s>-4$ m，由图 3-4 查得 $\Delta\sigma=0.05$，可计算出允许汽蚀系数为

$$\sigma=\frac{10-\dfrac{\nabla}{900}-H_s}{H_p}-\Delta\sigma=\frac{10-\dfrac{24}{900}+4}{28.5}-0.05=0.44$$

由此汽蚀系数和 $n'_{10}=115$ r/min，按附图 2-3 初步选用 $Q'_1=1\ 220$ L/s，并查得该计算点的 $\eta_m=0.86$，假定效率修正值 $\Delta\eta=0.03$，则初步采用原型效率 $\eta=0.89$。将以上各值代入公式得

$$D_1=\sqrt{\frac{17\ 710}{9.81\times1.22\times28.5^{\frac{3}{2}}\times0.89}}=3.31(\text{m})$$

取与之相近的标准直径 $D_1=3.3$ m。

(2)计算效率修正值。

对于轴流式水轮机，原型水轮机最高效率采用式(4-19)计算，已知 $D_{1m}=0.46$ m，$H_m=3.5$ m，$D_1=3.3$ m，$H_p=28.5$ m，代入式(4-19)得

$$\begin{aligned}\eta_{\max}&=1-0.3(1-\eta_{m\max})-0.7(1-\eta_{m\max})\sqrt[5]{\frac{D_{1m}}{D_1}}\sqrt[10]{\frac{H_m}{H_p}}\\&=1-0.3(1-\eta_{m\max})-0.7(1-\eta_{m\max})\sqrt[5]{\frac{0.46}{3.3}}\sqrt[10]{\frac{3.5}{28.5}}\\&=0.318+0.682\eta_{m\max}\end{aligned}$$

对于轴流式水轮机，必须对主要综合特性曲线图上每一叶片转角进行效率修正计算。取工艺修正值 $\Delta\eta_{工}=1\%$，计算结果见表 4-6。

表 4-6　效率修正值的计算

叶片转角(°)	−10	−5	0	+5	+10	+15
$\eta_{m\max}$ (%)	84.8	87.9	89.0	88.3	86.7	84.8
$\eta_{\max}$ (%)	89.6	91.7	92.5	92.0	90.9	89.6
$\Delta\eta=\eta_{\max}-\eta_{m\max}-\Delta\eta_{工}$(%)	3.8	2.8	2.5	2.7	3.2	3.8

由表 4-6 可见，模型最高效率 $\eta_{m\max}=89\%$，因此原型最高效率为 $\eta_{\max}=89\%+2.5\%=91.5\%$。计算 D_1 时的计算点(即 $n'_{10}=115$ r/min 与 $Q'_1=1\ 220$ L/s 的交点)处 $\eta_m=86\%$，叶片转角 φ 在 $+10°$ 与 $+15°$ 之间，取其效率修正值的平均值为 $\Delta\eta=\dfrac{3.2\%+3.8\%}{2}=3.5\%$，即计算点效率为 $\eta=86\%+3.5\%=89.5\%$，这与假定值 $\eta=89\%$ 基本相符，故 D_1 不再重新计算。

(3)计算单位转速和单位流量的修正值。

单位转速修正值可按式(4-25)计算，即

$$\Delta n_1' = n_{10m}'\left(\sqrt{\frac{\eta_{max}}{\eta_{mmax}}} - 1\right)$$

则
$$\frac{\Delta n_1'}{n_{10m}'} = \sqrt{\frac{\eta_{max}}{\eta_{mmax}}} - 1 = \sqrt{\frac{0.915}{0.89}} - 1 = 1.4\%$$

由于不同转角 φ 的 $\frac{\Delta n_1'}{n_{10m}'}$ 值均小于3%，故单位转速可不修正，单位流量也可不修正。

(4)计算转速 n。

因单位转速不修正，故 $n_{10}' = n_{10m}' = 115$ r/min，采用加权平均水头 $H_a = 30$ m，$D_1 = 3.3$ m，求得水轮机转速为

$$n = \frac{n_{10}'\sqrt{H_a}}{D_1} = \frac{115 \times \sqrt{30}}{3.3} = 190.87(\text{r/min})$$

选用与之接近而偏大的标准同步转速 $n = 214.3$ r/min。

(5)检验水轮机实际工作范围。

①计算 Q_1'，已知 $N = 17\ 710$ kW，$H_p = 28.5$ m，$D_1 = 3.3$ m，在设计水头时的单位转速为 $n_1' = \frac{nD_1}{\sqrt{H_p}} = \frac{214.3 \times 3.3}{\sqrt{28.5}} = 132$ (r/min)。Q_1' 仍暂用 1 220 L/s，根据 n_1' 和 Q_1' 在综合特性曲线上查得 $\eta_m = 86.2\%$，此点叶片转角接近 $\varphi = +10°$，其效率修正值为 $\Delta\eta = 3.2\%$（见表 4-6），故该点原型效率为 $\eta = 86.2\% + 3.2\% = 89.4\%$，则

$$Q_1' = \frac{N}{9.81 D_1^2 H_p^{\frac{3}{2}} \eta} = \frac{17\ 710}{9.81 \times 3.3^2 \times 28.5^{\frac{3}{2}} \times 0.894} = 1.22(\text{m}^3/\text{s})$$

此值与原选用值相符，说明所选 D_1 是合适的，恰好满足机组在设计水头时能发出额定出力的要求。水轮机设计流量为

$$Q_0 = Q_1' D_1^2 \sqrt{H_p} = 1.22 \times 3.3^2 \times \sqrt{28.5} = 70.9(\text{m}^3/\text{s})$$

②检验水头在 $H_{man} \sim H_{min}$ 之间变化时，水轮机实际工作范围。因不考虑单位转速修正，故 $n_1' = n_{1m}'$。

当 $H_{min} = 24.72$ m 时

$$n_{1mmax}' = \frac{nD_1}{\sqrt{H_{min}}} = \frac{214.3 \times 3.3}{\sqrt{24.72}} = 142(\text{r/min})$$

当 $H_{max} = 35.87$ m 时

$$n_{1mmin}' = \frac{nD_1}{\sqrt{H_{max}}} = \frac{214.3 \times 3.3}{\sqrt{35.87}} = 118\ (\text{r/min})$$

从综合特性曲线上可以看出，所选水轮机基本上处于高效率区工作，工作范围稍向上偏，即低水头工作时效率稍低，这是由于所选转速 n 比计算值偏大引起的。

(6)计算允许吸出高度 H_s。

在设计水头时，$n_1' = 132$ r/min，$Q_1' = 1\ 220$ L/s，由综合特性曲线查得 $\sigma = 0.41$，已知 $\Delta\sigma = 0.05$，则

$$H_s = 10 - \frac{\nabla}{900} - (\sigma + \Delta\sigma)H_p = 10 - \frac{24}{900} - (0.41 + 0.05) \times 28.5$$

$$= -3.14(m) > -4 m$$

同理,可求得 H_{max} 时, $n'_1 = 118$ r/min, $Q'_1 = 843$ L/s, $\sigma = 0.31$, $H_s = -2.94$ m > −4 m,故吸出高度均可满足要求。

2)HL240 方案的选型计算

(1)计算转轮直径 D_1。

已知 $N = 17\ 710$ kW, $H_p = 28.5$ m,最优单位转速 $n'_{10m} = 72$ r/min,单位流量采用与 n'_{10m} 相应出力限制点的单位流量 $Q'_1 = 1\ 240$ L/s,该计算点的效率为 $\eta_m = 90.4\%$,假设 $\Delta\eta = 1.6\%$,则原型水轮机在该点的效率为 $\eta = \eta_m + \Delta\eta = 92\%$,故转轮直径为

$$D_1 = \sqrt{\frac{N}{9.81 Q'_1 H_p^{\frac{3}{2}} \eta}} = \sqrt{\frac{17\ 710}{9.81 \times 1.24 \times 28.5^{\frac{3}{2}} \times 0.92}} = 3.23(m)$$

采用与之相近的标称直径 $D_1 = 3.3$ m。

(2)计算效率修正值。

对混流式水轮机,当 $H \leqslant 150$ m 时,采用式(4-17)计算 η_{max},其中 $D_{1m} = 0.46$ m, $\eta_{mmax} = 92\%$(由手册查得),故

$$\eta_{max} = 1 - (1 - \eta_{mmax}) \sqrt[5]{\frac{D_{1m}}{D_1}} = 1 - (1 - 0.92) \sqrt[5]{\frac{0.46}{3.3}} = 94.6\%$$

采用工艺修正值 $\Delta\eta_{工} = 1\%$,则效率修正值为

$$\Delta\eta = \eta_{max} - \eta_{mmax} - \Delta\eta_{工} = 94.6\% - 92\% - 1\% = 1.6\%$$

$\Delta\eta$ 值与原假设相符,故 D_1 不再重算, $\eta_{max} = \eta_{mmax} + \Delta\eta = 92\% + 1.6\% = 93.6\%$

(3)计算单位转速和单位流量的修正值。

$$\frac{\Delta n'_1}{n'_1} = \sqrt{\frac{\eta_{max}}{\eta_{mmax}}} - 1 = \sqrt{\frac{0.936}{0.92}} - 1 = 0.9\% < 3\%$$

故 n'_1 不必修正,单位流量也不修正。

(4)计算转速。

已知: $n'_{10} = n'_{10m} = 72$ r/min, $H_a = 30$ m, $D_1 = 3.3$ m,故

$$n = \frac{n'_{10}\sqrt{H_a}}{D_1} = \frac{72 \times \sqrt{30}}{3.3} = 119.5(r/min)$$

选用与之相近的同步转速 $n = 125$ r/min。

(5)检验水轮机实际工作范围。

①计算 Q'_1:设计水头时的单位转速为

$$n'_1 = \frac{nD_1}{\sqrt{H_p}} = \frac{125 \times 3.3}{\sqrt{28.5}} = 77\ (r/min)$$

查 HL240 水轮机主要综合特性曲线得,与出力限制线交点处的 $\eta_m = 90.4\%$,故该点的 $\eta = \eta_m + \Delta\eta = 90.4\% + 1.6\% = 92\%$,则

$$Q'_1 = \frac{N}{9.81 D_1^2 H_p^{\frac{3}{2}} \eta} = \frac{17\ 710}{9.81 \times 3.3^2 \times 28.5^{\frac{3}{2}} \times 0.92} = 1.184(m^3/s) = 1\ 184\ L/s$$

此值与原选用的 $Q'_1 = 1\ 240$ L/s 相比,符合"接近而不超过"原则,说明所选 D_1 是合

适的，在设计水头时水轮机出力稍大于额定出力。限制工况点的实际出力为

$$N = 9.81Q'_1D_1^2H_p^{3/2}\eta = 9.81 \times 1.24 \times 3.3^2 \times 28.5^{3/2} \times 0.92$$

$$= 18\ 543\ (\text{kW}) > 17\ 710\ \text{kW}$$

水轮机在设计水头下的实际流量为

$$Q_0 = Q'_1D_1^2\sqrt{H_p} = 1.184 \times 3.3^2 \times \sqrt{28.5} = 68.8(\text{m}^3/\text{s})$$

②检验水轮机实际工作范围。

因单位转速不修正，即 $n'_{1m} = n'_1$，故

当 $H_{max} = 35.87$ m 时

$$n'_{1m\min} = \frac{nD_1}{\sqrt{H_{\max}}} = \frac{125 \times 3.3}{\sqrt{35.87}} = 69(\text{r/min})$$

当 $H_{min} = 24.72$ m 时

$$n'_{1m\max} = \frac{nD_1}{\sqrt{H_{\min}}} = \frac{125 \times 3.3}{\sqrt{24.72}} = 83(\text{r/min})$$

从综合特性曲线上可看出，工作范围在高效率区。

(6)计算允许吸出高度 H_s。

在设计水头时，水轮机实际工作点为 $n'_1 = 77$ r/min，$Q'_1 = 1\ 184$ L/s，从主要综合特性曲线上查得 $\sigma = 0.20$，同时已知 $\Delta\sigma = 0.05$，故

$$H_s = 10 - \frac{24}{900} - (0.2 + 0.05) \times 28.5 = +2.85(\text{m}) > -4\ \text{m}$$

在最大水头时，$n'_1 = 69$ r/min，按 $N = 17\ 710$ kW，由 $Q'_1 = \dfrac{N}{9.81D_1^2H_{\max}^{3/2}\eta}$ 试算可求得 $Q'_1 = 860$ L/s，相应工况点的 $\sigma = 0.22$，$\Delta\sigma = 0.05$，故

$$H_s = 10 - \frac{24}{900} - (0.22 + 0.05) \times 35.87 = +0.28(\text{m}) > -4\ \text{m}$$

在最小水头时，$n'_1 = 83$ r/min，$Q'_1 = 1\ 240$ L/s，$\sigma = 0.22$，$\Delta\sigma = 0.05$，故

$$\Delta H_s = 10 - \frac{24}{900} - (0.22 + 0.05) \times 24.72 = +3.29(\text{m}) > -4\ \text{m}$$

由上述计算可知，在各种水头下，水轮机的吸出高度均可满足要求。

3. 计算方案的分析比较

为便于分析比较，将两方案的模型转轮特性和计算成果汇总，如表 4-7 所示。

现从以下几方面分析比较两方案的优缺点：

(1)所选水轮机推荐使用水头范围能否满足水电站水头变化的要求：若水电站的最大水头超过推荐的使用水头范围，则转轮强度可能满足不了要求；若水电站的最小水头低于所推荐的最小水头，则在最小水头时偏离设计工况太远，水流状态恶化，机组不能稳定运行。本例中两种水轮机的使用水头范围均能满足要求。

(2)比较设计水头下水轮机额定出力的大小。ZZ440 水轮机由于受吸出高度 H_s 的限制，所选计算点的 $Q'_1 = 1\ 220$ L/s，小于推荐使用的最大单位流量 1 650 L/s，也小于 HL240 水轮机在计算点的 $Q'_1 = 1\ 240$ L/s，同时其计算点的效率也低。因此，它们的转轮直径虽

然都是 3.3 m，但 HL240 水轮机的出力为 18 543 kW，大于 ZZ440 水轮机的出力 17 710 kW。从这点来看，选用 HL240 水轮机有利。

表 4-7　方案比较

序号	项目	ZZ440	HL240
1	推荐使用水头 H（m）	20 ~ 36	25 ~ 45
2	最优单位转速（r/min）	115	72
3	推荐使用最大单位流量（L/s）	1 650	1 320
4	模型最高效率 η_{mmax}（%）	89	92
5	设计水头时计算点单位转速（r/min）	132	77
6	计算点单位流量（L/s）	1 220	1 240
7	原型水轮机最高效率 η_{max}（%）	91.5	93.6
8	计算点效率 η（%）	89.5	92
9	转轮直径 D_1（m）	3.3	3.3
10	额定转速 n（r/min）	214.3	125
11	设计水头下出力 N（kW）	17 710	18 543
12	设计水头下发出额定出力时的单位流量（L/s）	1 220	1 184
13	计算点的汽蚀系数 σ	0.41	0.20
14	设计水头时的吸出高度 H_s（m）	−3.13	+2.85

（3）比较转速的大小。由于 ZZ440 水轮机比转速较高，所以其转速（n = 214.3 r/min）较 HL240 水轮机高，故可选用尺寸较小的发电机，在这一方面它优于 HL240 水轮机。

（4）比较效率的高低。应比较最高效率和高效率区的大小，这对充分利用水能资源是很重要的。HL240 水轮机的最高效率为 93.6%，计算点的效率为 92%，都比 ZZ440 水轮机高。若以设计水头下发出水电站要求的出力而论，HL240 相应的单位流量为 1 184 L/s，比 ZZ440 小，但出力则较大。这说明 HL240 水轮机对水能的利用比较充分。

（5）比较水轮机的工作范围。根据电站的最大、最小水头计算得最小、最大单位转速和单位流量，分别放在各自的主要综合特性曲线上，即可看出水轮机的工作范围。ZZ440 水轮机在低水头时稍偏离高效率区，从这方面来看，HL240 水轮机也较优越。

（6）比较汽蚀性能和允许吸出高度。ZZ440 水轮机计算点的汽蚀系数 σ 为 0.41，而 HL240 水轮机计算点的汽蚀系数 σ 为 0.20；ZZ440 的吸出高度为负值，而 HL240 的吸出高度为正值，且相差较大。吸出高度为负值将引起厂房较大的水下挖方，增大土建投资。显然，从汽蚀性能和允许吸出高度考虑，选用 HL240 水轮机有利。

由上述分析比较可以看出，选用 HL240 水轮机优点较多，仅转速低是其缺点；虽然 ZZ440 水轮机转速较高，可选用较小尺寸的发电机，但该型水轮机为双调节的水轮机，水轮机和调速设备的价格均较高。由此看来，初步选用 HL240 水轮机的方案较为有利。应特别指出的是，水轮机选型计算只是为水轮机选型提供一些数据，同时还必须结合电站具体情况，考虑供货条件，计算出各方案的动能经济指标，作全面的技术经济比较后，才能最后确定合理的选型方案。

【例 4-4】 已知某电站的最大水头 $H_{max} = 470.0$ m，加权平均水头 $H_a = 458.0$ m，设计水头取与加权平均水头相等，即 $H_p = 458.0$ m，最小水头 $H_{min} = 456.0$ m，水轮机的额定出力 $N = 13\,000$ kW，水电站设计最高尾水位为 1 670 m，试选择水轮机的型号及主要参数。

解：1. 型号的选择

根据水电站工作水头情况查水斗式水轮机转轮参数表（附录三），选用 CJ20 型水斗式水轮机，并查得其有关参数为：$z_{1m} = 20 \sim 22$，$n'_{10} = 39$ r/min，$Q'_{1max} = 30$ L/s，直径比 $\frac{D_1}{d_0} = 11.3$，相应的模型综合特性曲线如附录二所示。经比较选用单转轮双喷嘴卧式水斗式水轮机。

2. 转轮直径 D_1 的选择

由附表 3-4 选用模型转轮在限制工况的 $Q'_1 = 30$ L/s，查得限制工况点的效率 $\eta_m = 0.855$，则转轮直径 D_1 为

$$D_1 = \sqrt{\frac{N}{9.81 Q'_1 z_p z_0 H_p^{3/2} \eta}} = \sqrt{\frac{13\,000}{9.81 \times 0.03 \times 1 \times 2 \times 458^{3/2} \times 0.855}} = 1.62(\text{m})$$

选用 $D_1 = 1.70$ m。

3. 射流直径 d_0 的选择

通过水轮机的最大流量为

$$Q = \frac{N}{9.81 H_p \eta} = \frac{13\,000}{9.81 \times 458 \times 0.855} = 3.38(\text{m}^3/\text{s})$$

射流直径 d_0 为

$$d_0 = 0.545 \sqrt{\frac{Q}{z_0 \sqrt{H_P}}} = 0.545 \times \sqrt{\frac{3.38}{2 \times \sqrt{458}}} = 0.153(\text{m})$$

选取 $d_0 = 150$ mm，则直径比 $\frac{D_1}{d_0} = \frac{1.70}{0.15} = 11.33$，符合附表 3-4 中的推荐值，并由此选用喷嘴直径 d，取喷嘴系数 $m = 1.20$，则

$$d = m d_0 = 1.20 \times 150 = 180(\text{mm})$$

4. 转速 n 的选择

$$n = \frac{n'_{10} \sqrt{H_a}}{D_1} = \frac{39 \times \sqrt{458}}{1.7} = 490.96(\text{r/min})$$

选用相近同步转速 $n = 500$ r/min。

5. 水斗数 z_1 的选择

$$z_1 = 6.67 \sqrt{\frac{D_1}{d_0}} = 6.67 \times \sqrt{\frac{1.70}{0.15}} = 22.45$$

选用 $z_1 = 22$。

6. 水轮机工作范围的验算

$$Q'_{1max} = \frac{N}{9.81 D_1^2 H_p^{\frac{3}{2}} \eta} = \frac{13\ 000}{9.81 \times 1.7^2 \times 458^{3/2} \times 0.855} = 0.054\ 7(m^3/s)$$

对单个喷嘴

$$Q'_{1max} = \frac{1}{2} \times 0.054\ 7 = 0.027\ 3(m^3/s) = 27.3\ L/s < 30\ L/s$$

$$n'_{1max} = \frac{nD_1}{\sqrt{H_{min}}} = \frac{500 \times 1.7}{\sqrt{456}} = 39.8(r/min)$$

$$n'_{1min} = \frac{nD_1}{\sqrt{H_{max}}} = \frac{500 \times 1.7}{\sqrt{470}} = 39.2(r/min)$$

从附图 2-10 可以看出，由 $Q'_{1max} = 27.3$ L/s，$n'_{1min} = 39.2$ r/min，$n'_{1max} = 39.8$ r/min 所包括的工作范围大部分都在高效率区，其最高效率 $\eta_{max} = 86.5\%$ 。所以，对所选择的水轮机型号 CJ20 − W − $\frac{170}{2 \times 15}$ 及其参数是满意的。

7. 安装高程 Z_s 的确定

安装高程 Z_s 按下式计算

$$Z_s = Z_a + h_p + \frac{D_1}{2}$$

式中 Z_a ——水电站设计最高尾水位，m；

h_p ——水轮机的泄水高度，m，$h_p \approx (1 \sim 1.5)\ D_1$ 。

本例取 $h_p = 1.3 D_1$ 计算，则

$$Z_s = 1\ 670 + (1.3 + 0.5) \times 1.7 = 1\ 673.06(m)$$

第五章　水轮机调速设备

第一节　水轮机调节的任务与途径

一、水轮机调节的任务

水轮机调节的基本任务是：通过调节流入水轮机流量的大小，使机组出力与外界负荷相适应，保证机组在额定转速下运行，从而保证机组发出的电流频率满足电力系统的要求。

水轮机调节的具体任务如下：

(1)随外界负荷的变化，迅速改变机组的出力。

(2)保持机组转速和频率变化在规定范围内。

(3)启动、停机、增减负荷，对并入电网的机组进行成组调节(负荷分配)。

二、调节途径

水轮发电机组的运动方程式为

$$J\frac{\mathrm{d}\omega}{\mathrm{d}t} = M_t - M_g \tag{5-1}$$

式中　J——机组转动部分的惯性矩，对一定机组为常数；

ω——机组转动角速度，$\omega = \frac{2\pi n}{60}$；

$\frac{\mathrm{d}\omega}{\mathrm{d}t}$——机组转动角加速度；

M_t——水轮机的主动力矩，由水流对水轮机叶片作用形成，推动机组转动，$M_t = \frac{rQH\eta}{\omega}$；

M_g——发电机的阻力矩，发电机定子对转子作用力矩与 M_t 方向相反。

机组型号确定后则 J 为定值，当 $M_t = M_g$ 时，$\frac{\mathrm{d}\omega}{\mathrm{d}t}=0$，则转速稳定，机组稳定工作。若电力系统负荷变化，则引起发电机 M_g 变化，$M_g \neq M_t$，就会使 $\frac{\mathrm{d}\omega}{\mathrm{d}t} \neq 0$，会引起下列两种结果：

(1) $M_g > M_t$，增负荷，则 $\frac{\mathrm{d}\omega}{\mathrm{d}t} < 0$，水轮机转速降低；

(2) $M_g < M_t$，减负荷，则 $\frac{\mathrm{d}\omega}{\mathrm{d}t} > 0$，水轮机转速升高。

从上述可知，只要 $M_g \neq M_t$ 必会引起水轮机转速变化，而水轮机转速变化将会引起电流频率的变化，若频率 f 不变，只需 $\frac{d\omega}{dt}=0$，即 $M_t = M_g$。这就需要不断调整水轮机主力矩 M_t 来适应不断变化的发电机阻力矩 M_g。水轮机引入流量的改变是通过调节水轮机导叶开度来实现的。

水轮机随着机组负荷的变化而相应地改变导叶开度（或针阀行程），使机组转速恢复并保持为额定值或某一预定值的过程称为水轮机调节。即

$$N\text{变化}—a_0\text{变化}—Q\text{变化}—n = n_e$$

水轮机调节的实质是转速调节，其所用的调节装置称为水轮机调速器。

第二节　水轮机调速设备组成、类型及选择

一、调速设备的特性

在水轮机调节系统适应负荷变化而保持转速不变的过程中，其工作状态有两种：一是转速不变的稳定状态，二是调节过程的调节状态。这两种状态的特性不同，第一种状态用调节系统的静特性来描述，第二种状态用动特性来描述。

（一）静特性

机组负荷不变，则机组转速恒定，调节系统处于稳定状态下，此时机组转速与机组负荷间的关系称为调速器的静特性。

（二）动特性

机组负荷发生变化时，调节过程中机组转速随时间的变化关系称为调速器的动特性。

二、调速器基本原理

（一）水轮机调速系统的组成

水轮机调速系统一般由调速柜、接力器、油压装置三部分组成。

1. 调速柜

调速柜是控制水轮机的主要设备，能感受指令并加以放大，用它来操作执行机构，使转速保持在额定范围内。调速柜还可进行水轮机开机、停机操作，并进行调速器参数的整定。

2. 接力器

接力器是调速器的执行机构。接力器控制水轮机调速环（控制环）调节导叶开度，以改变进入水轮机的流量。

3. 油压装置

油压装置由压力油罐、回油箱、油泵三部分组成。

中小型调速器的调速柜、接力器和油压装置组合在一起，称为组合式；大型调速器分开设置，称为分离式。

（二）调速器的基本原理

以机械液压型为例来介绍调速器的工作原理。

机械液压式调速器主要由离心飞摆、配压阀、接力器、缓冲器、反馈系统等组成。其工作原理如图 5-1 所示。

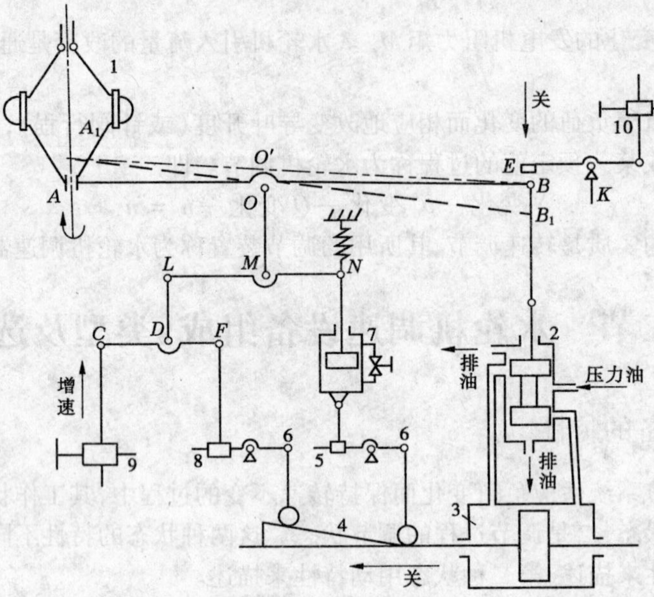

1—飞摆；2—主配压阀；3—接力器；4—斜块；5—软反馈整定装置；6—框架转轴；
7—缓冲器；8—硬反馈整定装置；9—转速调整机构；10—开度限制机构

图 5-1　机械液压式调速器工作原理图

转速稳定时，飞摆 1 转速稳定，其下端点在 A 处，主配压阀 2 的活塞杆端点位于 B，其两活塞封住通向接力器 3 两端的油口，接力器不工作，此为初始平衡状态。当机组转速变化时，调速器开始工作。如负荷减小，转速增加，飞摆离心力加大，飞摆外张，下端到 A_1 点，AOB 杆转到 A_1OB_1 位置，使配压阀活塞下移，接力器右腔与压力油路相通，左腔与排油管相通，接力器活塞左移关闭导水机构，入流量减小，水轮机转速下降。飞摆为测速元件，配压阀为放大元件，接力器为执行元件。

在调速器中仅有上述三个元件是不完善的，由于惯性的作用会形成过调，为改善过调，还应设反馈机构 8。当接力器左移关闭时，活塞杆推动滑块 4 左移，使 8 上移。若 C 点不动，D 点则上移，使 LMN 杆绕 N 点顺时针转动，M 点上移，O 点移到 O' 点，使 AOB 杆占据 $A_1O'B$ 位置，主配压阀恢复中间位置不向接力器供油，接力器停止动作，避免过调现象。此时接力器虽然停止工作，但 A 点、O 点分居于 A_1、O' 位置，机组转速稍高于调节前的转速，调节前后转速有偏差，它有利于机组合理稳定地担负电力系统分配的负荷。

机组正常运行时，有时需要人为地改变机组的转速和负荷，以完成同期并列和增减负荷，故还设有变速机构 9。L 点除由 8 控制外，还可由 C 点控制，C 点由 9 来调整，也可由人工操作。10 为开度限制机构，可开、停机。

（三）调速器的类型、系列

1. 调速器的类型

（1）根据测速元件的不同，调速器可分为机械液压型与电气液压型两大类。

(2)按调节机构数目不同,分为单调节和双调节。单调节:接力器只调节导叶开度,如 ZZ、XL 型,但当尾水管水击压力不足安放空放阀时,为双调节;双调节:接力器既调节导叶开度、叶片装置角,又调节针阀行程、折流器,如 CJ 型。

(3)按调速器容量大小不同,可分为大型与中、小型调速器。大型调速器的主配压阀直径大于 80 mm,中型调速器的调速功在 10 000 ~ 30 000 N · m,小型调速器的调速功小于 10 000 N · m,特小型调速器的调速功小于 3 000 N · m。

2. 调速器系列

目前,我国反击型水轮机调速器系列型谱分为大、中、小和特小四个系列,如表 5-1 所示。

表 5-1 反击型水轮机调速器系列型谱

调速器类型		型式			
		分离式		组合式	
		大型	中型	小型	特小型
单调节	机械	T-100	YT-1800 YT-3000	YT-300 YT-600 YT-1000	YTT-35 YTT-75 YTT-150 YTT-300
	电气	DT-80 DT-100 DT-150			
双调节	机械	ST-80 ST-100 ST-150			
	电气	DST-80 DST-100 DST-150 DST-200			

调速器的型号由三部分组成,中间用横线隔开,其形式为:

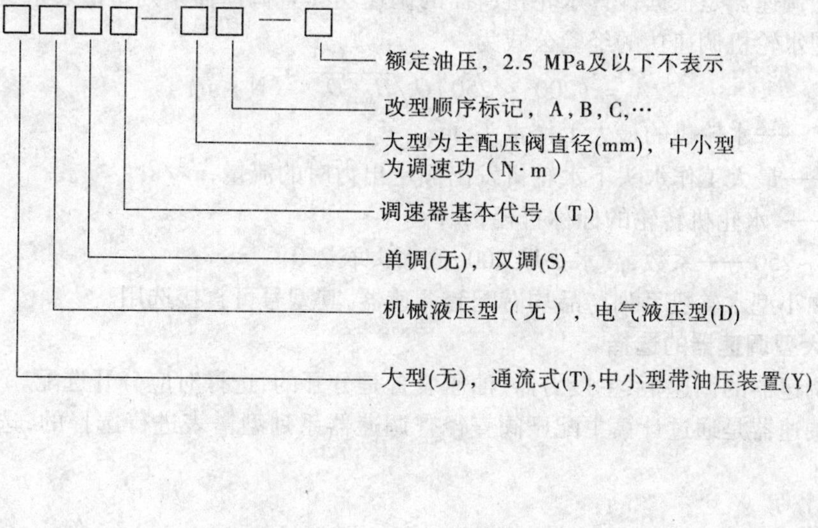

3. 油压装置系列

油压装置型号由三部分组成，中间用横线隔开，表示形式为：

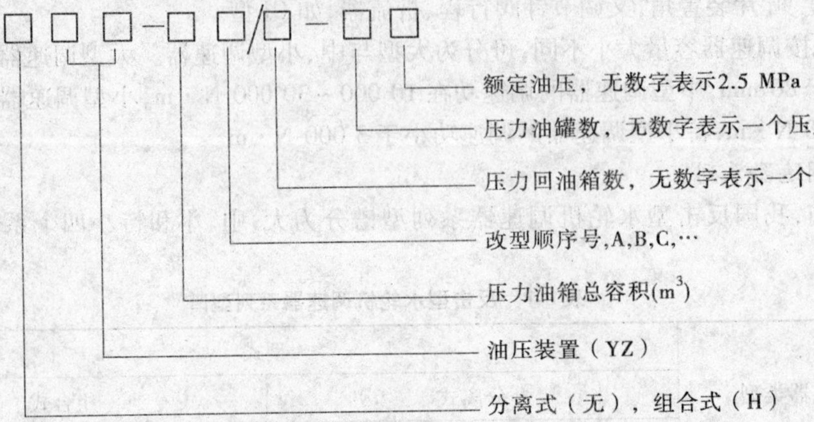

例：YZ－20A/2－40，表示为分离式油压装置，压力油箱总容积为 20 m^3，两个回油箱，经过第一次改型产品，一个压力油罐，额定油压为 40×10^5 Pa(4.0 MPa)。

HYZ－4，表示组合式油压装置，压力油箱容积为 4 m^3，一个回油箱，一个压力油罐，额定油压为 2.5 MPa。

油压装置系列型谱见表 5-2。

表 5-2　油压装置系列

型式	系列
分离式	YZ－1.0，YZ－1.6，YZ－2.5，YZ－4.0，YZ－6.0，YZ－8.0，YZ－10，YZ－12.5，YZ－16/2，YZ－20/2
组合式	HYZ－0.3，HYZ－0.6，HYZ－1.0，HYZ－1.6，HYZ－2.5，HYZ－4.0

三、调速器的选择

(一) 中小型调速器的选择

中小型调速器是根据计算水轮机所需的调速功 A 查调速器系列型谱表来选择的。

反击型水轮机调速功的经验公式为

$$A=(200\sim250)Q\sqrt{H_{max}D_1}\quad(\mathrm{N\cdot m})\tag{5-2}$$

式中　H_{max}——水轮机的最大工作水头，m；

Q——最大工作水头下水轮机发出额定出力时的流量，m^3/s；

D_1——水轮机转轮的标称直径，m；

200～250——系数，高水头取 200，低水头取 250。

一般中小型水轮机系列产品均有配套调速器，其型号可直接选用。

(二) 大型调速器的选择

大型调速器的调速柜、主接力器、油压装置是分开的，选择时应分开选配。

大型调速器是通过计算主配压阀直径查调速器系列型谱表进行选择的，选择时先由机型决定采用单调或双调，再计算主配压阀直径，来选定调速器型号。选择计算方法如下。

1. 接力器的选择

1）导叶接力器的选择

大型调速器常用两个接力器来操作导水机构，当油压装置的额定油压为2.5 MPa时，每个接力器的直径 d_s 按下列经验公式计算

$$d_s = \lambda D_1 \sqrt{\frac{b_0}{D_1} H_{\max}} \quad (\mathrm{m}) \tag{5-3}$$

式中 λ ——计算系数，查表5-3；

b_0 ——导叶高度，m；

D_1 —— 转轮标称直径，m；

$H_{\max}$ ——水轮机最大水头，m。

表5-3 λ 系数

导叶数 z_0	16	24	32
标准正曲率导叶	0.031 ~ 0.034	0.029 ~ 0.032	
标准对称型导叶	0.029 ~ 0.032	0.027 ~ 0.030	0.027 ~ 0.030

注：1. 若 b_0/D_1 的数值相同，Q_1' 大时取大值；

2. 同一转桨式转轮，蜗壳包角大并用对称型导叶者取大值，但包角大用标准正曲率导叶者取小值。

若油压装置额定油压为4.0 MPa，接力器直径 d_s' 的经验公式为

$$d_s' = d_s \sqrt{1.05 \times \frac{2.5}{4.0}} = 0.81 d_s \tag{5-4}$$

根据计算的 d_s 或 d_s' 查标准接力器系列表5-4选相邻偏大的直径。

表5-4 标准接力器系列

接力器直径 (mm)										
	200	225	250	275	300	325	350	375	400	450
	500	550	600	650	700	750	800	850	900	

接力器最大行程 $S_{\max}$ 计算经验公式为

$$S_{\max} = (1.4 \sim 1.8) a_{0\max} \tag{5-5}$$

式中 $a_{0\max}$ ——水轮机导叶最大开度，mm，由模型水轮机导叶最大开度 $a_{0m\max}$ 计算出，计算式为

$$a_{0\max} = a_{0m\max} \frac{D_0 z_{0m}}{D_{0m} z_0}$$

其中 D_0、D_{0m} ——原型、模型水轮机导叶轴心圆直径，m；

z_0、z_{0m} ——原型、模型水轮机的导叶数目。

转轮直径 D_1 >5 m时，式(5-5)中用较小系数。把 $S_{\max}$ 单位化为m，则两接力器的总容积为

$$V_s = 2\pi(\frac{d_s}{2})^2 S_{max} = \frac{1}{2}\pi d_s^2 S_{max} \quad (m^3) \tag{5-6}$$

2)转桨式水轮机转轮叶片接力器的选择

转桨式水轮机属于双调节,除选导叶接力器外还应选叶片接力器。转轮叶片接力器装在轮毂内,其直径 d_c 、最大行程 S_{cmax} 、容积 V_c 可按下列经验公式估算

$$d_c = (0.3 \sim 0.45)D_1\sqrt{\frac{2.5}{p_0}} \tag{5-7}$$

式中 p_0 ——调速器油压装置的额定油压,MPa;

D_1 ——转轮标称直径,m。

$$S_{cmax} = (0.036 \sim 0.072)D_1 \tag{5-8}$$

$$V_c = \frac{\pi}{4}d_c^2 S_{cmax} \tag{5-9}$$

若 $D_1 > 5$ m,则式(5-7)、式(5-8)中系数用较小值。

2.主配压阀直径的选择

通常主配压阀的直径等于通向接力器的油管直径。通过主配压阀油管的流量为

$$Q = \frac{V_c}{T_s} \quad (m^3/s) \tag{5-10}$$

式中 T_s ——导叶从全开到全关的直线关闭时间,s。

主配压阀直径为

$$d = \sqrt{\frac{4Q}{\pi v_m}} = 1.13\sqrt{\frac{V_c}{T_s v_m}} \quad (m) \tag{5-11}$$

式中 v_m ——管内油压的流速,m/s,额定油压为2.5 MPa时, $v_m = 4 \sim 5$ m/s,管短且工作油压较高时取大值。

由计算的 d 值选定调速器型号。

对于转桨式水轮机,在选调速器时,常使操作叶片与操作导水机构的主配压阀直径相同。因转轮叶片接力器的运动速度比导叶接力器慢得多,故满足导叶接力器的主配压阀必能满足转轮叶片接力器的要求。

3.油压装置选择

油压装置的工作容量以压力油箱的总容积为表征,选择时以压力油罐的总容积 V_k 为依据, V_k 的经验公式为:

混流式水轮机

$$V_k = (18 \sim 20)V_s \tag{5-12}$$

转桨式水轮机

$$V_k = (18 \sim 20)V_s + (4 \sim 5)V_c \tag{5-13}$$

若选定额定油压为2.5 MPa,可按计算的压力油箱总容积,由表5-2中选择相近偏大的油压装置。

第六章　水电站进水、引水建筑物布置

第一节　进水建筑物布置

一、水电站进水口的功用和要求

(一)进水口的功用

在水利水电工程中,为了从天然河道或水库中取水而修建的专门水工建筑物,称为进水建筑物,简称进水口,其功用为引进符合发电要求的用水。进水口也可以修建成综合利用的形式,如发电灌溉或发电泄洪共用的进水口。

如为满足地区供电而专门修建的进水建筑物,称为水电站的进水口。

(二)进水口的基本要求

进水口的设计应满足下列要求:

(1)足够的进水能力,且水头损失小。在任何工作水位下,进水口都能保证按照负荷要求引进所需的流量,且水头损失要小。为此,在枢纽的总体布置中要合理安排水电站进水建筑物的位置和高程,进水建筑物要有平顺的外形轮廓、足够的断面尺寸,还应避免出现吸气旋涡。

(2)水质符合要求。为防止污物进入引水道和水轮机,需在进水口设置拦污设备。在寒冷地区和多泥沙河流上,还需设置排冰设施和拦沙、冲沙等设备。应妥善处理结冰、淤积和污塞等问题。

(3)可控制流量。进水口需设置闸门,以便给进水口和引水道的检修创造条件,并在必要时进行紧急事故关闭,截断水流,避免事故扩大。对于无压引水式水电站,有时尚需用进口闸门来控制流量。

(4)满足水工建筑物的一般要求。进水口要有足够的强度、刚度和稳定性,结构简单,施工方便,造型美观,造价低廉,便于运行、检修和维护等。若为综合利用形式,还应满足综合利用要求,必要时应设置专门的设备。

二、水电站进水口的类型

水电站的进水口有潜没式进水口、开敞式(无压)进水口和虹吸式进水口。

潜没式进水口:进水口位于最低死水位以下一定深度,在一定的水压之下工作,以引进深层水为主,适用于从水位变化幅度较大的水库中取水。它可以单独布置,也可以和挡水建筑物结合在一起,进水口后接有压隧洞或管道。有压引水式水电站、坝后式水电站的进水口大都属于这种类型。

开敞式(无压)进水口:进水口的水流具有自由水面,处于无压状态,进水口以引进表层水为主，适用于从天然河道或水位变化不大的水库中取水。进水口后一般接无压引水建筑物。开敞式进水口一般用于无压引水式水电站。

虹吸式进水口：利用虹吸原理将发电用水从前池引向压力水管。一般由进口段、驼峰段、渐变段三部分组成，适用于水头在 20 ~ 30 m、前池水位变幅不大的无压引水式水电站。采用虹吸式进水口可简化布置，节省投资，在小型水电站中采用较多。

三、潜没式进水口

(一)潜没式进水口的主要类型及适用条件

潜没式进水口的类型主要取决于水电站的开发方式、坝型、地形地质等因素，可分为岸式(竖井式、岸坡式、岸塔式)、塔式和坝式三种。

1. 岸式进水口

1)竖井式进水口

竖井式进水口的特征是闸门安装在从岩体里面开挖出来的竖井中，竖井式进水口一般由进口段、闸门段、渐变段三部分组成。进水口上游侧常设行进段以改善进水水流条件，其后为进口段，再后为闸门段，然后通过渐变段接压力隧洞。闸门井顶部有操作平台，作为放置闸门启闭机和工作的场所，如图 6-1 所示。

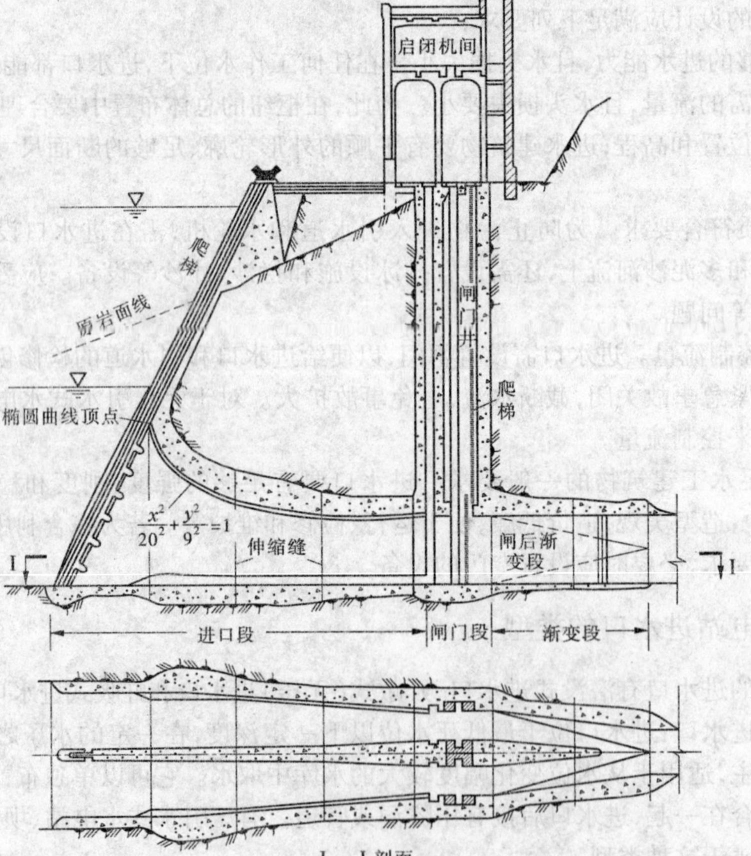

图 6-1　竖井式进水口

进口段开挖成喇叭形，以便水流平顺流入。当进口段地质条件较好，扩大断面和开挖闸门竖井均不会引起塌方时，适宜采用此种进水口。竖井式进水口由于充分利用了岩石的作用，钢筋混凝土工程量较少，所以是一种既经济又安全的结构型式。

2）岸坡式进水口

若进水口所在的岸坡比较稳定但很陡峻，亦可不设置竖井，而直接将闸门布置在进口拦污栅后面，这时进口段和闸门段紧接在一起并突出在岸坡外面，形成了岸坡式进水口，如图6-2所示。采用这种进水口时，闸门的启闭力较大，但省去了竖井挖方量，使工程更加经济。

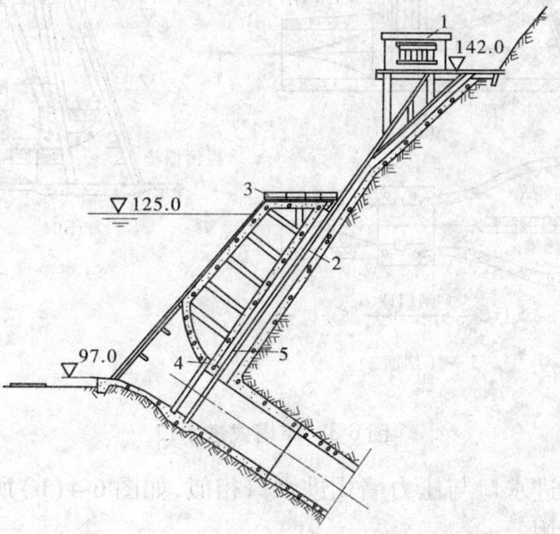

1—闸门启闭室；2—通气管；3—拦污栅及闸门的检修平台；4—检修门槽；5—事故门槽

图6-2　岸坡式进水口　（单位：m）

岸坡式进水口在我国被广泛采用。但当地质条件不好或地形过于平缓时，不宜采用此种型式进水口。

3）岸塔式进水口

如进口段地质条件较差，不宜扩大断面和开挖竖井，或因地形条件不宜采用竖井式进水口时，可将进口段和闸门段布置在山岩之外，形成一个紧靠山岩的单独墙式建筑物，如图6-3所示。此时水压力主要由混凝土墙承受，有时也要承受山岩压力，所以称为岸塔式进水口，又称压力墙式进水口。压力前池中所设的压力水管进水口即属于此类型。

当水电站因地形条件限制，不宜开挖竖井和采用岸坡式进水口，或电站为引水式水电站，在引水渠道末端设置压力前池时，压力前池中所设的压力水管进水口一般均采用此种形式。

2. 塔式进水口

当水库岸边地质条件差或地形平缓，不宜在岸坡上修建进水口时，可采用塔式进水口，如图6-4所示。这时，进水口的进口段、闸门段及上部框架组成一个塔式结构，孤立于水库之中，通过工作桥与岸边相连。当地材料坝的坝下涵管也采用塔式进水口。

塔式进水口有圆形塔式和矩形塔式两种。圆形塔式进水口的塔身为进水通道的一部分，如图6-4(a)所示，在塔身周边设置若干进水孔口，水流沿塔身的辐射方向进入，可分层取水，采用圆筒形闸门，适用于来流含有大量泥沙、需引取水温较高表层水的有灌溉要

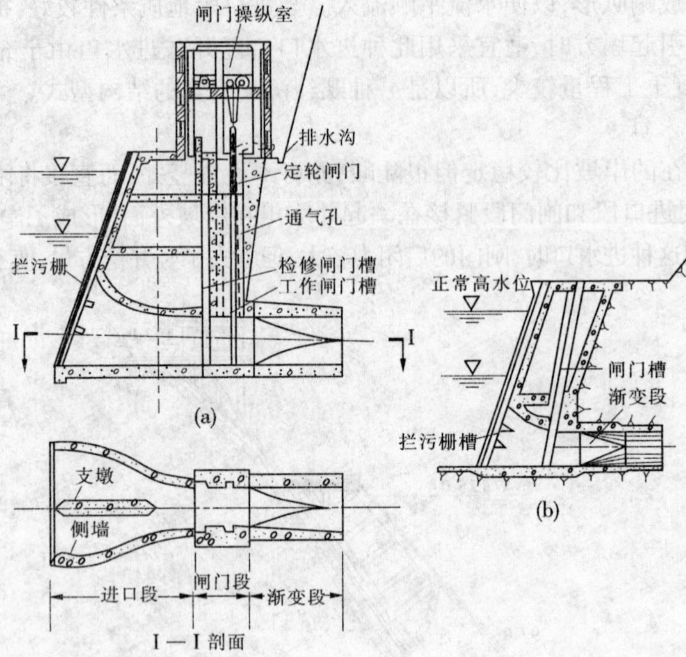

图 6-3　岸塔式进水口

求的电站。矩形塔式进水口与压力墙式进水口相似，如图 6-4(b)所示，一般为单面取水，塔身作为布置门槽之用。

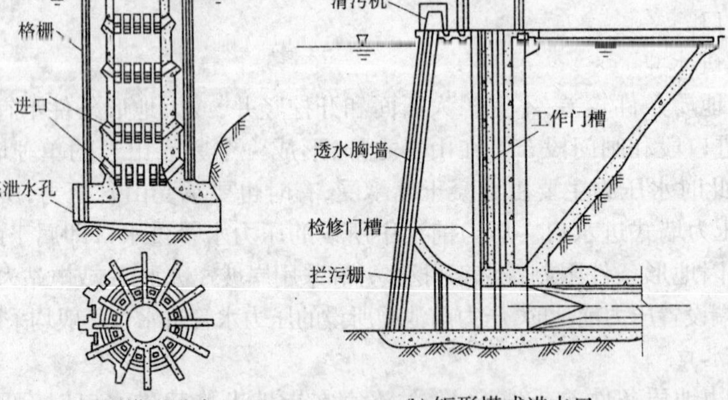

图 6-4　塔式进水口

塔式进水口的结构较为复杂，施工也比较困难。它要求进水塔塔基牢固，并不产生不均匀沉陷。同时进水塔还承受着水压力和风浪压力，在地震区还要承受地震惯性力和地震水压力，要有足够的强度和稳定性，因此在地震剧烈区不宜采用。

3. 坝式进水口

坝式进水口的特点是将进水口布置在混凝土坝的迎水面上，使进水口与坝身合成一体，其后接压力管道，如图6-5所示。

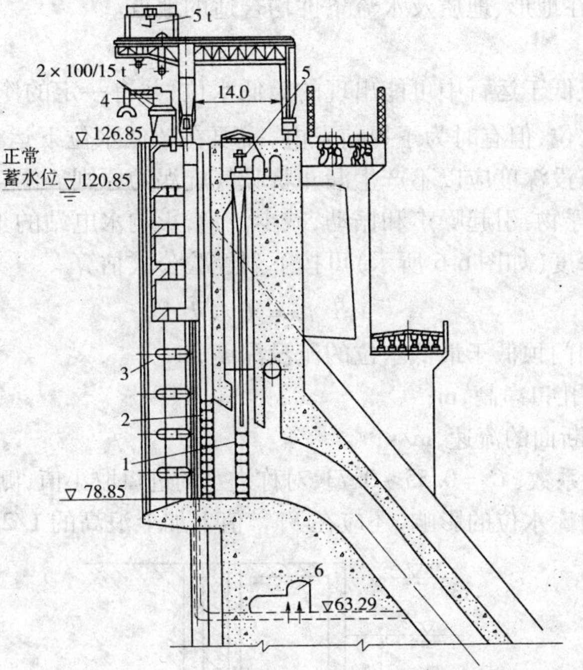

1—事故闸门；2—检修闸门；3—拦污栅；4—清污机；5—液压启闭机；6—旁通阀操作室

图6-5　坝式进水口　（单位：m）

为了不至于削弱坝体强度，要求进水口的布置紧凑合理，尽量减少坝体空腔。往往将进口段与闸门段结合在一起，并将拦污栅布置在坝上游的悬臂上；将检修闸门和工作闸门布置在喇叭口的过渡段内；将渐变段和弯管段结合在一起。为了减小水头损失和水流在转弯处的离心力，弯管段的曲率半径一般不小于2倍的管道直径。

当采用坝后式或坝内式厂房时，压力水管埋设在坝体内，只有采用坝式进水口。

（二）潜没式进水口的布置

1. 基本资料

布置潜没式进水口所需要的基本资料如下：

(1)水利枢纽的总体布置方案，进水口范围内的地形、地质资料，建筑物等级等；

(2)水文气象条件、上游漂浮物的性质与来量、泥沙淤积情况、河道冰凌情况；

(3)电站的运行水位与引用流量；

(4)引水道的直径、长度和控制方式，水轮机特性；

(5)地震烈度等。

2. 潜没式进水口位置与高程

1)位置选择

潜没式进水口位置的选择应当从水库地形、地质条件、水位变幅、引水路线、进水口型式以及其他进水口位置等方面来综合考虑。运行时应能保证流向进水口的水流平顺、对称、水头损失小、不产生回流和旋涡、不产生淤积和聚集漂浮物等现象。同时在其他进水口通过水量或泄洪时不影响该进水口的进水量。引水隧洞的进水口则应与隧洞路线的选择协调一致,布置在地形、地质及水流条件均合适的地点。

2)高程选择

有压进水口应低于运行中可能出现的最低水位,并有一定的淹没深度 d_0。水库的最低水位一般是死水位,但有时为了提前发电,需要在超低水位下运行,这个水位可能低于水库的死水位。淹没深度应以不产生漏斗状吸气旋涡为原则。漏斗状旋涡不仅会带入空气,而且会吸入漂浮物,引起噪声和振动,减少流量,影响水电站的正常发电。不出现吸气旋涡的临界淹没深度(如图6-6所示)可按下列经验公式估算

$$S_{临界} = Cv\sqrt{d} \tag{6-1}$$

式中 $S_{临界}$ ——闸门顶低于最低水位的淹没深度,m;

d ——闸门孔口净高,m;

v ——闸门断面的流速,m/s;

C ——经验系数,$C=0.55\sim0.73$,对称进水的进口取小值,侧向进水的进口取大值。

若考虑风浪对库水位的影响,还应在 $S_{临界}$ 值上加上浪高的1/2。

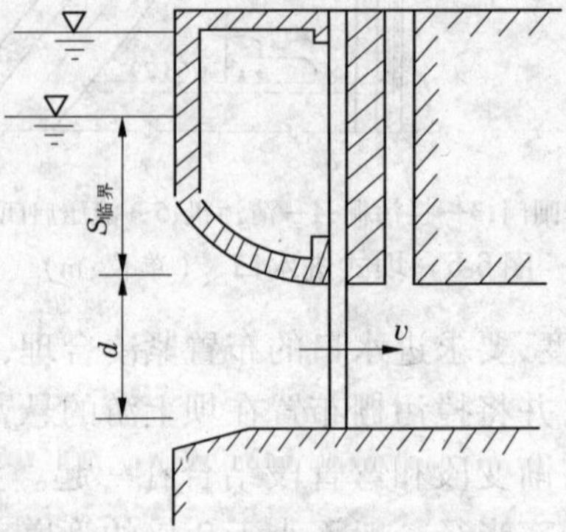

图6-6 进水口的临界淹没深度

苏联古宾教授建议 $S_{临界}$ 应大于流速水头的3倍。还有其他一些建议,但由于影响旋涡的因素是很多的,有些因素无法定量估算,最好还是用模型试验来研究确定。经验表明,完全不产生旋涡是困难的,关键是不产生漏斗状吸气旋涡。当在水电站运行中发现吸气旋涡时,则应采取措施加以消除。例如在出现吸气旋涡的水面上加设浮排,会有良好的效果。

在满足以上条件下,进水口的布置高程应尽可能高一些,以减少闸门和进口结构的造价。

有压进水口的底部应高于水库的设计淤积高程1.0 m以上,但这一点有时却难以办到,我国不少水电站都因水库淤积而出现运行上的困难。在可能出现淤积的水电站上,在进水口处应考虑采取排沙措施,防止有害的泥沙进入进水口。

大型水电站工期较长,为及时发挥前期工程效益而需分期发电时,进水口高程的设置

应满足分期引水的需要。例如乌江渡水电站，装机三台，其中两台机的进水口高程为700 m，另一台为683 m，后者即考虑了先行蓄水发电的要求。

3. 潜没式进水口轮廓尺寸的拟定

潜没式进水口沿水流方向可分为进口段、闸门段、渐变段三部分。这三部分的尺寸及形状，主要与拦污栅断面、闸门尺寸和引水道断面有关。进水口的轮廓就是使这三个断面能平顺地连接起来。在保证引进发电所需流量的前提下，尽可能使水流平顺地进入引水道，使水头损失小，避免因水流脱壁而产生负压，降低工程造价和设备费用。

1）进口段

进口段为连接拦污栅与闸门段的部分，其断面常为矩形，顺水流方向逐渐缩小。进口段一般为平底，两侧稍有收缩，顶板之纵断面为曲线，目前广泛采用1/4椭圆曲线，如图6-7(a)所示。椭圆曲线的方程为

$$\frac{x^2}{a^2}+\frac{y^2}{b^2}=1$$

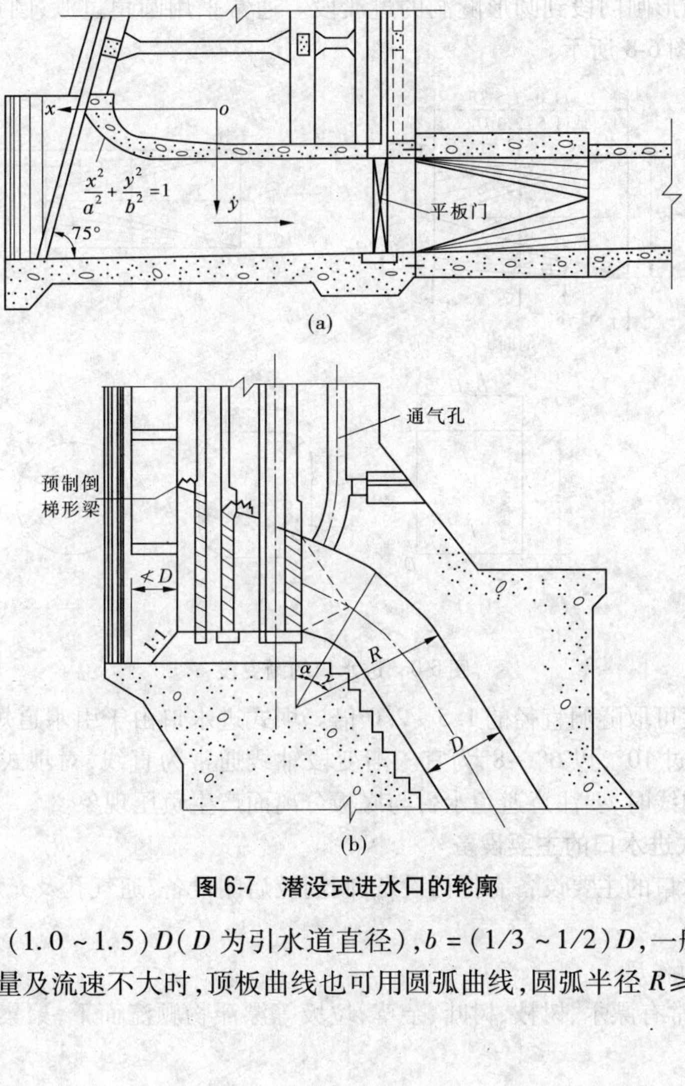

图6-7　潜没式进水口的轮廓

式中的 $a=(1.0\sim1.5)D$（D 为引水道直径），$b=(1/3\sim1/2)D$，一般情况下，$a/b=3\sim4$。当引水流量及流速不大时，顶板曲线也可用圆弧曲线，圆弧半径 $R\geqslant D/2$。对重要工

程应根据模型试验确定进口曲线。坝式进水口常做成矩形喇叭口形状，顶板常做成斜面以便于施工，如图6-7(b)所示，两侧边墙的轮廓可用椭圆或圆弧等曲线。

进口流速不宜太大，一般控制在1.5 m/s左右。

进口段的长度无一定标准。在满足工程结构布置需要、进水尺寸、水流平顺的原则下，力求布置紧凑。

2)闸门段

闸门段形体主要由闸门、门槽型式及受力条件而定，一般为矩形断面。闸门段布置闸门槽，槽内埋设止水封座及闸门滚轮导轨。在工作闸门槽后尚需设置通气孔和检查孔等，有时还根据需要设置测量设备。

闸门段净过水断面为引水道的1.1倍左右。其宽度等于或略小于引水道直径，高度等于或略大于引水道直径。检修闸门一般等于或略大于事故闸门。闸门段的长度取决于闸门及启闭设备的需要，并应考虑引水道检修通道的要求。

3)渐变段

渐变段是矩形闸门段到圆形隧洞的过渡段。通常采用圆角过渡，圆角半径 r 可按直线规律变化，如图6-8所示。

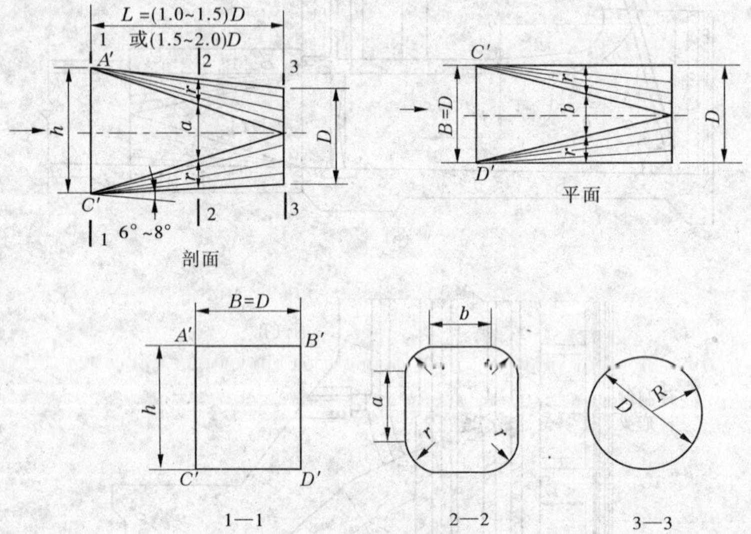

图6-8　进水口的渐变段

渐变段长度可取隧洞直径的1.5~2.0倍。坝式进水口由于引水道短可取1.0~1.5倍，收缩角不超过10°，以6°~8°为宜。渐变段轴线通常为直线，对坝式可布置成曲线。渐变段布置成曲线时，要注意避免水舌与底板分离而产生负压现象。

(三)潜没式进水口的主要设备

潜没式进水口的主要设备有拦污设备、闸门及启闭设备、通气孔及充水阀等。

1.拦污设备

1)拦污栅的作用

在河流中，常有漂木、树枝、树叶、杂草、垃圾等漂浮物顺流而下，聚集于进水口前，尤其以洪水期为甚。拦污设备的功用就是防止有害物质进入进水口,并不使污物堵塞进水口,影响过水能力,以保证闸门和机组的正常运行。主要拦污设备是拦污栅。实践表明,我国许多河流在洪水期漂浮物较多,进口处拦污栅易于堵塞,若清污不及时,就可能使电站被迫减小出力,甚至停机和将拦污栅压坏。为了减少对拦污栅的压力,有时在远离进水口几十米之外加设一道粗栅或拦污浮排,拦住粗大漂浮物,并将其引向泄水建筑物,宣泄至下游。

2)拦污栅的布置及支承结构

拦污栅的布置决定于进水口的类型、电站引用流量的大小、水库水位变化幅度、被拦截污物的情况和清污方法等。

拦污栅在立面上可布置成垂直的或倾斜的。倾斜的优点是过水断面大且易清污,倾角为60°~70°,所以广泛应用于隧洞式及压力墙式进水口。塔式及坝式进水口拦污栅一般为垂直的或接近垂直的。

拦污栅的平面形状可以是多边形(或半圆形)的,也可以是平面的。平面拦污栅的优点是便于用清污机清污,隧洞式及压力墙式进水口一般采用平面拦污栅,而塔式和坝式进水口则两种形状均有采用。坝式进水口多边形拦污栅见图6-9。由图中可以看出,在进水口底部伸出的悬臂板上立着5根柱墩,柱墩两侧留有栅槽,拦污栅片即插在槽内。柱墩

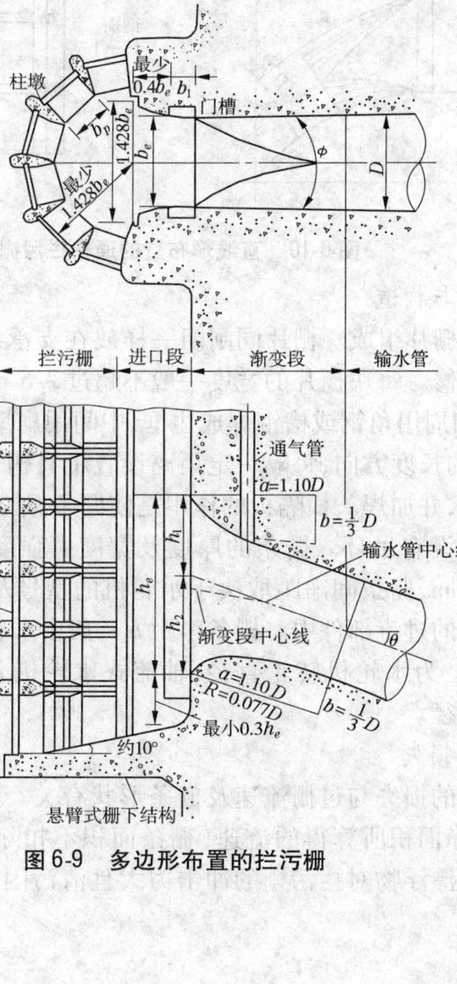

图6-9 多边形布置的拦污栅

的间距一般不大于2.5 m,柱墩之间用水平的横梁连接成整体框架,并与坝体相连接。

栅片的上下端支承在上下两横梁上,横梁的间距一般不大于4.0 m。间距过大会加大栅片的横断面,间距过小会增大水头损失。拦污栅框架高度常取决于清污要求。在不需要经常清污的情况下,拦污栅框架的顶部只需高出经常出现的水库低水位,以便有机会清理与维护拦污栅。如污物较多,需要经常清污,拦污栅顶部应高于要清污的水位。拦污栅顶部用顶板封闭。坝式进水口采用平面拦污栅的情况见图6-10,所有水电站进水口共用一个整体的平面拦污栅,充分利用了进水口之间的空间,使拦污栅有足够的过水断面,而且结构简单,便于机械清污。在部分栅面被污物堵塞时,仍可通过邻近的栅面进水。

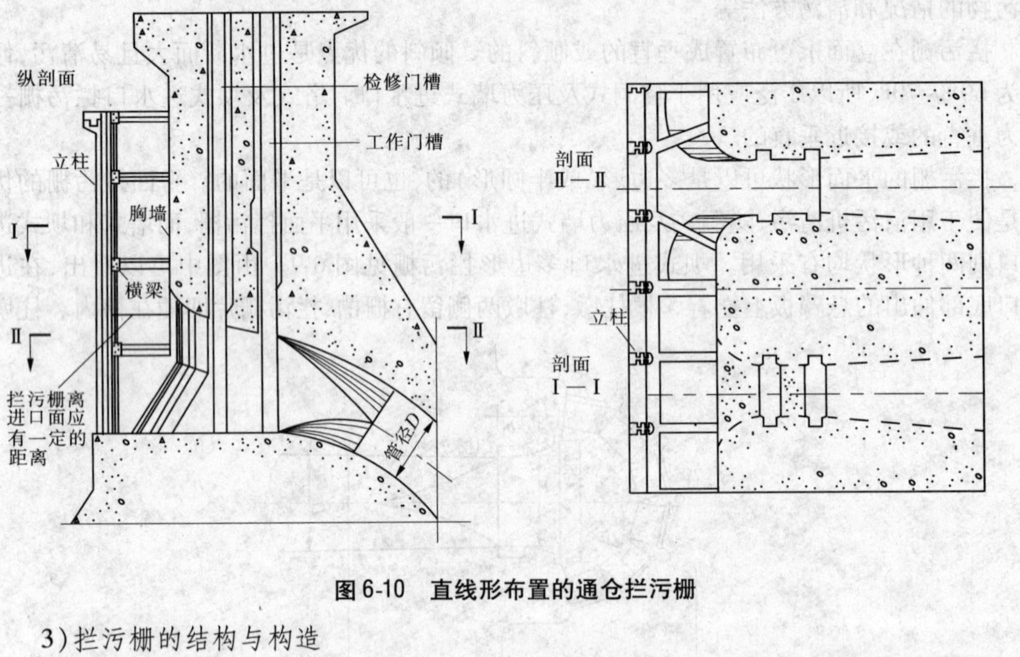

图6-10　直线形布置的通仓拦污栅

3)拦污栅的结构与构造

拦污栅由若干块栅片组成。栅片同闸门一样放在支承结构的棚槽中,必要时可将栅片一片一片地提起检修。每块栅片的宽度一般不超过2.5 m,高度不超过4 m。栅片的结构如图6-11所示。四周用角钢或槽钢焊成边框,中间用扁钢或钢筋作栅条。栅条上下端焊在边框上,沿栅条的长度方向,每隔一定距离设置带有槽口的横隔板,栅条背水的一边嵌入横隔板的槽口中,并加焊。横隔板的作用是使栅条保持固定的位置,并增加栅条的侧向稳定性。栅片顶部设有吊环。栅条的厚度及宽度由强度计算确定。一般厚为6~12 mm,宽为100~200 mm,栅条间净距取决于水轮机的型号及尺寸。要保证通过拦污栅的污物不会卡在水轮机的过流部件中。栅条净距 b 一般由水轮机制造厂提供。混流式水轮机 $b \approx D_1/30$,其中 D_1 为水轮机转轮直径;轴流式水轮机 $b \approx D_1/20$;冲击式水轮机 $b \approx d/5$,其中 d 为喷嘴直径。

4)拦污栅的水头损失

水流经过拦污栅的损失与过栅流速及栅条形状有关。过栅流速是指扣除立柱、横梁等支承结构以后,按净面积所算得的流速(栅条面积不扣除)。拦污栅总面积小,则过栅流速大,水头损失大,漂浮物对拦污栅的冲击力大且清污困难;反之,拦污栅总面积过大,

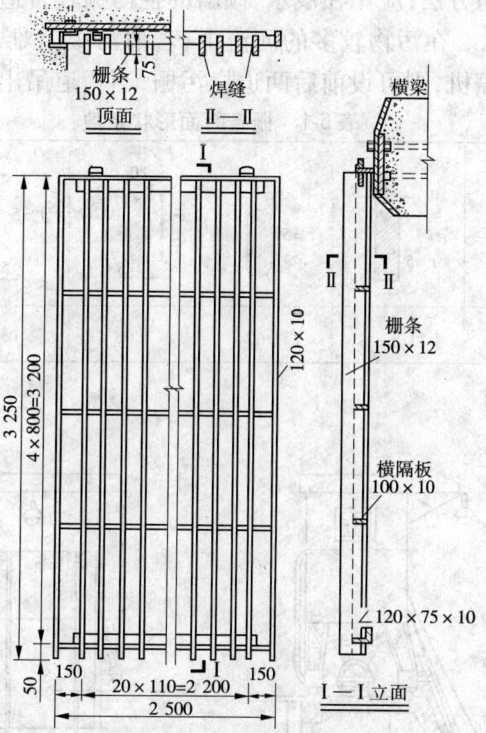

图 6-11　拦污栅的栅片　（单位：mm）

则要增加造价，并使布置困难。从清污方便的角度来看，过栅流速以不超过 1.0 m/s 为宜。如河流污物很少，或采取其他措施（如粗栅、拦污浮排等）能保证拦污栅前污物很少时，可将过栅流速加大至 1.0 ~ 1.2 m/s，以解决大流量水电站拦污栅布置的困难。过栅流速选定后，即可根据水电站的引用流量计算出拦污栅的总面积。拦污栅的水头损失可用式(6-2)计算，即

$$\Delta h = \beta k\left(\frac{s}{b}\right)^{\frac{4}{3}}\frac{v^2}{2g}\sin\alpha \tag{6-2}$$

式中　s ——栅条厚度，mm；

b ——栅条净距，mm；

v ——过栅平均流速，m/s；

β ——栅条断面形状系数，可由表 6-1 查得；

k ——拦污栅附着物的影响系数，与污物附着程度有关，人工清污时，可取 1.5 ~ 2.0；

α ——拦污栅面与水平面之间的倾角。

5）拦污栅的清污及防冻

拦污栅被污物堵塞时水头损失将加大，可通过观察栅前栅后的水位差来判明被堵塞的程度。拦污栅堵塞时要及时清污，以免造成额外的水头损失。堵塞不多时清污方便；堵塞过多则过栅流速加大，污物被水压力紧压在栅条上，清污困难。为了保证拦污栅结构的安全和正常工作，及时观测污物堵塞程度，应在栅前栅后埋设压差继电器，以观察水位差或压力差。清污方式有人工清污和机械清污两种。中小型水电站常采用人工齿耙扒掉拦

污栅上污物的人工清污方法,应用在浅水、倾斜的拦污栅较合适。大中型水电站常用清污机清污,如图 6-12 所示。在污物较多的河流上,若清污很困难,可将拦污栅吊出来清污。如清污时不令水电站停机,则可设前后两道拦污栅,当一道吊出清污时,另一道可以拦污。

表 6-1　栅条断面形状系数

栅条形状		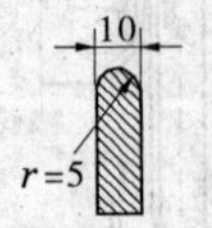	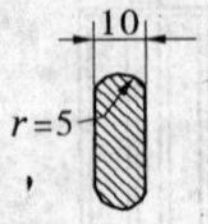	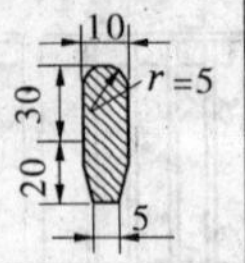	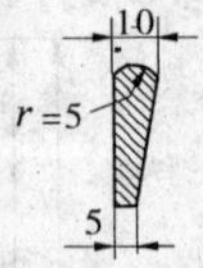	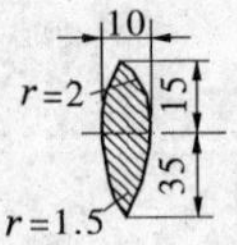	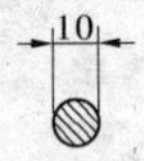
β值	2.42	1.83	1.67	1.03	0.92	0.76	1.79

注:表中尺寸单位为 mm。

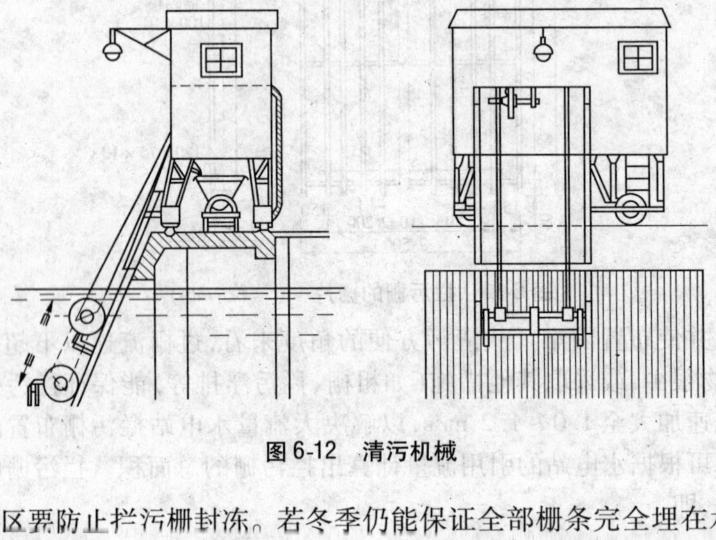

图 6-12　清污机械

在严寒地区要防止拦污栅封冻。若冬季仍能保证全部栅条完全埋在水下,则水面形成冰盖后,下层水温高于 0 ℃,栅面不会结冰。若栅条露出水面,则要设法防止栅条结冰。一种办法是在栅面上通过 50 V 以下的电压,形成回路使栅条发热;另一种方法是将压缩空气用管道通到拦污栅上游面的底部,从均匀布置的喷嘴中喷出,形成自下而上的夹气水流,将下层温水带至栅面,并增加水流的紊动,以防止栅面结冰。这时要减少电站的引用流量,以免吸入大量气泡。在特别寒冷地区,有时要将进水口(包括拦污栅)全部建在室内,以便保温。

6)拦污栅结构设计原则

拦污栅及其支承结构的设计荷载有:水压力、清污机压力、漂浮物(漂木及浮冰等)的冲击力、清污机自重、拦污栅及其支承结构自重等。拦污栅的设计水压力应根据拦污栅的可能堵塞情况而定,我国常按拦污栅承受 4 ~5 m 均匀的水压力进行设计,如可能出现严重的堵塞情况,则设计水压力还要加大。需要特别注意多沙河流拦污栅的安全问题,例如三门峡电站,由于污草和淤泥的严重堵塞,曾出现几次整片拦污栅被压垮,冲进机组蜗壳内的严重事件。

拦污栅栅条的上下端支承在横梁上，栅条相当于简支梁，设计荷载决定后不难算出栅条所需的截面。栅条的荷载传给横梁，横梁受均布力，再根据横梁、立柱、坝体之间的相互关系，选择合理的方法计算内力，进行结构设计。

2. 闸门及启闭设备

为控制水流，进水口必须设置闸门。闸门可分为事故闸门（工作闸门）及检修闸门。事故闸门的功用主要是当机组或引水道发生事故时紧急关闭，以防事故扩大。检修闸门设在事故闸门之前，它的功用是当检修事故闸门及其门槽时用以堵水。

事故闸门一般要求在动水中能迅速关闭，开启时则为静水中开启。即先用充水阀向门后充水，待门前后水压基本平衡后，再开启闸门，以减小启门力并避免闸门在开启的瞬间高速水流冲入引水道而引起振动。由于引水道末端闸门会漏水，特别是水轮机导叶漏水量较大，所以要求事故闸门能在 3 ~5 m 水压差下开启。事故闸门一般为平板门，它占据的空间小，这对坝式进水口特别有意义。少数隧洞式进水口也曾采用过弧形门。事故闸门通常配用固定卷扬式启闭机或油压启闭机。每个闸门一套，以便随时操作闸门。事故闸门一般悬挂在进水口孔口之上，以备事故时关闭。闸门操作应尽可能自动化，闸门应能吊出进行检修。

检修闸门一般采用平板门，对中小型水电站也可采用叠梁。周边进水的塔式进水口多采用圆筒闸门。检修闸门为静水启闭，可以几个进水口合用一套。启闭机也可用移动式的，或用临时启闭设备，如为坝式进水口则可利用门机来操作检修闸门。检修闸门平时放在专设的储门室内或锁定在检修门槽的上方。

引水道进行检修时，常关闭事故闸门，因为它操作方便，安全可靠，漏水量小。

3. 通气孔及充水阀

在进水口工作闸门之后，需设置通气孔，用来在关闭闸门时向引水管道输入空气，以填补流走水量形成的空间，从而防止引水管道内出现有害真空；而当引水管道充水时，它又起排气作用。当闸门为前止水时，可以利用启闭闸门的竖井补气或排气，无需设置专门的通气孔。通气孔面积选择，国内外尚无统一的计算公式，根据我国一些水电站进水口通气孔的原型观测与运行情况来看，通气孔的面积不宜小于引水管道断面积的5%。

通气孔的布置原则如下：

（1）通气孔顶端应高于上游最高水位，通气孔的布置应与启闭室分开，外口应设置防护罩，并应防止冬季结冰。

（2）通气孔的内口应尽量靠近工作闸门下游面的引水管道顶部，以便在任何情况下均能充分通气，减少负压。

（3）通气孔体形应平顺，避免突变，在必须转弯的部位，应具有较大的转弯半径，以减小气流阻力。

充水阀的作用是在工作闸门开启前向引水管道充水，使闸门上、下游水压力基本平衡后，闸门在静水中开启。坝式进水口常设旁通管，旁通管的进、出口布置在工作闸门的上、下游侧，用充水阀控制。对于布置旁通管有困难的进水口，可以考虑在工作闸门上设置充水阀，利用吊杆启闭。开启时先将吊杆提升一段距离，打开充水阀，此时闸门门体不动，待充水完毕后，再继续提升吊杆开启闸门门体。关闭闸门时，吊杆在自重及启闭机的作用下下压,使充水阀关闭。

四、开敞式进水口

开敞式(无压)进水口,一般用于无压引水式水电站。特点是进水口水流为无压流。从枢纽组成来说,开敞式进水口可分为两种:无坝取水和有坝取水。当水电站的引用流量仅占河流流量的一小部分时,在河流上可不建坝。这种取水方式称为无坝取水。如果电站的引用流量占河流流量的较大部分,或者需要拦蓄一部分水量进行日调节时,就要在河流上建造低坝。这种取水方式称为有坝取水,如图6-13所示。无坝取水不能充分利用河流资源,故较少采用。以下主要介绍有坝开敞式进水口。

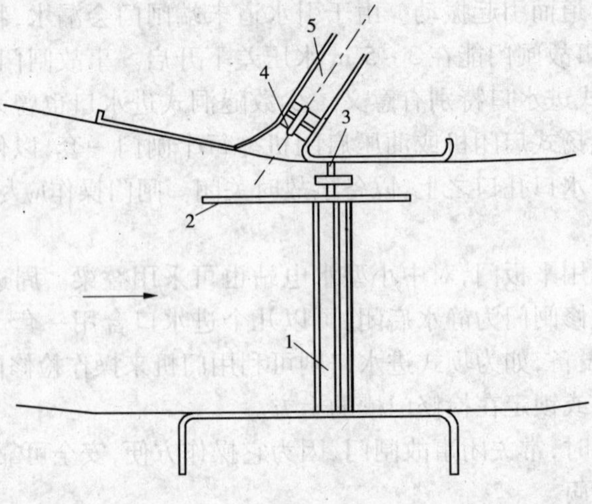

1—溢流坝;2—导流墙;3—冲沙闸;4—进水闸;5—水电站引水渠道

图6-13 有坝进水口

(一)开敞式进水口的位置选择

无论是有坝取水还是无坝取水,进水口的位置都应尽可能选在稳定河湾的凹岸,以利用河湾处的横向环流作用,使进水口引进表层较清的水,而底沙则由底流带向凸岸。在选择进水口位置时,还应避开其上游有浅滩、急滩的地点,因为它们容易搅混底沙和形成冰凌。

此外,为使水流平顺,在进水闸前应有一段喇叭口与河流相衔接,如图6-13所示。在喇叭口的入口处可以设置浮排(与水流方向成30°~45°交角布置),用以拦截洪水期的漂浮杂物及冬季的浮冰。当河流中漂木较多时,有时还要设胸墙拦阻漂木进入。当无合适的稳定河段可以利用时,可采用工程措施造成人工弯道。图6-14为开敞式进水口的布置实例。

(二)开敞式进水口的组成建筑物及其布置

有坝开敞式进水口的组成建筑物一般有拦河过水低坝(或拦河闸)、进水闸、冲沙闸及沉沙池等。

建造拦河闸或低坝时,要充分考虑泥沙的影响,如处理不当会使整个进水口枢纽淤死或冲坏。原则上要尽量维持河流原有的形态,洪水期要使上游冲下来的泥沙(特别是推移质)基本上全部经闸(或坝)下泄,不使其堆积在闸的上游。此外,尚需考虑建筑物的抗

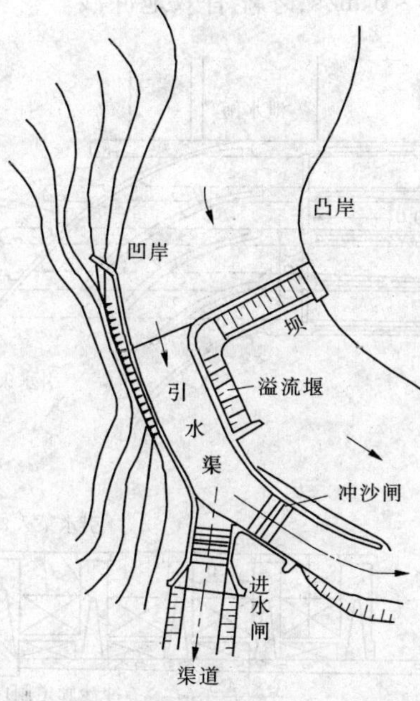

图 6-14　某水电站进水口布置图

磨问题。

进水闸与冲沙闸的相对位置应以“正向进水，侧向排沙”的原则进行布置，应根据自然条件和引水流量的大小确定最佳引水角度，条件许可时应尽量减小引水角度。

冲沙闸与溢流坝之间常设分水墙，以便于在进水口前形成沉沙冲沙槽，如图 6-15 所示。当采用不同进水口形式时，也可设置冲沙廊道，排除进口前的淤沙，如图 6-16 所示。

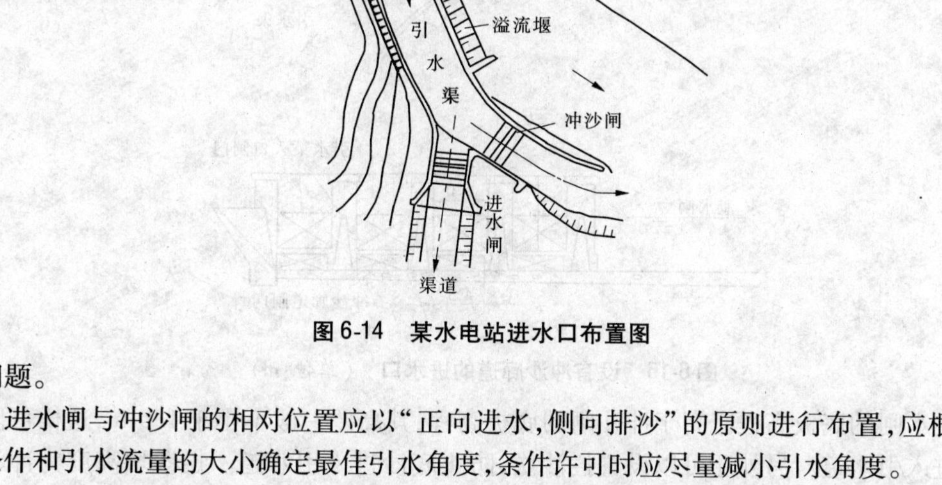

1—闸墩；2—边墩；3—上游翼墙；4—下游翼墙；5—闸底板；6—拦沙坎；7—截水墙；8—消力池；9—护坦；10—穿孔混凝土板；11—乱石海漫；12—齿墙；13—胸墙；14—工作桥；15—拦污栅；16—检修闸门；17—工作闸门；18—下游检修闸门；19—下游闸板存放槽；20—启闭机

图 6-15　设有冲沙槽的进水口总体布置

冲沙廊道中的流速一般应达到 4 ~6 m/s，才能有效地冲沙。

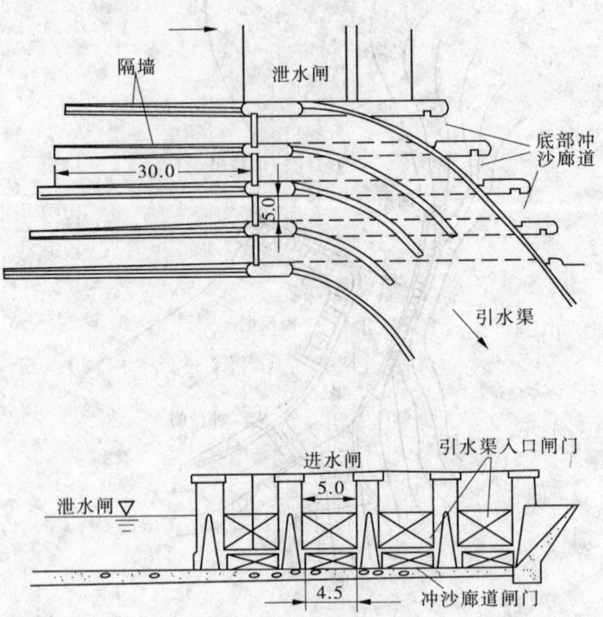

图 6-16 设有冲沙廊道的进水口 （单位：m）

进水闸的底板高程应高于冲沙闸的底板高程，其高差一般不小于 1.0 m，这样可防止底沙进入引水道。另外还可以设置拦沙坎，防止底沙进入引水道。拦沙坎高度为冲沙槽设计水深的 1/4 ~1/3，最好不小于 1.0 ~1.5 m。

布置进水口时，要尽可能防止有害的泥沙进入引水道。有害的泥沙一般是指粒径大于 0.25 mm 的泥沙。这类泥沙容易淤积到引水道里，减小引水道的过水能力，而且会磨损水轮机转轮及导叶等过流部件。对于推移质中的有害泥沙，由于它是沿河底滚动的，所以只要在进水口前设拦沙坎即可防止其进入进水口。但要注意及时清除拦沙坎前沉积的泥沙，否则堆积过多会使拦沙坎失效。对于悬移质中的有害泥沙，通常采用设置沉沙池的方法进行处理。沉沙池的基本工作原理是，加大过水断面，减小水流的流速及其挟沙能力，使有害泥沙沉淀在沉沙池内，而将清水引入引水道。沉沙池的过水断面取决于池中水流的流速，一般为 0.25 ~0.70 m/s，视有害泥沙粒径而定。沉沙池长度不足，则有害泥沙尚未下沉到池底已流出沉沙池，达不到沉沙的效果；沉沙池过长则造成浪费。沉沙池的长度及过水断面要进行专门的计算和试验来加以确定。

沉沙池中所沉淀的泥沙应予以排除。其排沙方式可分为人工清沙、机械排沙和水力冲沙三种。水力冲沙又可分为连续冲沙和定期冲沙。图 6-17 为连续冲沙的沉沙池。沉积的泥沙由下层冲沙廊道排至下游河道。在沉沙池进口处设置了分流设备，以使池中的水流流速分配均匀，提高沉沙效果。

定期冲沙的沉沙池当泥沙沉积到一定深度时关闭池后闸门，降低池中水位，部分开启沉沙池进口闸门，进行冲沙。缺点是冲沙时机组停止运行。为了不影响水电站的发电，可采用多室式沉沙池，各室轮流冲沙。冲沙时多采用射流，即先关闭沉沙池进口闸门，用冲

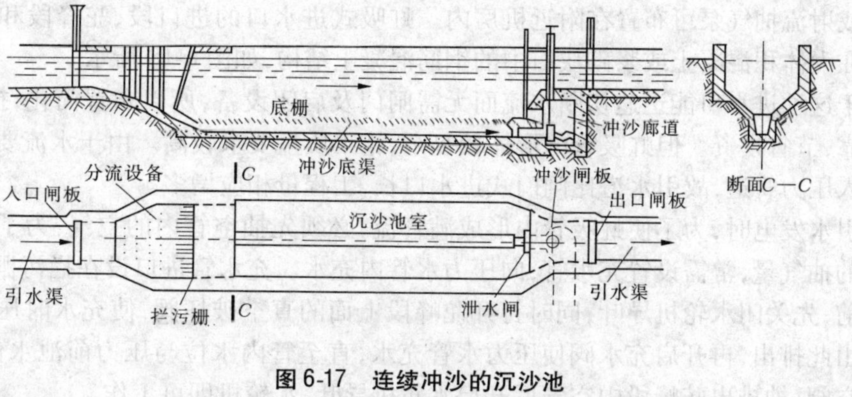

图 6-17　连续冲沙的沉沙池

沙廊道将池水放空。然后稍开进口闸门,利用闸底的射流将泥沙冲走。

机械排沙是用挖泥船等机械来排除沉积的泥沙,如映秀湾水电站。人工清沙就是用人工将泥沙挖除,一般多用于小型电站的引水渠道清淤。

五、虹吸式进水口

虹吸式进水口的特点是利用虹吸原理将发电用水从前池引向压力水管。对于水头在 20 ~ 30 m、前池水位变幅不大的无压引水式水电站,采用虹吸式进水口可简化布置,节省投资,在小型水电站中采用较多,如图 6-18 所示。

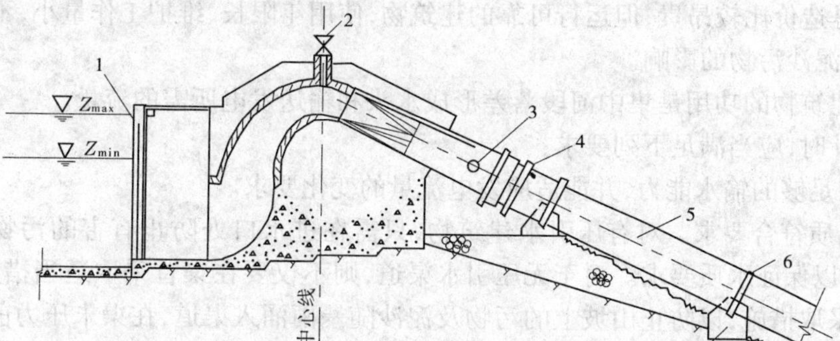

1—拦污栅;2—真空破坏阀;3—进人孔;4—伸缩节;5—钢管;6—支承环;7—支墩

图 6-18　虹吸式进水口

虹吸式进水口一般由进口段、驼峰段、渐变段三部分组成。进口段的进口淹没在上游一定的水深下,并安装拦污栅。进口流道光滑平顺,为矩形断面的管道,以曲线与驼峰段衔接。流道可采用象鼻形、"S"形、口腔形、廊道形和圆形断面等形式。驼峰段经常处于负压下工作,驼峰高程最高,压力最低。为减小驼峰顶点的负压,断面形式一般采用扁方形。渐变段为扁方形驼峰段和圆形压力水管的过渡段,在水平方向逐渐收缩,在垂直方向逐渐扩散,以便水流平顺进入压力水管。为了减少水头损失,两个方向的收缩角或扩散角均应控制在 8° ~ 10°。驼峰顶点装有真空破坏阀,并布置有抽气管道、旁通管及阀门等。

抽气机或射流抽气泵可布置在附近机房内。虹吸式进水口的进口段、驼峰段和渐变段都是埋置在大体积混凝土或浆砌块石中的钢筋混凝土结构,如图6-18所示。

由于这种进水口能迅速切断水流而无需闸门及启闭设备,所以布置简化,操作简便,停机可靠,节省投资。但虹吸管的形体较复杂,施工质量要求较高。由于水流要越过压力墙顶进入压力管道,故引水道比闸门式进水口长,工程量相应增多。

在引水发电时,为了使虹吸管内形成满管流,必须先抽空管内的空气,为了减少驼峰下游侧的抽气量,常需设置充水管,向压力水管内充水。充水管进口设在拦污栅后面。机组启动前,先关闭水轮机导叶,同时打开驼峰段上面的真空破坏阀,使充水时压力水管内的空气由此排出,再开启充水阀使压力水管充水,直至管内水位与压力前池水位齐平后,关闭真空阀,抽排出驼峰段中空气后开启水轮机导叶,水轮机即可工作。

第二节　引水建筑物布置

一、引水建筑物的功用及要求

引水建筑物可分为无压引水建筑物和有压引水建筑物两大类。无压引水建筑物最常用的是渠道,在某些情况下也可采用无压引水隧洞。当水库水位变化很小,沿线地形平缓、岸坡稳定时,采用渠道是适合的。有压引水建筑物最常用的为有压隧洞。埋藏在岩体中的隧洞是造价比较昂贵,但运行可靠的建筑物,使用年限长、维护工作量小,不受地表地形、气温及泥沙污物的影响。

引水建筑物的功用是集中河段落差形成水头和输送发电所需的流量。

在设计时,应当满足下列要求:

(1)有足够的输水能力,并能适应发电流量的变化要求。

(2)水质符合要求。对有压引水建筑物,只需在进水口处防止有害的污物及泥沙进入建筑物,以保证水质要求。对于无压引水渠道,则不仅要在渠首采取适当措施,还要在渠道沿线采取措施,以防止山坡上的污物及泥沙随暴雨涌入渠道,在渠末压力前池处还要再次采取拦污、防沙及排沙措施。

(3)运行安全可靠。对于有压引水建筑物的压力隧洞来说,除非发生特殊的事故,一般运行是安全可靠的。但对于无压引水建筑物的引水明渠,则运行中有一系列要求:渠道在运行中要防止冲刷及淤积,为此流速要小于不冲流速而大于不淤流速。渠道渗漏应限制在一定范围内,过大的渗漏不仅造成水量损失,而且可能破坏渠床和渠堤的稳定性。在设计北方寒冷地区的渠道时,应仔细研究渠道冬季运行的情况,防止水流中出现冰凌,前池处应设有排冰设施。渠道长草会增加水头损失,降低输水能力。在气温较高易于长草的季节,保持渠道中有较大水深(大于1.5 m)或较高的流速(大于0.6 m/s),均可抑制水草的生长。在渠道中加设护面,可以减小糙率,防冲、防渗、防草,并维护边坡的稳定,但造价较高。

(4)整个引水工程应通过技术经济比较,选择经济合理的方案,并便于施工和运行。

二、引水渠道

(一)引水渠道的类型及水力特性

水电站的引水渠道又称为动力渠道。它位于无压进水口或沉沙池之后。根据其水力特性,可分为自动调节渠道和非自动调节渠道两种类型。

1. 自动调节渠道

自动调节渠道如图6-19所示。其主要特点是:渠顶高程沿渠道全长不变,而且高出渠内可能的最高水位;渠底按一定坡度逐渐降低,断面也逐渐加大;在渠末压力前池处不设泄水建筑物。依引水渠道的运行要求,当渠道通过设计流量时,水位为恒定均匀流,水面线平行于渠底,水深为正常水深 h_0;当电站出力减小,水轮机引用流量小于渠道设计流量时,水流为恒定非均匀流,水面形成壅水曲线,引水流量愈小,渠末水深愈大;当水电站停止工作,引用流量为零时,渠末水位将与渠首水位齐平,渠道堤顶应高于渠内最高水位,避免发生漫顶溢流现象。

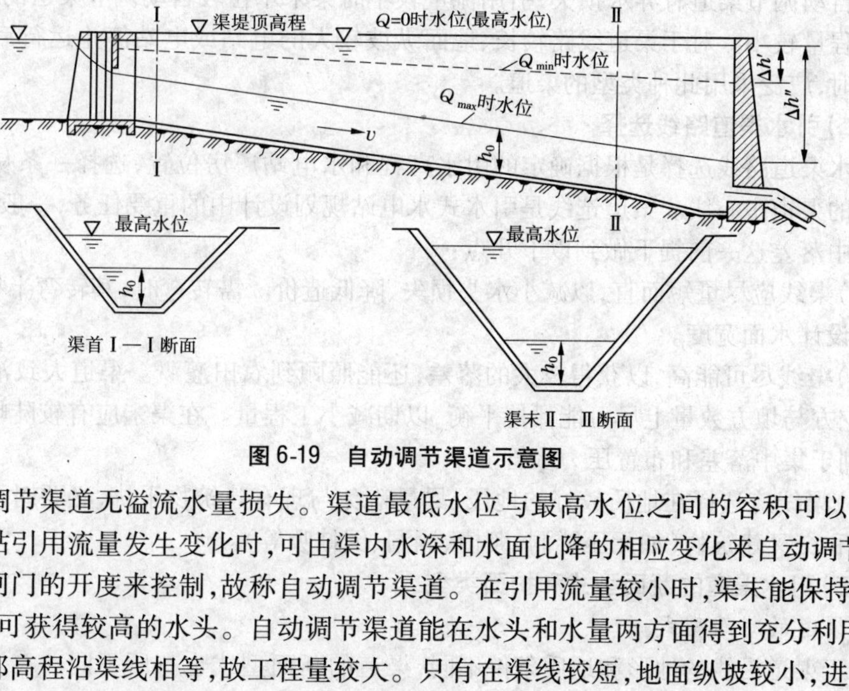

图6-19 自动调节渠道示意图

自动调节渠道无溢流水量损失。渠道最低水位与最高水位之间的容积可以调节水量。当电站引用流量发生变化时,可由渠内水深和水面比降的相应变化来自动调节,不必运用渠首闸门的开度来控制,故称自动调节渠道。在引用流量较小时,渠末能保持较高的水位,因而可获得较高的水头。自动调节渠道能在水头和水量两方面得到充分利用,但由于渠道顶部高程沿渠线相等,故工程量较大。只有在渠线较短,地面纵坡较小,进口水位变化不大,而且下游没有其他部门用水要求的情况下,采用此种类型的渠道才可能是经济合理的。

2. 非自动调节渠道

非自动调节渠道如图6-20所示。其主要特点是渠顶沿渠道长度有一定的坡度,其坡度一般与渠底坡度相同。在渠末压力前池处(或压力前池附近)设有泄水建筑物,一般为溢流堰或虹吸式溢水道,用来控制渠内水位的升高和宣泄水量。当渠道通过设计流量时,水流为恒定均匀流。渠内水深为正常水深 h_0,渠末水位略低于溢流堰顶(一般为3~5 cm);当水电站出力减小,引用流量小于设计流量时,渠末水位升高,超过溢流堰顶后,多余水量将通过溢流堰泄向下游；当引用流量为零时，全部流量均经溢流堰泄向下游。渠道末端的顶部高程应高于全部流量下泄时的渠末水位。为了减少无益弃水，应根据电站负荷的变化，运用渠首闸门的开度调节入渠流量。

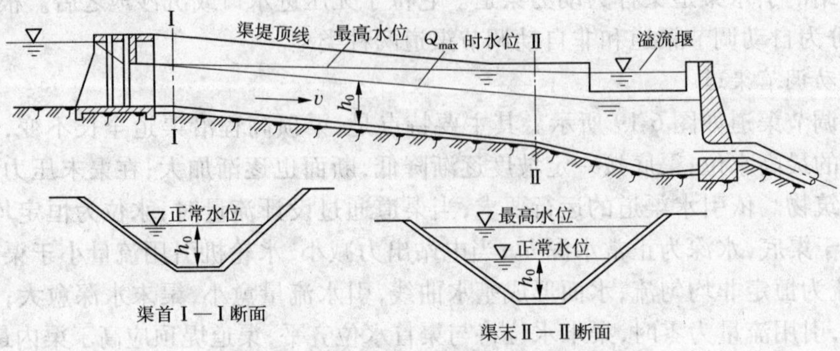

图 6-20 非自动调节渠道示意图

非自动调节渠道有弃水损失，引用流量较小时渠末水位较自动调节渠道的水位低，但渠道工程量较小。对于渠道线路较长、地面纵坡较大的电站或电站停止运行后仍需向下游供水时，广泛采用此种类型的渠道。

(二)引水渠道路线选择

引水渠道路线选择是根据确定的引水高程和水电站厂房位置，选择一条从进口至压力前池的渠道中心线。渠道选线是引水式水电站规划设计中的重要任务，一般要求是，在满足集中落差这一前提下做到以下几点：

(1)渠线应尽量短而直，以减小水头损失、降低造价。需转弯时，其转弯半径不小于5倍渠道设计水面宽度。

(2)渠线尽可能高，以获得较大的落差，还能照顾到农田灌溉。渠道大致沿等高线布置，使挖方与填方数量上尽可能保持平衡，以期减小工程量。在渠末应有较陡峻的倾斜地形，以利于集中落差和布置压力水管。

(3)渠线应选择在地质较好的地段，尽量避免与现有建筑物干扰，必要时可修建渠系建筑物和交叉建筑物(如无压隧洞、渡槽、涵洞、倒虹吸等)。

(三)引水渠道的断面型式和护面类型

1. 渠道的断面型式

由于渠道沿线的地形和地质条件不同，渠道的断面型式也有所不同。在岩基上修建的渠道多采用窄深式的矩形断面，在土基上一般采用梯形断面。另外，渠道按其建筑条件又可分为挖方渠道和半挖方渠道(如图 6-21 所示)。

渠道断面的高度等于最大水深加安全超高。渠道堤顶宽度和超高可参考表 6-2 确定。当堤顶有交通要求时，视需要而定。渠道边坡可根据土质条件和开挖深度或填筑高度确定。边坡系数可参考表 6-3 确定。

2. 渠道护面

在渠道的表面用各种材料做成的保护层叫做渠道护面。护面的作用如下：

(1)减少渠道的渗漏损失，加强渠道的稳定性；

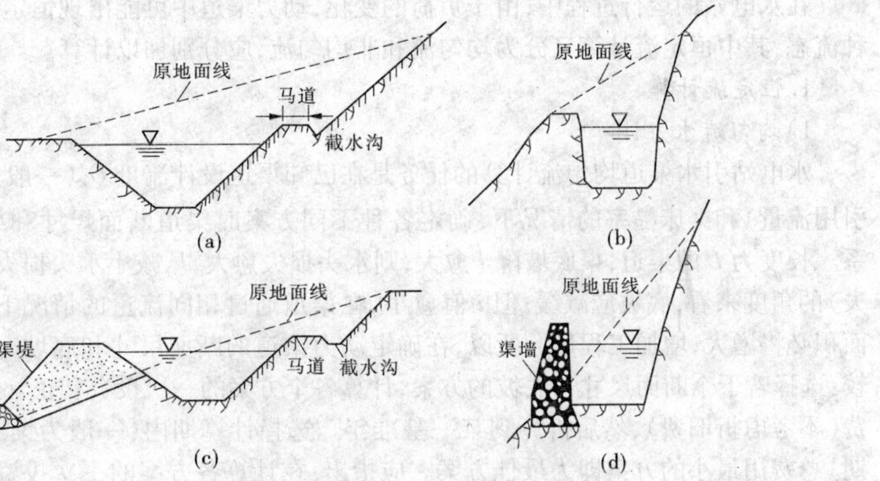

(a)、(b)挖方渠道;(c)、(d)半挖方渠道

图 6-21　渠道断面型式

表 6-2　渠道超高和顶宽

流量(m^3/s)	50 ~ 10	10 ~ 5	5 ~ 2	2 ~ 0.5	<0.5
渠堤超高(m)	1.0 ~ 0.6	0.45	0.4	0.3	0.2
渠堤顶宽(m)	2 ~ 1.5	1.5 ~ 1.25	1.25 ~ 1.0	1.0 ~ 0.8	0.8 ~ 0.5

表 6-3　渠道断面边坡系数

土壤种类	$m = \cot\varphi$		土壤种类	$m = \cot\varphi$	
	水下	水上		水下	水上
粉砂	3 ~ 3.5	2.5	粉壤土、黄土、黏土	1.25 ~ 1.5	0.5 ~ 0.75
细砂、中砂和粗砂			卵石和砾石	1.25 ~ 1.5	1.0
1. 疏松和中等密实的	2.0 ~ 2.5	2.0	半岩性的抗水性土壤	0.5 ~ 1.0	0.5
2. 密实的	1.5 ~ 2.0	1.5	风化岩石	0.25 ~ 0.5	0.25
砂壤土	1.5 ~ 2.5	1.5	未风化岩石	0.1 ~ 0.25	0

(2)减小渠道的糙率,从而降低水头损失;

(3)防止渠中长草和穴居动物对渠道的破坏。

渠道护面的类型根据所用材料不同,有混凝土护面、砌石护面、砾石护面、黏土和灰土护面、沥青材料护面及塑料薄膜护面等。

(四)引水渠道的水力计算

渠道水力计算的目的是根据渠道的设计流量 Q_p 来选择合理的渠道断面,并计算在此断面下,水电站在不同运行情况时的渠道水位变化、水头损失和流速。渠道的断面尺寸决定着渠道的工程量,水位和水头损失则是计算水电站净水头、出力和发电量所必需的。

在水电站的运行过程中,由于负荷的变化,动力渠道中可能出现恒定流和非恒定流两种流态,其中恒定流计算又分为均匀流和非均匀流,应分别加以计算。

1. 恒定流计算

1)均匀流水力计算

水电站引水渠道均匀流计算的任务是在已知渠道设计流量 Q_p(一般为水电站的最大引用流量)和渠床糙率的情况下,确定各种不同方案时渠道断面尺寸和渠底坡降间的关系。长度为 L 的渠道,渠底坡降 i 愈大,则水头损失愈大,从减小水头损失(即减少电能损失)的角度来看,底坡应减缓;但 i 值愈小,在渠道通过相同流量的情况下,渠道过水断面面积必将增大,增加工程量。所以,在确定动力渠道的断面尺寸和底坡时,应进行经济比较:选择若干个断面尺寸和底坡的方案,计算各个方案的一次投资和正常运行期的年运行费(不考虑折旧费),然后折算到某一基准年。选择计算期内(一般为渠道运行期加施工期)总费用最小的方案即为最佳方案。应指出:在计算各方案的一次投资和运行费时,电能损失必须由替代电站发出,相应的替代电站投资和运行费应一并计入费用。由选定的渠道断面和底坡,则可计算出渠道在不同流量 Q 时的正常水深 h_0,并绘制 $h_0 \sim Q$ 关系曲线,如图 6-22 所示。

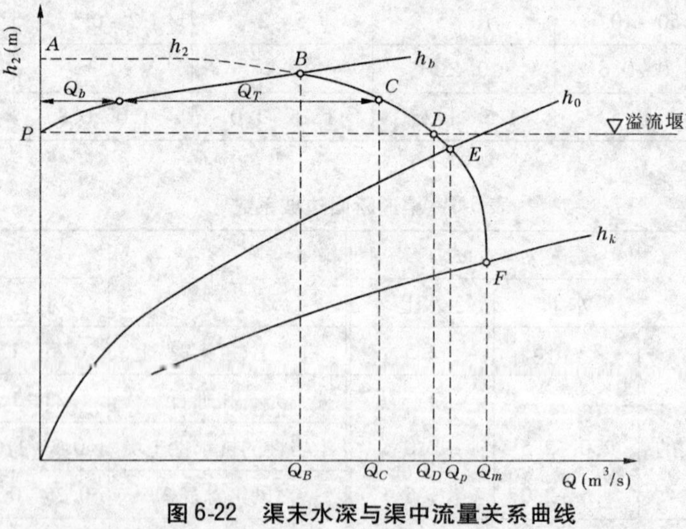

图 6-22　渠末水深与渠中流量关系曲线

一般在中、小型渠道设计中,可不进行上述复杂的经济比较,而按经济流速来确定渠道的断面尺寸和底坡。山区河流落差大,渠底坡度可采用 1/3 000 ~ 1/1 000;平原地区河流平缓,渠底坡度可采用 1/5 000 ~ 1/3 000。渠道的经济流速一般为 1.5 ~ 2.0 m/s。

还应指出:在进行渠道水力计算中,要注意在选择糙率系数时应留有余地,要考虑到在未来运行中糙率系数增大的可能性。

2)非均匀流水力计算

对选定的渠道,在上游水位不变的情况下,进行非均匀流计算,便可求得渠道在通过不同流量时渠末水深 h_2,并绘制 $h_2 \sim Q$ 曲线,如图 6-22 中的 $ABCDEF$ 曲线。此曲线与 $h_0 \sim Q$曲线相交于 E 点,其对应的流量即为渠道的设计流量 Q_p;如果水电站引用流量超过 Q_p,h_2 便迅速减小,渠道中出现降水曲线,h_2 的极限是临界水深 h_k,其相应的流量即为渠

道的极限过水流量 Q_m，如图6-22中的 F 点所示；当水电站的引用流量小于 Q_p 时，$h_2 > h_0$，渠道中出现壅水曲线。

渠道的设计流量 Q_p 一般采用电站的最大引用流量 Q_{max}。这是因为：

(1)这可使渠道经常在壅水状态下工作，增加发电水头。

(2)避免出现流量增加不多而水头显著减小的降水曲线。

(3)使渠道的过水能力留有余地，以解决当渠道出现淤积、长草或实际糙率大于采用值时，水电站发不足额定出力而受阻的情况。

对非自动调节渠道，在渠末设有溢流堰，则在图6-22溢流堰顶高程 P 处绘有不同流量 Q 与溢流堰水深 h_b 的关系曲线。当渠道流量为 Q_D（相当于在 D 点工作）时，渠末水位与堰顶齐平，正好不发生溢流；当渠道流量为 Q_C（相当于在 C 点工作）时，渠末水位超过溢流堰顶，溢流的流量为 Q_b，水电站的引用流量为 Q_T，而且 $Q_C = Q_b + Q_T$；当渠道流量为 Q_B（相当于在 B 点工作）时，水电站引用流量 $Q_T = 0$，全部渠道流量由溢流堰排走，渠末水位达到最高值，溢流堰顶溢流量 Q_b 达最大值 Q_{bmax}。$h_2 \sim Q$ 曲线的 AB 段，意味着渠道流量 $Q < Q_b$，实际上这是不可能出现的，故用虚线表示。

当进水口上游水位变化时，这相当于 A 点的位置有变化，可取几个典型的水位分别进行上述计算，并综合分析确定出渠末的最高水位及水电站的运行方式。

由以上讨论可知，对非自动调节渠道，当电站引用流量小于渠道通过流量时，将发生弃水。为了减少无益弃水，可调节渠首闸门开度，使得渠末既有较高的水位，又不发生弃水。

2. 非恒定流水力计算

1）非恒定流计算的内容

非恒定流计算的目的，是研究水电站负荷变动时渠道中水位及流速的变化过程，计算内容一般包括以下三项：

(1)水电站突然丢弃负荷时渠道涌波的计算，求出渠道沿线的最高水位线，以决定堤顶高程。

(2)水电站突然增加负荷时渠道落波的计算，求最低水位，以决定压力水管进口高程。

(3)水电站按日负荷图工作时，渠道中水位和流速的变化过程，以研究水电站的工作情况。

无压引水式电站在具有较长引水渠道的情况下，大都为非自动调节渠道，即在渠末均设有泄水建筑物。现就非自动调节渠道中的非恒定流现象作一般介绍。

假定水电站在负荷变化前处于满负荷工作状态，以 Q、v_0、h_0 分别表示此时渠道的流量、平均流速和正常水深。当电站因事故原因突然丢弃全部负荷后，渠末与压力水管进口处的水流停止流动，但渠道中的水流在惯性作用下，仍以流速 v_0 流向渠末，使渠末水位骤然升高，形成逆水流方向涨波（称为逆涨波）。逆涨波的波高为 Δh_2，波速为 $C_2 = \sqrt{gh_{20}(1 - \frac{3\Delta h_2}{2h_{20}})} - v_{20}$，向渠首方向传播，所到之处渠水位升高。当波传至渠首时，波高为 Δh_1，波速为 C_1。由于渠首与大河或水库连接，河水位可认为不变，使波发生反射，逆涨波反射成为顺水流方向传播的顺落波。顺落波传向渠末，所到之处渠道中水位回降，但波未到之处，渠道中水位继续上升，渠末最大水深发生于顺落波到达渠末之前的一瞬间。由于非自动调节渠道渠末设有泄水建筑物，限制了渠末水位上升的高度，一般认为渠末最高水位与下泄最大流量时的渠末水位相近，其值等于图 6-22 中 B 点的纵坐标。该水位与渠首最高水位的连线，作为确定渠顶高程的依据。

当水电站在部分负荷工作状态时突然增加负荷后，由于电站引用流量突然加大，而渠道中的流量来不及补充，致使渠末水位急剧降低，形成逆落波向渠首传播，波高仍记为 Δh_2，波速为 C_2，所到之处渠水位降低。当波传至渠首时，波高仍记为 Δh_1，波速仍记为 C_1。如前所述，逆落波在渠首处反射成顺涨波向渠末传播，所到之处渠道中水位回升，但未到之处渠道中水位继续下降。渠末最低水位发生于顺涨波到达渠末之前的一瞬间，如图 6-23所示。

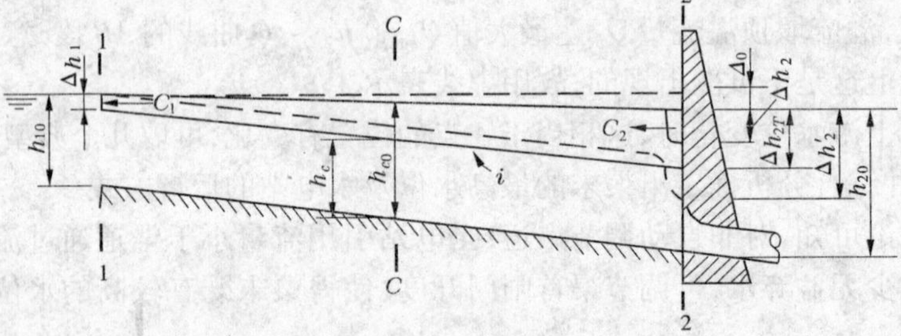

图 6-23　非自动调节渠道渠末最低水位

综上所述，在水电站突然丢弃全部负荷后，对于非自动调节渠道，渠末水位的上升受到溢流堰的限制，问题不太突出，但当水电站突然增加负荷后，渠末水位的降低应当引起特别注意。在这种情况下溢流堰不起作用，而渠末最低水位是确定渠末压力前池底板高程的依据，直接影响到压力前池的工程量。

2）渠末（压力前池）最低水位的近似计算

非自动调节渠道渠末最低水位的计算，应依据运行中可能出现的最不利情况进行。一般可选渠首水位为设计水位，渠末水位与溢流堰顶齐平（不泄流），电站（$n-1$）台机组均满发，而最后一台机组突然带上满负荷的情况，作为计算的起始条件。

当电站突然增加最后一台机组满负荷运行时，由于电站引用流量突然增加，渠末将立即产生一个落波高度 Δh_2（称为第一次落波），之后，渠末水位将继续下降，但下降的速度减慢。为简单起见，设渠道为矩形断面。根据明渠非恒定流的理论，渠末第一次落波高度 Δh_2 和渠末的波速 C_2 可按下列近似公式联立求解

$$C_2 = \sqrt{gh_{20}\left(1 - \frac{3\Delta h_2}{2h_{20}}\right)} - v_{20} \tag{6-3}$$

$$\Delta Q_2 = Q_{\max} - Q_0 = BC_2\Delta h_2 \tag{6-4}$$

式中　v_{20}、Q_0、h_{20} ——起始时刻渠末的流速、流量和水深；

$Q_{\max}$ ——电站满负荷运行时的流量；

B ——起始时刻渠道宽度；

g——重力加速度。

联解式(6-3)和式(6-4)时,一般用试算法。

逆落波传至渠首时,波高为 Δh_1,先假设一个 Δh_1 的具体数值,代入下式可求得渠首的波速 C_1

$$C_1 = \sqrt{gh_{10}(1 - \frac{3\Delta h_1}{2h_{10}})} - v_{10} \tag{6-5}$$

式中 h_{10}、v_{10}——起始时刻渠首的水深和流速。

逆落波由渠末传至渠首的历时 T 为

$$T = 2L/(C_1 + C_2) \tag{6-6}$$

式中 L——渠道的长度。

在 T 时段内由渠末流出的水量为 $Q_{\max}T$,由渠首流入的水量为 Q_0T,渠道中亏损的水量为 $W = (Q_{\max} - Q_0)T = \Delta Q_2 T$。设逆落波传至渠首的瞬间渠末的水位下降为 Δh_{2T},则 W 可按水位下降的幅度和渠道的几何形状(如图 6-23 所示)求得,即

$$W = \frac{BL(\Delta h_1 + \Delta h_{2T})}{2}$$

于是可解得

$$\Delta h_{2T} = \frac{2W}{BL} - \Delta h_1 = \frac{4(Q_{\max} - Q_0)}{B(C_1 + C_2)} - \Delta h_1 \tag{6-7}$$

T 时刻末,渠道中水面的平均坡降 i 为

$$i = (\Delta h_{2T} + \Delta_0 - \Delta h_1)/L \tag{6-8}$$

式中 Δ_0——起始时刻渠首和渠末的水位差。

逆落波传至渠首后的瞬间,由渠首进入渠道的流量为 $Q_0 + \Delta Q_1$,其中 ΔQ_1 为渠首流量的改变量。渠末流出的流量仍为 $Q_{\max} = Q_0 + \Delta Q_2$,则渠道中的平均流量 Q_c 为

$$Q_c = (Q_0 + \Delta Q_1 + Q_0 + \Delta Q_2)/2$$

$$\Delta Q_1 = 2Q_c - 2Q_0 - \Delta Q_2 \tag{6-9}$$

近似认为 Q_c 与平均坡降 i 相对应,即当渠道中通过流量 Q_c 时,渠道中的水面坡降为 i。取中间断面 $C—C$,如图 6-23 所示,则当逆落波传至渠首后的瞬间,中间断面 $C—C$ 的水深 h_c 为

$$h_c = h_{c0} - (\Delta h_1 + \Delta h_{2T})/2 \tag{6-10}$$

式中 h_{c0}——起始时刻断面 $C—C$ 处的水深。

根据水力学中流量公式,则

$$Q_c = \omega_c C_c \sqrt{R_c i} = K_c \sqrt{i} \tag{6-11}$$

式中 ω_c、C_c、R_c——中间断面 $C—C$ 处在水深等于 h_c 时的过水断面面积、谢才系数和水力半径。

将式(6-11)代入式(6-9)得

$$\Delta Q_1 = 2K_c\sqrt{i} - 2Q_0 - \Delta Q_2 \tag{6-12}$$

由式(6-12)计算出的 ΔQ_1 值必须符合公式

$$\Delta Q_1 = BC_1\Delta h_1 \tag{6-13}$$

计算时，先在式(6-5)中假设一个 Δh_1 值，然后按式(6-6)至式(6-12)的顺序求解出 ΔQ_1 值，此 ΔQ_1 值必须与式(6-13)所计算出的 ΔQ_1 值基本相等，否则应重新假定 Δh_1 值再进行计算。

当逆落波传至渠首后，反射成为向渠末传播的顺涨波。近似认为顺涨波由渠首传至渠末的时间仍为 T，则渠末水位下降的最大深度 $\Delta h_2'$ 为

$$\Delta h_2' = \Delta h_{2T} + vT \tag{6-14}$$

式中，v 为渠末第一次落波后，渠道水位下降的速度，根据理论和实验，v 基本上为一常数，即 $v = (\Delta h_{2T} - \Delta h_2)/T$。

于是可得

$$\Delta h_2' = \Delta h_{2T} + vT = 2\Delta h_{2T} - \Delta h_2 \tag{6-15}$$

渠末(压力前池)的最低水位 $Z_{\min}$ 为

$$Z_{\min} = Z_0 - \Delta h_2' \tag{6-16}$$

式中　Z_0 ——起始时刻渠末水位。

(五)引水隧洞

1. 特点

引水隧洞是水电站常用的引水建筑物之一。对于无压引水式电站，一般指压力前池以前的隧洞部分；对于有压引水式电站，一般指调压室以前的隧洞部分。它有下列特点：

(1)可以避开不利地形的限制，采用较短的线路；

(2)可以利用岩石抗力承受部分内水压力，以降低造价；

(3)有压隧洞可适应水库水位的大幅度变化及引用流量的迅速变化；

(4)不占用地面；

(5)能够避免沿途水质的污染；

(6)不受地表气候的影响，蒸发量少，不易冰冻。

水电站引水隧洞有时还可和导流隧洞、泄洪隧洞相结合。但隧洞对施工技术和机械化的要求较高，开挖单价较贵，要求有完整的地质勘察资料，施工期也可能较长等。这些都是不利因素。随着施工技术及设备的不断完善，隧洞衬砌设计理论的不断提高，隧洞的优点将有所发展，而缺点将有所克服。隧洞目前在我国已得到广泛的应用。

2. 引水隧洞的类型

引水隧洞分为无压隧洞和有压隧洞两种基本类型。

1)无压隧洞

无压隧洞中的水流具有自由水面，用于无压引水式电站。从水力条件来看，其工作情况与明渠相同。当用明渠引水，渠线盘山过长、工程量很大且需采用各种交叉建筑物时，通过方案比较，可采用无压隧洞引水。根据地质条件和施工条件，无压隧洞的断面形状常采用方圆形、马蹄形和高拱形，如图6-24 所示。无压隧洞水面以上的空间一般不小于隧洞断面面积的15%，顶部净空高度不小于0.4 m。各种断面形状的隧洞，从施工需要考虑，其断面宽度不小于1.5 m，高度不小于1.8 m。为了防止隧洞漏水和减小洞壁糙率并防止岩石风化，无压隧洞大都采用全部或部分衬砌。

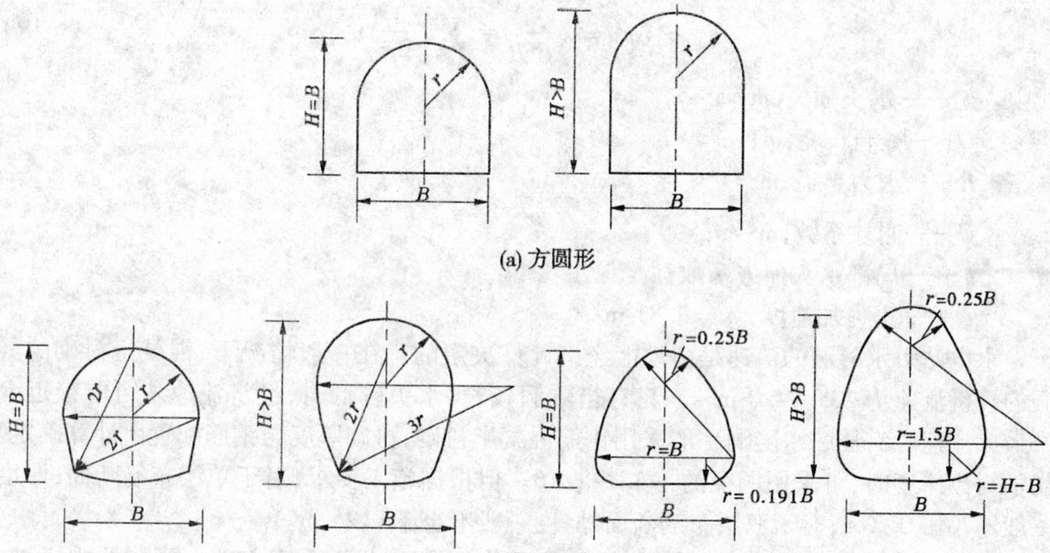

(a) 方圆形

(b) 马蹄形

(c) 高拱形

图 6-24　无压隧洞的断面形状

2）有压隧洞

有压隧洞是有压引水式电站最常用的引水建筑物。隧洞中水流充满整个断面，并承受较大的内水压力。其断面形状常采用圆形。在过水断面面积一定的情况下，圆形断面的湿周最小，过水能力最大，同时承受均匀内水压力的性能较好，因为这时圆环上的弯矩很小。为了施工方便，圆形断面的内径一般不小于 1.8 m。

3. 引水隧洞经济断面的选择

有压引水隧洞的水力计算包括恒定流计算与非恒定流计算两部分。前者主要研究隧洞断面、引用流量、水头损失之间的关系，用以选择断面尺寸；后者是为了确定最高和最低内水压力线，作为隧洞衬砌强度计算和洞线高程布置的依据。要避免在隧洞中交替出现无压和有压的水流状态。对于引水隧洞，在水电站引用流量已定的情况下，选择的断面尺寸愈大，工程投资愈大，但电能损失较小；选择的断面尺寸愈小，工程投资愈小，但电能损失较大。这就需要通过技术经济分析来确定最经济的断面。经济分析的原则与前述引水渠道的经济分析相同，一般是先假设几个隧洞断面的方案，然后进行经济比较。对于一般中、小型电站，可用经济流速确定隧洞经济断面。由于引水隧洞的造价较高，为减小隧洞断面面积以节省投资，可允许有较高的流速 v。由理论推导可知，当水头损失 h_0 为净水头 H_0 的 1/3 时，隧洞中的流速就达到了临界流速（v_{cr}），即小于此流速时，电站的出力随流速的增大而增大；大于此流速时，电站出力随流速的增加而减小。所以，隧洞中流速应控制在最大允许流速以内。

$$v_{max} \leqslant (0.75 \sim 0.80) v_{cr} \tag{6-17}$$

$$v_{cr} = \sqrt{\frac{H_0}{3\alpha}} \tag{6-18}$$

隧洞总水头损失为

$$h_w = \alpha v^2 = (\frac{L}{C^2 R} + \sum \zeta \frac{1}{2g}) v^2 \tag{6-19}$$

式中 h_w——水头损失,m;

L——隧洞长度,m;

R——水力半径,m;

C——谢才系数,$m^{\frac{1}{2}}/s$;

ζ——局部水头损失系数;

g——重力加速度,$g = 9.81\ m/s^2$。

水电站引水隧洞的流速是由动能经济计算决定的。在一般情况下,混凝土衬砌的隧洞的经济流速为2.5~4.0 m/s。只有当隧洞较长、水头较低时,经济流速才可能接近允许最大流速。有压引水隧洞一般采用钢筋混凝土衬砌,衬砌厚度与钢筋配置由计算确定。初估衬砌厚度时,可采用洞径的1/12~1/16。但根据施工要求,对于单层布筋断面,厚度一般不小于0.2 m;对于双层布筋断面,厚度一般不小于0.25 m。

当隧洞较长时,在其末端附近常设置调压室以限制由压力管道进入隧洞的水锤波。这时,当水电站引用流量发生变化时,在隧洞和调压室内将出现水流为非恒定流的现象。在求出调压室最高和最低水位后,水库最高水位与调压室内最高水位的连线即为隧洞的最大内水压力坡降线,水库最低水位与调压室最低水位的连线即为隧洞的最小内水压力坡降线。隧洞各点的高程都应在最小内水压力坡降线以下1.5~2.0 m,以保证隧洞内不出现负压。

4.引水隧洞的路线选择

水电站引水隧洞路线的选择直接影响到隧洞的造价、施工的难易、工程的安全可靠及工程效益。进水口及厂房的位置选定后,引水隧洞应尽可能布置成直线。但受各种因素的影响,隧洞常常布置成弯曲的。影响选线的因素很多,以下仅列出主要的因素:

(1)地质条件。隧洞应尽可能布置在完整坚固的岩层之中,避开不利的地质区,如岩体软弱、山岩压力大、地下水充沛、岩石破碎等地带。如隧洞必须穿过软弱夹层或断层,则尽可能正交通过。在运行中隧洞总会向外漏水,要考虑到岩体被浸湿后发生崩滑的可能性。

(2)地形条件。隧洞在平面上力求最短,在立面上要有足够的埋藏深度。一般要求隧洞周围坚固岩层的厚度不小于3倍开挖直径,以利用岩石的天然拱作用,减小山岩压力,并能承受部分内水压力。隧洞的内水压力愈大,应埋藏愈深。应利用山谷等有利地形布置施工支洞,不能单纯考虑缩短主洞的长度,而要统一考虑主洞及支洞的布置。

(3)施工条件。对于长引水隧洞,施工条件可能成为主要因素。为了加快施工进度,通常每隔一段距离开凿一条施工支洞(平洞、竖井或斜井),支洞外还要有相应的道路及附属企业。另外,应注意避免施工掘进时,因爆破而影响附近建筑物的地基。有压隧洞的坡度常由施工要求确定:有轨运输时坡度以小于1%为宜,一般为0.1%~0.5%,以便施工排水和放空隧洞。

(4)水流条件。要使水流平顺,水头损失小。要尽可能采用直线,当必须弯曲时,其弯曲半径一般大于5倍的洞径。

(5)枢纽总体布置。选择洞线时,应与大坝、进水口、调压室和厂房等统一考虑。有时还应考虑发电洞、导流洞、泄洪洞、灌溉洞互为利用的因素。

三、压力前池

在引水渠道末端,将渠底加深,将渠道平面尺寸扩大,形成一水池,以便平稳水流和布置压力管道的进水口,此水池称为压力前池。它是引水渠道和压力水管之间的连接建筑物。

(一)压力前池的作用

压力前池的作用如下:

(1)分配水量。将引水渠道中的流量均匀地分配给各压力水管,并设置闸门控制进入压力水管的流量。

(2)保证水质。再次拦截和清除水中的污物、泥沙、浮冰等,防止其进入压力水管。

(3)限制水位升高,保证下游用水,宣泄多余水量。当下游有其他用水要求时,在电站停止运行的情况下,可通过泄水建筑物向下游供水。

(4)稳定水头,提高机组运行稳定性。压力前池有一定容积,当机组负荷变化引起需水量变化时,起一定的调节流量和反射水锤波的作用。

所以,在无压引水式水电站的引水道末端,必须设置压力前池。

(二)压力前池组成

图6-25所示是北京模式口水电站压力前池布置图。从图中可看到压力前池主要由下列主要建筑物组成。

1.前室和进水室

进水室为压力水管进水口前扩大和加深部分,一般比渠道宽和深,需要用渐变扩散段(前室)连接渠道与池身,以保证水流平顺、水头损失小、无旋涡发生。

2.压力墙

压力墙是布置压力水管进水口的闸墙。

3.泄水建筑物

常采用侧堰,优点是简单可靠,缺点是前沿较长,水位变化大。堰顶可加设闸门控制,但必须保证稳妥可靠。也可采用虹吸式泄水道,其优点是泄流量大,缺点是泄流量变化突然,可能引起水位的振荡,且不能宣泄漂浮物,严寒地区容易封冻。

4.排污、排沙、排冰建筑物

污物及泥沙可能自渠首或渠道沿线进入,必须在前池处加以排除,以防进入压力水管。在严寒地区还要设拦冰和排冰设施,以防止冰凌的危害。

上述各建筑物,除进水室和压力墙必不可少外,其他建筑物则根据电站具体要求而定。厥山水电站设置了前室和进水室、泄水建筑物、排污排沙建筑物。

(三)压力前池的位置选择与布置形式

1.位置选择

压力前池的位置选择,应根据地形地质条件和运用要求,并结合渠道路线、压力水管、

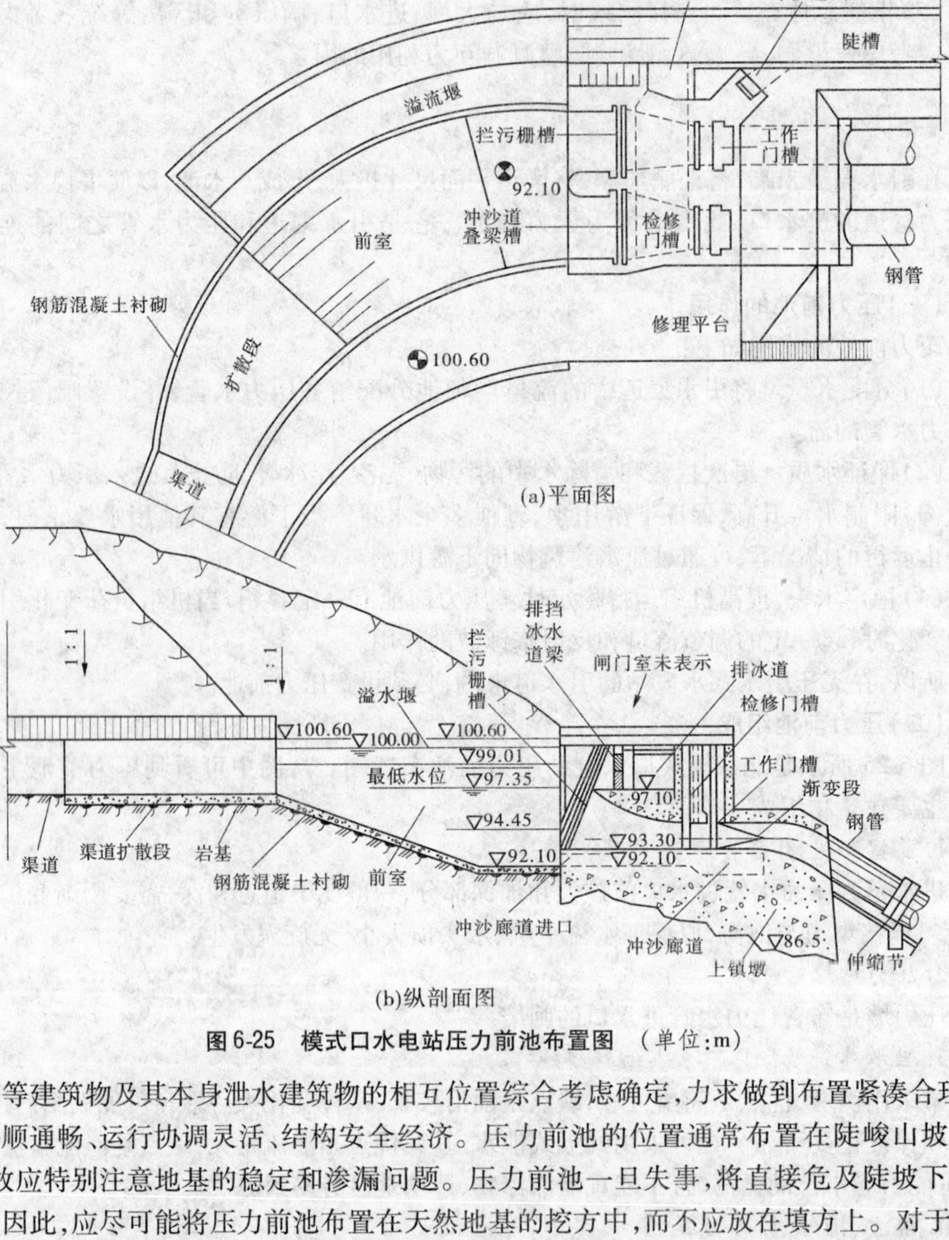

(a)平面图

(b)纵剖面图

图 6-25　模式口水电站压力前池布置图　（单位:m）

厂房等建筑物及其本身泄水建筑物的相互位置综合考虑确定,力求做到布置紧凑合理、水流平顺通畅、运行协调灵活、结构安全经济。压力前池的位置通常布置在陡峻山坡的顶部,故应特别注意地基的稳定和渗漏问题。压力前池一旦失事,将直接危及陡坡下的厂房。因此,应尽可能将压力前池布置在天然地基的挖方中,而不应放在填方上。对于岩基也应注意岩层的倾角和其中是否存在可能导致滑坡的夹泥层。在保证稳定的前提下,压力前池应尽可能靠近厂房,以缩短压力水管的长度。

2. 压力前池的布置

图 6-26 表示压力前池的几种布置形式,图 6-27 表示每种布置形式中引水渠道与压力前池的连接方式。图 6-27(a)的特点是渠道、压力前池、压力水管的轴线相一致,这样水流平顺,水量分配均匀,水头损失小。但这种布置方式容易受地形地质条件的限制,可能有较大的挖方,并且泄水道通常采用侧堰形式,因此只能在地形条件许可或在渠道跌水式

电站中采用。图6-27(c)的特点是渠道轴线垂直于压力水管轴线,这时压力前池中水流偏向一侧,易于引起涡流,加大了水头损失,且转角处还可能形成死水区而使泥沙淤积。但可以适应地形条件,使渠线与等高线平行,而压力水管轴线与等高线垂直,减小开挖量。此时泄水道可做成正堰,对排水、排冰、排污均有利,且泄水道远离厂房,不影响厂房安全。有时可使渠线与压力水管轴线斜交,如图6-27(b)所示。这种布置在工程实践中采用较多,因为它比较能适应地形、地质条件,而水流、开挖量、排污、排冰等条件都介于前述两者之间。

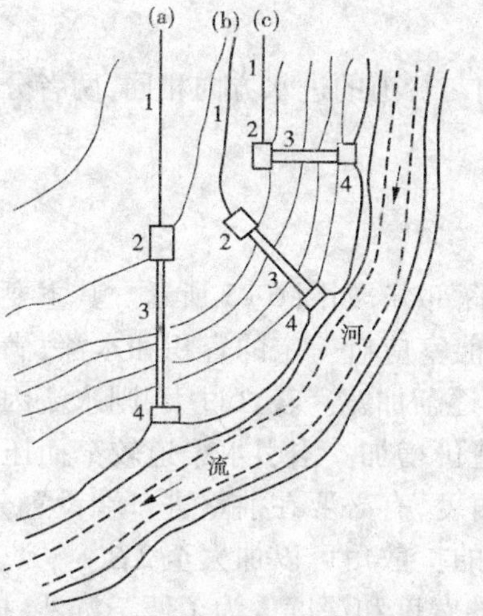

1—渠道;2—压力前池;3—压力水管;4—厂房

图6-26　压力前池的布置形式

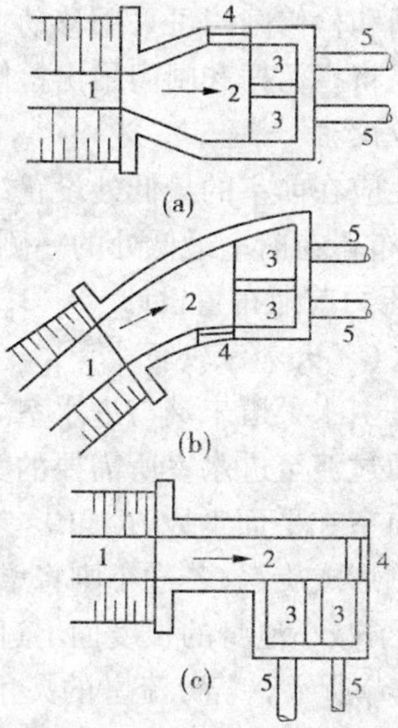

1—引水渠;2—前室;3—进水室;4—溢流堰;5—压力水管

图6-27　压力前池的平面布置方式

(四)压力前池的主要设备

压力前池的主要设备有拦污栅、检修闸门、工作闸门、通气孔、旁通管、启闭设备和清污机等。

1. 拦污栅

压力前池的拦污栅的构造、作用等与潜没式进水口的拦污栅相同。拦污栅设置在进水室入口处的栅槽中,下端支承于进水室底板,上端支承于防护梁上,防护梁与工作桥相连。拦污栅一般与水平面成70°~80°倾斜放置。可采用人工清污或机械清污,有时为吊出栅片清污或检修,又不影响电站的正常运行,可采用双层拦污栅。

2. 检修闸门和工作闸门

检修闸门位于工作闸门之前,但可能位于拦污栅之前或之后,供检修拦污栅、工作闸门和进水室时堵水之用,一般为叠梁式或平板式闸门。

工作闸门的作用是当压力水管、水轮机阀门或机组发生事故或检修时,用来关闭压力水管进口。另外,当电站长时间停机时,为了防止水轮机阀门漏水(有时水轮机不设阀门),也常需关闭工作闸门。工作闸门一般采用平面定轮闸门,对于较重要的电站,常做成快速闸门,用电动螺杆或电动卷扬式启闭机操作。

3. 通气孔和旁通管

通气孔应布置在紧靠工作闸门的下游面，其作用和截面面积的确定与潜没式进水口相同。其主要作用是在关闭闸门时向引水道补气，以填补流走水量形成的空间，从而防止引水道产生有害真空。其面积不宜小于引水道断面面积的5%。

旁通管布置在进水室的边墙和隔墩内，一般用闸阀控制，旁通管可为铸铁管、钢管或钢筋混凝土管。

4. 启闭机

拦污栅和检修闸门可采用移动式启闭机，工作闸门则应每个进水室采用一台固定启闭机。为了将拦污栅和闸门吊出检修，需设置启闭机架和工作桥。

5. 排沙设施

排沙孔应在前室的最低处设置，其进水口方向与管道的进水方向相同，两者分上下层排列，也可布置在前室最低处的一侧。

（五）压力前池布置设计

1. 前室（扩大加深段）

前室是引水渠道末端与进水室之间的扩大加深部分，如图6-25所示。其主要作用是将渠道断面过渡至进水室所需要的宽度和深度。前室应有一定的容积和水深，满足沉沙的要求。前室在平面上以 $\beta = 10° \sim 15°$ 的扩散角逐渐加宽。若 β 过大，则水流因扩散过快而在两侧形成旋涡；若过小则将增大长度而使造价增加。当引水渠道较窄而压力前池较宽时，为了减小池身的长度而不过分加大扩散角度，有必要在前室进口端设置分流墩，如图6-28(a)所示。若分流墩的夹角为 γ，则前室的扩散角可以加大至 $2\beta + \gamma$。在立面上前室以1∶3～1∶5的坡度向下延伸，直至所需要的宽度和深度。为了便于沉沙、排沙，防止有害泥沙进入进水室，前室末端底板高程应低于进水室底板高程0.5 m以上，当水中含沙量较大时，宜适当加大此高差。

当渠线与管线不一致时，为防止水流出现死水区，在前室中产生涡流，造成过大的水头损失和局部淤积，应采用平缓的连接曲线和加设导流墙，如图6-28(b)所示。但设置导流墙会增大水流摩阻，所以要通过分析研究来决定。

压力前池宽度 B 为进水室宽度 $B_{进}$ 的1.0～1.5倍，其长度 $L = (2.5 \sim 3.0)\ B$。

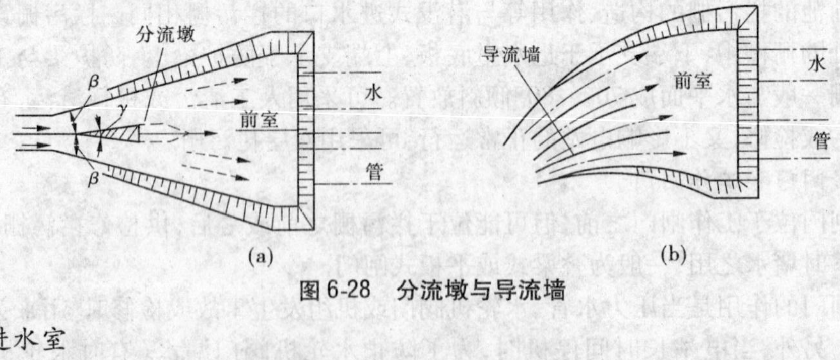

图6-28　分流墩与导流墙

2. 进水室

进水室是压力前池的最主要组成部分，上游与前室相接，下游为埋设压力水管进口的压力墙。当布置有两根以上的压力水管时，应以隔墩分成若干独立的进水室，每一进水室都设有拦污栅、检修闸门、工作闸门、通气孔、旁通管、工作桥和启闭设备等,如图 6-29 所示。这样,当一根压力水管或由此压力水管供水的机组发生事故或需要检修时,不致影响其他机组的正常运行。

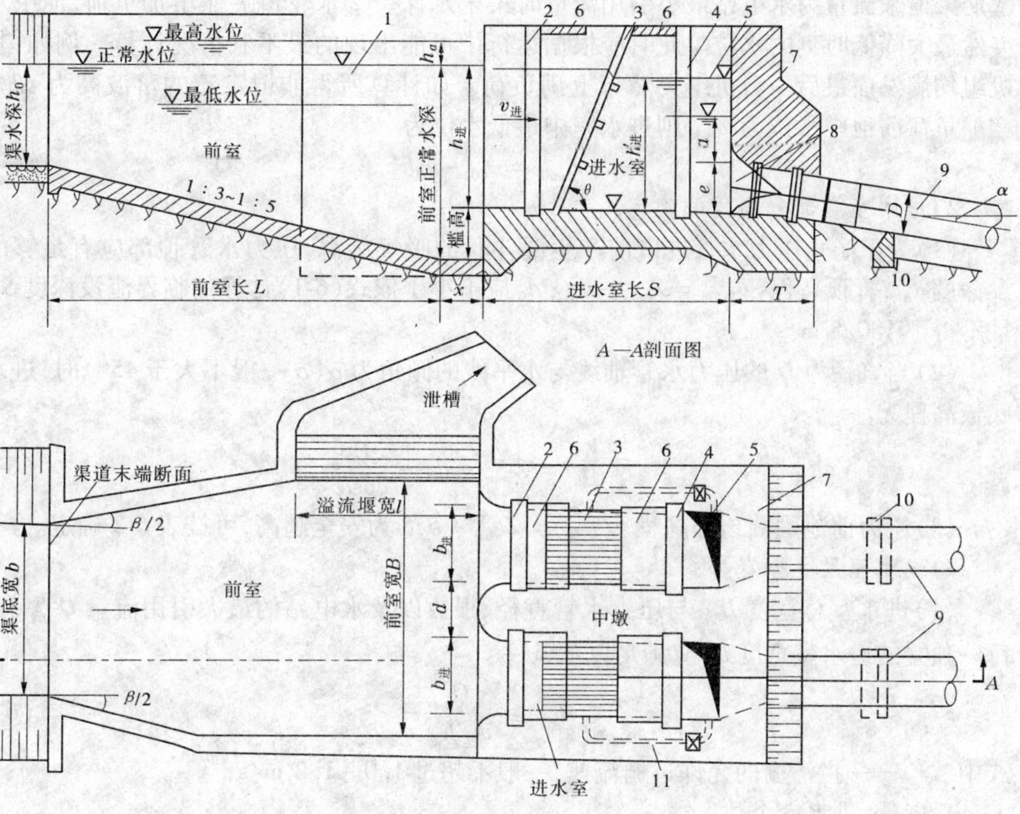

压力前池平面图

1—溢流堰;2—检修闸门;3—拦污栅;4—工作闸门;5—通气孔;6—工作桥;
7—压力墙;8—压力水管进口;9—压力水管;10—支墩;11—旁通管

图 6-29 压力前池的构造与尺寸

1)进水室中特征水位的确定

为了进行进水室的高程布置,需要确定进水室中几个特征水位:

(1)进水室正常水位 $Z_{进}$。此水位近似取引水渠道通过水电站最大引用流量 Q_{max} 时的渠末正常水位 Z_c 减去各种水头损失,即

$$Z_{进} = Z_c - (\Delta h_{进} + \Delta h_{门槽} + \Delta h_{栅} + \cdots) \qquad (6\text{-}20)$$

Z_c 在渠道纵坡、断面及渠末断面位置已定的情况下,可通过明渠均匀流公式求得;$\Delta h_{进}$、$\Delta h_{门槽}$、$\Delta h_{栅}$ 分别表示进口、闸门槽和拦污栅的水头损失。

(2)进水室最高水位 Z_{max}。对于自动调节渠道,可认为与渠首最高水位相同,或按水电站突然丢弃全负荷时产生的最大涌波高程计算;对于非自动调节渠道,等于溢流堰顶高程加上最大溢流水深。

溢流堰下泄最大流量常取水电站最大引用流量。

$$Z_{max} = \nabla_{堰顶} + h_{溢} \tag{6-21}$$

式中 $h_{溢}$——堰上最大溢流水深，m。

(3)进水室最低水位 Z_{min}。进水室中最低水位取以下两种情况中的较低水位：①枯水期渠道来流量为水电站最小引用流量时渠末水深。②水轮机突然增加负荷，池中水位突然最大降低时刻的水位。此时应根据运行中可能出现的最不利情况计算。例如：其他机组均满发而最后一台机组突然带上满负荷。如计算所得非恒定流的落波高为 $\Delta h_2'$，而增加负荷前池中水位为 Z_0，则进水室中最低水位为

$$Z_{min} = Z_0 - \Delta h_2' \tag{6-22}$$

2)进水室各部分高程的确定

(1)为了防止压力水管进口前产生漏斗状的吸气旋涡，压力水管顶部应有足够的淹没深度 d_0，管顶高程 $\nabla_{管顶} = Z_{min} - d_0$；$d_0$ 应不小于依式(6-1)计算的临界淹没深度 $S_{临界}$，且不得小于 0.5 m。

(2)当直径为 D 的压力水管轴线与水平线的倾角为 α(α 一般不大于 45°)时，进水室底板高程为

$$\nabla_{进底} = Z_{min} - d_0 - \frac{D}{\cos\alpha} \tag{6-23}$$

(3)压力前池围墙顶部高程 $\nabla_{墙顶} = Z_{max} + \delta$，$\delta$ 为安全超高，可按表 6-2 确定。

3)进水室尺寸拟定

(1)进水室总宽度 $B_{进}$ 与压力水管直径、根数以及水电站的最大引用流量 Q_{max} 有关。每一独立的进水室宽度 $b_{进}$ 应满足以下条件

$$b_{进} \geqslant \frac{Q_{max}}{v_{进}\ h_{进}\ n} \tag{6-24}$$

式中 $v_{进}$——拦污栅的允许过栅流速，一般不超过 1.0 ~ 1.2 m/s；

n——进水室个数；

$h_{进}$——进水室入口的水深，$h_{进} = Z_{进} - \nabla_{进底}$。

通常采用 $b_{进} = (1.5 \sim 1.8)D$。若压力水管根数为 n，隔墩厚度为 d，则进水室总宽度为

$$B_{进} = nb_{进} + (n-1)d \tag{6-25}$$

对于浆砌石隔墩，d = 0.8 ~ 1.0 m；对于混凝土隔墩，d = 0.5 ~ 0.6 m。

(2)进水室的长度主要取决于拦污栅、检修闸门、工作闸门、通气孔、工作桥和启闭设备等的布置需要。对于小型电站，进水室的长度一般取 3 ~ 5 m。

3. 压力墙

压力墙是进水室末端的挡水墙，也是压力水管进口的闸墙，一般用混凝土或浆砌石筑成。常见的构造型式有两种：一种在压力墙中布置有闸门和通气孔，闸门高度较小；另一种在压力墙与工作闸门之间有一段距离，为一开敞水井，可作为通气孔，此种型式闸门较高。

4. 泄水道

泄水道通常设于渠末或前池的边墙上，其型式有溢流堰和虹吸管等，图 6-29 所示为

堰顶不设闸门的溢流堰。溢流堰顶高程应略高于前室中的正常水位(一般约5 cm),以防止电站正常运行时发生溢流现象。溢流堰的布置可为正堰或侧堰,下游布置有泄水陡槽和消能设施,溢流堰的断面形状一般为流线型的实用堰。当前室的最高水位确定后,则所需溢流堰的长度 L 为

$$L = \frac{Q_{\max}}{Mh_a^{3/2}} \tag{6-26}$$

式中 h_a ——堰顶允许最大溢流深度;

M ——溢流堰流量系数。

也可以先确定 L 再求出 h_a,从而确定前室的最高水位。

5. 冲沙道和排冰道

由于渠道中水流挟带的泥沙沉积于前室中,应在前室的最低处设置冲沙廊道。其进口方向可与管道的进口方向相同,两者分上下层排列,如图6-25所示,也可布置在前室最低处的一侧。

排冰道用来排除进入压力前池的冰凌,其底槛应位于前室正常水位以下,用叠梁闸门进行控制,如图6-25所示。

(六)压力前池结构设计的原则

压力前池中的压力墙承受自重、顶部设备重和上游水压力等荷载,应在上游为进水室最高水位条件下,按挡水坝进行强度和稳定计算。

压力前池的边墙承受自重、设备重、水压力和土压力等荷载,应按挡土墙设计;溢流堰段则按溢流重力坝设计。

工作桥和启闭机架,一般为钢筋混凝土板梁结构和框架结构,承受自重、设备重和活荷载,另外启闭机架还承受启闭力和风荷载等,应分别按板梁和框架设计。

进水室底板的构造和受力情况与水闸底板相似。当采用钢筋混凝土结构时,一般按弹性地基上的板进行设计;当采用素混凝土或浆砌石结构时,一般可不作计算,此时板的厚度为0.5~1.0 m。

必须对压力前池的整体稳定进行核算。作用于压力前池的荷载有自重、设备重、土压力、水压力及渗透压力等。在土基上,应验算压力前池整体可能沿地基表面或连同部分土体沿某一危险滑弧面滑动时的稳定条件;在岩基或半岩基上,应验算压力前池沿地基表面或连同部分岩体沿某一节理面滑动时的稳定条件。如果不能满足抗滑稳定要求,应采取必要的工程措施。

(七)日调节池

对于无压引水式电站,如果在引水渠道沿线有比较合适的地形,应尽可能地修建日调节池,如图6-30所示。日调节池的修建,使电站具有日调节能力,改善了运行条件,电站可以担任峰荷。

日调节池与压力前池之间的渠道,设计流量应采用水电站引用的最大流量,而渠首至日调节池间的渠道则可按较小流量设计,当日调节池足够大时,可取水电站的最大日平均引用流量。这样当日调节池上游的引水渠道较长时,修建日调节池不但可改善水电站的运行条件,而且可能降低水电站的造价。

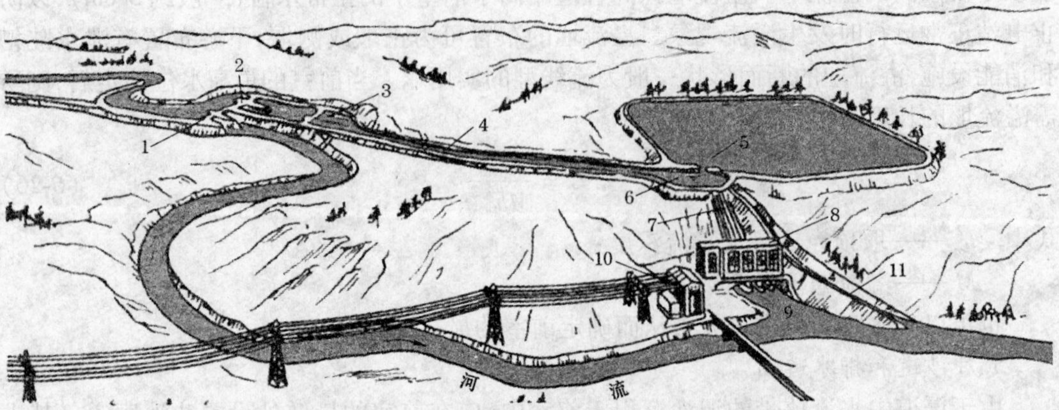

1—拦河闸；2—进水闸；3—沉沙池；4—引水渠道；5—压力前池；
6—日调节池；7—压力水管；8—电站厂房；9—尾水渠；10—变电站；11—溢流堰泄槽

图 6-30　带有日调节池的水电站

当水电站的引用流量大于平均流量时，日调节池水位下降；当水电站的引用流量小于平均流量时，日调节池水位上升。修建日调节池后，当水电站负荷变化时，压力前池中水位变化幅度较小。日调节池愈靠近压力前池，其作用愈显著。

第七章　水电站的压力水管

第一节　压力水管综述

一、压力水管的功用与要求

压力水管是指从水库或水电站平水建筑物（压力前池或调压室）向水轮机输送水量的管道。它是水电站的重要组成部分，其特点是坡度陡，内水压力大，靠近厂房，且承受水击的动水压力，故又称为高压管道或高压水管。

压力水管的功用是输送水能。由于内水压力大，运行中可能爆裂，承受外压时则可能失稳。管道失事将危及厂房，因此压力水管的布置应适应所处地形地质条件，尽量缩短长度，降低水击压力，减小水头损失，与水库、前池、调压室及厂房应妥善连接，提高水电站运行的经济性。

二、压力水管的结构型式与适用条件

按结构、材料、管道布置及周围介质的不同，压力水管的结构型式也不同。

（一）坝体压力管道

堤坝式水电站厂房紧靠坝体布置，压力管道穿过坝身成为坝体压力管道。根据布置形式不同，有以下两种结构型式。

1. 坝内埋管

埋设在坝体混凝土中的压力管道称为坝内埋管，常采用钢管，布置形式有以下几种：

（1）斜式，如图 7-1 所示。这种布置形式进水口高程较高，上部管道内水压力小；管道轴线可平行于大坝主应力线，孔口应力低，钢管周围钢筋用量少；进口闸门及启闭设备的造价较低，运行管理方便。缺点是转弯多，用钢量较大。常用于坝后式水电站。

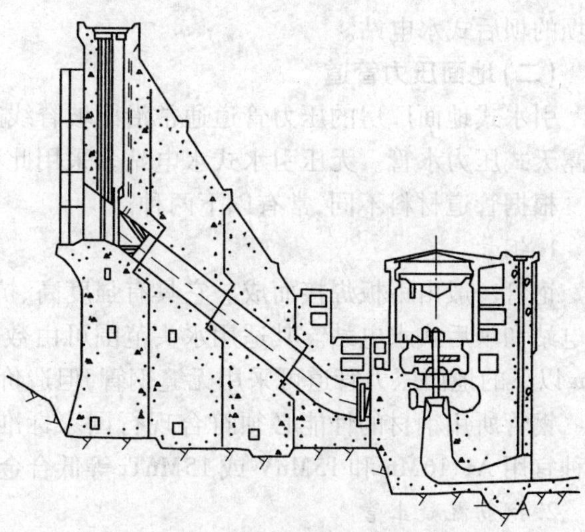

图 7-1　斜式布置的坝内埋管

（2）平式，如图 7-2 所示。这种布置形式进水口高程较低，进口闸门承受的水头较高，闸门结构复杂，压力管道内水压力较大；但管线短，转弯少，水头损失和

水击压力均较小。常用于混凝土薄拱坝、支墩坝及较低的重力坝的坝后式水电站。

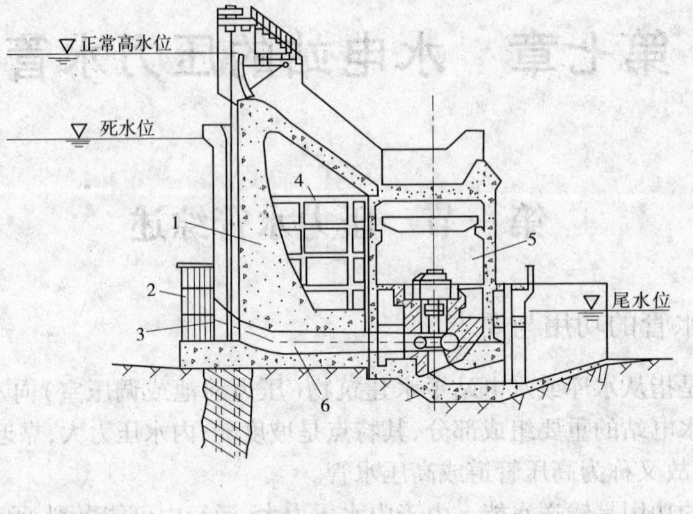

1—溢流拱坝;2—拦污栅;3—进水口;4—副厂房;5—主厂房;6—压力管道

图 7-2　平式布置的坝内埋管

(3)竖井式,如图 7-3 所示。当进水口与厂房水平距离近而垂直高差大时,宜采用此布置形式。此时,管道长度短,但弯管段弯曲半径小,水头损失大,管道孔洞对坝体应力影响较大。常用于坝内式和地下式厂房的水电站。

2. 坝后背管

坝内埋管的安装对大坝施工干扰较大,且影响坝体强度。为此,可使钢管穿过上部坝体后布置在下游坝坡上,成为坝后背管,如图 7-4 所示。这样布置的管道较布置在坝内时稍长,且管壁要承受全部内水压力,壁厚较大,用钢量多。常用于宽缝重力坝、支墩坝及薄拱坝的坝后式水电站。

(二)地面压力管道

引水式地面厂房的压力管道通常沿山坡脊线露天敷设成地面压力管道,称为明管,又称露天式压力水管。无压引水式水电站多采用此种结构型式,如图 7-5 所示。

根据管道材料不同,常有以下两种。

1. 钢管

钢管一般由钢板焊接而成。它具有强度高、抗渗性能好等优点,广泛应用于中高水头水电站和坝后式水电站。其适用水头范围可由数十米至几千米。高水头小流量、直径在 1 m 以下的地面压力管道可采用无缝钢管,但造价较高。

钢管所用钢材的性能必须符合现行国家标准,钢管的主要受力构件应使用镇静钢。钢种宜用 A_3、16Mn 和 15MnV 或 15MnTi 等低合金钢,但目前最常用的是 A_3、16Mn 钢种。

2. 钢筋混凝土管

钢筋混凝土管造价低,经久耐用,可就地制造,能承受较大外压,但管壁承受拉应力的能力较差。钢筋混凝土管可分为普通钢筋混凝土管、预应力和自应力钢筋混凝土管、钢丝网水泥管和预应力钢丝网水泥管等。普通钢筋混凝土管一般适用于静水头 H 和管直径 D

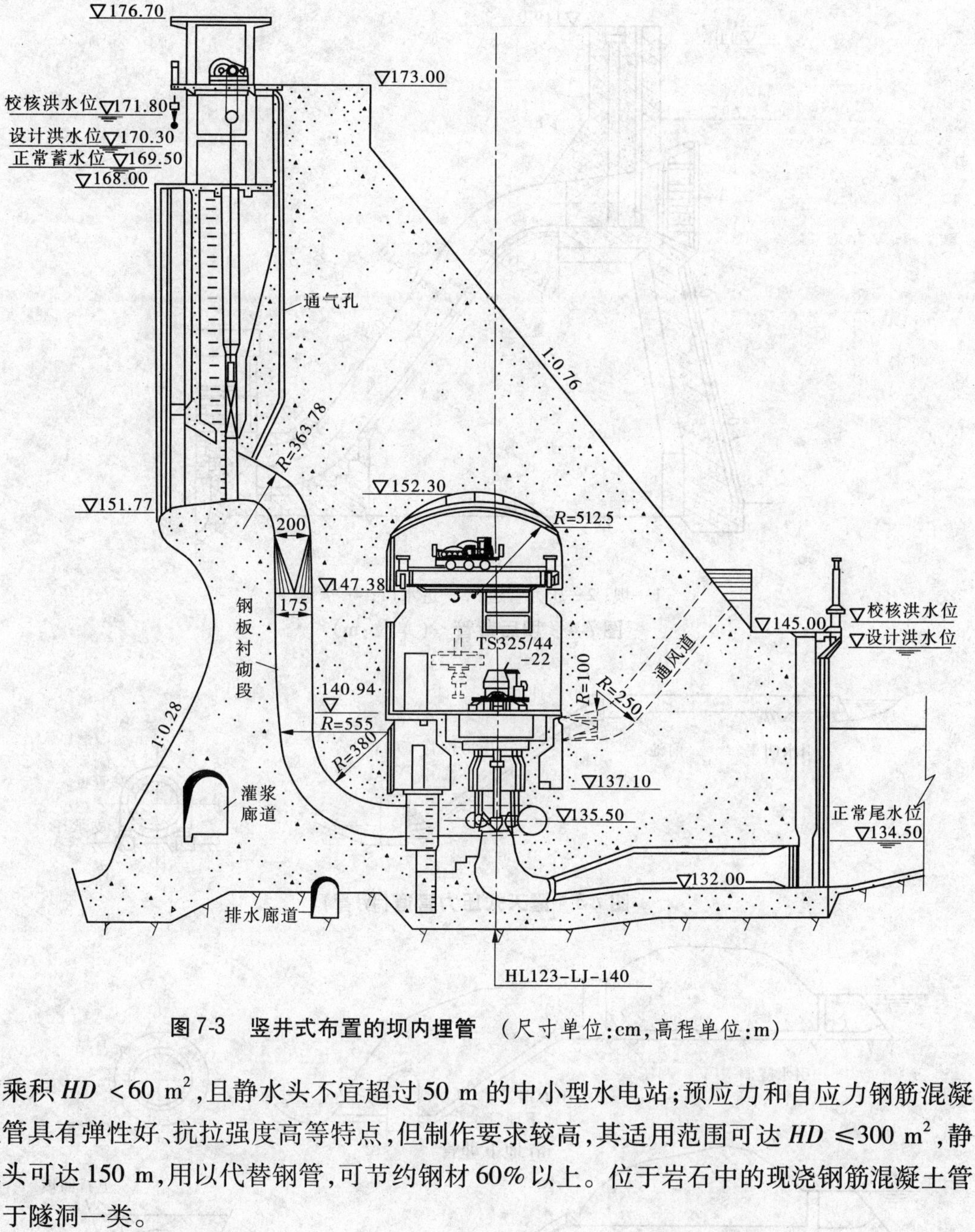

图 7-3　竖井式布置的坝内埋管　（尺寸单位：cm，高程单位：m）

的乘积 $HD<60\ \mathrm{m}^2$，且静水头不宜超过 50 m 的中小型水电站；预应力和自应力钢筋混凝土管具有弹性好、抗拉强度高等特点，但制作要求较高，其适用范围可达 $HD\leqslant300\ \mathrm{m}^2$，静水头可达 150 m，用以代替钢管，可节约钢材 60% 以上。位于岩石中的现浇钢筋混凝土管归于隧洞一类。

（三）地下压力管道

当地形地质条件不宜布置成明管或电站布置在地下时，往往将压力管道布置在地面以下成为地下压力管道。地下压力管道有地下埋管和回填管两种，埋入地层岩体中的压力水管称为地下埋管，如图 7-6（a）所示。回填管是在地面开挖沟槽，将压力水管敷设在沟槽内后，再以土石回填，如图 7-6（b）所示。

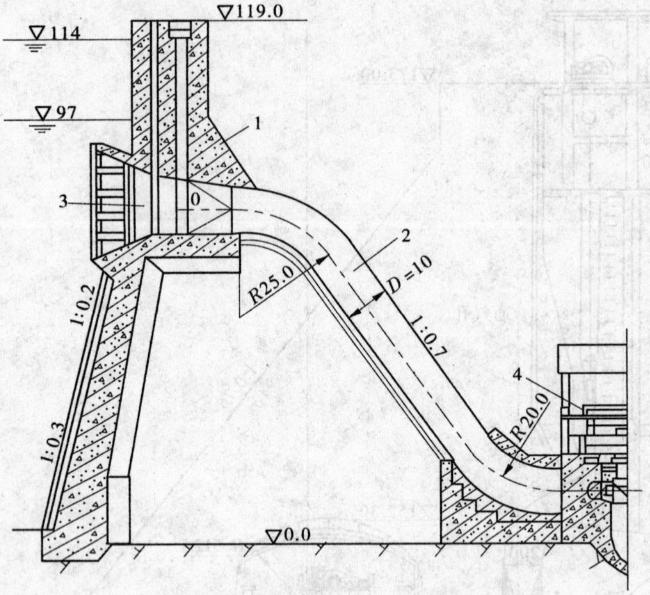

1—坝；2—压力管道；3—进水口；4—厂房

图7-4　坝后背管　（单位：m）

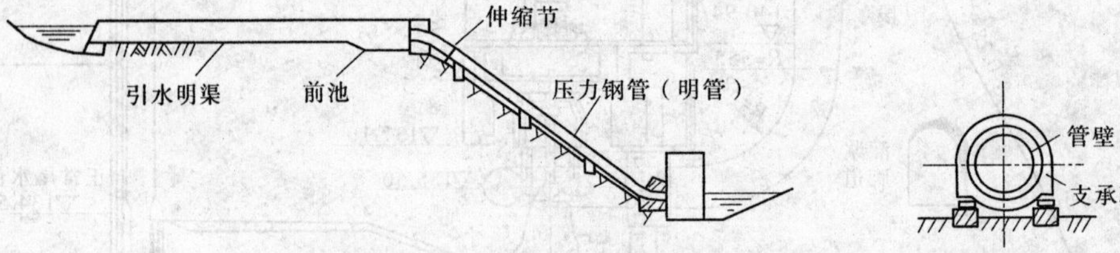

图7-5　露天式压力管道（明管）

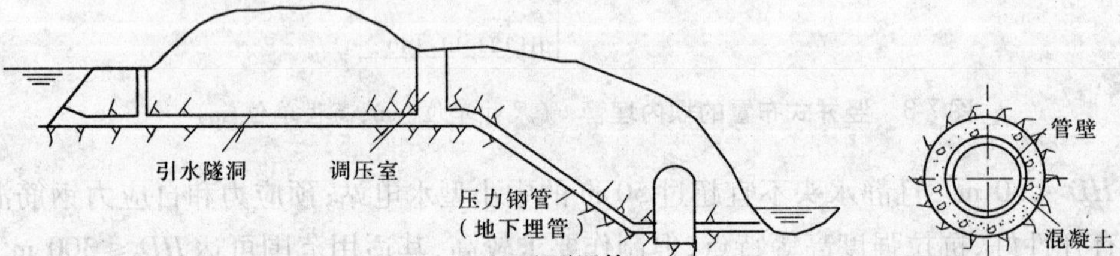

(a) 地下埋管

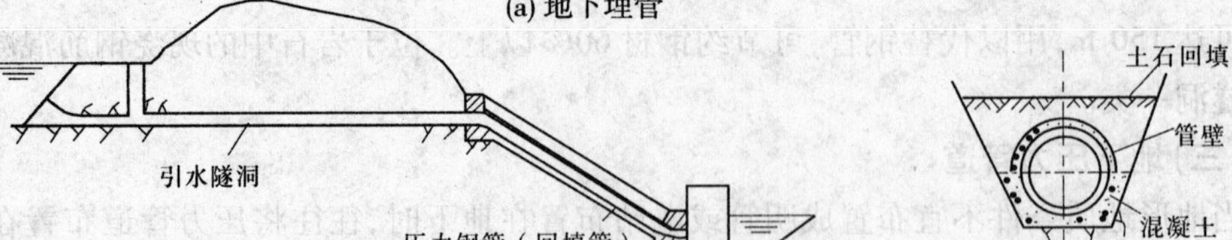

(b) 回填管

图7-6　地下压力管道

三、压力水管的路线和布置形式选择

(一)压力水管路线的选择

压力水管路线的选择合理与否,直接影响水电站枢纽总体布置、工程造价、施工难易、运行的安全可靠和经济性。所以,在进行管线选择时,应根据水电站总体布置的统一安排,考虑地形地质条件,经技术经济比较后确定。压力水管路线选择的一般原则如下:

(1)管线尽量短而直。这样不仅可节省工程量和钢材,减少投资,而且也减少了水头损失和水击压力,有利于电站的稳定运行。

(2)管路沿线地质条件好。沿线应无活动性地质构造,岩石力求坚硬完整,明管的镇支墩必须布置在坚实的基础上,避开可能产生滑坡或崩坍的地段,以防止因沉陷、滑动而造成管道破裂。地下埋管宜穿越岩质良好的岩层,避开山岩压力大、地下水位高和涌水量大的地段。

(3)明管路线应尽量避开山坡起伏大和其他危及管道安全的地段。应布置在山脊上,不应布置在山水集中的谷地,以免基础遭冲刷侵蚀而破坏。

(4)避免管道内产生局部真空。管顶应位于最低压力线以下至少2 m;地下埋管应有足够的埋深,一般不宜小于0.4倍水头及3倍洞径。坝体压力管道路线应考虑孔洞对坝体稳定和应力的影响,平面上应位于坝段中央,直径不宜大于坝段宽度的1/3。同时,应减少与大坝施工的干扰。

(5)管线倾角合适。明管路线倾角应满足施工及安装要求;地下埋管倾角过大对施工不便,过小则出渣困难;此外应考虑施工支洞的布置方便。

(二)压力水管的布置形式

压力水管向水轮机供水的方式可分为以下三种。

1. 单独供水

一根压力水管只向一台机组供水,即单管单机供水,如图7-7(a)、(d)所示。这种供水方式结构简单,水流顺畅,水头损失小,运行灵活可靠,其中一根水管或一台机组发生故障需要检修时不影响其他机组运行,但当管道较长时,工程量大,造价较高。适用于水头不高、流量较大、管长较短的情况。

2. 联合供水

由一根总管在末端分岔后向电站所有机组供水,如图7-7(c)、(f)所示。这种供水方式的显著优点是可以节省管材,降低造价,多在高水头小流量的水电站中采用。其缺点是运行的灵活性和可靠性较单独供水方式差,当总管发生故障或检修时,将使电站全部机组停止运行,由于增加了分岔管、弯管等构件,结构上较复杂,且水头损失也较大。

3. 分组供水

每根主管在末端分岔后向两台或两台以上机组供水,即多管多机供水,如图7-7(b)、(e)所示。这种供水方式的优缺点同联合供水方式相似,只是当一根主管发生故障或检修时,不致造成电站所有机组停止运行。一般适用于管道较长、机组台数较多、需限制管径过大的电站。

无论是采用联合供水还是分组供水,与每根水管相连的机组台数一般不宜超过4台。

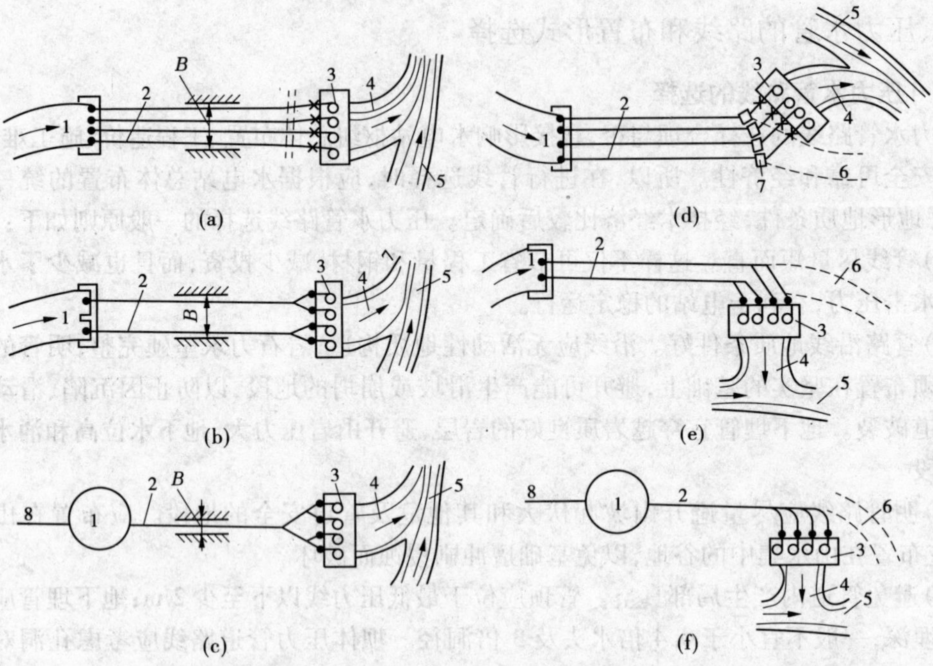

1—压力前池或调压室；2—压力水管；3—厂房；4—尾水渠；5—河流；6—排水渠；
7—镇墩；8—压力隧洞；●—必须设置的阀门；×—有时可不设的阀门；B—管沟开挖宽度

图 7-7　压力水管向机组供水的方式

压力水管的轴线与厂房的相对方向可以采用正向（如图 7-7（a）、（b）、（c）所示）、侧向（如图 7-7（e）、（f）所示）或斜向（如图 7-7（d）所示）的布置。正向布置的优点是管线较短，水头损失也较小；缺点是当水管失事破裂时，水流直泻而下，危及厂房安全。这种方式一般适用于水头较低、水管较短的水电站。侧向或斜向布置时，当水管破裂后，泄流可从排水渠排走，不致直冲厂房，但管材用量增加，水头损失也较大。

在确定上述布置方式时，除考虑各种布置的优缺点外，还应综合考虑厂区布置以及地形、地质条件等因素。

四、压力水管的水力计算与经济直径

（一）压力水管的水力计算

压力水管的水力计算包括恒定流计算和非恒定流计算两部分。非恒定流计算称为水击计算。对设有调压室的引水道，尚需进行水位波动计算，确定引水系统的最高压力线和最低压力线，作为压力水管荷载计算和高程布置的依据。有关非恒定流计算的内容和要求详见本书第八章。

恒定流计算主要是确定压力水管的水头损失，以供确定水轮机的工作水头、选择装机容量、计算电能和确定管径之用。水头损失包括沿程摩阻损失和局部水头损失两种。

1. 沿程摩阻损失

水电站压力水管中的流态一般为紊流，沿程摩阻损失常用曼宁公式计算

$$i = \frac{n^2}{R^{4/3}}v^2 \tag{7-1}$$

式中　i——单位管长的摩阻损失；

n——压力水管糙率，可由水工手册中选用；

R——压力水管的水力半径；

v——压力水管中的流速。

2. 局部水头损失

压力水管的局部水头损失发生在进口、门槽、拦污栅、弯段、渐变段、分岔处，可根据水力学或工程手册中有关公式计算。

（二）压力水管的经济直径

压力水管直径选择是压力水管设计的重要内容之一。为建造压力水管，需要一定的基建投资 $K_{管}$，包括管材料、制造安装、场地平整、建筑镇墩和支墩等费用。压力管道建成后，每年还需支付运行费用 $C_{管}$。发电引用流量通过压力水管将产生水头损失 Δh，从而导致电能损失 ΔE，损失的这部分电能将由系统中替代电站（一般为火电站）发出，进而使替代电站的基建投资 $K_{替}$ 和年运行费 $C_{替}$ 增大。

输送一定的发电流量 Q，可采用不同的压力水管直径 D，D 选择的大，则费用 $K_{管}$ 和 $C_{管}$ 高，但管中流速小，水头损失 Δh 小，相应电能损失 ΔE 也小，替代电站的 $K_{替}$ 和 $C_{替}$ 也低；D 选择的小，则上述情况相反。

相应于某一压力水管直径 D 的电力系统年费用（或总费用）为压力管道年费用（或总费用）与替代电站的年费用（或总费用）两部分之和。使系统年费用（或总费用）最小的压力水管直径称为压力水管的经济直径。为了确定压力水管的经济直径，可拟订若干不同的管径方案，分别计算各方案的系统年费用（或总费用），然后用系统年费用（或总费用）最小法进行比较确定。

影响经济直径的因素很多，除动能经济因素外，还有水轮机调节、泥沙磨损、材料设备及施工等因素，我国目前尚无规范认可的通用公式；国外的公式，由于各国情况不同，不宜套用。对不重要的工程或缺乏可靠的技术经济资料时，可采用经济流速的数据选择管径，即

$$D = \sqrt{\frac{4Q_p}{\pi v_e}} \tag{7-2}$$

式中　Q_p——压力水管的设计流量，m^3/s；

v_e——经济流速，明钢管和地下埋管为 4 ~ 6 m/s，钢筋混凝土管为 2 ~ 4 m/s，对坝内埋管，当设计水头为 30 ~ 70 m 时为 3 ~ 6 m/s，设计水头为 70 ~ 100 m 时为 5 ~ 7 m/s。

根据年费用最小法得到的动态经济管径公式为

$$D = 1.15 \times \sqrt[7.33]{\frac{S\eta[\sigma]Q^3}{\left[\frac{i(1+i)^n}{(1+i)^n - 1} + P\right]bC_1H}} \tag{7-3}$$

式中　S——单位替代电能费用，元/kWh；

η——机组总效率，0.7 ~ 0.85；

$[\sigma]$——容许应力，kPa，按管壁钢材容许应力降低 15% 使用；

Q——钢管设计流量，m^3/s，可取通过钢管的多年平均流量的 1.1 ~ 1.2 倍；

P——年运行费率；

b——每吨钢管造价，元/t；

C_1 ——钢管构造修正系数，取 1.2；

H——钢管设计水头（包括水击压力增值），m；

i ——社会折现率，根据国家有关规定选用，目前可取 0.12；

n ——钢管经济使用年限，暂采用 25 年。

对于式(7-3)，若取 $\eta = 0.8$，A_3 钢 $[\sigma] = 127.5 \times 10^3$ kPa，$C_1 = 1.2$，则压力钢管经济直径简化为

$$D = 5.41 \times \sqrt[7.33]{\frac{SQ^3}{\left[\frac{i(1+i)^n}{(1+i)^n - 1} + P\right] bH}} \qquad (7\text{-}4)$$

由式(7-4)可以看出，水电站压力水管的直径随水头的增高而逐渐缩小是经济合理的，但变径次数不宜过多，通常是在镇墩处分段变径并在该处缩小。

五、压力钢管管壁厚度估算

明钢管所承受的荷载主要是内水压力，故设计压力钢管时，一般先只考虑内水压力，初步确定所需的管壁厚度，后再对典型断面进行较详细的应力分析，校核管壁厚度是否满足强度和稳定的要求。

初定管壁厚度时，可近似地采用“锅炉”公式

$$\delta \geqslant \frac{\gamma HD}{2\varphi[\sigma]'}$$

式中 γ——水的容重，N/m^3；

H——包括动水压力在内的内水压力，m，初估时可取动水压力为(15% ~30%)$H_{静}$；

φ——焊缝系数，为 0.90 ~0.95，双面对接焊取 0.95，单面对接焊取 0.90；

D——钢管直径，m ；

$[\sigma]'$——降低的管壁材料容许应力，Pa，通常降低 15% ~25%。

考虑到钢板厚度在制造中不够精确以及钢管运行中的磨损和锈蚀，初步确定管壁厚度时，应在计算厚度的基础上再加 2 mm。

此外，对钢管来说，除满足结构强度要求外，还应考虑制造、运输、安装等要求，保证必要的刚度。考虑制造工艺、安装、运输等对管壁必需刚度的要求，管壁的最小厚度还应满足下列条件，且不小于规范中规定的最小值。

$$\delta \geqslant \frac{D}{800} + 4$$

式中，D 为钢管内径，以 mm 计。

第二节 明钢管的构造、附件及敷设方式

一、明钢管的构造

(一)接缝与接头

明钢管是指暴露在空气中的钢管，在小型水电站中应用较广。按管身构造分为无缝钢管、焊接钢管和箍管三种形式。无缝钢管是在工厂轧制成无纵缝的管节，运到安装地点后用横向焊缝或法兰连接成整体。由于受制造条件的限制，无缝钢管的直径一般小于 60

cm，适用于高水头小流量的水电站。焊接钢管是由辊卷成圆弧形的钢板用纵缝和横缝焊接而成的。焊接钢管一般是在工厂制成4～6 m长的管节，运到工地后再逐节拼装。各管节间可用焊接，也可用法兰接头连接。焊接管的纵缝可能是钢管强度的弱点，故相邻管节的纵缝应当错开，并且避免布置在横断面应力较大的水平轴线和竖直轴线上，与水平轴线和竖直轴线的夹角应大于15°，如图7-8所示。焊缝必须采用对接焊，焊接坡口应符合有关规程，焊接质量应按规定用超声波法或射线法进行探伤检查。当管径较大、管壁较薄时，可在管壁外缘焊接加劲环，以增加管壁刚度，如图7-9所示。

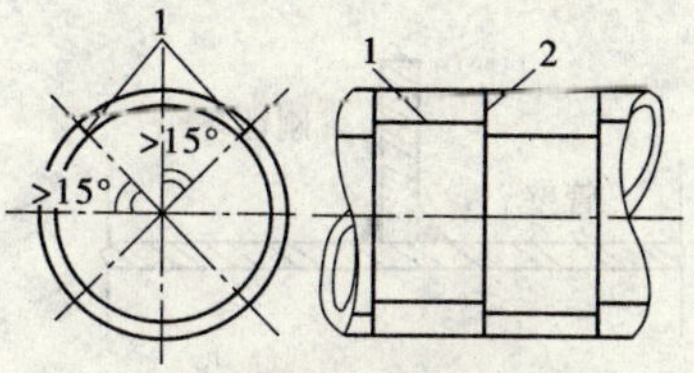

1—纵缝；2—横缝

图7-8　焊缝布置图

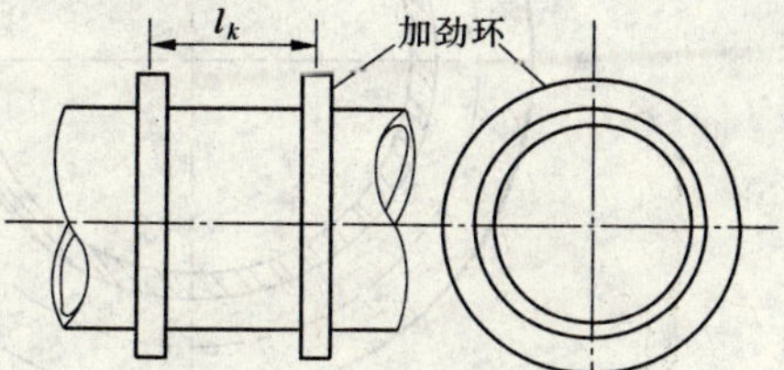

图7-9　具有加劲环的钢管

当压力水管的 $HD>1\,000\ m^2$ 时，因加工工艺和经济性等原因，可考虑采用箍管。箍管是在钢管管壁外套上无缝钢环而成，如图7-10所示。按加工工艺不同，有热套和冷套两种方法。由于箍管加工较复杂，故仅用于水头极高的水电站。

（二）弯管和渐缩管

钢管在水平面内或竖直面内改变方向时，需要装置弯管。弯管由钢板焊接而成，如图7-11所示。每一折线段两端径向线的夹角不宜超过10°，以5°～7°为宜，夹角越小，水流条件越好。弯管的曲率半径不宜小于3倍管径。

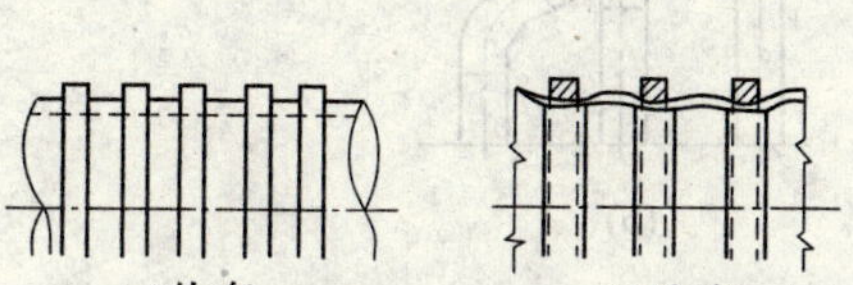
(a)热套　(b)冷套

图7-10　箍管

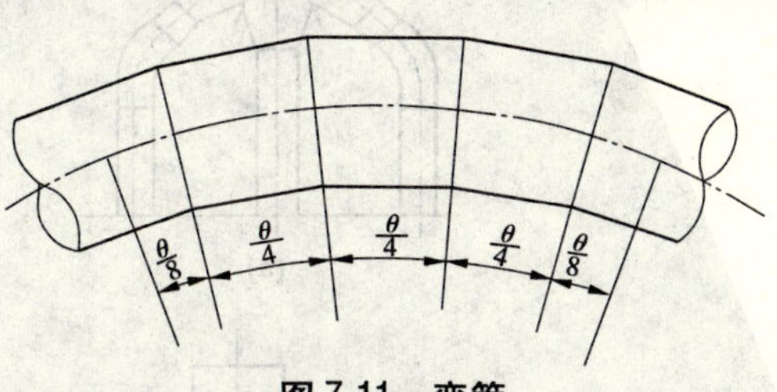

图7-11　弯管

不同直径钢管段连接时，需设置渐缩管。为减小水头损失，渐缩管的收缩角 θ 不宜过大，但 θ 过小时，渐缩管过长将增加材料用量，通常采用 $\theta=10°\sim16°$。渐缩管与相邻管段之间常以横向焊缝连接，如图7-12所示。当渐缩管与弯管位置相近时，宜合并成渐缩弯管。分段式钢管的弯管和渐缩管均埋于镇墩中。

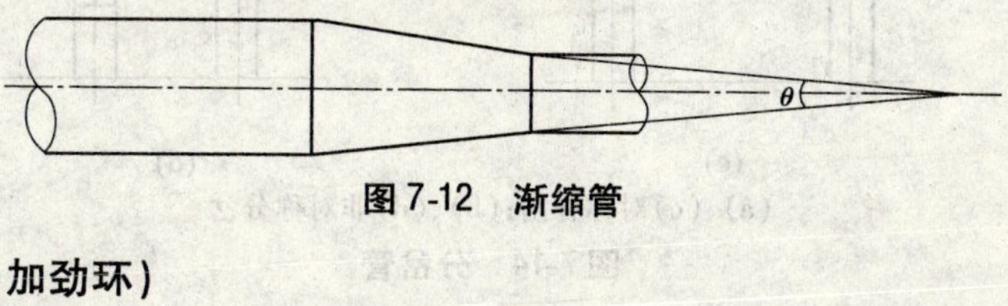

图7-12　渐缩管

（三）刚性环（加劲环）

当薄壁钢管不能抵抗外压和满足不了运输或安装的要求时，单纯增加管壁厚度来满足刚度要求往往是不经济的，可考虑加设刚性环，刚性环常用 T 形或槽形的型钢制作。其形式如图 7-13 所示。

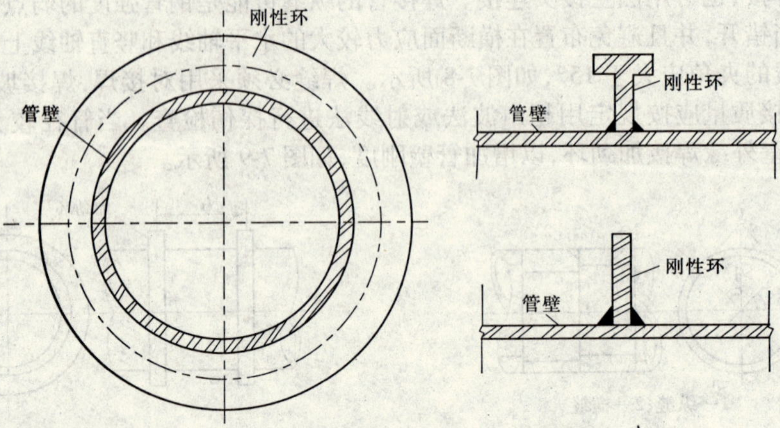

图 7-13　刚性环

（四）分岔管

当水电站采用联合供水或分组供水时，必须设置分岔管。常见的分岔管有对称分岔和非对称分岔两种基本形式，如图 7-14 所示。当钢管为正向进水时，多采用对称分岔；侧向和斜向进水时，多采用非对称分岔。有关岔管的其他问题将在本章第四节中介绍。

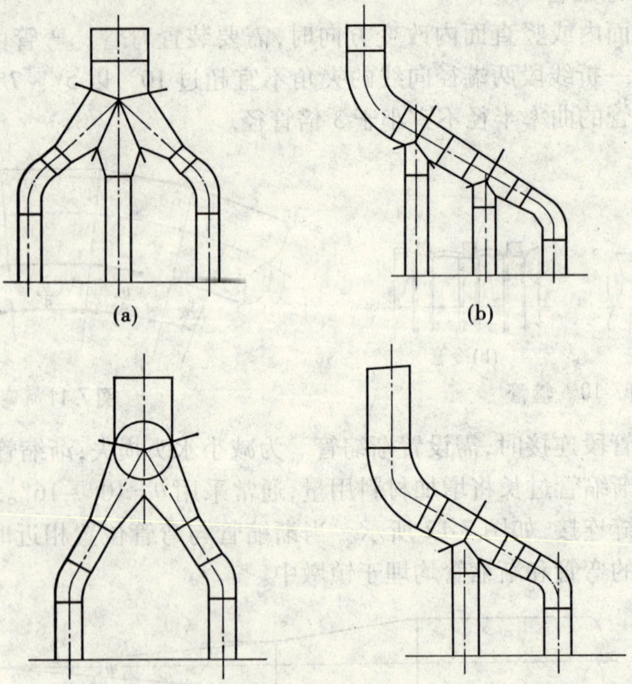

（a）、（c）对称分岔；（b）、（d）非对称分岔

图 7-14　分岔管

二、明钢管的阀门和附件

(一)阀门

压力水管的进、出口要设置控制阀门。设在压力水管进口的阀门通常采用闸门,只有在闸门布置困难时才采用阀门。进口阀门用于事故紧急关闭和检修放空管道。阀门关闭时间不能超过发电机的允许飞逸时间,一般为2 min。压力水管采用联合供水或分组供水时,为了保证在某台机组停机或检修时,不影响其他机组的正常运行,在水轮机前需设阀门控制,设置在水轮机前的阀门称主阀。此外,对于单独供水的电站,当水头高于120 m或水管较长时,经技术经济比较,也可设置主阀。水电站上常用的主阀形式如下:

(1)闸阀。闸阀是由框架和面板构成的闸板,装在阀壳内成整体结构,闸板支承于两侧的门槽中,用操作杆使其上下移动启闭,如图7-15(a)所示。启闭闸阀可用手动、电动或液压等方式。闸阀的装置和维修比较简单,止水严密,但启闭力大,启闭速度较缓慢,封水环易被磨损,也容易产生汽蚀现象,只适用于直径较小的压力钢管。

(2)蝴蝶阀。如图7-15(b)所示,简称蝶阀,由阀壳、支承在旋转轴上的阀盘及其他附件组成。阀门的操作可采用手动、电动和液压等方式。转轴分水平装置和竖直装置两种。其优点是启闭力小,动作迅速,体积小,重量轻;缺点是水头损失较大,止水不易严密。为减少漏水,通常在阀门四周设压缩空气围带来止水。适用于管径较大、水头不很高的水电站。

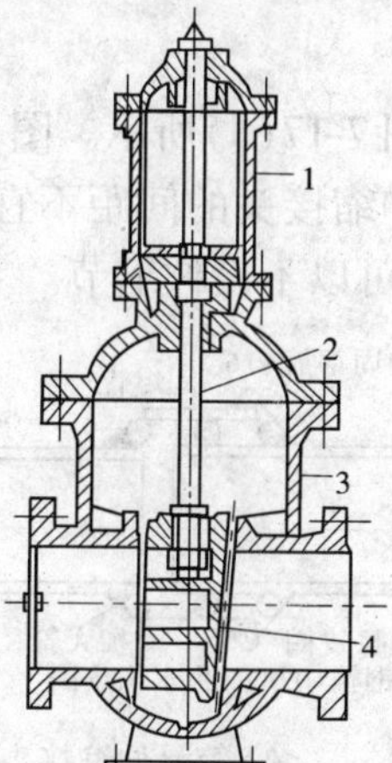

(a) 楔形闸阀

(b) 蝴蝶阀

1—接力器;2—闸阀柄;3—阀壳;4—活门

图7-15 闸阀和蝴蝶阀

(3)球阀。如图7-16所示,外壳呈球形,与水管直径相同的管状活门和球面形挡水板构成了可旋转的阀体。开启时管状活门轴线与水管轴线一致,活门成为水管的一部分;活门旋转90°后,球面形挡水板使阀门关闭。球阀的强度高,止水效果好,开启时无水头损失(水头损失很小,可忽略不计);缺点是结构复杂,体积大,造价高。多用于100 m以上的高水头水电站,用电动或液压操作。国外最大球阀直径达3.4 m,最大水头达850 m以上。

(二)附件

1.伸缩接头(伸缩节)

伸缩节的作用是使钢管在温度变化时,能沿轴线自由伸缩,避免在管壁内产生很大的

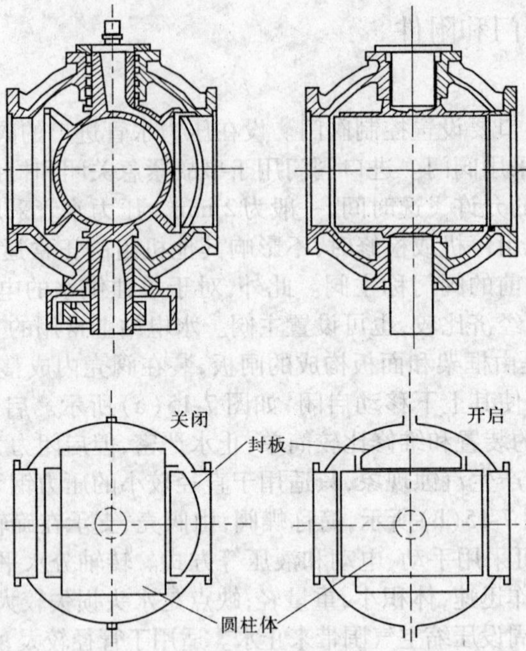

图 7-16　球阀

温度应力。常用的伸缩节为滑动套管式,其构造如图 7-17(a)所示。图 7-17(b)所示为一种简易伸缩接头,可用于直径较小的压力钢管上。伸缩接头的间距不宜超过 150 m,如果压力钢管用法兰连接且管段不长(不超过 3 ~4 m),可以不设伸缩节。

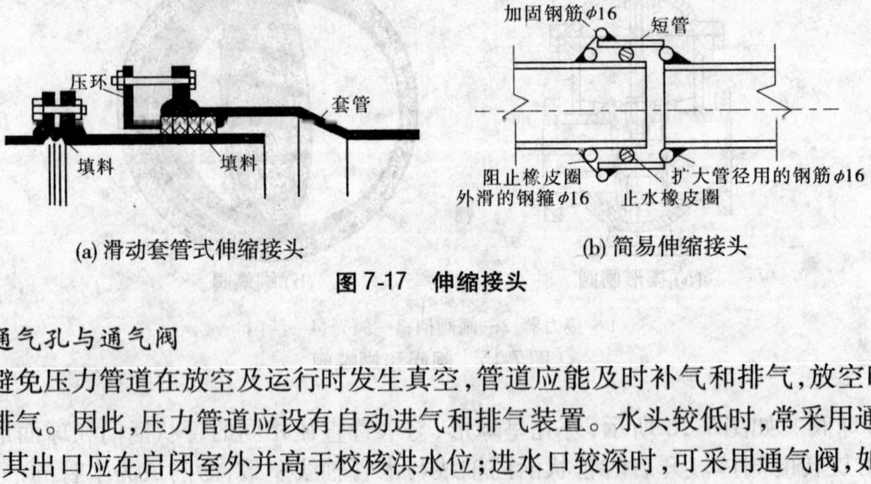

(a) 滑动套管式伸缩接头　(b) 简易伸缩接头

图 7-17　伸缩接头

2. 通气孔与通气阀

为避免压力管道在放空及运行时发生真空,管道应能及时补气和排气,放空时补气,充水时排气。因此,压力管道应设有自动进气和排气装置。水头较低时,常采用通气孔或通气井,其出口应在启闭室外并高于校核洪水位;进水口较深时,可采用通气阀,如图 7-18 所示。

3. 进人孔与排水阀

为便于观察和检修管道内部,应当在压力钢管的适当位置设置进人孔。进人孔截面常做成直径不小于 45 cm 的圆孔或短轴不小于 45 cm 的椭圆孔。进人孔间距一般不超过 150 m,其型式很多,常用的结构型式如图 7-19 所示。

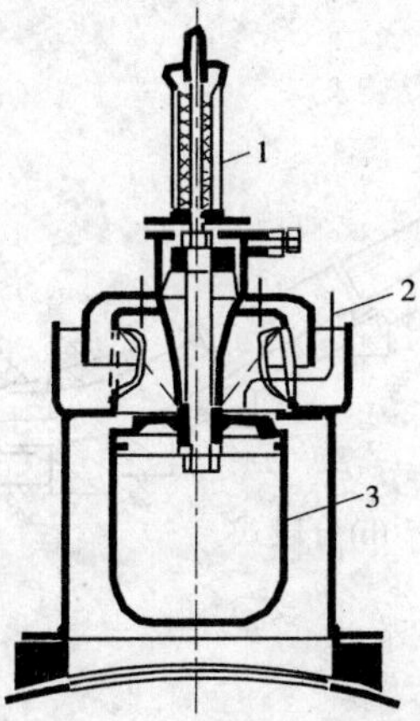

1—弹簧;2—进气及排气;3—浮筒

图 7-18　通气阀

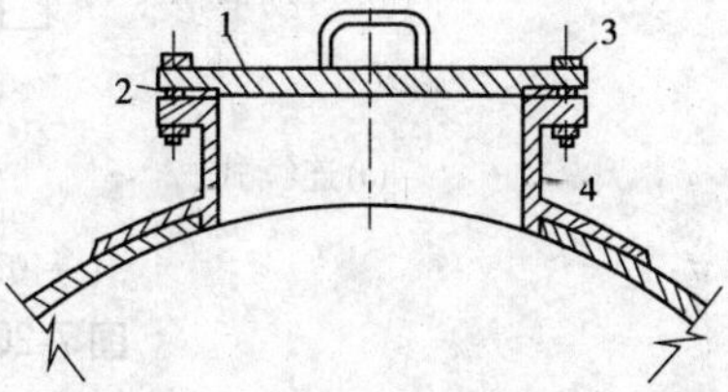

1—孔盖;2—垫圈;3—螺栓;4—接管

图 7-19　进人孔

为便于在检修钢管时将水放空,通常在压力钢管的最低点设置排水阀。

4. 钢管的过流保护装置和防腐蚀措施

对于大型钢管,可装设过流保护装置。这种装置在钢管破裂后管内流速增大时,能迅速发出信号关闭进口闸阀,防止事故扩大。此外,压力钢管上还可能装有测量压力、流量和管壁应力的设备。

为了防止钢管管壁内外表面被泥沙磨损和锈蚀,通常采取以下两种措施:①在管壁内外表面喷镀一层厚 150 ~ 200 μm 的锌,再加涂一层涂料;②采用油漆涂料保护。

在严寒地区,明钢管应有防冻设施。

三、明钢管的敷设方式

明钢管通常需要支承在一系列墩座上,利用墩座固定和支承。墩座分为镇墩和支墩,镇墩用来固定钢管,使钢管在任何方向均不发生位移和转角;支墩布置在镇墩之间,用来支承钢管,允许钢管沿支承面作轴向位移。明钢管的敷设方式有以下两种:

(1)分段式。在相邻两镇墩之间设置伸缩接头,当温度变化时,管段可沿管轴线方向移动,因而消除了管壁中的温度应力,如图 7-20(b)所示。明钢管大都采用此种敷设方式。伸缩节构造较复杂,容易漏水,常布置在镇墩以下第一节管的横向接缝处,以减小伸缩节内水压力,利于上镇墩稳定,以便于管道自下而上安装。当管道纵坡较缓时或为了改善下镇墩的受力条件,伸缩节也可布置在两镇墩的中间部位。

(2)连续式。两镇墩间的管身连续敷设,中间不设伸缩节,如图 7-20(a)所示。由于钢管两端固定,不能移动,温度变化时,管身将产生很大的轴向温度应力。为减小管身的温度应力,在管身的适当位置设置一些可自由转动的转角接头,当温度变化时,通过转角接头的角变位来调整管身的伸缩。这种方式在一定条件下可能是经济合理的,但我国很少采用。

为了使钢管受力明确并易于维护检修,要求钢管底部高出地面不小于 60 cm。

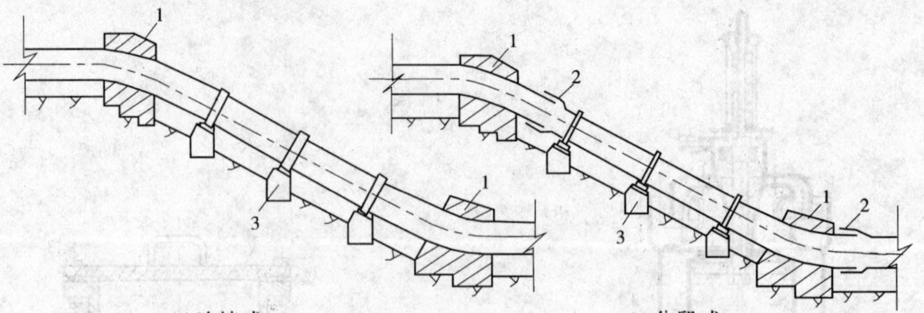

(a)连续式　　　　　　　　　(b)分段式

1—镇墩;2—伸缩节;3—支墩

图 7-20　明钢管的敷设方式

第三节　明钢管的支承结构

一、镇墩

镇墩是用来固定压力水管的建筑物。一般布置在压力水管转弯处。当直线段长度较长时,一般每隔 100 ~ 150 m 应设置一个中间镇墩。镇墩一般为混凝土重力式结构。若基础为土基,镇墩底面宜做成水平的;若为岩基,镇墩底面宜做成台阶式,以节省工程量。

按管道在镇墩上的固定方式不同,镇墩可分为封闭式和开敞式两种,如图 7-21 所示。前者结构简单,节约钢材,水管固定性好,应用普遍;后者应用较少。

二、支墩(支座)

支墩用来支承压力管道,并防止管道横向滑脱。间距应通过应力分析和管道的振动分析,并考虑安装条件、支墩型式、地基条件等因素确定。一般间距 6 ~ 15 m,最大可达 25 m。直径特别大的钢管,由于荷载大,支墩间距可能较小。在相邻两镇墩间的支墩宜等距布置,设有伸缩接头的一跨,间距宜缩短。

常用的支墩型式如下。

(一)滑动式支墩

(1)鞍形支墩。鞍形支墩如图 7-22(a)所示,钢管直接搁置在混凝土支墩的鞍面上,支墩的包角可采用 90° ~135°,支墩的鞍面上镶以加强钢板,可以在管壁与支墩的接触面上加润滑剂或石墨垫片,以减小钢管伸缩时的摩擦力。对于经常涂有润滑剂的鞍形支墩,摩擦系数 f 采用 0.3 ;对于未加润滑剂的,f 采用 0.5。鞍形支墩一般适用于直径小于 1 m 的钢管,支墩间距一般为 6 ~8 m。

(2)滑动支墩。如图 7-22(b)所示。为了克服鞍形支墩在支承处钢管受力不均的缺点,在支承处设置了支承环。其摩擦系数 f 的取值与鞍形支墩基本相同。滑动支墩适用于直径 1 ~3 m 的钢管,支墩间距一般为 8 ~12 m。

(二)滚动式支墩

滚动式支墩如图 7-22(c)所示。钢管通过滑轮支承在支墩顶面的固定钢板上,滑轮

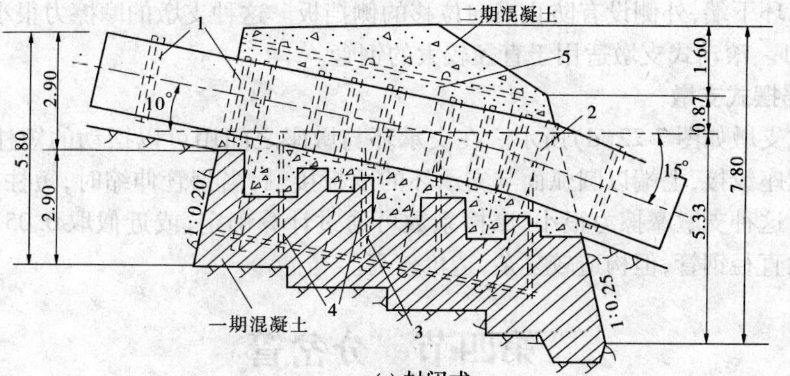

(a) 封闭式

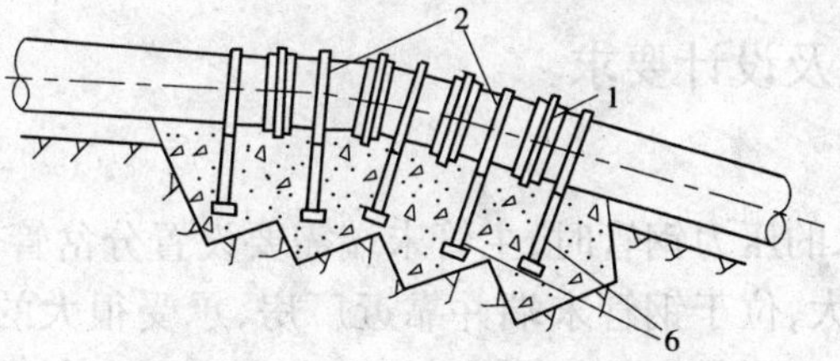

(b) 开敞式

1—肋环；2—拉环；3—锚筋；4—插筋；5—抗拉筋；6—锚栓

图 7-21　镇墩的构造型式　(单位:m)

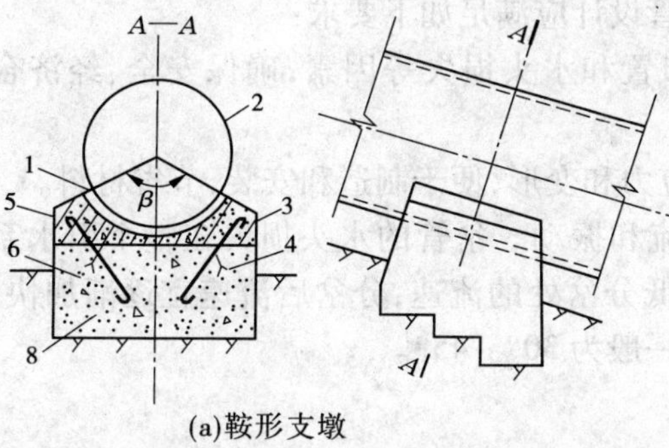

(a)鞍形支墩

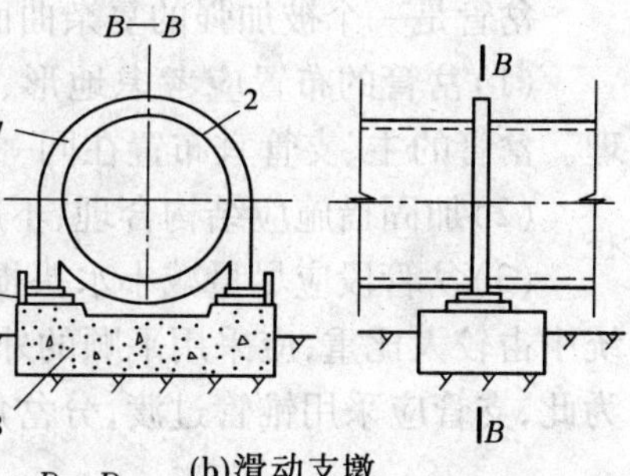

(b)滑动支墩

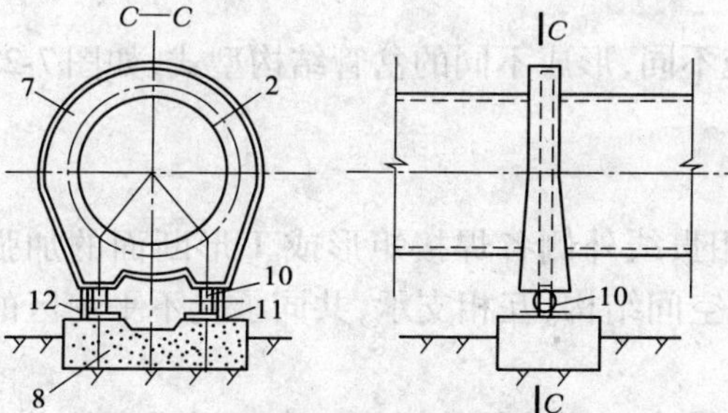

(c)滚动式支墩

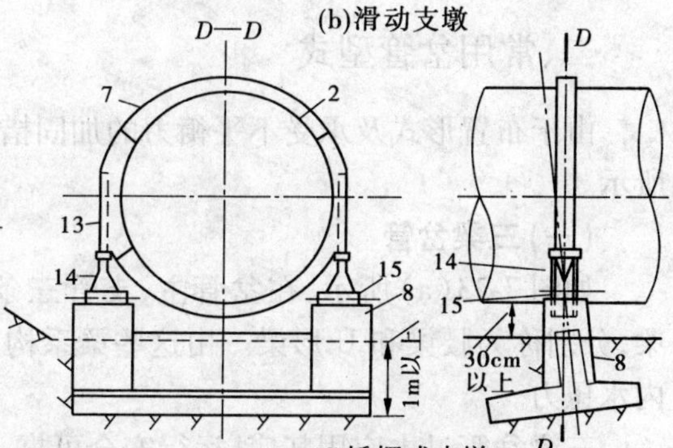

(d)摇摆式支墩

1—钢板；2—钢管；3—插筋；4—锚筋；5—二期混凝土；6—一期混凝土；7—支承环；

8—支墩；9—滑动面；10—滑轮；11—钢垫板；12—侧挡板；13—支柱；14—摆柱；15—转轴

图 7-22　支墩的型式

安装在支承环下端，外侧设有防止横向位移的侧挡板。这种支墩的摩擦力很小，摩擦系数 f 可采用0.1。滚动式支墩适用于直径较大的钢管。

(三)摇摆式支墩

摇摆式支墩如图7-22(d)所示。在支承环与墩座之间用可以摆动的短柱连接，摆柱的下端与墩座铰接，上端以圆弧面与支承环的承板接触，当钢管伸缩时，短柱以铰为中心前后摆动。这种支墩摩擦力很小，摩擦系数可通过计算确定，或近似取0.05。摇摆式支墩适用于大直径钢管，但构造较复杂，造价较高。

第四节　分岔管

一、分岔管的工作特点及设计要求

(一)分岔管的工作特点

采用联合供水或分组供水的压力钢管时，主管末端需要设置分岔管，也叫岔管。岔管的特点是结构复杂，水头损失大，位于钢管末端并靠近厂房，承受很大的内水压力。在岔管段，由于一部分管壁被割裂，不再是完整的圆形断面，由内水压力所产生的环向力便不能平衡。所以，必须采取加固措施来承受被割裂处管壁的环向力，否则，将使管壁产生过大变形而破坏。

(二)分岔管的设计要求

岔管是一个被加强的复杂曲面的壳体，岔管设计应满足如下要求：

(1)岔管的布置应考虑地形、地质、厂区布置和水头损失等因素，确保安全、经济合理。岔管的主、支管宜布置在同一平面内。

(2)加固措施应结构合理，不产生过大的应力和变形，便于制造和安装，节省材料。

(3)岔管段应尽量减小水头损失，减少涡流和振动。岔管的水头损失在整个引水系统中占较大比重，应采用平顺的外形轮廓并降低分岔处的流速，分岔后流速宜逐渐加快。为此，支管应采用锥管过渡，分岔角不宜过大，一般为30°~45°。

二、常用岔管型式

由于布置形式及承受不平衡力的加固措施不同，形成不同的岔管结构型式，如图7-23所示。

(一)三梁岔管

如图7-23(a)所示，在岔管主、支管三条相贯线外侧各焊接矩形或T形断面的加强梁，分别称为腰梁和U形梁。由这些梁系构成空间结构，互相支承，共同承受不平衡区的内水压力。

三梁岔管过去应用甚广，运行安全可靠，各种布置形式均能适用。由于梁系中的主要应力是弯曲应力，材料强度未得到充分利用，致使梁的截面尺寸较大，这不但浪费材料，加大了岔管的轮廓尺寸，而且给制造和焊接安装带来困难。此外，梁系刚度相对很大，在梁附近的管壁内将产生较大的焊接应力和局部应力，从而影响岔管的整体强度，又需要加固

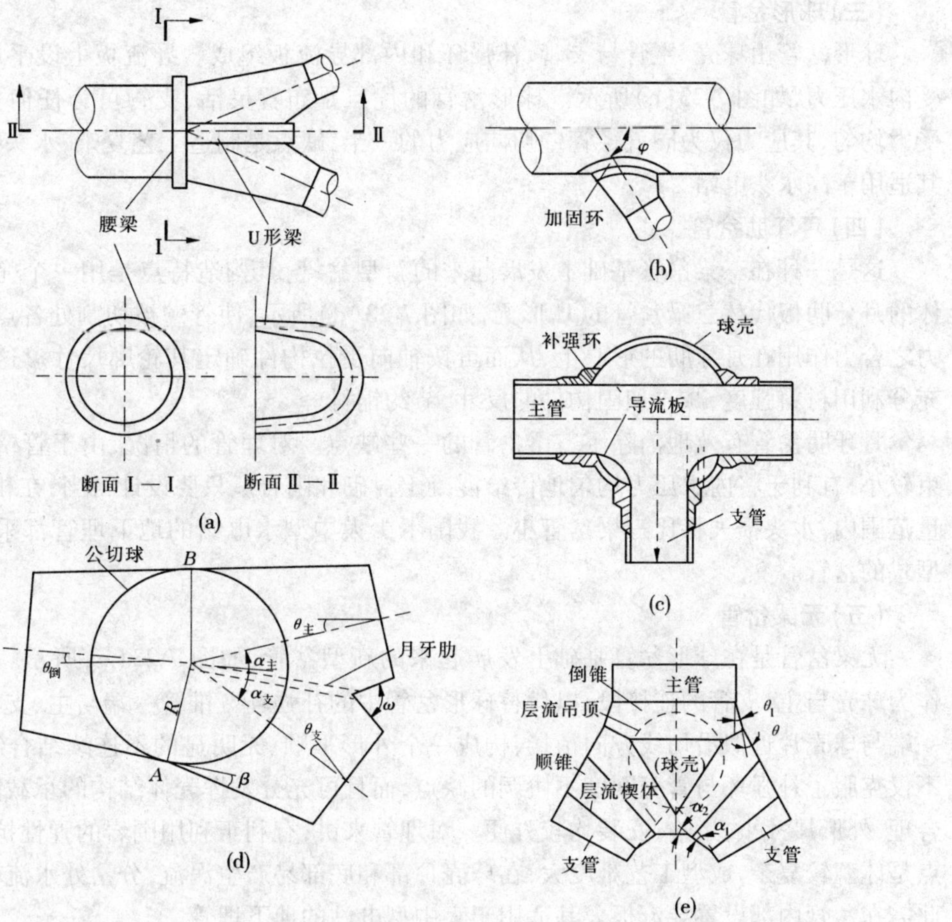

图7-23　常用的岔管型式

处理。所以,此类岔管多用于水头较高、流量较小的明钢管。

(二)贴边岔管

如图7-23(b)所示。若从主管中分出的支管直径相对较小,在主、支管相贯线两侧用补强板焊贴加固,岔管的不平衡力由管壁和补强板共同承担。补强板可以贴在外壁式内壁,也可以内外壁都贴。贴边岔管为组合薄壳结构,应力情况较复杂,但构造简单、施工方便,适用于 $\frac{d}{D}\leqslant 0.7$ 的中、低水头钢管。补强板厚度一般与管壁等厚,同时岔管段的管壁厚度应比直线段管壁厚度增加25%~50%。贴边宽度 B 可按下述经验公式估算

$$B=(4\sim5)r\sqrt{R\delta}/(2R\sin\varphi) \tag{7-5}$$

式中　R、r——主、支管半径;

δ——原管壁厚度;

φ——分岔角度。

由于补强板刚度较小,能通过管壳变形把不平衡力传给围岩,因此更适用于地下埋管。对于重要工程的岔管,则需要用有限元法进行结构应力分析。

（三）球形岔管

球形岔管由球壳、主管与支管、补强环和内部导流板组成。导流板上设平压孔，不承受内水压力，如图 7-23(c)所示。球形岔管的优点是布置灵活，支管可为任何方向，球壳受力均匀，其应力仅为同直径管壁切向应力的一半；缺点是制造工艺复杂，水头损失较大。其适用于高水头电站。

（四）月牙肋岔管

这是一种在三梁岔管基础上发展起来的新型岔管，其构造特点是用一个完全嵌入管体的月牙肋板代替三梁岔管的 U 形梁，如图 7-23(d)所示，使管壁被切割处各点的不平衡力之合力作用在月牙肋的形心上，从而可按轴向受拉构件确定其轮廓尺寸。这样就可以充分利用材料强度，减小加固构件的尺寸，节约钢材。

月牙肋岔管有效地消除了三梁岔管的一些缺点。对埋管的情况，由于管壁受梁的约束较小，有利于将内水压力均匀地传给混凝土衬砌和围岩。只要设计得当，在相当大的流量范围内，水头损失将比三梁岔管小。我国不少大中型水电站的地下埋管都采用了这种型式的岔管。

（五）无梁岔管

无梁岔管是在球形岔管基础上发展起来的新型岔管，如图 7-23(e)所示。它用锥管作为球壳与主、支管的连接段，以代替球形岔管中的补强环。锥管一端与主、支管连接，另一端与球壳片近似沿切线方向衔接，构成一个外形平顺、无明显的不连续结合线的岔管，不仅克服了补强环与管壳刚度不协调的缺点，而且可充分发挥壳体结构的承载能力，结构合理，外形尺寸小，运输、安装均较方便。对埋管来讲，有利于利用围岩的弹性抗力。其缺点是体型较复杂，成型工艺难度大，在球壳顶部和底部易产生涡流，分岔处水流较紊乱，为此需在岔管内部设置导流板。其适用于大中型电站的地下埋管。

第五节　钢筋混凝土管

一、钢筋混凝土管的敷设方式

钢筋混凝土管通常敷设在刚性管座上，如图 7-24 所示。管座材料一般用浆砌块石。地基较好，管径小于 0.5 m 时，可将管子直接放在地基上；若为土基，管座下应加铺碎石或卵石。钢筋混凝土管的敷设方式常有以下两种：

(1)连续式。管道全部支承在刚性管座上，如图 7-25(a)所示。

(2)间断式。每节管的管体支承在管座上，承口和接口的接头段无支承，如图 7-25(b)所示。基础较好或管径较小时可采用间断式。

二、钢筋混凝土管的类型

钢筋混凝土管分为普通钢筋混凝土管和预应力、自应力钢筋混凝土管及自应力钢丝网水泥管。

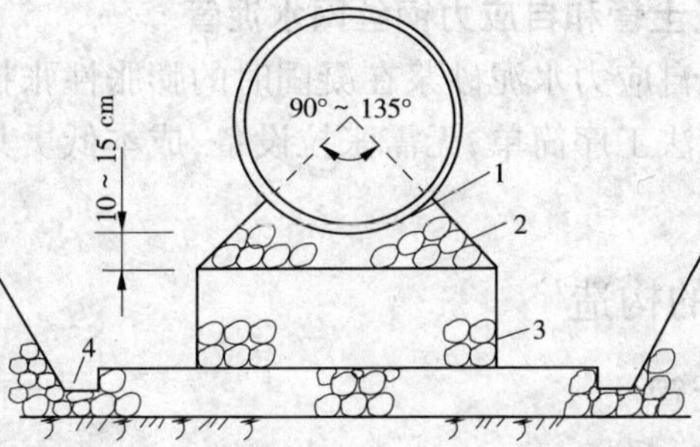

1—填灌砂浆或混凝土;2—第二次浆砌石;3—第一次浆砌石;4—排水沟

图 7-24　管座砌筑示意图

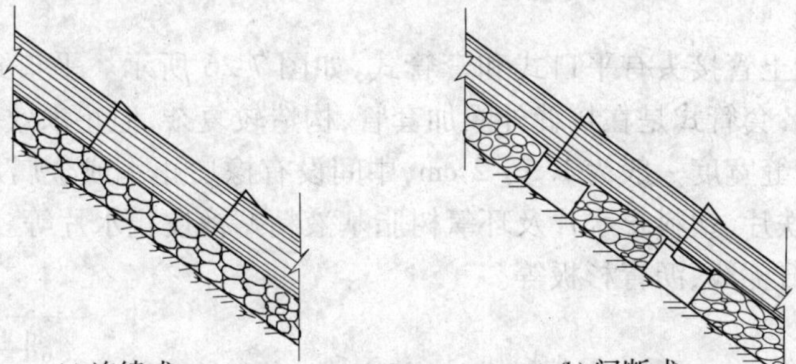

(a) 连续式　　(b) 间断式

图 7-25　钢筋混凝土管的敷设方式

(一) 普通钢筋混凝土管

根据施工方法不同,可分为现浇钢筋混凝土管和预制钢筋混凝土管。大中型钢筋混凝土管一般采用现场浇制。为避免产生温度裂缝及干缩裂缝,通常每隔 15 ~ 20 m 设一伸缩缝,并设置止水,外加套管。直径 2 m 以下的钢筋混凝土管一般在工厂预制成管段,安装时用接头连接起来,管段长一般为 3 ~ 5 m。

(二) 预应力钢筋混凝土管

预应力钢筋混凝土管由钢筋(丝)和高强度混凝土制造,按生产工艺不同可分为三阶段管和一阶段管两种。

三阶段管的制管过程分三个阶段:先做混凝土管心,再在管心上缠绕预应力环向钢筋(丝),然后加抹水泥砂浆保护层。

一阶段管是在制造过程中,施加环向钢筋(丝)预应力和管心凝固一次完成。一阶段管节省水泥、管身较轻,并可避免三阶段管管心与保护层砂浆可能黏结不紧的缺点,但三阶段管所需设备简单、质量易控制。所以,目前内水压力较高的钢筋混凝土管仍趋向于采用三阶段管。

预应力钢筋混凝土管弹性及密封性较好,抗拉强度高,维护费用少,节省钢材,可降低造价,便于现场自制,在小型水电站中的应用日渐广泛。其缺点是较重、性脆、怕碰撞等,给装卸、搬运、安装等带来一定困难。

(三)自应力钢筋混凝土管和自应力钢丝网水泥管

利用自应力混凝土或自应力水泥砂浆在凝固时的膨胀性张拉钢筋或钢丝网使之产生预应力。这种管的制管方法工序简单,无需张拉设备,成本低。其性能介于普通管和预应力管之间。

三、钢筋混凝土管的构造

(一)现浇钢筋混凝土管

1. 管道分段

为了在混凝土干缩及温度变化时管段能自由伸缩,一般要分段设置伸缩缝,土基时缝距 15 ~ 20 m,岩基时缝距 10 ~ 15 m。若在两伸缩缝之间加一 4 ~ 5 m 的短管,后期施工,间隔浇筑,则缝距可增至 30 ~ 35 m。

2. 接头及止水

现浇钢筋混凝土管接头有平口式和套管式,如图 7-26 所示。平口式构造简单,适用于水头较低的情况;套管式是在接缝外圈加套管,构造较复杂,但止水效果好,适用于较高水头的情况。伸缩缝宽度一般为 1.5 ~ 2 cm,中间设有橡皮止水或金属片止水,止水材料常用紫铜片、镀锌铁片、塑料止水片及环氧树脂基液粘贴橡皮止水片等。常用的接头填料有沥青麻绳、沥青石棉线、沥青杉板等。

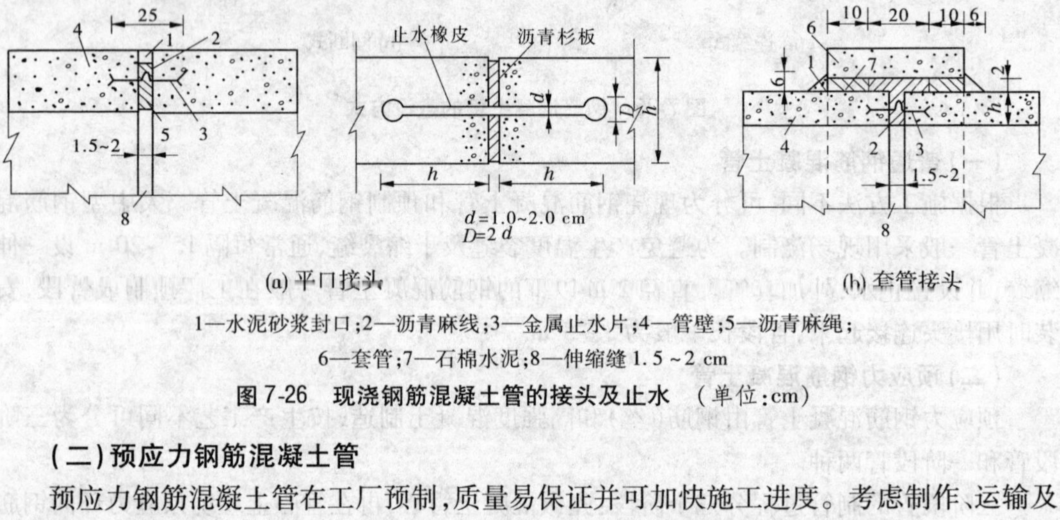

(a) 平口接头 (b) 套管接头

1—水泥砂浆封口;2—沥青麻线;3—金属止水片;4—管壁;5—沥青麻绳;6—套管;7—石棉水泥;8—伸缩缝 1.5 ~ 2 cm

图 7-26 现浇钢筋混凝土管的接头及止水 (单位:cm)

(二)预应力钢筋混凝土管

预应力钢筋混凝土管在工厂预制,质量易保证并可加快施工进度。考虑制作、运输及安装条件,管段长度一般为 3 ~ 5 m。管节型式有平口式和承插式。

1. 平口式

平口式管的管节连接采用套管式接头,常用的接头有法兰套管式柔性接头及套管式刚性接头两种,如图 7-27 所示。柔性接头允许管节在纵向有 3 ~ 5 mm 的相对位移及 1.5°的转角,适应性较好,但金属消耗多,造价较高。刚性接头成本较低,但对地基不均匀沉陷的适应性差,铺设安装费工,故较少采用。

2. 承插式

承插式管沿管节全长分为承口段、管体与插口段三部分,如图 7-28 所示。插口段套

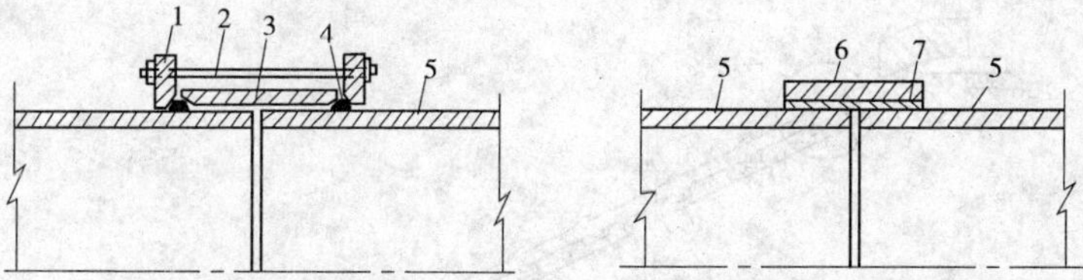

(a) 法兰套管式柔性接头　　(b) 套管式刚性接头

1—法兰;2—螺丝拉杆;3—铸铁套管;4—橡胶圈;5—平口式管;6—混凝土套管;7—接头填料

图 7-27　套管式接头

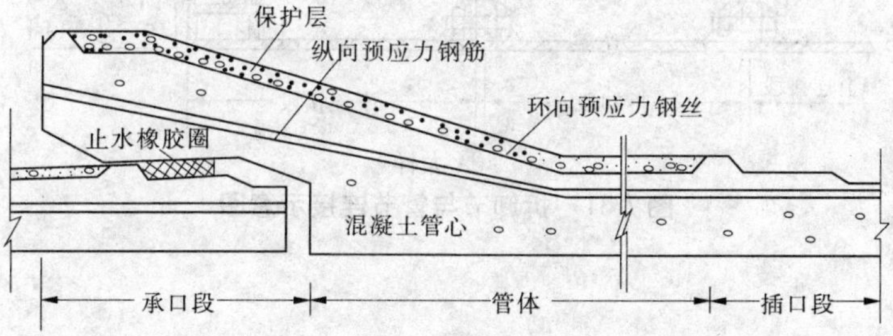

图 7-28　三阶段预应力承插式钢筋混凝土管构造图

入承口段中,插口与承口间一般采用橡胶圈或塑料圈密封。此种柔性接头允许的纵向转角为 1.5°,位移为 10 mm。承插口接头有三种型式,如图 7-29 所示。

3. 管节与阀门连接

管节与阀门一般采用法兰接头连接,即在阀门两侧接出金属短管,阀门与金属短管用法兰连接起来,如图 7-30 所示。金属短管承插口的规格尺寸均按管节承插口尺寸制造。

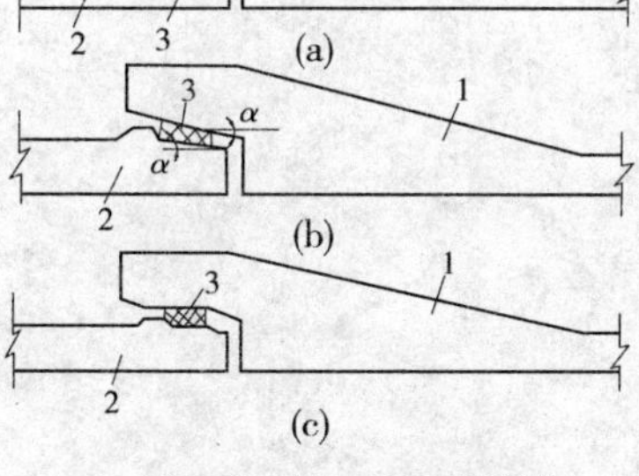

1—承口;2—插口;3—橡胶圈

图 7-29　承插口接头型式

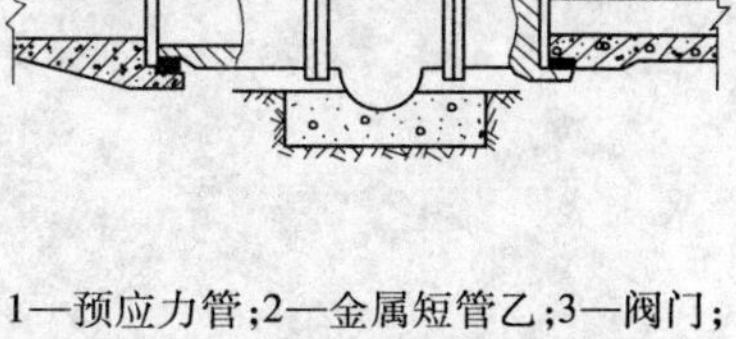

1—预应力管;2—金属短管乙;3—阀门;
4—金属短管甲;5—预应力管

图 7-30　管节与阀门连接示意图

4. 拆卸节

为便于管道的安装、拆卸,通常在镇墩下方布置管件(或称插入拆卸节)与管节相连。拆卸节由上连接段(兼作安装凑合节)、拆卸段和下连接段组成。上连接段与预埋在镇墩内的钢管焊接,拆卸段与上、下连接段用法兰连接,其间夹橡皮止水,下连接段与管节连接。下连接段插口规格尺寸按管节插口制造。如图 7-31 所示。

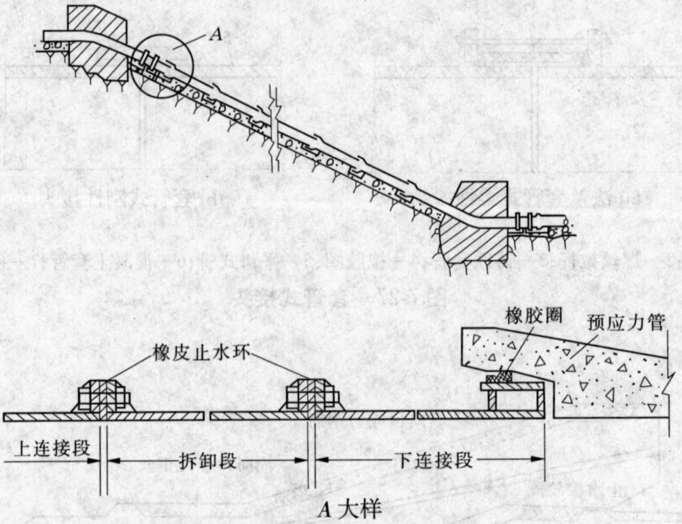

图 7-31　拆卸节与管节连接示意图

第八章　水电站水击及调压室

第一节　水击现象及水击波的传播速度

一、水击现象及其危害

水电站机组在稳定运行情况下，机组的出力与电力系统负荷是保持平衡的。此时，机组转速保持不变，水电站有压引水系统（压力引水隧洞、压力管道、蜗壳及尾水管）中的水流处于恒定流状态，称为稳定工况。但水电站在实际运行过程中，负荷是经常变化的，为了适应这种变化，水轮机必须相应地经常改变引用流量，以改变机组出力达到与电力系统负荷平衡。水轮机引用流量的改变一般是较缓慢的。在某种特殊情况下，如电力系统负荷变化或水电站出现某些特殊事故等，会造成机组或电站突然丢弃全部负荷，迫使水轮机突然切断全部引用流量。水轮机引用流量的突然改变，引起机组转速的突然变化，将在水电站有压引水系统中产生非恒定流现象，称为不稳定工况。

在上述水电站不稳定工况中，随着压力管道末端阀门（或导水叶）的突然关闭（或突然开启），压力管道内紧邻阀门（或导水叶）的水体流速将突然减小（或突然增大），管中内水压强将急剧升高（或急剧降低），水轮机尾水管中的压力也将发生相反的变化。由于水流的惯性及水体与管壁的弹性作用影响，这种压强的升高（或降低）将以压力波的形式在压力管道中往复传播，形成压强交替升降的波动，并伴有锤击的响声和振动，如图 8-1 所示。这种由于压力管道中水流流速的突然改变而引起管内压强急剧升高（或急剧降低），并往复波动的水力现象称为水击（也称水锤）现象，其压力波称为水击波。

为进一步说明水击现象及其传播过程，现举例说明。图 8-1 为一简单压力管道的示意图，管道长度为 L，管道末端为阀门 A（或导水叶），B 端为管道进口与水库相连处，管壁材料、厚度及管径均沿程不变。

当水电站处于稳定工况时，管道内水流为恒定流，其平均流速为 v_0，电站静水头为 H_0。当电站突然丢弃全部负荷时，阀门 A 在瞬时（关闭时间 $T_s=0$）全部关闭后，压力管道内将产生水击现象。若忽略水头损失，水击波在管道中的传播可分为以下四种状态：

(1)第一状态。在阀门突然关闭前，管中水流以流速 v_0 向阀门 A 方向流动。当阀门瞬时全部关闭（$t=0$）后，阀门处的流速变为零，但管道中的水体由于惯性作用，仍以流速 v_0 流向阀门，致使紧邻阀门 A 处微小管段 Δx 内的水体被压缩，密度增大，管中内水压强由 H_0 增加为 $H_0+\Delta H$，水头升高 ΔH，管壁产生膨胀 ΔD，如图 8-2 所示。

由于微小管段 Δx 以上的水体未受到阀门关闭的影响，仍以流速 v_0 流向阀门，使靠近微小管段 Δx 上游的另一水体也受到压缩，密度增大，压强升高，管壁膨胀。如此逐段传递下去，就形成一种流速减小、压强增加并以一定速度 a 从阀门端 A 向上游传播的现象，这种现象称为水击波的传播。由于这种水击波所到之处，压强增高 ΔH，故称为水击升压波。又因为水击波传播方向与压力管道中恒定流的水流方向相反，又称为“逆行升压波”。经过 $t = \frac{L}{a}$ 时间，此升压波到达水库端 B 处时，全管水流流速为零，水击压强升高为 $H_0 + \Delta H$，水头升高 ΔH。

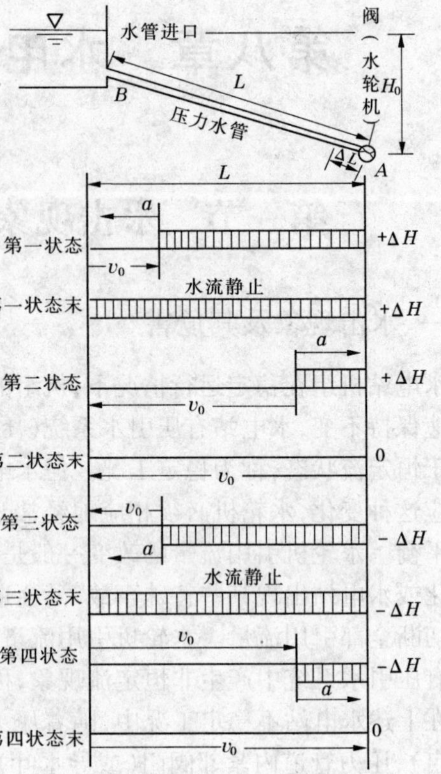

图 8-1　水击波传播过程

(2)第二状态。在 $t = \frac{L}{a}$ 时，升压波传至水库端 B 处。由于 B 端右侧管道内的压强为 $H_0 + \Delta H$，而左侧水库具有很大的自由水面，不可能形成压强升高，仍为 H_0。因此，B 点水体受力不平衡，压力管道内压强高于水库压强。在不平衡力作用下，紧邻水库的管道进口微小管段内水体首先由静止状态以反向流速 v_0 倒流向水库，压强由 $H_0 + \Delta H$ 降为原来的 H_0，水体密度及管径均恢复原状。随后，自水库端 B 至管道末端阀门端 A，一段段微小水体的压强、密度和管径也相继恢复原状，这种现象以“顺行降压波”的形式从水库端 B 按速度 a 向阀门端 A 传播。经过 $t = \frac{2L}{a}$ 时间，此降压波到达阀门端 A 处。此时，全管压强恢复为 H_0，水体密度和管径全部恢复原状，但压力管道内水流以反向流速 v_0 流向水库。

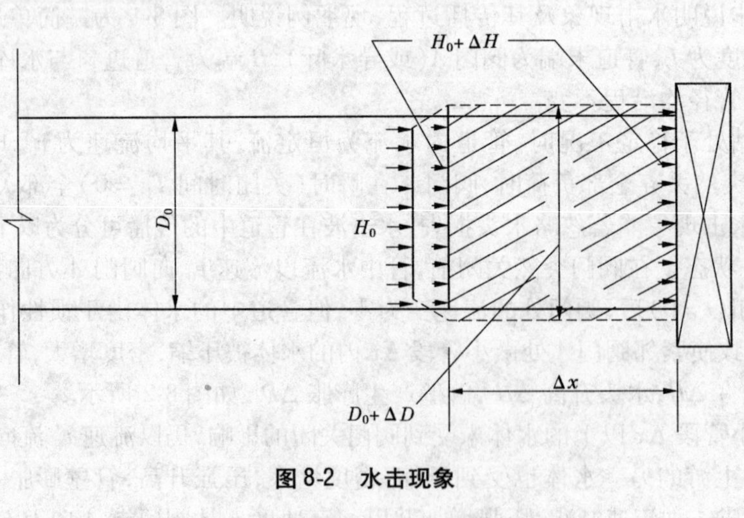

图 8-2　水击现象

(3)第三状态。在 $t=\frac{2L}{a}$ 时,降压波到达阀门端 A,由于阀门 A 已经完全关闭,水流反向流动的结果,使 A 处水流脱离阀门及管壁而形成真空,管径收缩,水体密度减小,压强降低 ΔH,水流流速由 v_0 变为零。这种现象以"逆行降压波"的形式从阀门端 A 按速度 a 向上游传播。经过 $t=\frac{3L}{a}$ 时间,降压波到达水库端 B。全管压强降低为 $H_0-\Delta H$,全管水流流速为零。

(4)第四状态。在 $t=\frac{3L}{a}$ 时,降压波传至水库端 B 处。由于 B 端右侧管道内的压强为 $H_0-\Delta H$,而左侧水库具有很大的自由水面,不可能形成压强降低,仍为 H_0。因此,B 点受力不平衡,水库压强高于管道内压强,紧邻管道进口的库内水体在不平衡力作用下,从水库以流速 v_0 流向压力管道,使紧邻进口的微小管段水体受到压缩,压强升高 ΔH 恢复到 H_0,密度增大,管径扩张,恢复到初始状态。接着自水库端 B 至管道末端阀门端 A 的逐段水体相继以"顺行升压波"的形式向下游传播。经过 $t=\frac{4L}{a}$ 时间,此升压波传到阀门端 A,此时全管水流的流速、压强、密度和管径均恢复至阀门关闭前的初始状态。

若不计管壁的摩阻作用,水击波的传播将重复上述四个传播过程。实际上,由于管壁的摩阻作用总是存在的,故压力管道中的水击现象会逐步衰减,并最终消失。

阀门突然开启时,同样会在压力管道内产生水击波的往返传播,不同的是在第一状态开始时,阀门处微小管段内的水体由于首先补充水轮机流量不足而造成压强降低 ΔH(水头降低 ΔH),水体密度减小,管径收缩,水击波以"逆行降压波"的形式向上游水库端传播。此后水击波传播过程及物理性质均与阀门突然关闭时完全相同。

从上述可知,水击波从 $t=0$ 至 $t=\frac{4L}{a}$ 完成四个传播过程后压力管道内的水流恢复到初始状态,故将 $T=\frac{4L}{a}$ 称为水击波的"周期"。而将水击波在管道中传播一个往返所需的时间 $t=\frac{2L}{a}$ 称为水击波的"相",两相为一个周期。

实际上,阀门关闭不可能为瞬时完成,总是存在一个时间过程(水轮机导叶的关闭时间 $T_s=3\sim8$ s)。阀门每关闭(或开启)一个微小开度,阀门处就产生一个水击波向上游传播,伴随着水击压强升高(或降低)ΔH。在阀门连续关闭(或开启)过程中,水击波连续不断地产生,水击压强不断升高(或降低)。

由前述传播过程知,在水击波连续往返传播过程中,水击波到达水库端 B 和阀门端 A 时均会发生反射。若不计损失,水库端 B 的反射是异号等值的,即传入 B 点的升压波反射回去为降压波,传入 B 点的降压波反射回去为升压波。阀门端 A 的反射是同号等值的,即传入 A 点的升压波反射回去也为升压波,传入 A 点的降压波反射回去亦为降压波。因此,实际压力管道中水击波的传播将是众多水击波往复交错的传播过程,水击压强的升高(或降低)值也是升压波与降压波的叠加结果,情况很复杂。

水击现象对水电站有压引水系统和机组的运行均有不利影响。若水击压强升高过大,可能会导致压力水管强度不够而爆裂;若尾水管中的水击压力降低过多,形成过大的负压,可能使尾水管发生严重的汽蚀,水轮机运行时机组会产生强烈振动;水击压力的上下波动,将影响机组稳定运行和供电质量;同时,水击现象还可能引起明钢管的振动破坏。因此,为了保证工程运行的安全可靠,必须研究水击现象,以便采取工程措施,防止水击压强过大,避免对工程带来危害。

二、水击波的传播速度

水击波的传播是水击现象的主要特征,水击波的波速是研究水击现象的重要参数。其大小主要与压力水管的管径 D、管壁厚度 δ、管壁材料(或衬砌)的弹性模量 E 以及水的体积弹性模量 E_w 等因素有关。根据水流连续性原理和动量定理,并计及水体的压缩性和管壁的弹性,可推得水击波的传播速度为

$$a = \frac{\sqrt{E_w/\rho_w}}{\sqrt{1 + \frac{2E_w}{Kr}}} \tag{8-1}$$

式中 E_w ——水的体积弹性模量,在一般温度和压力下,$E_w = 2.06 \times 10^3$ MPa;

ρ_w ——水体的密度,其大小与温度有关,温度越高,密度越小,一般为 $\rho_w = 1\ 000$ kg/m^3;

$\sqrt{E_w/\rho_w}$ ——声波在水中的传播速度,随温度和压力的升高而加大,一般为 1 435 m/s;

r ——压力管道半径,m;

K——管壁抗力系数,对以下不同情况的管道,各取不同的数值。

(一)明钢管

对于明钢管

$$K = K_s = \frac{E_s\delta_s}{r^2} \tag{8-2}$$

式中 E_s ——钢管材料弹性模量;

δ_s——管壁厚度,若设有加劲环,近似取 $\delta_s = \delta_0 + F/l$,$\delta_0$ 为管壁实际厚度,F 为加劲环的截面积,l 为加劲环的间距;

其他符号意义同前。

(二)钢筋混凝土管

$$K = K_c = E_c\delta_c(1 + 9.5\mu_l)r^2 \tag{8-3}$$

式中 E_c ——混凝土的弹性模量;

δ_c ——混凝土管管壁厚度,mm;

μ_l ——管壁环向含筋率,$\mu_l = 0.015 \sim 0.05$;

r ——钢筋混凝土管径,m。

(三)埋藏式钢管

埋藏式钢管又称钢板衬砌隧洞,断面构造如图 8-3所示,其抗力系数 K 为

$$K = K_s + K_c + K_r + K_f \qquad (8\text{-}4)$$

$$K_c = \frac{E_c}{(1-\mu_c^2)r_1}\ln\frac{r_2}{r_1} \qquad (8\text{-}5)$$

$$K_f = \frac{E_c f}{(1-\mu_c)r_1 r_f} \qquad (8\text{-}6)$$

$$K_r = \frac{100K_0}{r_2} \qquad (8\text{-}7)$$

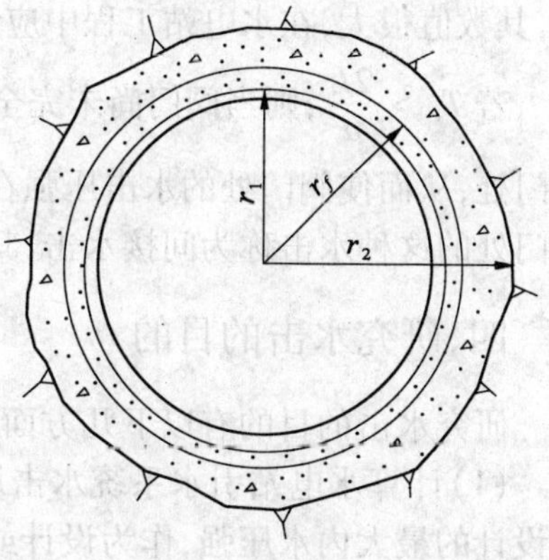

图 8-3 埋藏式钢管

式中 K_s——钢管的抗力系数，按式(8-2)计算，$r = r_1$，E_s 代以 $E_s/(1-\mu^2)$（μ 为管壁材料的泊松比）；

K_c——回填混凝土的抗力系数，若混凝土已开裂，忽略径向压缩，近似令 $K_c = 0$，若未开裂，K_c 按式(8-5)计算；

K_f——环向钢筋抗力系数，按式(8-6)计算；

K_r——围岩单位抗力系数，按式(8-7)计算；

r_1——回填混凝土的内半径，m；

E_c、μ_c——混凝土的弹性模量和泊松比；

r_2——隧洞开挖直径，m；

f——每厘米长管道中钢筋的截面积，m^2；

r_f——钢筋圈半径，m；

K_0——岩石单位抗力系数，坚硬完整新鲜岩石为 9 800 ~ 19 600 N/cm^3，中等坚硬完整新鲜岩石为 4 900 ~ 9 800 N/cm^3，松软新鲜岩石为 1 960 ~ 4 900 N/cm^3，节理裂隙发育的风化岩为 490 ~ 4 900 N/cm^3。

（四）坚固岩石中的不衬砌隧洞

坚固岩石中的不衬砌隧洞的抗力系数值按式(8-7)计算。

需要指出的是，由于一些原始数据（如岩石单位抗力系数 K_0 等）难以准确确定，除匀质薄壁钢管外，对管道特性（直径、壁厚）不一致的组合管道，水击波速只能按上述公式近似计算，这对大多数电站工程来说是能满足要求的。对于高水头电站，水击波波速对最大水击压强升高影响较大，应尽可能选择符合实际情况而又略偏小的水击波波速值以策安全；对于中、低水头电站，水击波波速计算可较粗略。在缺乏资料的情况下，明钢管的水击波波速可近似地取为 1 000 m/s，埋藏式钢管的水击波波速可近似地取为 1 200 m/s，钢筋混凝土管的水击波波速可取为 900 ~ 1 200 m/s。

三、直接水击与间接水击

若压力管道阀门（或导水叶）开度的调节 $T_s \leqslant \dfrac{2L}{a}$，则在水库反射波到达水管末端的阀门之前，阀门开度变化已经结束。这样，阀门处的最大水击压强就不会受水库反射波的影响，其大小只受阀门瞬时启闭（$T_s = 0$）直接引起的水击波影响。这种水击称为直接水击，其数值很大，在水电站工程中应绝对避免。

若 $T_s > \frac{2L}{a}$，则当阀门尚未完全关闭时，从水库反射回来的第一个降压顺行波已达到阀门处，从而使阀门处的水击压强在尚未达到最大值时就受到降压顺行波的影响而减小。阀门处的这种水击称为间接水击，其值小于直接水击，是水电站经常发生的水击现象。

四、研究水击的目的

研究水击的目的有以下几方面：

(1)计算水电站引水系统水击压强的最大升高值，以确定压力管道、蜗壳和水轮机强度设计的最大内水压强，作为设计或校核计算的依据；

(2)计算水电站引水系统水击压强的最大降低值，以确定其最小内水压强，作为布置压力管道路线(防止压力水管发生真空)及校核尾水管内真空度的依据；

(3)研究水击与机组稳定运行的关系，水击压强的最大升高值与最大降低值是机组调节保证的依据；

(4)研究降低水击压强的措施。

第二节　水击最大值的计算

一、水击的连锁方程

(一)水击的基本方程

由水力学知识知，水流在压力管道中流动应满足运动方程及连续方程。当压力管道的材料、厚度及直径均沿管长度不变，且忽略水流摩阻损失时，管道的水击基本方程为

$$\left.\begin{aligned} \frac{\partial v}{\partial t} &= g\frac{\partial H}{\partial x} \\ \frac{\partial H}{\partial t} &= \frac{a^2}{g}\frac{\partial v}{\partial x} \end{aligned}\right\} \tag{8-8}$$

式中　v——管道中的水流速度，m/s，向下游为正；

H——压力管道内水体压力水头，m；

x——以压力管道末端为原点，水击波离开原点的距离，m，向上游为正；

t——时间，s；

a——水击波的传播速度，m/s；

g——重力加速度，m/s^2。

式(8-8)为一组双曲线型偏微分方程，其通解为

$$\Delta H = H - H_0 = \phi\left(t - \frac{x}{a}\right) + F\left(t + \frac{x}{a}\right) \tag{8-9}$$

$$\Delta v = v - v_0 = -\frac{g}{a}\left[\phi\left(t - \frac{x}{a}\right) - F\left(t + \frac{x}{a}\right)\right] \tag{8-10}$$

式中　H_0——初始水头，m；

v_0 ——压力管道中水流的初始流速,m/s;

$\phi(t-\frac{x}{a})$ ——以速度 a 沿 x 轴正方向,向上游传播的水击波波函数,称逆行波;

$F(t+\frac{x}{a})$ ——以速度 a 沿 x 轴反方向,向下游传播的水击波波函数,称顺行波。

式(8-9)及式(8-10)表明,压力管道中任一时刻任一断面的水击压强和流速变化情况取决于波函数 ϕ 和 F,该两式称水击基本方程,表明了水击运动的基本规律。波函数 ϕ 和 F 的量纲与水头 H 量纲相同,故可视为压力波,但确定这两个函数必须利用已知的初始条件与边界条件。

(二)水击的连锁方程

根据水击的基本方程可知,压力管道中任一断面任一时刻的水击压强变化值等于两个方向相反的压力波之和,而流速变化值等于两个压力波之差再乘以 $-\frac{g}{a}$。因此,可利用已知的初始条件与边界条件,由水击基本方程求得压力管道中每一个顺行波与逆行波产生的水击压强和流速的变化值,然后依次逐相计算,则求得水击过程的全部解。

为求得每一个顺行波与逆行波的水击压强解,将水击基本方程的两式分别加减处理后得

$$2\phi(t-\frac{x}{a}) = H - H_0 - \frac{a}{g}(v - v_0) \tag{8-11}$$

$$2F(t+\frac{x}{a}) = H - H_0 + \frac{a}{g}(v - v_0) \tag{8-12}$$

观察某压力管道中 A、B 两点(如图 8-4 所示),B 点在 A 点上游,设向上游为 x 正方向。令:某逆行水击波在 t_1 时刻传到 A 点时该处的压强水头为 $H_{t_1}^A$,流速为 $v_{t_1}^A$,该水击波在 t_2 时刻传到 B 点时该处压强水头为 $H_{t_2}^B$,流速为 $v_{t_2}^B$。将此情况代入式(8-11),整理后得

$$2\phi(t_1-\frac{x_1}{a}) = H_{t_1}^A - H_0 - \frac{a}{g}(v_{t_1}^A - v_0) \quad ①$$

$$2\phi(t_2-\frac{x_2}{a}) = H_{t_2}^B - H_0 - \frac{a}{g}(v_{t_2}^B - v_0) \quad ②$$

①-②得

$$2\phi\left[(t_1-t_2)-(\frac{x_1-x_2}{a})\right] = H_{t_1}^A - H_{t_2}^B - \frac{a}{g}(v_{t_1}^A - v_{t_2}^B)$$

因 $x_1 - x_2 = a(t_1 - t_2)$,故

$$H_{t_1}^A - H_{t_2}^B = \frac{a}{g}(v_{t_1}^A - v_{t_2}^B) \tag{8-13}$$

同理,对于顺行波可得

$$H_{t_3}^B - H_{t_4}^A = -\frac{a}{g}(v_{t_3}^B - v_{t_4}^A) \tag{8-14}$$

式(8-13)和式(8-14)给出了水击波在一段时间内通过两个断面时压强和流速的变化情况,称为水击的特征方程。为便于计算,常用水头与流速的相对值表示为无量纲的形式

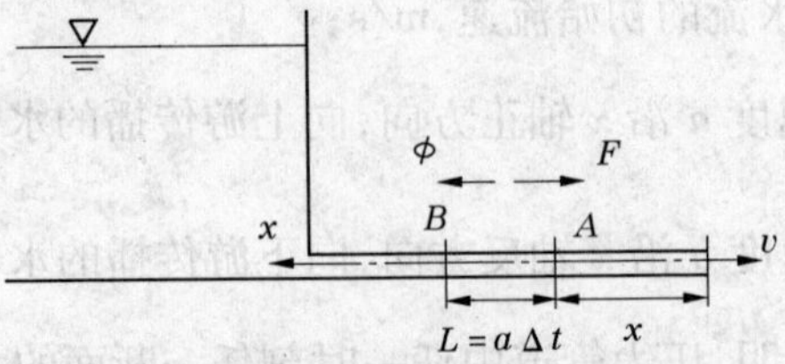

图 8-4　压力管道中的水击计算坐标

逆行波　　$\xi_{t_1}^{A} - \xi_{t_2}^{B} = 2\rho(\nu_{t_1}^{A} - \nu_{t_2}^{B})$　　(8-15)

顺行波　　$\xi_{t_3}^{B} - \xi_{t_4}^{A} = 2\rho(\nu_{t_3}^{B} - \nu_{t_4}^{A})$　　(8-16)

式中　ξ——水击压强的相对升高值，$\xi = \dfrac{\Delta H}{H_0} = \dfrac{H - H_0}{H_0}$；

ρ——管道特性系数，$\rho = \dfrac{av_0}{2gH_0}$；

ν——压力管道中的相对流速，$\nu = \dfrac{v}{v_0}$。

利用式(8-15)和式(8-16)可求出压力管道在 t_1、t_2、t_3、…、t_n 任意时刻的水击压强相对升高值，进而可求得水击发生过程的全部解。但必须逐次连锁求解，故又称为水击连锁方程。该方程的适用条件是管道的材料、管壁厚度及管径沿管长不变。

(三)水击计算的边界条件

利用水击的基本方程求解水击问题，必须利用已知的初始条件与边界条件。

1. 初始条件

初始条件是阀门(或导水叶)尚未发生变化的情况，此时管道内水流为恒定流，其平均流速为 v_0，电站静水头为 H_0。

2. 边界条件

在图 8-5 所示的水电站压力引水系统中，A 点为阀门端，A' 点为封闭端，B 点为压力水管进口端，C 点为管径变化点，D 点为分岔点。下面分析这 5 种边界点的边界条件。

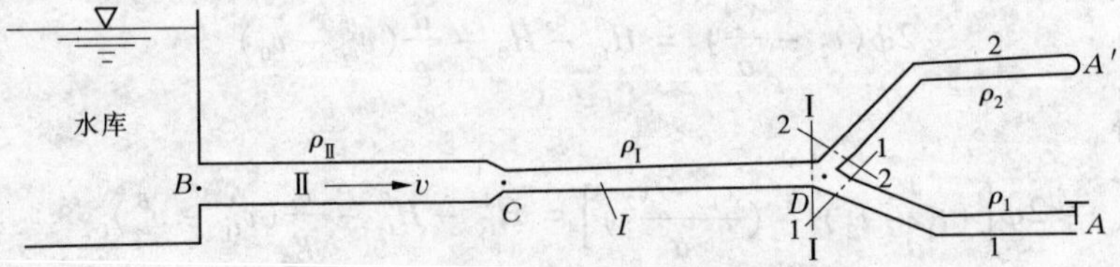

图 8-5　水电站压力引水系统的边界点

1)阀门端 A

阀门端是水击首先发生的地方，压强变化最为剧烈，该处的水流状态决定着水击波的传播情况。A 点的边界比较复杂，它决定于流量调节机构的出流规律。

对于冲击式水轮机，喷嘴可视为孔口，设喷嘴全开时的过水断面积为 ω_m，水头为 H_0，流量系数为 μ_m，压力水管的过水断面面积为 ω_0，流速为 v_0。根据水力学中孔口出流的公式，喷嘴的出流量为

$$Q_0 = \mu_m \omega_m \sqrt{2gH_0} = \omega_0 v_0 \tag{8-17}$$

当孔口在时刻 t 突然关闭至 ω_t 时，由于发生水击，其压力水头变为 H_t^A，压力水管中的流速为 v_t^A，流量系数为 μ_t，则此时喷嘴孔口的出流量为

$$Q_t^A = \mu_t \omega_t \sqrt{2gH_t^A} = \omega_0 v_t^A \tag{8-18}$$

假定喷嘴在不同开度时的流量系数保持不变，即 $\mu_m = \mu_t$，则以上两式相除化简后得

$$q_t^A = \nu_t^A = \tau_t \sqrt{1 + \xi_t^A} \tag{8-19}$$

式中，$q_t^A = Q_t^A / Q_0$，称为压力管道中的相对流量；$\nu_t^A = v_t^A / v_0$，称为压力管道中的相对流速；$\tau_t = \omega_t / \omega_m$，为喷嘴孔口的相对开度；$\xi_t^A = (H_t^A - H_0)/H_0$，为水击压强的相对升高值。

式(8-19)为假定压力水管末端 A 为孔口出流时的边界条件，它适用于装有冲击式水轮机的压力水管。当水电站装设反击型水轮机时，压力水管末端 A 点的出流规律与水头、导叶开度和转速有关，因此比较复杂。为简化计算，可近似以式(8-19)作为边界条件计算，然后加以修正。

2）封闭端 A'

封闭端在任何时刻 t 的流量和流速均为零，故其边界条件为 $Q_t^{A'} = 0, v_t^{A'} = 0$。

3）压力水管进口端 B

（1）若 B 点上游侧为水库或压力前池，由于它们的面积相对于压力管道来说很大，可认为在管道中发生水击时水库水位或压力前池水位基本不变，因而在任何时刻 B 点的边界条件为 $H_t^B =$ 常数，即 $\xi_t^B = 0$。

（2）若压力水管进口端 B 的上游侧为调压室，其边界条件因调压室的类型不同而有所不同。对简单圆筒式调压室，其边界条件与 B 点上游侧有压力前池的情况相同，即 $\xi_t^B = 0$。

4）管径变化点 C

若不考虑点 C 的摩阻损失，并根据水流连续性条件，则 C 点的边界条件为

$$H^{C\text{I}} = H^{C\text{II}}, Q^{C\text{I}} = Q^{C\text{II}}$$

5）分岔点 D

若不考虑点 D 处水流惯性和弹性的能量损失，则分岔点各管端的压力水头应相同，流量应连续。这样，D 点的边界条件为

$$H^{D1} = H^{D2} = H^{D\text{I}}, Q^{D\text{I}} = Q^{D1} + Q^{D2}$$

二、简单管道最大水击值的计算

为简化水击计算，引入以下两个假定：

（1）水轮机导叶（或喷嘴）的出流条件符合式(8-19)。这一假定对冲击型水轮机是适合的，对反击型水轮机是近似的。

（2）在 T_s 时段内导叶（或喷嘴）的开度变化与启闭时间成直线关系。实际上水轮机导叶（或喷嘴）的启闭规律如图8-6所示，导叶从全开至全关的整个历时为 T_z，导叶的关闭速度开始时较慢，这是由于调节机构的惯性所致；终了时也较慢，是由于调节机构的缓冲作用所致。对水击计算影响较大的是图中 T_s 时段，T_s 称为有效调节时间。在缺少调节器

资料时，可取 $T_s=0.7\ T_z$。

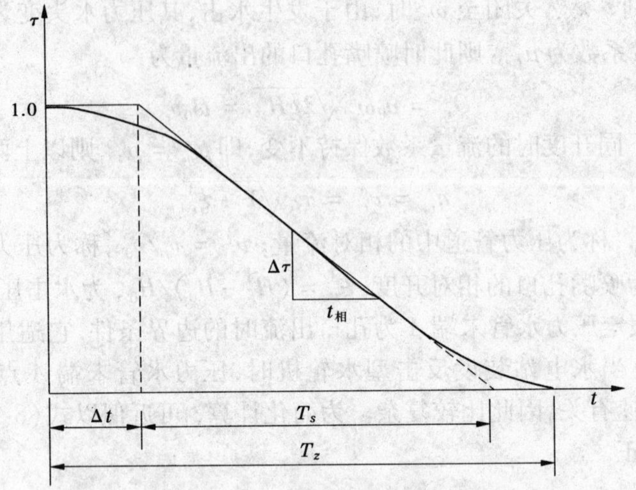

图 8-6　水轮机导叶（或喷嘴）开度与时间的关系

导叶（或喷嘴）的相对起始开度 τ_0 应按设计条件确定。一般情况下，关闭时常取全开为设计条件，即 $\tau_0=1$，如图 8-7（a）所示；开启时根据机组增加负荷前的导叶（或喷嘴）开度确定 τ_0。在 T_s 时段内，任一时刻 t 的开度 τ_t 与起始开度 τ_0 之间有以下关系：

关闭时
$$\tau_t=\tau_0-\frac{t}{T_s}$$

开启时
$$\tau_t=\tau_0+\frac{t}{T_s}$$

实际上，即使在 T_s 时段内导叶（或喷嘴）的启闭规律也是非线性的，故这一假定与实际情况略有出入。

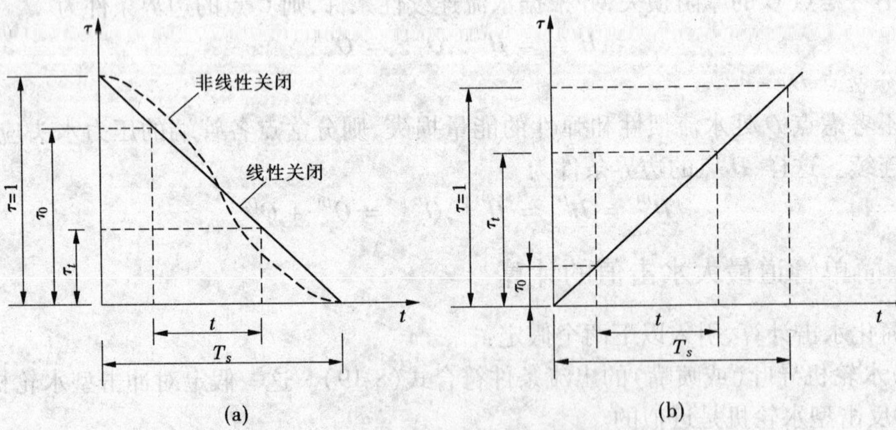

图 8-7　任一时刻导叶（或喷嘴）开度 τ_t

对于管径、管壁材料和管壁厚度沿管长不变的简单管道，其边界条件只需考虑水管的进口端（水库、压力前池或调压室）和末端（导叶或喷嘴处）。

(一)直接水击计算

如前所述,当 $T_s \leqslant \frac{2L}{a}$ 时,压力管道中将产生直接水击,其最大值将在导叶(或喷嘴)开度调节终了时首先发生在管道末端。由于压力管道末端未受水库端反射回来的水击波的影响,因此基本方程式(8-9)和式(8-10)中的顺行波函数 $F(t+\frac{x}{a})=0$,故可从两式中消去 $\phi(t-\frac{x}{a})$ 得直接水击的计算公式

$$\Delta H = H - H_0 = -\frac{a}{g}(v - v_0) \tag{8-20}$$

式(8-20)只适用于 $T_s \leqslant \frac{2L}{a}$ 的情况,由该式可得出以下结论:

(1)当阀门关闭时,管道内流速减小,ΔH 为正,发生正水击;当阀门开启时,管道内流速增加,ΔH 为负,发生负水击。

(2)直接水击压强值的大小只决定于流速改变的绝对值 $\Delta v = v_1 - v_2$ 和水击波速 a,而与阀门开度变化的速度、变化规律及管道长度无关。

直接水击压强往往很大,例如当压力管道中的起始流速 $v_0 = 5$ m/s,$a = 1\ 000$ m/s,突然快速全部关闭时,$\Delta H = -\frac{a}{g}(v - v_0) = -\frac{1\ 000}{9.81} \times (0-5) = 510$(m),将对电站造成很大的危害。因此,应当避免发生直接水击。

(二)间接水击计算

间接水击是水电站压力引水系统中经常发生的水击现象。由水击波的传播过程可知,各相的最大水击压强值发生在水管末端 A 处,并发生于各相之末。因此,只要求出 A 处各相末的水击压强值,则其中最大者即为间接水击压强的最大值。计算间接水击压强的最大值对于工程设计有重要用途。

1.阀门处各相末水击压强的计算公式

根据水击连锁方程式(8-15)、式(8-16)、初始条件与边界条件及计算假定,可推导出阀门处各相末的水击压强计算公式。

(1)第一相末的水击压强

$$\tau_1\sqrt{1+\xi_1^A} = \tau_0 - \frac{\xi_1^A}{2\rho} \tag{8-21}$$

$$\tau_1\sqrt{1-\eta_1^A} = \tau_0 + \frac{\eta_1^A}{2\rho} \tag{8-22}$$

式中 τ_1 ——第一相末阀门(或喷嘴)的相对开度,下标“1”表示第一相末,以下同理;

ξ_1^A ——第一相末处的水击压强相对升高值;

η_1^A ——第一相末处的水击压强相对降低值。

(2)第二相末的水击压强

$$\tau_2\sqrt{1+\xi_2^A} = \tau_0 - \frac{\xi_1^A}{\rho} - \frac{\xi_2^A}{2\rho} \tag{8-23}$$

$$\tau_2\sqrt{1-\eta_2^A}=\tau_0+\frac{\eta_1^A}{\rho}+\frac{\eta_2^A}{2\rho} \tag{8-24}$$

式中各项符号意义同前。

(3)第 n 相末的水击压强

$$\tau_n\sqrt{1+\xi_n^A}=\tau_0-\frac{1}{\rho}\sum_{i=1}^{n-1}\xi_i^A-\frac{\xi_n^A}{2\rho} \tag{8-25}$$

$$\tau_n\sqrt{1-\eta_n^A}=\tau_0+\frac{1}{\rho}\sum_{i=1}^{n-1}\eta_i^A+\frac{\eta_n^A}{2\rho} \tag{8-26}$$

式中各项符号意义同前。

2. 水击计算的简化公式

应用式(8-25)即可求出 A 处任意相末的水击压强,将各相末的水击压强值加以比较,即可求得 A 处的最大水击值,但必须依次求出 $\xi_1^A,\xi_2^A,\cdots,\xi_{n-1}^A,\xi_n^A$,这样计算工作量颇大,实际应用不够方便,常设法简化。

根据对水击现象的研究,对于阀门(或导叶)依直线规律启闭的简单管,间接水击可归纳为以下两种基本类型:

(1)第一相水击。第一相水击是指最大水击压强值发生在第一相末,即 $\xi_{\max}^A=\xi_1^A$,如图 8-8(a)所示。这类水击多发生于高水头电站。

在实际工程设计中,一般要求 $\xi_1^A<0.5$,故可近似采用 $\sqrt{1+\xi_1^A}\approx1+\frac{\xi_1^A}{2}$,代入式(8-21)得

$$\tau_1\left(1+\frac{\xi_1^A}{2}\right)=\tau_0-\frac{\xi_1^A}{2\rho}$$

令 $\sigma=\rho\frac{2L}{aT_s}=\frac{Lv_0}{gH_0T_s}$,$\sigma$ 为另一个水管特性系数,已知在阀门关闭时,$\tau_1=\tau_0-\frac{t_1}{T_s}$,将以上数值代入上式可解得:

阀门关闭时

$$\xi_1^A=\frac{2\sigma}{1+\rho\tau_0-\sigma} \tag{8-27}$$

同理可得阀门开启时

$$\eta_1^A=\frac{2\sigma}{1+\rho\tau_0+\sigma} \tag{8-28}$$

式(8-27)与式(8-28)是计算第一相末水击的简化公式,在中、小型工程上应用广泛,但当实际水击压强超过静水头的50%时,则计算结果误差偏大。

(2)末相水击。末相水击是指最大水击压强值发生在 n 相末,其特点是最大水击值接近于极限值 $\xi_{\max}^A$,故又称为极限水击,如图 8-8(b)所示。

从图 8-8(b)可以看出,末相水击的水击压强随着相数增加而逐渐上升,直至关闭终了达最大值,可用式(8-25)进行计算。当相数足够时,可以认为 $\xi_{m-1}^A=\xi_m^A$,于是经过适当的数学推导可得极限水击的计算公式

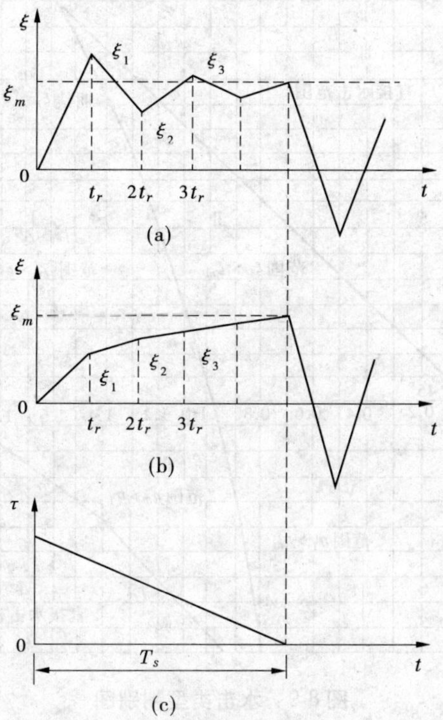

图 8-8 阀门依直线规律关闭时的水击类型

$$\xi_m^A = \frac{\sigma}{2}(\sqrt{\sigma^2 + 4} + \sigma) \tag{8-29}$$

$$\eta_m^A = \frac{\sigma}{2}(\sqrt{\sigma^2 + 4} - \sigma) \tag{8-30}$$

当 ξ_m、η_m 小于 0.5 时，可取 $\sqrt{1+\xi_m^A} \approx 1 + \frac{1}{2}\xi_m^A$ 和 $\sqrt{1-\eta_m^A} \approx 1 - \frac{1}{2}\eta_m^A$，代入式(8-29)与式(8-30)可得简化公式

$$\xi_m^A = \frac{2\sigma}{2 - \sigma} \tag{8-31}$$

$$\eta_m^A = \frac{2\sigma}{2 + \sigma} \tag{8-32}$$

极限水击多发生于低水头的电站。

3. 第一相水击和末相水击的判别

对于阀门开度依直线规律变化的情况，只要能判别水击的类型（直接水击、第一相水击、末相水击）即可利用以上各有关公式求得最大水击压强。水击的类型可以根据 $\rho\tau_0$ 和 σ 的值从图 8-9 中查出。该图中有 6 个区域，根据 $\rho\tau_0$ 和 σ 两坐标交点落在的区域即可判别水击的类型。

为了查找使用方便，将简单管路水击计算的简化公式汇总于表 8-1。在应用简化公式时，应注意以下问题：

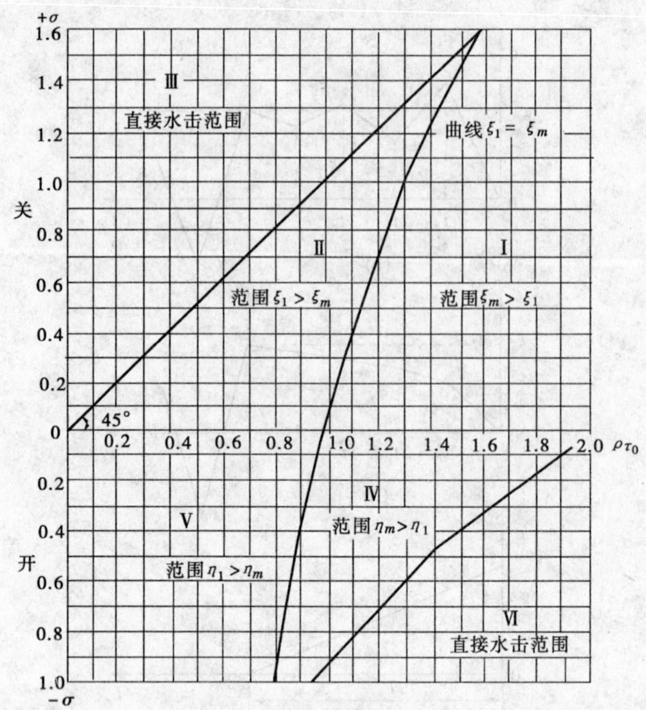

图 8-9　水击类型判别图

表 8-1　简单管道水击压强计算公式汇总表(系对阀门处断面)

水击类型	阀门关闭				阀门开启			
	开度 起始	开度 终了	计算公式	近似公式($\xi<0.5$)	开度 起始	开度 终了	计算公式	近似公式($\eta<0.5$)
直接水击	τ_0	τ_t	$\tau_t\sqrt{1+\xi}=\tau_0-\frac{1}{2\rho}\xi$	$\xi=\frac{2\rho(\tau_0-\tau_t)}{1+\rho\tau_t}$	τ_0	τ_t	$\tau_t\sqrt{1-\eta}=\tau_0+\frac{1}{2\rho}\eta$	$\eta=\frac{2\rho(\tau_t-\tau_0)}{1+\rho\tau_t}$
	τ_0	0	$\xi=2\rho\tau_0$	$\xi=2\rho\tau_0$	τ_0	1	$\sqrt{1-\eta}=\tau_0+\frac{1}{2\rho}\eta$	$\eta=\frac{2\rho(1-\tau_0)}{1+\rho}$
	1	0	$\xi=2\rho$	$\xi=2\rho$	0	1	$\sqrt{1-\eta}=\frac{1}{2\rho}\eta$	$\eta=\frac{2\rho}{1+\rho}$
间接水击	τ_0	0	$\xi_m^A=\frac{\sigma}{2}(\sqrt{\sigma^2+4}+\sigma)$	$\xi_m^A=\frac{2\sigma}{2-\sigma}$	τ_0	1	$\eta_m^A=\frac{\sigma}{2}(\sqrt{\sigma^2+4}-\sigma)$	$\eta_m^A=\frac{2\sigma}{2+\sigma}$
	τ_0		$\tau_1\sqrt{1+\xi_1^A}=\tau_0-\frac{\xi_1^A}{2\rho}$	$\xi_1^A=\frac{2\sigma}{1+\rho\tau_0-\sigma}$	τ_0	1	$\tau_1\sqrt{1-\eta_1^A}=\tau_0+\frac{\eta_1^A}{2\rho}$	$\eta_1^A=\frac{2\sigma}{1+\rho\tau_0+\sigma}$
	1		$\tau_1\sqrt{1+\xi_1^A}=\tau_0-\frac{\xi_1^A}{2\rho}$	$\xi_1^A=\frac{2\sigma}{1+\rho-\sigma}$	0	1	$\tau_1\sqrt{1-\eta_1^A}=\frac{\eta_1^A}{2\rho}$	$\eta_1^A=\frac{2\sigma}{1+\sigma}$
	τ_0		$\tau_n\sqrt{1+\xi_n^A}=$ $\tau_0-\frac{1}{\rho}\sum_{i=1}^{n-1}\xi_i^A-\frac{\xi_n^A}{2\rho}$	$\xi_n^A=\frac{2(n\sigma-\sum_{i=1}^{n-1}\xi_i^A)}{1+\rho\tau_0-n\sigma}$	τ_0	1	$\tau_n\sqrt{1-\eta_n^A}=$ $\tau_0+\frac{1}{\rho}\sum_{i=1}^{n-1}\eta_i^A+\frac{\eta_n^A}{2\rho}$	$\eta_n^A=$ $\frac{2(n\sigma-\sum_{i=1}^{n-1}\xi_i^A)}{1+\rho\tau_0+n\sigma}$

注:表中 η_i 为水击的相对降压,$\eta_i=(H_0-H_i)/H_0$。各式中 η 均取正号。

(1)公式适用条件。表中的简化公式只适用于简单管、不计管道内水力摩阻损失、压力管道末端为冲击式水轮机及阀门启闭按直线规律变化。对于反击型水轮机,导叶启闭虽然呈直线规律变化,但流量不呈直线变化。因此,对反击型水轮机在使用上述公式时需要乘以一个机型修正系数 C,即

$$\xi_{\max} = C \cdot \xi$$

式中,C 值与水轮机的比转速有关,可根据试验确定。在丢弃负荷时,对混流式水轮机组可近似取 $C=1.2$,对轴流式水轮机组可近似取 $C=1.4$。

(2)用简化公式求出的水击压强值 ξ 应小于 0.5,否则应用一般公式。

三、复杂管道的水击计算方法

以上讨论的均是简单管路的水击问题。但在实际工程中简单管路并不多见,经常遇到的是复杂管路系统。复杂管路可分为以下三种类型:

(1)串联管。管壁厚度随水头增加而逐渐加厚,管径随水头增加而逐渐减小的管道,如图 8-10 所示。

(2)分岔管。即分组供水和联合供水系统中的分岔管,如图 8-11 所示。

(3)反击型水轮机的管道系统。此类管道系统应考虑蜗壳和尾水管的影响,其过流特性与孔口出流不同,流量不仅与作用水头有关,而且与水轮机的机型和转速有关。

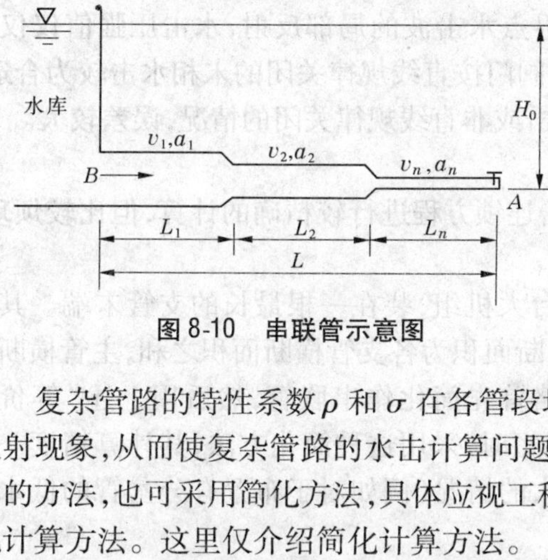

图 8-10　串联管示意图

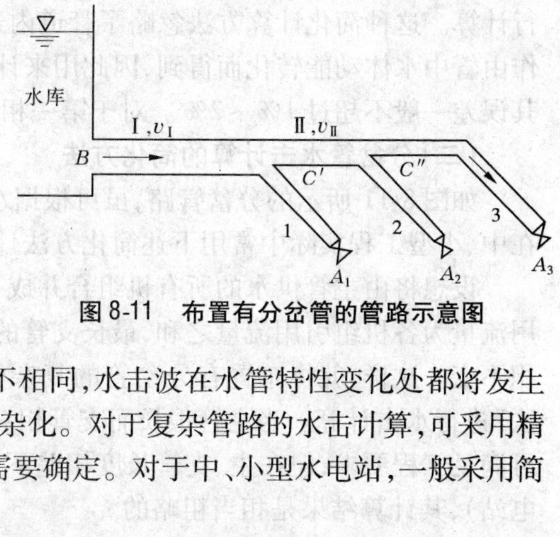

图 8-11　布置有分岔管的管路示意图

复杂管路的特性系数 ρ 和 σ 在各管段均不相同,水击波在水管特性变化处都将发生反射现象,从而使复杂管路的水击计算问题复杂化。对于复杂管路的水击计算,可采用精确的方法,也可采用简化方法,具体应视工程需要确定。对于中、小型水电站,一般采用简化计算方法。这里仅介绍简化计算方法。

(一)串联管水击计算的简化方法

在实际工程中常用"等价管法"简化计算串联管。这里所谓的等价,是设想用一根等价的简单管来代替串联管,该等价简单管在管长、管中水体动能及水击波传播时间方面与被代替的原串联管相同。

设有一根特性变化的串联管(见图 8-10),全长为 L,各段的长度、流速和水击波波速分别为 L_1、v_1、a_1;L_2、v_2、a_2;…;L_n、v_n、a_n。现用一根长 L_m、加权平均流速为 v_m、加权水击波波速为 a_m 的等价简单管代替串联管,两者之间应满足下列三个条件:

(1)等价管的总长与原串联管相同,即

$$L_m = L_1 + L_2 + \cdots + L_n = \sum_{i=1}^{n} L_i \tag{8-33}$$

（2）等价管中的水体动能与串联管相同，即

$$L_m v_m = L_1 v_1 + L_2 v_2 + \cdots + L_n v_n = \sum_{i=1}^{n} L_i v_i$$

于是

$$v_m = \frac{\sum_{i=1}^{n} L_i v_i}{L_m} \tag{8-34}$$

（3）等价管中水击波传播时间与串联管相同，即

$$\frac{L_m}{a_m} = \frac{L_1}{a_1} + \frac{L_2}{a_2} + \cdots + \frac{L_n}{a_n} = \sum_{i=1}^{n} \frac{L_i}{a_i}$$

于是

$$a_m = \frac{L_m}{\sum_{i=1}^{n} \frac{L_i}{a_i}} \tag{8-35}$$

据此，可得等价简单管的两个平均水管特性系数为

$$\rho_m = \frac{a_m v_m}{2gH_0}, \sigma_m = \frac{L_m v_m}{gH_0 T_s} \tag{8-36}$$

利用 ρ_m 和 σ_m 即可将串联管化为等价简单管，然后用有关简单管路水击计算公式进行计算。这种简化计算方法忽略了管道内边界点水击波的局部反射，水击压强值仅仅视作由管中水体动能转化而得到，因此用来计算阀门按直线规律关闭的末相水击较为合适，其误差一般不超过 1% ~2% 。对于第一相水击或非直线规律关闭的情况，误差较大。

（二）分岔管水击计算的简化方法

如图 8-11 所示的分岔管路，虽可根据水击连锁方程进行较精确的计算，但比较烦琐。在中、小型工程实际中常用下述简化方法计算。

设想将由主管供水的所有机组合并成一台大机组，装在一根最长的支管末端。其引用流量为各机组引用流量之和，最长支管的横断面积为各支管横断面积之和，主管横断面积不变。这样，就将布置有分岔管的复杂管路首先简化作串联管，然后用上述"等价管法"进行水击计算。当主管很长而支管相对很短时，采用这种简化方法，其计算精度一般可满足工程要求，但在主、支管长度相差不太大的情况（例如对于布置有分岔管的低水头电站），其计算结果是相当粗略的。

（三）反击型水轮机管道系统的水击计算

反击型水轮机在导叶突然启闭时，其蜗壳和尾水管也将发生水击现象，影响水轮机的流量，从而影响压力管道中的水击。蜗壳相当于压力水管的延续部分，其水击现象与压力管道中的水击现象相同；尾水管位于导叶之后，其水击现象与压力管道中的水击现象相反。

对于高水头、长压力管道的电站，蜗壳和尾水管相对很短，它们对水击的影响常可忽略不计；但对低水头、短压力管道的水电站，蜗壳和尾水管的长度在电站压力引水系统中所占比重较大，应当考虑它们的影响。

由于蜗壳和尾水管中的流态极为复杂，断面形状又沿长度变化，故水击计算目前只能近似求解。常用的近似方法是设想将机组移至尾水管末端，将压力管道、蜗壳和尾水管看

作串联管，先用前述“等价管法”求出总水击压强，然后按各段的ρ_m和σ_m比值分配水击压强值。

设压力管道、蜗壳和尾水管的长度分别为L_P、L_S和L_d，平均流速分别为v_P、v_S和v_d，平均水击波波速为a_P、a_S、a_d。等价管道的长度L_m、平均流速v_m、平均波速a_m及管特性系数ρ_m和σ_m可分别按下式计算

$$L_m = L_P + L_S + L_d \tag{8-37}$$

$$v_m = \frac{L_P v_P + L_S v_S + L_d v_d}{L_m} \tag{8-38}$$

$$a_m = \frac{L_m}{L_P/a_P + L_S/a_S + L_d/a_d} \tag{8-39}$$

$$\rho_m = \frac{a_m v_m}{2gH_0}, \sigma_m = \frac{L_m v_m}{gH_0 T_s} \tag{8-40}$$

在求出L_m、v_m、a_m、ρ_m和σ_m后，即可根据压力管道、蜗壳末端和尾水管中水体动能所占的比例将ξ或η值进行分配：

压力水管末端 $$\xi_P = \frac{L_P v_P}{L_m v_m}\xi \quad 或 \quad \eta_P = \frac{L_P v_P}{L_m v_m}\eta \tag{8-41}$$

蜗壳末端 $$\xi_S = \frac{L_P v_P + L_S v_S}{L_m v_m}\xi \quad 或 \quad \eta_S = \frac{L_P v_P + L_S v_S}{L_m v_m}\eta \tag{8-42}$$

尾水管进口 $$\xi_d = \frac{L_d v_d}{L_m v_m}\xi \quad 或 \quad \eta_d = \frac{L_d v_d}{L_m v_m}\eta \tag{8-43}$$

由于尾水管在导叶或阀门之后，故其水击现象与压力管道相反，为负水击。求出尾水管的负水击后，应校核尾水管进口处的真空度H_a，以防止尾水管中压力过低，引起抬机现象。

$$H_a = H_s + \eta_d H_0 + \frac{v_d^2}{2g} < 8 \sim 9 \text{ m} \tag{8-44}$$

式中 H_s——水轮机的吸出高度，m；

v_d——尾水管进口断面在出现η_d时的流速，m/s。

四、水击压强沿管线的分布

以上讨论的是压力管道末端阀门处最大水击压强值的计算问题，在进行水电站压力引水系统的布置与强度计算时，还必须求得最大正、负水击压强沿管线的分布状况。最大正水击压强值是管道分段强度计算的依据；最大负水击压强值用于检验管路的高程布置，避免在压力管道中出现负压。

极限水击与第一相水击沿管长的分布规律是不同的，现分述如下。

（一）极限水击压强沿管线的分布规律

研究证明，当压力水管末端出现极限水击时，无论是正水击还是负水击，管道沿线的最大水击压强均按直线规律分布，如图8-12中实线所示。

若管道末端A点的最大水击压强为ξ_m^A或η_m^A，则管中任意点C的最大水击压强可按直线比例求得，即

$$\xi_{\max}^{C} = \frac{l}{L}\xi_{m}^{A} \tag{8-45}$$

$$\eta_{\max}^{C} = \frac{l}{L}\eta_{m}^{A} \tag{8-46}$$

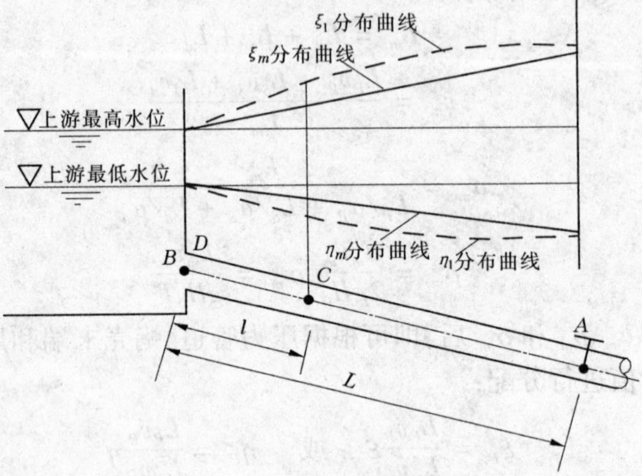

图 8-12　水击压强沿管路的分布

(二)第一相水击的分布规律

研究证明,第一相水击压强沿管线不依直线规律分布,其中正水击的压强分布曲线是上凸的,负水击的压强分布曲线则是下凹的,如图 8-12 中虚线所示。

关闭阀门时,任意点 C 的最大水击压强可按式(8-47)近似求得

$$\xi_{\max}^{C} = \frac{2\sigma_{AB}}{1+\rho\tau_0-\sigma_{AB}} - \frac{2\sigma_{AC}}{1+\rho\tau_0-\sigma_{AC}} \tag{8-47}$$

式中,$\sigma_{AB} = \dfrac{Lv_m}{gH_0T_s}$,$\sigma_{AC} = \dfrac{l_{AC}v_m}{gH_0T_s}$。

从式(8-47)可以看出,等式右边第一项是管长为 L 时,A 点在第一相末的水击压强值;第二项相当于将水库移至 C 点,使管长变为 $L-l$ 时,A 点在第一相末的水击压强值。而任意点 C 的最大水击压强值则为二者之差,故此方法称为"水库移置法"。

阀门开启时,任意点 C 在第一相末的最大水击压强可按"缩短管路法"计算,即设想将阀门 A 移至 C,然后按第一相末负水击压强计算公式计算 $\eta_{\max}^{C}$,此时 τ_1 及 σ 应分别以 $\tau_{\frac{2l}{a}}$ 和 $\sigma_{CB} = \dfrac{l_{CB}v_m}{gH_0T_s}$ 代替,即

$$\eta_{\max}^{C} = \frac{2\sigma_{CB}}{1+\rho\tau_0+\sigma_{CB}} \tag{8-48}$$

绘制水击压强沿管路的分布图时,可根据管路布置情况选择几个有代表性的断面,用上述方法求出各断面的最大正、负水击压强值。对于丢弃负荷的正水击分布图,可不计水头损失,在最高静水位线以上绘制;对于增加负荷的负水击分布图,宜计入水头损失,并在最低静水位线以下绘制。绘制反水击的负水击分布图时,不计水头损失,在最低静水线以

下绘制。

第三节　机组调节保证计算

一、机组调节保证计算的具体任务

水电站在正常运行中，机组出力与承担的负荷处于平衡状态，机组以额定转速运行。当外界负荷突然变化时，这种能量平衡将被破坏，机组自动调速器系统会快速关闭（或打开）导叶（或阀门）进行调节。在调节过程中，一方面水电站有压引水系统中产生水击现象；另一方面，机组出力与外界变化后的负荷不可能立即平衡，而使机组转速发生变化。即丢弃负荷时，机组的多余能量将转化为机组转动部分的动能，致使机组转速迅速升高；增加负荷时，机组的不足能量将由机组转动部分的动能补偿，致使机组转速迅速下降。

在机组调节过程中，机组的转速变化一般用相对值β表示，称为转速变化率。若以n_0、$n_{\max}$、$n_{\min}$分别表示机组的额定转速、丢弃负荷时的最高转速和增加负荷时的最低转速，则丢弃负荷时$\beta=\dfrac{n_{\max}-n_0}{n_0}$，增加负荷时$\beta=(n_0-n_{\min})/n_0$。

在机组转速变化及有压引水系统压力波动的过程中，水击压强及机组转速变化率都与导叶关闭时间T_s有关：T_s长，水击压强小，但剩余能量多，机组转速变化率大，引起电力系统电流频率的波动；T_s短，剩余能量少，机组转速变化率小，但水击压强大，使有压引水道中内水压力增大，对建筑物的安全构成威胁，恶化机组的调节稳定性。可见导叶（或阀门）启闭时间T_s的长短，在电力系统与水力系统间存在矛盾。为保证电站运行的经济与安全，选择合适的启闭时间T_s及合理的启闭规律，使水击压强及机组转速变化率都控制在允许范围内，所进行的水击计算和转速变化计算就称为调节保证计算。其具体任务包括以下几项：

（1）根据水电站有压引水系统和水轮发电机组特性，合理选择机组调节时间T_s及开度变化规律，使转速变化率和水击压强均控制在允许范围内，尽可能减小有压引水道内的水击压强；

（2）据选定的调节时间T_s和机组转动惯量$\sum GD^2$，计算转速变化率，检验是否在允许范围内；

（3）根据选定的T_s和开度变化规律进行水击计算，检验水击压强是否超过允许值；

（4）验算有压引水系统是否必须设置调压室或采取其他调节保证措施。

需要注意的是，调节保证计算需经反复试算才能确立合理的T_s及合理的开度变化规律。

二、调节保证计算的内容和规定标准

（一）调节保证计算内容

1. 丢弃全部负荷或部分负荷

（1）机组转速最大升高值；

(2)压力管道及蜗壳内最大水击压强值；

(3)尾水管真空度校核，同时应注意开度变化终了后的反水击是否超过增加负荷时的水击值。

2. 增加全部负荷或部分负荷

(1)机组转速最大降低值，只对单独运行的电站进行计算，加入系统运行的电站，转速受系统频率制约，不可能有很大降低；

(2)压力管道和蜗壳内最大压力降低值。

(二)调节保证计算规定的标准

β允许值规定如下：

丢弃100%负荷，$\beta_{max}=0.5\sim0.6$；

丢弃75%负荷，$\beta=0.65\beta_{max}$；

丢弃50%负荷，$\beta=0.45\beta_{max}$；

丢弃25%负荷，$\beta=0.25\beta_{max}$；

增加100%负荷，$\beta=0.6$。

蜗壳末端或冲击型水轮机水管末端最大水击压强升高值规定如下：

当$H_0<40$ m时，$\xi=0.7\sim0.5$；

当$H_0=40\sim100$ m时，$\xi=0.5\sim0.3$；

当$H_0=100\sim400$ m时，$\xi=0.3\sim0.15$；

当$H_0>400$ m时，$\xi=0.15$。

当设置减压阀或折流板时，$\xi=0.2$。

对于负水击，以水电站压力引水系统任何一点不出现负压为限，并应留有2~3 m水柱的余压；尾水管进口容许最大真空度为8~9 m水柱。

三、机组转速变化率计算的近似公式

机组转速变化率计算公式较多，现介绍以下常用公式。

(一)"苏联列宁格勒金属工厂"公式

丢弃负荷时
$$\beta=\sqrt{1+\frac{365N_0T_{s1}f}{n_0^2\sum GD^2}}-1 \tag{8-49}$$

增加负荷时
$$\beta=1-\sqrt{1-\frac{365N_0T_{s2}f}{n_0^2\sum GD^2}} \tag{8-50}$$

式中 N_0——机组额定出力，kW；

n_0——机组额定转速，r/min；

$\sum GD^2$——机组转动惯量，t·m²，一般由制造厂家提供；

T_{s1}——导叶由全开关至空转开度的历时，s；

T_{s2}——导叶由空转开度开至全开的历时，s；

f——水击影响修正系数，可按$f=1+1.2\sigma$计算，当$\sigma<0.6$及$\beta<0.5$时，f值可由图8-13查得。

对于混流式和冲击型水轮机，T_{s1} 和 T_{s2} 均采用$(0.85\sim0.9)T_s$；对于轴流式水轮机，T_{s1} 和 T_{s2} 均采用$(0.65\sim0.7)T_s$。

有时需要在给定β的情况下，用上述各式反求必需的 GD^2。若反求出的 GD^2 值大于厂家提供的数据，则表示机组的转动惯量偏小，应采取必要的措施，如加大飞轮。当缺乏资料时，GD^2 可用下式估算

$$\sum GD^2 = (5\sim7.5)\left(\frac{60}{n_0^2}\right)^2 N_0/\cos\varphi \quad (\text{t}\cdot\text{m}^2) \tag{8-51}$$

式中 N_0——机组的额定容量；

$\cos\varphi$——功率因数。

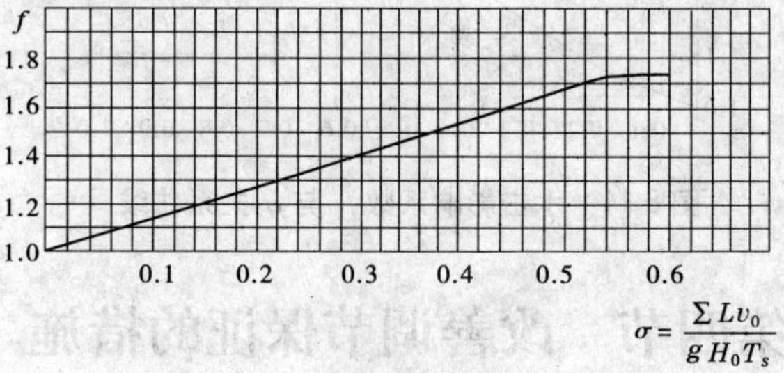

图 8-13 水击影响修正系数 f 与 σ 关系曲线

(二)“长江流域规划办公室”公式

$$\beta = \sqrt{1+\frac{365N_0}{n_0^2\sum GD^2}(2T_C+T_n f_h)} - 1 \tag{8-52}$$

$$T_C = T_A + 0.5\delta T_a \tag{8-53}$$

$$T_a = \frac{n_0^2\sum GD^2}{365N_0} \tag{8-54}$$

$$T_n = (0.9-0.000\,63n_s)T_s \tag{8-55}$$

式中 T_C——调速系统迟滞时间，s；

T_A——导叶动作迟滞时间，电调调速器取 0.1 s，机调调速器取 0.2 s；

δ——调速器的残留不均衡度，一般取 0.02～0.06；

T_a——机组的时间常数，s；

T_n——升速时间，s；

n_s——水轮机比转速，$n_s=\frac{n_0\sqrt{N_0}}{H^{1.25}}$；

T_s——导叶（或阀门）的有效调节时间，s；

f_h——水击影响系数，根据管道特性常数σ由图 8-14 查得。

近年来，随着科学技术及机组制造水平的发展提高，机组转速变化率β值的规定范围有提高的趋势。目前，我国某些水电站实际运行中的β值已超过 40%。

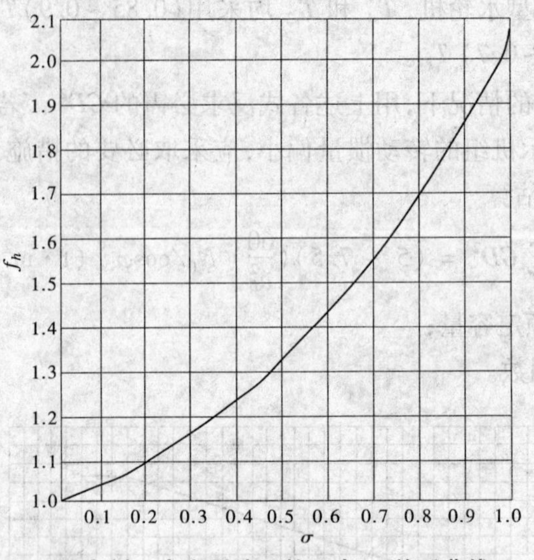

图 8-14　水击影响系数 f_h 与 σ 关系曲线

第四节　改善调节保证的措施

当水电站压力引水系统的布置和机组型号及其 GD^2 值确定后，调节保证计算的结果经过多种调整，仍不能确定同时保证 ξ 值及 β 值都在容许范围内的 T_s 值时，应采取其他措施，以改善调节保证参数。由于减小水击压强对于降低压力管道中的内水压力和水电站引水建筑物的造价，改善机组的运行条件均有重要的意义，所以通常是在保证转速变化率在容许范围内的前提下采用减小水击压强的措施。一般采用下列措施减小水击压强。

一、缩短压力管道的长度

缩短压力管道的长度，可减小水击波的传播时间，从进水口反射回来的水击波能较早地回到压力管道的末端，增加调节过程中的相数，加强进口反射波削弱水击压强的作用，从而降低水击压强。从水击计算公式 $\sigma = Lv_0/(gH_sT_s)$ 中可以看出，减小 L 可减小水管特性系数 σ 的值，从而减小水击压强值。因此，在布置管道时，应根据地形地质条件，选择尽可能短的路线。

在比较长的压力引水系统中，可在靠近厂房的适当位置设置调压室，利用调压室具有的较大的自由水面反射水击波，实际上等于缩短了管道的长度，这是一种有效地减小水击压强的工程措施。调压室工作可靠，对于水电站突然丢弃或增加负荷均起作用，但造价较高，应通过技术经济分析，决定是否设置。

二、减小压力管道的流速

减小流速 v 可减小压力管道的特性系数 ρ 和 σ 值，从而减小水击压强值。但是水电站在运行中，设计要求的流量是一定的，减小流速需要加大管道断面，增加管径。而管径一般由动能经济计算确定，加大管径必然增加投资，往往是不经济合理的。一般只有在计算出的水击压强值略大于其容许值的情况下，适当加大管道断面才可能是经济合理的。

三、采用合理的导叶(阀门)启闭规律

在调节时间 T_s 一定的情况下，采取合理的导叶(或阀门)的启闭规律能有效降低水击压强值。目前，工程中常采用分段关闭规律以有效减小水击压强：在中低水头电站中，一般出现末相水击，应采用先快后慢的关闭规律；在高水头电站中，常出现第一相水击，宜采用先慢后快的关闭规律。

四、设置调压阀(空放阀)

调压阀又称空放阀，一般装置于压力水管末端或蜗壳上，如图 8-15 所示；它是一种过压保护装置。当机组丢弃负荷时，在导叶关闭的同时，调压阀开启，一部分机组引用流量经由调压阀流向下游，从而减小了水管中流量的改变量，也即减小了水击压强值。为了节省水量，在导叶关闭终了后，调压阀自动缓慢关闭，关闭时间一般为 20 ~ 30 s。采用调压阀的压力水管，其水击压强升高值一般不超过 20%。

与调压室相比，调压阀有节省投资的优点，但调压阀在电站突然增加负荷时不起作用。另外，调压阀的可靠性也不如调压室。目前，我国一些中、高水头的小型电站在“以阀代室”的试验运行中，取得了不少成功经验。

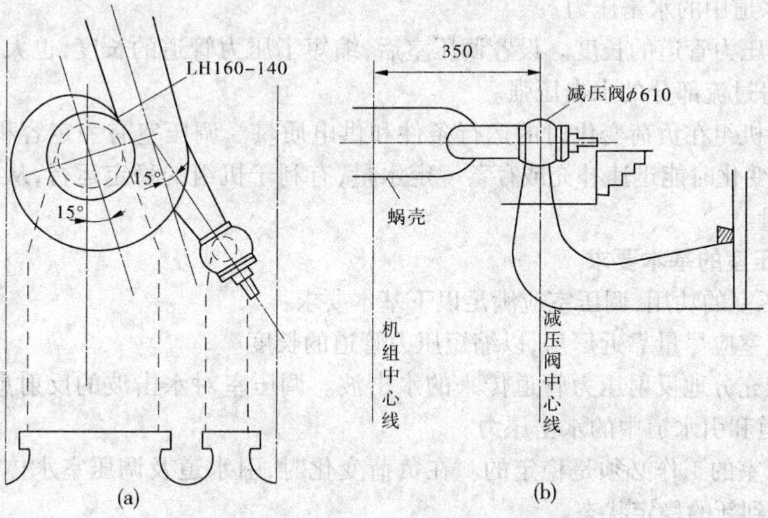

图 8-15　减压阀装置示意图　(单位:cm)

五、设置水阻器

水阻器是一种利用水阻抗消耗电能的设备，它与发电机母线相联。当机组突然丢弃负荷时，通过自动装置使水阻器投入，将机组原来输出的电能消耗于水阻器中，然后在一个较长的时段内将导叶关闭，这样就延长了关闭时间，从而减小了水击压强。水阻器虽造价低，但运行可靠程度较差，而且当电站突然增加负荷时不起作用，故一般用于小型电站。

六、设置折向器(偏流器)

折向器是一种设置在冲击型水轮机喷嘴出口下方的偏流设备。当机组丢弃负荷时，调速器使折向器在1～2 s时间内快速启动，将射流折偏，离开转轮，以防止机组转速变化过大。然后，针阀以较慢速度关闭，从而减小水击压强。折向器构造简单、造价低，且无需增加厂房的尺寸，但其在机组增机负荷时不起作用。

第五节　调压室

调压室是指在较长压力引水道与压力管道之间修建的，用以降低压力管道的水击压强和改善机组运行条件的水电站建筑物。调压室的断面面积比压力引水道大，且一般都具有自由水面，属于水电站的平水建筑物。

一、调压室的功用、要求及设置条件

(一)调压室的功用

调压室的功用可归纳为以下三点：

(1)反射水击波。调压室具有自由水面，能反射由压力管道传来的水击波，从而避免或减小了引水道中的水击压力。

(2)缩短压力管道的长度。设置调压室后，缩短了压力管道的长度，也大大降低了压力管道及厂房过流部分的水击压强。

(3)改善机组在负荷变化时的运行条件和供电质量。调压室有一定容积，离厂房较近，机组负荷变化时能迅速补充或存蓄一定水量，有利于机组的稳定运行，从而改善水电站的供电质量。

(二)调压室的基本要求

根据调压室的功用，调压室应满足以下基本要求：

(1)调压室应尽量靠近厂房，以缩短压力管道的长度。

(2)能较充分地反射压力管道传来的水击波。调压室对水击波的反射愈充分，愈能减小压力管道和引水道中的水击压力。

(3)调压室的工作必须是稳定的。在负荷变化时，引水道及调压室水体的波动应该迅速衰减，达到新的稳定状态。

(4)正常运行时，调压室的水头损失要小。为此，调压室底部和压力水管连接处应具有较小的断面面积。

(5)工程安全可靠、结构简单、施工方便、造价经济合理。

上述各项要求之间会存在一定程度的矛盾，必须根据具体情况统筹考虑各项要求，进行全面的分析比较后确定。

(三)调压室的设置条件

在有压引水系统上设置调压室后，一方面使有压引水道基本避免了水击压力的影响，减小了压力管道中的水击压力，改善了机组运行条件，从而减小了它们的造价，另一方面

却增加了设置调压室的造价。因此,是否设置调压室,应考虑水电站在电力系统中的作用、地形及地质条件、压力管道的布置等因素,进行技术经济比较后加以确定。

1. 设置上游调压室的条件

初步分析时,可用压力引水道中水流惯性时间(也称水流加速时间)常数 T_w 来判断,设置上游调压室的条件为

$$T_w = \frac{\sum L_i v_i}{gH_p} > [T_w] \tag{8-56}$$

式中 T_w——压力引水道中水流惯性时间常数,s,其物理意义是在水头 H_p 作用下,不计水头损失时,管道内水流速度从 0 增大到 v 所需的时间;

g——重力加速度,m/s^2;

L_i——包括蜗壳和尾水管的压力引水道各段长度,m;

v_i——各段管道中水流流速,m/s;

H_p——电站设计水头,m;

$[T_w]$——T_w 的允许值,一般取 1.5 ~6.5 s,$[T_w]$的取值与电站出力在电力系统中占的比重有关,我国的调压室设计规范规定:当单独运行或在电力系统工程中所占比重超过 50% 时,宜采用 1.5 ~2.5 s,在电力系统中所占比重小于 10% 时,则可取 6 s。

2. 设置下游调压室的条件

尾水调压室的功用是缩短尾水道的长度,减小甩负荷时尾水管中的真空度,防止水柱分离。下游调压室的设置条件是以尾水管内不产生液柱分离为前提的,判别条件为

$$L_w > \frac{5T_s}{v_{w0}}\left(8 - \frac{\nabla}{900} - \frac{v_{wj}^2}{2g} - H_s\right) \tag{8-57}$$

式中 L_w——压力尾水道的长度,m;

T_s——水轮机导叶(或阀门)的有效调节时间,s;

v_{w0}——稳定运行时压力尾水管中的流速,m/s;

v_{wj}——水轮机转轮后尾水管入口处的流速,m/s;

∇——机组安装高程,m;

H_s——水轮机的吸出高度,m。

通过调节保证计算,当机组丢弃全部负荷时,尾水管内的最大真空度不宜大于 8 m 水柱,但在高海拔地区应作高程修正

$$H_V = \Delta H - H_s - \varphi \frac{v_{wj}^2}{2g} > -\left(8 - \frac{\nabla}{900}\right) \tag{8-58}$$

式中 H_V——尾水管内的绝对压强水头,m;

ΔH——尾水管入口处的水击值,m;

φ——考虑最大水击真空与流速水头真空最大值之间相位差的系数,对于末相水击可取 0.5,对于第一相水击可取 1.0。

二、调压室的布置方式及类型

(一)调压室的基本布置方式

根据不同的要求及条件,调压室可以布置在厂房的上游和下游,或在某些情况下在厂房的上下游都需要设置调压室形成双调压室系统。调压室在引水系统中的布置归纳起来有以下四种基本方式。

1. 上游调压室(引水调压室)

调压室布置在厂房上游的有压引水道上,如图 8-16(a)所示。这种布置方式适用于厂房上游有压引水道比较长的情况,应用最为广泛。本章主要讲述这种布置方式的调压室。

2. 下游调压室(尾水调压室)

调压室布置在厂房下游的压力尾水道上,如图 8-16(b)所示。这种布置方式适用于厂房下游具有较长的有压尾水隧洞的情况,以减小水击压强,特别是防止丢弃负荷时压力尾水隧洞产生过大的负水击。因此,尾水调压室应尽可能地靠近厂房。

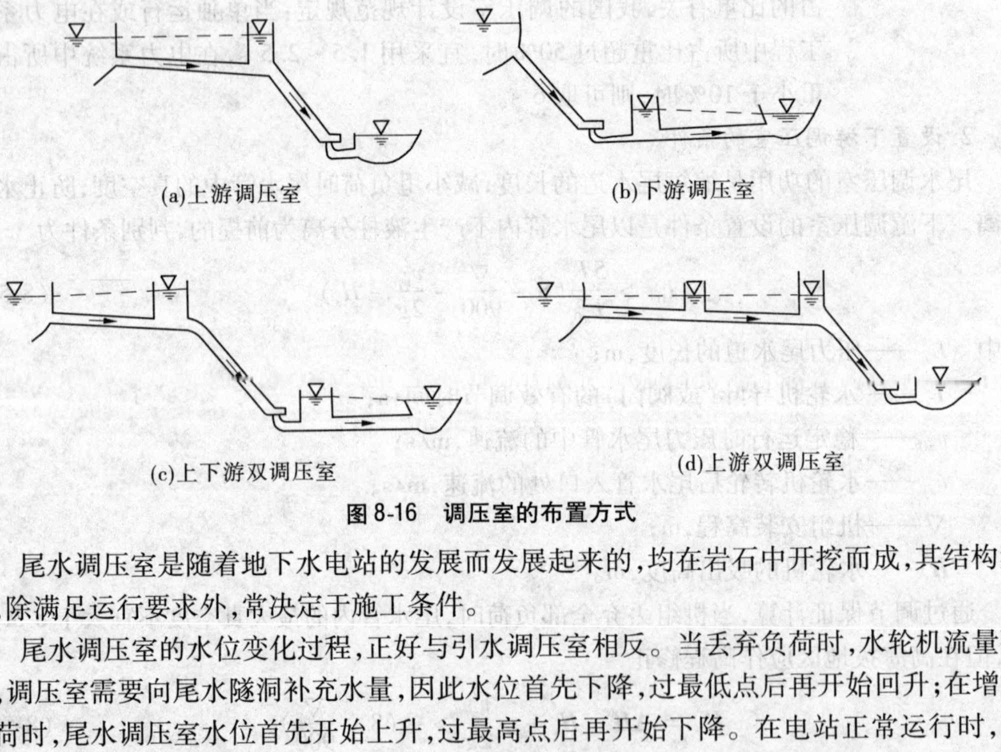
(a)上游调压室　(b)下游调压室　(c)上下游双调压室　(d)上游双调压室

图 8-16　调压室的布置方式

尾水调压室是随着地下水电站的发展而发展起来的,均在岩石中开挖而成,其结构型式,除满足运行要求外,常决定于施工条件。

尾水调压室的水位变化过程,正好与引水调压室相反。当丢弃负荷时,水轮机流量减小,调压室需要向尾水隧洞补充水量,因此水位首先下降,过最低点后再开始回升;在增加负荷时,尾水调压室水位首先开始上升,过最高点后再开始下降。在电站正常运行时,调压室的稳定水位高于下游水位,其差值等于尾水隧洞中的水头损失,尾水调压室的水力计算基本原理及公式与上游调压室相同,应用时要注意符号和方向。

3. 上下游双调压室系统

在有些地下式水电站中,厂房的上下游都有比较长的压力引水道,为了减小水击压力、改善电站的运行条件,在厂房的上下游均设置调压室而成双调压室系统,如图 8-16

(c)所示。当负荷变化,水轮机的流量随之发生变化时,两个调压室的水位都将发生变化,而任一个调压室的水位变化,都将引起水轮机流量新的变化,从而影响到另一个调压室的水位变化。因此,两个调压室的水位变化是相互制约的,使整个引水系统的水力现象大为复杂,特别是当引水隧洞的特性和尾水隧洞接近时,可能发生共振。

4. 上游双调压室系统

有时在上游较长的压力引水道中也可设置两个调压室,如图 8-16(d)所示。靠近厂房的调压室对于反射水击波起主要作用,称为主调压室;靠近上游的调压室用以反射越过主调压室的水击波,改善引水道的工作条件,帮助主调压室衰减引水系统的波动,称为辅助调压室。辅助调压室愈接近主调压室,所起的作用愈大,反之,愈向上游其作用愈小。引水系统波动衰减由两个调压室共同保证,增加一个调压室的断面,可以减小另一个调压室的断面,但两个调压室所需断面之和总是大于只设置一个调压室时所需的断面。当引水道中有施工竖井可以利用时,采用双调压室方案可能是经济的。有时因电站扩建,原有调压室容积不够而增设辅助调压室;有时因结构、地质等原因,设置辅助调压室以减小主调压室的尺寸。

上游双调压室系统的波动是非常复杂的,相互制约和诱发的作用很大。因此,应合理选择两个调压室的位置和断面,使引水系统的波动能较快地衰减。

(二)调压室的基本类型

根据调压室水力条件和结构型式的不同,调压室可分为以下几种基本类型。

1. 简单圆筒式调压室

如图 8-17(a)所示,简单圆筒式调压室的特点是自上而下具有相同的断面,结构型式简单,反射水击波的效果好。但在正常运行时压力引水道与调压室的连接处水头损失大,当流量变化时调压室中水位波动的振幅较大,衰减较慢,所需调压室的容积较大。因此,其一般多用于低水头、小流量的水电站。

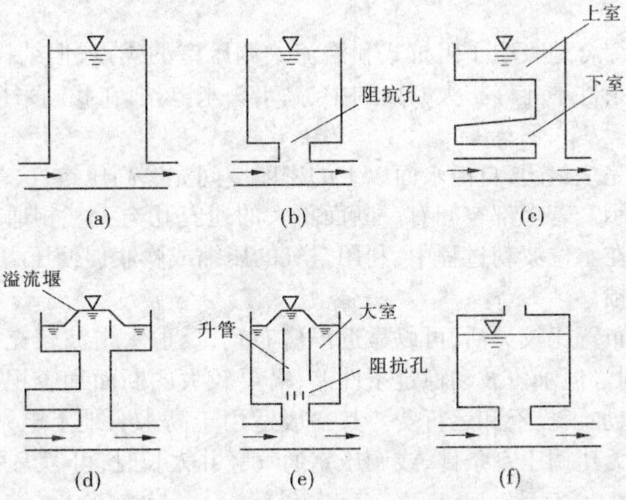

图 8-17 调压室的基本类型

2. 阻抗式调压室

将简单圆筒式调压室底部收缩成孔口式或用小于引水道断面的连接管与引水道相接，即成阻抗式调压室，如图8-17（b）所示。与简单圆筒式调压室相比，由于阻抗孔的作用，水位波动振幅小、衰减快，在同等条件下所需断面较小，正常运行时的底部水头损失小。但由于阻抗的存在，反射水击波的效果较差，引水道可能受水击的影响。因此，一般阻抗孔面积不小于引水道面积的15%，但也不宜大于60%，以免过分降低阻抗孔的作用。阻抗式调压室一般用于引水道较短的中、低水头电站。

3. 双室式调压室

双室式调压室由一断面较小的竖井和断面扩大的上下储水室组成，如图8-17（c）所示。正常运行时，水位在上、下室之间；弃荷时竖井水位迅速上升，使上室充水，从而减小水位波动振幅；增荷时水位下降由下室补充水体，从而限制了水位的下降。上、下室限制了水位波动振幅，且室水位波动快、衰减快，所需容积较小，反射水击波的效果较好。双室式调压室适用于水头较高和水库工作深度较大的水电站。

4. 溢流式调压室

溢流式调压室的顶部有溢流堰，如图8-17(d)所示。当丢弃负荷时，水位开始迅速上升，达到溢流堰后开始溢流，限制了水位的进一步升高，有利于机组的稳定运行，溢出的水量，可以设上室加以储存，也可以排至下游。溢流式调压室具有水位波动振幅小及衰减快的优点，适用于调压室附近能经济安全地布置泄水道的水电站。

5. 差动式调压室

差动式调压室由两个直径不同的同心圆组成，如图8-17(e)所示。外筒称为大室，起储水及保证稳定的作用；内筒直径较小，上有溢流口，通常称为升管，其底部以阻抗孔口与大室相通。正常运行时，大室与升管水位齐平；丢弃负荷时，由于阻抗孔的作用，升管水位迅速上升，大室水位上升缓慢；增加负荷时，升管水位迅速下降，大室水位仍滞后于升管水位而缓慢下降。由于这种调压室在水位波动过程中，升管和大室经常保持着水位差，故称为差动式调压室。

差动式调压室综合地吸取了阻抗式和溢流式调压室的优点，但结构较复杂。其一般适用于地形和地质条件不允许扩大断面的中、高水头水电站，在我国采用较多。

6. 气压式或半气压式调压室

将调压室顶部完全封闭，自由水面以上的密闭空间充满高压空气，就成为气压式调压室，如图8-17(f)所示。若上部空间有一断面不大的通气孔与大气相通，称为半气压式调压室。这种调压室在水位波动过程中，利用空气的压缩或膨胀促使压力水流减速或加速，可减小水位波动振幅。

气压式调压室布置比较灵活，可以靠近厂房布置，反射水击波较充分，可减小水击压力，对电站运行有利。但水位波动稳定条件差，需要较大的断面和容积，且需配置空压机定期向室内补气，增加了投资和运行费。其一般适用于高水头地下电站，或受地形、地质条件限制厂房附近无建调压室条件，或调压室通气竖井太长时，可考虑采用。

三、调压室水位波动的计算

调压室水位波动计算的目的，是求出最高水位和最低水位及水位变化过程，从而确定调压室的顶部和底部高程及压力管道的进口高程。

调压室水位波动计算常用的方法有解析法、逐步积分法和电算法。解析法较简便省时，可直接用公式求出最高和最低涌波水位，但引入的假定较多，精度较差，且不能求出波动的全过程，通常在可行性研究阶段或初步设计阶段用以初步确定调压室的尺寸。逐步积分法（又称数值积分法）通过逐时段计算求出最高和最低涌波水位以及波动的全过程，一般用于技施设计阶段。逐步积分法分差分法和列表法，二者原理相同，前者简便、醒目，应用较广，后者较烦琐但精度较高。电算法可以把调压室的水位波动、压力管道的水击压力及机组速率变化联合起来计算，对调压室的水位波动进行较详细的分析。当研究某个参数对调压室水位变化过程的影响时，电算法更为优越。

本节主要介绍简单圆筒式和阻抗式调压室水位波动计算的解析法与差分法，其他型式的调压室及其水位波动计算方法可参考规范或相关设计手册。

（一）调压室水位波动计算的解析法

1. 简单圆筒式调压室

当水电站瞬时丢弃全部负荷时，水流涌向调压室，一般按水库最高设计水位计算调压室水位最高涌波。但对于简单圆筒式调压室，因波动衰减缓慢，丢弃全负荷后的第二振幅有可能低于增加负荷时的最低涌波水位值，故需要验算最低设计水位时丢弃全负荷的第二振幅值。

1）丢弃全负荷时的最高涌波水位计算

丢弃全负荷时的最高涌波水位 Z_{max} 可按下列算式综合计算

$$\ln(1+X_{max})-X_{max}=-X_0 \tag{8-59}$$

$$X_{max}=Z_{max}/\lambda$$

$$X_0=h_{w0}/\lambda$$

$$\lambda=\frac{LA_1v_0^2}{2gAh_{w0}}$$

式中 X_0、X_{max}——无因次量；

λ——设有调压室的引水系统的特性系数，m；

L——压力引水道的长度，m；

A_1——压力引水道的横断面面积，m^2；

A——调压室断面面积，m^2；

h_{w0}——上游水库水位与调压室水位之差，其大小等于压力引水道水头损失与流速水头之和，m；

v_0——压力引水道的流速，m/s。

式(8-59)中 X_{max} 也可由图 8-18 中曲线 A 根据 X_0 查得。

2）丢弃全负荷时的第二振幅计算

丢弃全负荷时的第二振幅 Z_2 可按下式计算

$$X_{max}+\ln(1-X_{max})=\ln(1-X_2)+X_2 \tag{8-60}$$

$$Z_2=\lambda X_2$$

式中各项符号意义同前。其中，X_2 值也可由图 8-18 中曲线 A 和 B 根据 X_{max} 或 X_0 查得。

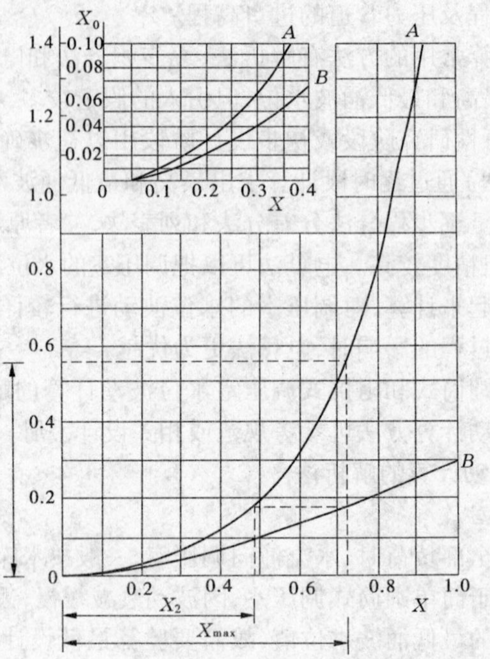

图 8-18　丢弃负荷时简单圆筒式调压室最高涌波计算图

3）增加全负荷时的最低涌波水位计算

增加全负荷时的最低涌波水位 Z_{min} 可按下式计算：

$$\frac{Z_{min}}{h_{w0}} = 1 + (\sqrt{\varepsilon} - 0.275\sqrt{m'} + \frac{0.05}{\varepsilon} - 0.9)(1 - m')(1 - \frac{m'}{\varepsilon^{0.62}}) \qquad (8\text{-}61)$$

$$\varepsilon = \frac{LA_1 v_0^2}{gAh_{w0}^2}$$

$$m' = \frac{Q}{Q_r}$$

式中　ε——无因次系数，表示压力引水道—调压室系统的特性；

Q——增加负荷前引水道中的流量，m^3/s；

Q_r——增加负荷后引水道中的流量，一般为机组额定流量，m^3/s；

m'——负荷系数，$m' < 1$，其值应根据电站在系统内担负的任务决定。

$\frac{Z_{min}}{h_{w0}}$ 的值也由图 8-19 根据 ε 和 m' 查得。

2. 阻抗式调压室

1）阻抗孔水头损失计算

通过阻抗孔口的水头损失 h_c 值，可按下式近似计算

$$h_c = \frac{1}{2g}(\frac{Q}{\varphi S})^2 \qquad (8\text{-}62)$$

式中　φ——阻抗孔流量系数，可由试验得出，初步计算时可取 0.60～0.80；

S——阻抗孔断面面积，m^2。

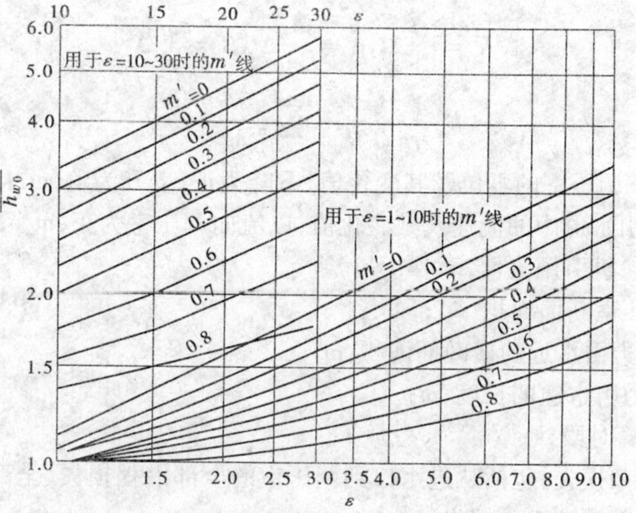

图 8-19 增加负荷时简单圆筒式和阻抗式调压室最低涌波计算图

2)丢弃全负荷时的最高涌波水位计算

当 $\lambda' h_{c0} < 1$ 时,最高涌波水位 Z_{max} 可按下式计算

$$(1 + \lambda' Z_{max}) - \ln(1 + \lambda' Z_{max}) = (1 + \lambda' h_{w0}) - \ln(1 - \lambda' h_{c0}) \tag{8-63}$$

当 $\lambda' h_{c0} > 1$ 时,最高涌波水位 Z_{max} 可按下式计算

$$(\lambda' |Z_{max}| - 1) + \ln(\lambda' |Z_{max}| - 1) = \ln(\lambda' h_{c0} - 1) - \ln(\lambda' h_{c0} + 1) \tag{8-64}$$

$$\lambda' = \frac{2gA(h_{w0} + h_{c0})}{LA_1 v_0^2}$$

式中 h_{c0} ——全部流量通过阻抗孔时的水头损失,m;

其他各项符号意义同前。

3)增加全负荷时的最低涌波水位计算

当阻抗孔尺寸满足 $\eta = \frac{h_{c0}}{h_{w0}} = \frac{X_{min} - (m')^2}{(1 - m')^2}$ 时,增加全负荷时的最低涌波水位可按下式近似计算

$$\frac{Z_{min}}{h_{w0}} = 1 + \left(\sqrt{0.5\varepsilon - 0.275\sqrt{m'}} + \frac{0.1}{\varepsilon} - 0.9\right)(1 - m')\left(1 - \frac{m'}{0.65\varepsilon^{0.62}}\right) \tag{8-65}$$

式中各项符号意义同前。

(二)调压室水位波动计算的差分法

差分法是在已经拟定调压室尺寸的基础上进行逐步积分计算,适用于各种类型的调压室,是设计中常用的方法。差分法计算结果较精确,可以求出整个波动过程,一般用于最后设计阶段。本节主要以圆筒式调压室为例说明差分法的原理。

1. 差分法计算的基本公式

根据水流连续性原理及牛顿第二定律,可得调压室水位波动计算的两个基本方程

$$\Delta Z = K - \alpha v \tag{8-66}$$

$$\Delta v = \beta(Z - h_w) \tag{8-67}$$

$$K = \frac{Q}{A}\Delta t, \alpha = \frac{A_1}{A}\Delta t, \beta = \frac{g}{L}\Delta t$$

$$h_w = \frac{Lv^2}{C^2 R} + \sum \xi \frac{v^2}{2g} + \frac{v^2}{2g}$$

式中 Z、ΔZ——调压室的水位及其变化值，下降为正，上升为负，m；

v、Δv——引水道中的流速及其变化值，以流向调压室为正，m/s；

Q——水轮机引用流量，m^3/s；

A——调压室断面面积，m^2；

A_1——压力引水道的横断面面积，m^2；

L——压力引水道的长度，m；

Δt——计算时段，s；

h_w——水头损失，包括从进水口到调压室的全部沿程损失、全部局部损失、调压室底部流速水头损失，m；

C——压力引水道的谢才系数；

R——压力引水道的水力半径，m。

计算时段 Δt 选定后，K、α、β 均为已知数。Δt 的选择关系到计算结果的精度。通常取 $\Delta t = \frac{T}{30} \sim \frac{T}{25}$，$T$ 为水位波动的理论周期，可近似取为：$T = \frac{2\pi}{\omega} = 2\pi\sqrt{\frac{LA}{gA_1}}$。

2. 差分法计算的基本假定

（1）由于 Δt 很小，所以假定在 Δt 的过程中，调压室水位 Z 和引水道流速 v 保持不变，而在时段末发生突变，即 Z 和 v 为阶梯式变化。

（2）在一个时段 Δt 内，规定流速 v 和水位 Z 采用起始瞬时的数值计算。

3. 计算步骤

确定计算情况，选择 Δt，求出 K、α、β，以引水道的 v_0 代入式（8-66），可求出第一时段末的调压室水位变量 ΔZ_1；以 $\Delta Z_1 = Z_1 - h_{w0}$ 代入式（8-67），求出第一时段引水道的流速变量 Δv_1，令 $v_1 = v_0 - \Delta v_1$ 并代入式（8-66），可求出第二时段末的调压室水位变量 ΔZ_2，再由式（8-67）求出第二时段引水道的流速变量 Δv_2。以此类推下去，可求出调压室整个波动过程。

上述步骤可通过计算程序由计算机完成，也可图解进行。因篇幅所限，这里不再赘述，读者可参考有关书籍或文献资料。

四、调压室的结构布置及构造要求

中小型水电站常用调压室的结构型式有塔式和井式两种。塔式结构称为调压塔，是布置在地面以上的调压室，其结构如同水塔，结构计算可按水塔的计算方法进行。井式结构的调压室是在地下开挖成圆井或隧道，加以衬砌而成，又叫调压井。随着施工技术及岩石力学的发展，并出于经济上的考虑，新中国成立后设计的调压室很少采用塔式结构，绝大多数为井式或半井式结构。

调压井由直井、底板、顶盖和升管等组成。

引水调压室直井一般为埋设在基岩中的钢筋混凝土圆筒,大多数采用圆形,下室及尾水调压井则多数为矩形。根据具体地形、地质条件,亦可采用其他便于施工、结构受力条件好的断面形状。

调压井的底板型式有两种:简单圆筒式调压井的底板为一周边固结的圆板;当调压井为阻抗式或差动式时,底板为内外边固结的中空圆环。

当调压井顶部露出地面时,为防石块、杂物掉入井内,常设顶盖。小直径时,可采用平盖板,大直径时宜用球形盖板。完全位于地下的调压室,则采用拱形顶板。设有顶盖的调压井要设通气孔。为进井观测检修之用,在顶盖边缘应设进人孔。

调压井通常离厂房及边坡较近,如围岩单薄或破碎,调压室的渗水可能使山坡坍滑,危及厂房安全。因此,调压井对安全度与防渗性能要求较高,一般采用钢筋混凝土结构,也有的采用锚杆使井壁与围岩连成整体,在井身则设置钢筋网。若围岩新鲜完整,亦可采用喷锚护面甚至不加衬护,但需分析论证漏水对边坡的影响,并采取相应的工程措施。当采用调压塔时应进行结构抗裂或限裂验算;当采用调压井时,应根据具体情况进行防渗或限裂验算。

当调压井高度不大,岩性上下均匀时,衬砌厚度可上下一致;当井筒较高,岩性不一时,衬砌可上薄下厚。决定衬砌厚度时,应根据调压井高度、断面面积及地质条件,初步取井壁厚度为调压井直径的 0.05 ~ 1.0 倍,底板厚度为调压井直径的 0.1 倍进行结构计算。如不能满足强度及抗裂要求,则修改衬砌厚度,重新计算。

第九章　水电站厂房的基本类型与厂区布置

第一节　水电站厂房的功用、组成与基本类型

一、水电站厂房的功用

水电站厂房的功用是：通过一系列的工程建筑，将水流平顺地引进水轮机并流向下游；将各种机电设备布置于恰当的位置，给它们创造良好的安装、检修及运行条件；为运行管理人员创造良好的工作环境。

二、水电站厂房和厂区的组成

（一）厂区的组成

布置水电站的发电、变电和配电建筑物的区域称为水电站的厂区，主要由水电站厂房、主变压器场、高压开关站和内外交通线路四部分组成。厂区是完成发、变、配电的主体。在水电站设计中，通常将这些建筑物集中布置在一起，故又称为厂房枢纽。

水电站厂房包括主厂房和副厂房。安装水轮发电机组的房间称为主厂房，是直接将水能转变为电能的车间，是厂房的主体。为了安装和检修主厂房内的机电设备，需要设置安装间或称装配场。它通常位于主厂房的一端，并成为主厂房的一部分。布置各种机电控制设备和辅助设备的房间，以及运行管理人员的工作和生活用房，统称副厂房，一般围绕主厂房布置。安装升压变压器的地方称为主变压器场，安装高压配电装置的地方称为开关站，它们通常布置在副厂房附近的露天场地上。由于枢纽布置和地形条件的不同，变压器场和开关站可以分开布置，也可连在一起布置。当二者布置在一起时，称为升压变电站，它们的作用是将发电机出线端电压升高至远距离送电所要求的电压，并经调度分配后送向电网。

（二）水电站厂房的组成

1. 按设备组成系统划分

（1）水流系统：是完成将水能转变为机械能的一系列过流设备，包括进水管、主阀（如蝴蝶阀）、水轮机引水室（如蜗壳）、水轮机、尾水管、尾水闸门、尾水渠等。

（2）电流系统：是发电、变电、配电的电气一次回路系统，包括发电机、发电机母线、发电机中性点引出线、发电机电压配电装置（户内开关室）、厂用电系统、主变压器、高压配

电装置(户外开关站)及各种电缆等。

(3)电气控制设备系统:是控制水电站运行的电气设备,包括机旁盘,励磁设备,中控室的各种控制、监测和操作设备,如互感器、表针、继电器、控制电缆、自动装置、通信及调度设备等。

(4)机械控制设备系统:包括水轮机的调速设备以及主阀、减压阀、拦污栅和各种闸门的操作控制设备等。

(5)辅助设备系统:是安装、检修、维护、运行所必需的各种机电辅助设备,包括厂用电系统、油系统、气系统、水系统、起重设备等。

上述五大系统各有其不同的作用和要求,在布置时必须注意它们的相互联系,使其互相协调地发挥作用。如图 9-1 所示。

2. 按水电站厂房的结构组成划分

(1)水平面上可分为主机室和装配场,见图 9-2。

(2)垂直面上根据工程习惯,主厂房以发电机层楼板面为界分为上部结构和下部结构两部分(见图 9-3):①上部结构。包括主机室和装配场(又称安装间),与工业厂房基本上相似。主机室是运行和管理的主要工作场所,水轮发电机组及许多辅助设备都布置在这里;装配场是水电站机电设备到货卸车、拆箱、组装和机组检修时使用的地方。②下部结构。为大体积的整体结构,主要布置水轮机的过流系统,其特点是:尺寸大、结构复杂、防渗要求严格、基础深厚。

三、水电站厂房的基本类型

(一)地面式厂房

1. 河床式厂房

当水头较低,单机容量又较大时,厂房与整个进水建筑物连成一体,厂房本身起挡水作用,称为河床式厂房,如图 9-4 所示。长江干流上的葛洲坝水利枢纽的厂房是目前我国装机容量最大的河床式厂房,浙江的富春江水电站和广西的西津水电站、大化水电站的厂房,也是这种型式。

低水头水电站有时为了泄洪、排沙的需要,为保证足够的溢流宽度和通航要求,可将厂房机组分别装设在溢洪道中加宽的闸墩内,发电机顶部用罩盖住,称为闸墩式厂房或墩内式厂房,如图 9-5 所示。黄河上的青铜峡水电站,采用的就是这种型式。这种型式加宽了泄流断面,节省厂房段,但结构复杂,通风和防渗困难。闸墩式厂房属于河床式厂房的一种类型。

低水头水电站有时在机组蜗壳的上方或下方设泄洪、排沙的泄水孔,利用泄流时从孔内射出的水流,将厂房下游尾水水体推远,降低尾水位,起到利用射流增加落差的作用。这种厂房称为泄水式厂房,又称为射流增差式厂房,也属于河床式厂房的类型,如图 9-6 所示。

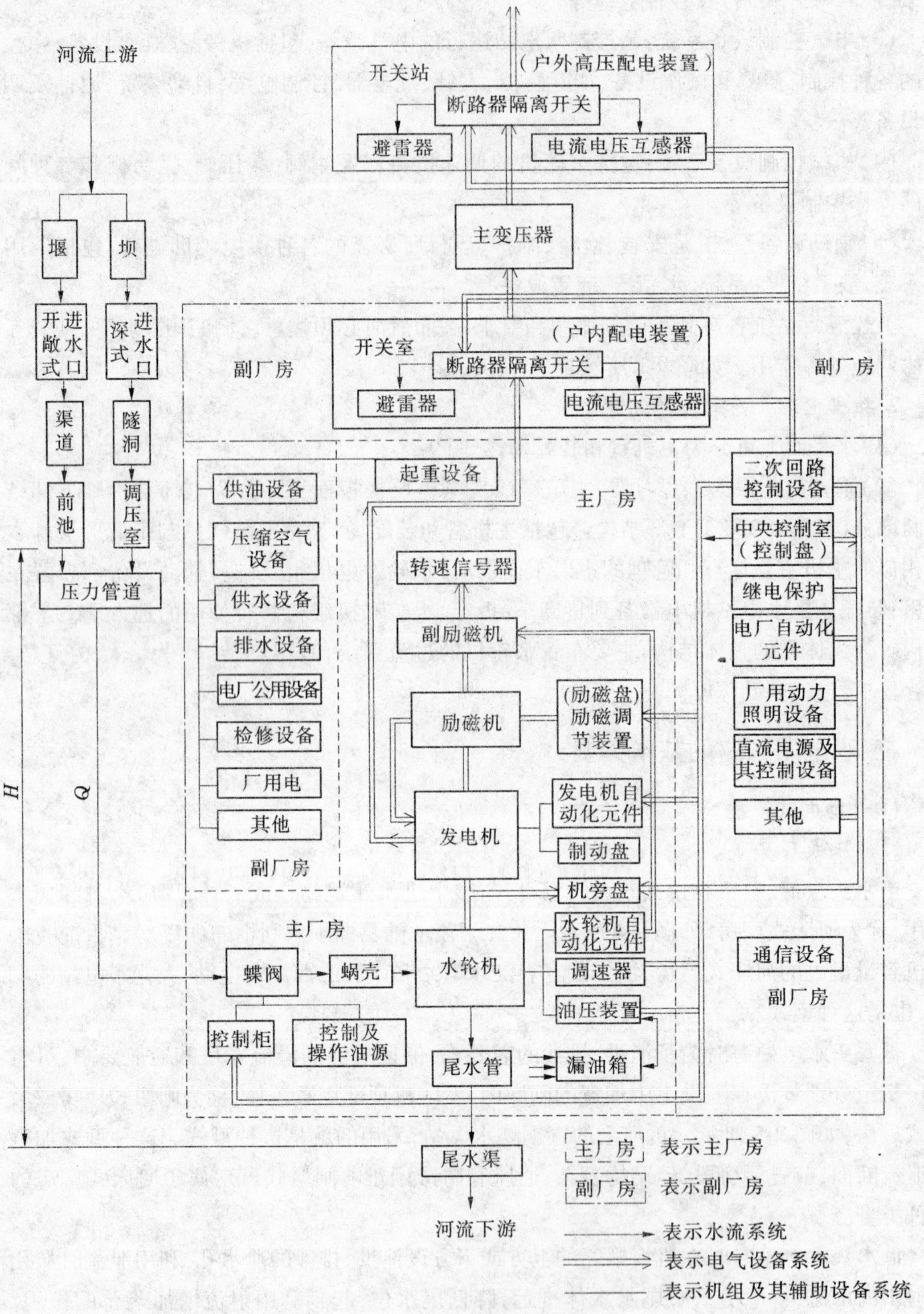

图 9-1 水电站厂房的组成

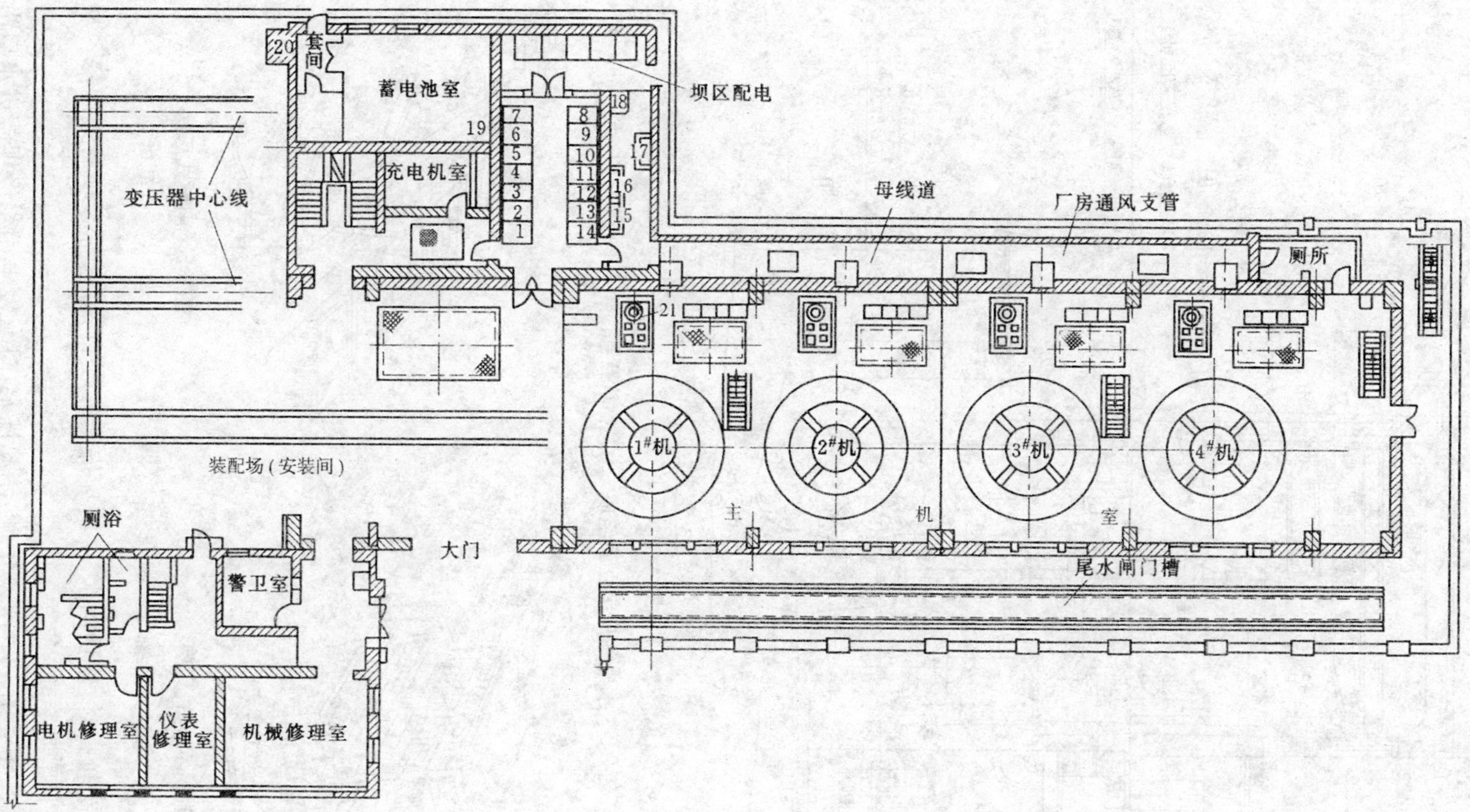

1~14—各种开关;15、16、17—母线井;18—爬梯;19—蓄电池室;20—低压母线道;21—调速器

图 9-2　水电站厂房的平面组成

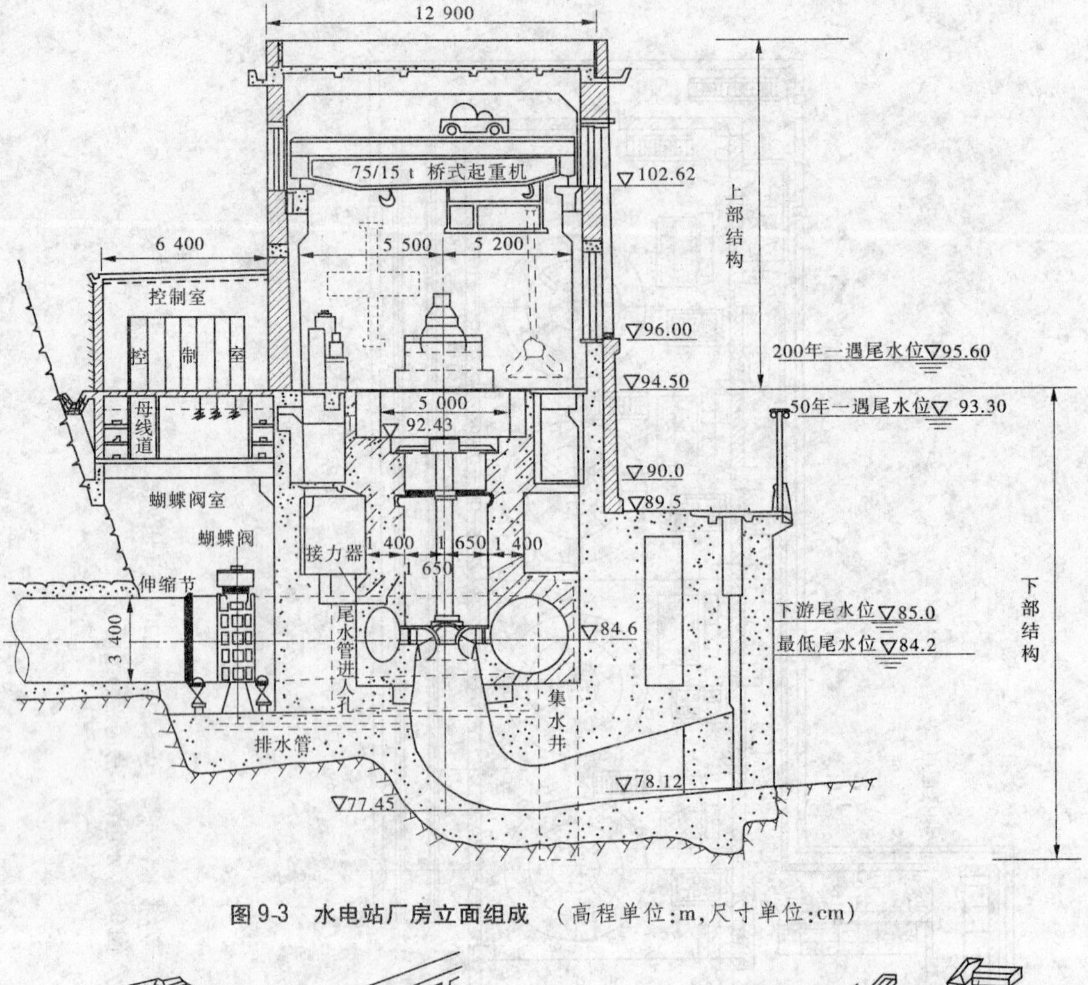

图 9-3　水电站厂房立面组成　(高程单位:m,尺寸单位:cm)

图 9-4　河床式厂房

图 9-5　闸墩式厂房

2. 坝后式厂房

当水电站水头较高时,建坝挡水,又将厂房紧靠坝布置的,称为坝后式厂房。坝后式厂房又可分为以下几类:

(1)坝后式明厂房。厂房在大坝下游,不起挡水作用,发电用水经坝式进水口沿坝身压力管道进入厂房,如图 9-7 所示。黄河上的三门峡、龙羊峡水电站和东北丰满水电站等

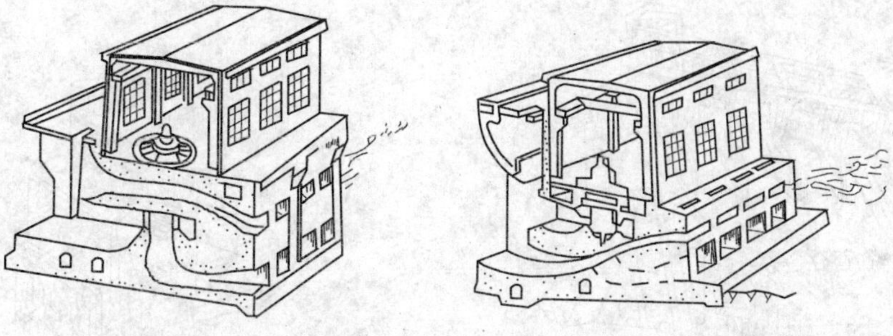

(a)蜗壳上方泄水　　(b)蜗壳下力泄水

图 9-6　泄水式厂房

都属于此种类型。其一般适用于中、高水头的情况。

(2)坝垛式厂房。厂房布置在连拱坝、大头坝或平板坝的支墩之间，如图 9-8 所示，适用于中水头的情况。安徽省佛子岭水电站老厂房就采用了这种型式。

图 9-7　坝后式明厂房

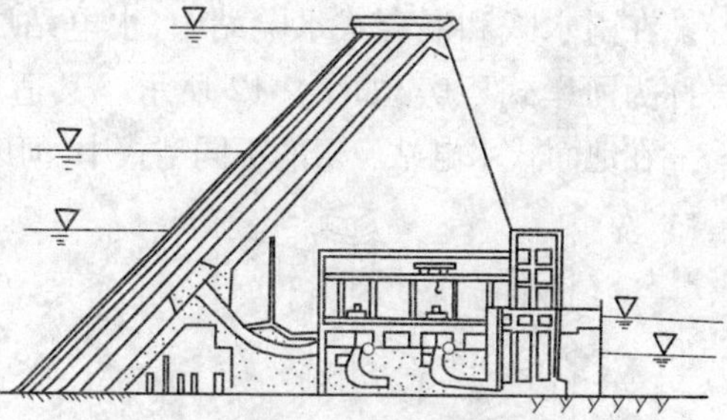

图 9-8　坝垛式厂房

(3)溢流式厂房。当河谷狭窄、泄洪量大、机组台数多、地质条件较差、不能采用地下式厂房而又要求保证有一定宽度的溢流段时，将厂房布置在溢流坎下面，厂房顶就是溢流面，称为溢流式厂房，如图 9-9 所示。这种型式的厂房结构要求能抵抗高速水流的荷载，溢流面的施工要求平滑，使泄洪时不致发生震动和汽蚀。新安江水电站厂房是我国第一座溢流式厂房，云南漫湾水电站厂房也采用这种型式。其缺点是厂房计算复杂、施工质量要求高。

(4)挑越式厂房。位于峡谷中的高水头大流量水电站，由于河谷狭窄，将厂房布置在挑流鼻坎的后面，泄洪时高速水流挑越过厂房顶，水舌射落到下游河床中，称为挑越式厂房，如图 9-10 所示。贵州乌江渡水电站厂房是我国首次采用这种型式建造的。对于溢流式和挑越式厂房来说，需要妥善处理的问题是厂房的通风、照明、防潮、出线、交通、排水和下游消能及岸坡保护等。

3. *坝内式厂房*

当洪水量很大，河谷狭窄时，为减少开挖量，将厂房布置在坝体内，而在坝顶设溢洪道，称为坝内式厂房，如图 9-11 所示。江西上犹江水电站厂房是我国第一座坝内式厂房，湖南省凤滩水电站也采用的是坝内式厂房。这种型式的厂房可以充分利用坝体的强度，省掉厂房的混凝土工程量；在施工时，坝内空腔对混凝土的散热和冷却有利；还可利用空

图 9-9　溢流式厂房

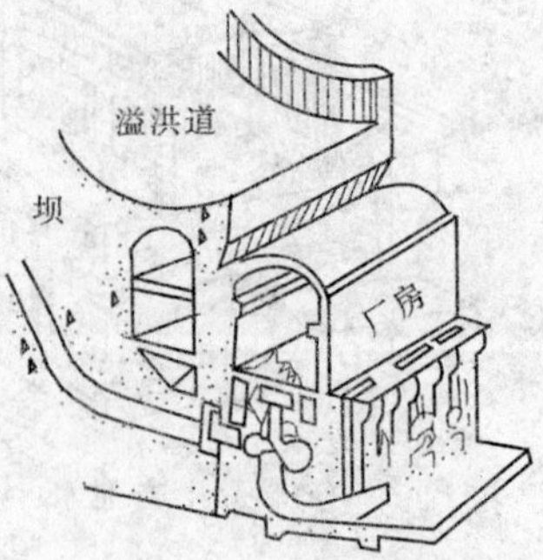

图 9-10　挑越式厂房

腔安排坝基排水，降低扬压力；厂房布置不受下游水位变化的限制。但坝体施工质量要求较高，在施工期拦洪和导流及大坝分期施工与分期蓄水等方面，不如实体重力坝。

4. 河岸式厂房

在引水式和混合式水电站中，水电站厂房通常布置在河道下游的岸边，这种型式的厂房称为河岸式厂房，如图 9-12 所示。其适用于中、高水头的情况。

在地面式水电站厂房的不同型式中，河床式、坝后式、坝内式和河岸式是最常用的型式。

图 9-11　坝内式厂房

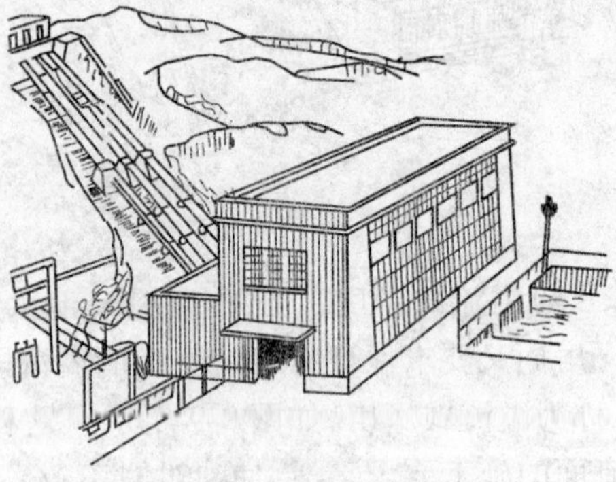

图 9-12　河岸式厂房

（二）地下式厂房

由于受地形、地质条件的限制，在地面上找不到合适位置建造地面式厂房，而地下有良好的地质条件或国防上需要，将厂房布置在地下山岩中，称为地下式厂房，如图 9-13 所示。此外，还有厂房部分机组段在地下，部分机组段在地面的半地下式厂房；或厂房上游侧部分嵌入岩壁，下游侧露出地面的窑洞式半地下式厂房；或厂房机组等主要设备布置在地下的竖井中，上部结构和副厂房布置在地面的井式半地下式厂房。对于地下式和半地下式厂房一定要充分考虑厂房的排水、通风、照明、防潮和防噪声等问题。

（三）抽水蓄能电站厂房和潮汐电站厂房

抽水蓄能电站厂房和潮汐电站厂房是近些年来发展较快的两种厂房类型，按厂房结构及厂房在枢纽中的位置分类，抽水蓄能电站厂房和潮汐电站厂房仍可纳入地面式或地下式厂房。但由于其功能与常规水电站有所不同，故在此单独叙述。

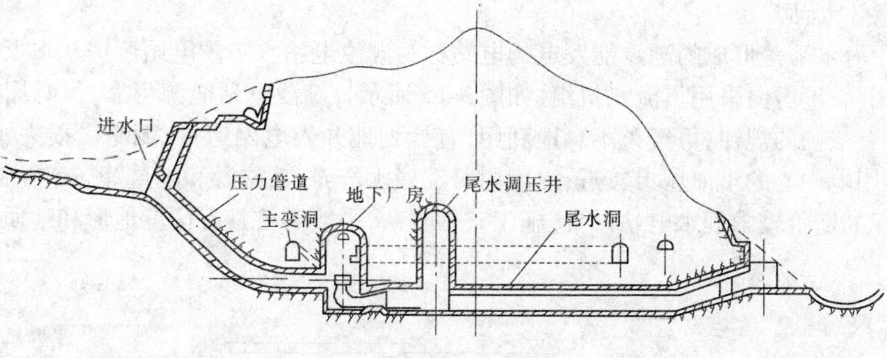

图 9-13　地下式厂房

1. 抽水蓄能电站厂房

抽水蓄能电站厂房内的机组有水泵和水轮发电机。它是利用电网中夜间负荷低谷时的电力输送给抽水蓄能电站，驱动水泵，将低处下水库的水抽到高处上水库存蓄；当高峰负荷出现时，放水到下水库，冲动水轮机带动发电机发电。当电站发电流量中无天然径流时，装设有这种机组的厂房称为纯抽水蓄能电站厂房，如图 9-14 所示。如果在常规水电站厂房内扩建抽水蓄能机组，即当发电流量中有部分天然径流时，称为混合式抽水蓄能电站厂房。抽水蓄能电站若与核电厂及火电厂联网运行，既具有调峰、调相、备用发电等功能，又可填谷，提高整个电网的经济效益。中低水头时，抽水蓄能电站厂房常采用地面式厂房；高水头大流量时，多采用地下式或半地下式厂房。厂房机组有三机式（每台机组包括发电机兼作电动机、水轮机和水泵三种机器）或二机式可逆机组（每台机组包括发电机兼作电动机和水轮机兼作水泵）两种，每种又可分为立轴和卧轴两类。三机式机组在抽水时，电动机（即发电机）驱动水泵抽水，而将水轮机的活动导叶（或球阀）关闭，利用压缩空气将尾水管中的水位压低，使转轮在空气中运行；当发电时，将联轴器脱开，水轮机带动发电机发电，水泵就不转动。

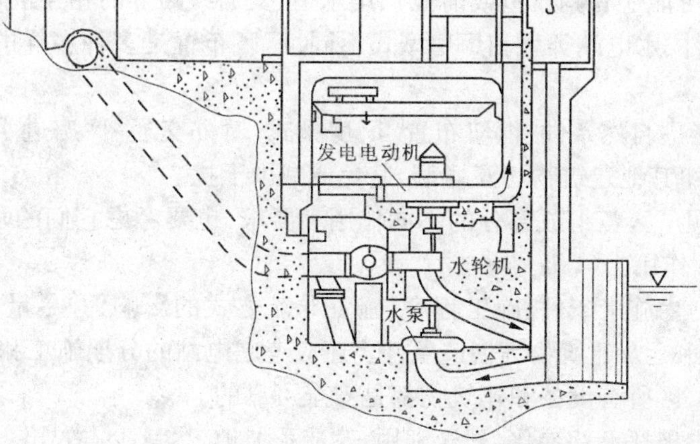

图 9-14　抽水蓄能电站厂房

2. 潮汐电站厂房

利用海水涨落形成的潮汐能发电的电站称为潮汐电站。潮汐电站厂房基本上与河床式厂房相同，厂房内采用贯流式机组，如图 9-15 所示。潮汐电站能源可靠，虽有周期性间歇，但具有准确的规律，可经久不息地利用，有计划地并入电网运行；无淹没损失、移民等问题；离用电中心的沿海城市较近；水库内可发展水产养殖、旅游和围垦等。但耗钢量大，单位千瓦的造价较常规水电站昂贵，施工条件复杂，一般需要具有优良地形和地质条件的海湾。

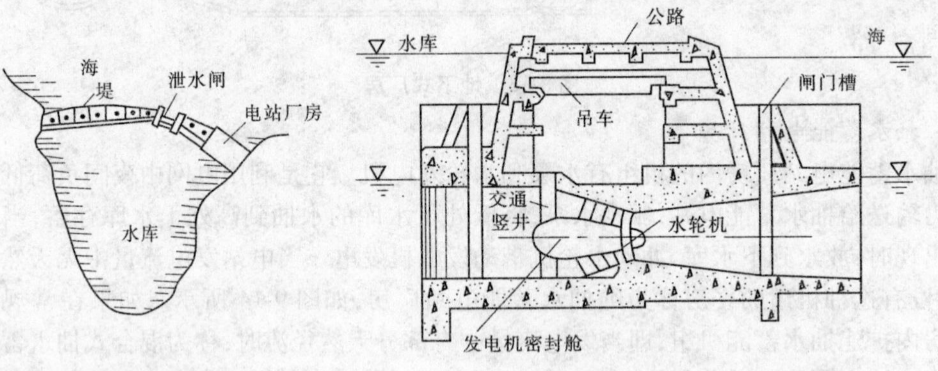

(a)潮汐电站枢纽平面　(b)双向发电潮汐电站厂房剖面

图 9-15　潮汐电站厂房

第二节　厂区布置

一、厂区布置的任务和原则

厂区布置的任务是以水电站主厂房为核心，合理安排主厂房、副厂房、变压器场、高压开关站、引水道（可能还有调压室或前池）、尾水道、交通线路等的相互位置。

由于自然条件、水电站类型和厂房型式不同，厂区布置是多种多样的，但应遵循以下主要原则：

（1）应综合考虑自然条件、枢纽布置、厂房型式、对外交通、厂房进水方式等因素，使厂区各部分与枢纽其他建筑物相互协调，避免或减少干扰。

（2）既要照顾厂区各组成部分的不同作用和要求，也要考虑它们的联系与配合，要统筹兼顾，共同发挥作用。

（3）应充分考虑施工条件、施工程序、施工导流方式的影响，并尽量为施工期间利用已有铁路、公路、水运及建筑物等创造条件。还应考虑电站的分期施工和提前发电。

（4）应保证厂区所有设备和建筑物都是安全可靠的。

（5）应尽量少破坏天然绿化，积极利用、改造荒坡地，尽量少占农田。

（6）应采用工程量最少、投资最省、效益最高的方案。

二、主厂房布置

主厂房是厂房枢纽的主要建筑物。它的布置是厂区布置的关键。副厂房、主变压器场、开关站的位置都依它的位置而定。因此,选定主厂房的位置必须慎重。下面以地面式厂房为主,讨论其一般布置规律。

主厂房应布置在地质条件好、开挖量小、岸坡稳定、对外交通方便、施工条件好且导流容易解决、出线方便、对整个水利枢纽工程来说经济合理的位置。

坝后式水电站厂房与整个枢纽紧密相连,厂房位置与泄洪建筑物的布置密切相关。

当河谷较宽,以圬工重力坝作挡水建筑物时,常采用河床泄洪方案,将溢流坝段布置在主河槽中,以利泄洪和施工导流。而将厂房布置在靠近河岸的非溢流坝段下游,以便对外交通和布置变电站。厂房与溢流坝间应设置足够长的导墙,以防止泄洪对电站尾水的干扰。厂坝之间的距离应在确保坝趾不被削弱的前提下,尽量缩短压力管道的长度,以减小水击压力,改善机组运行条件并节约投资。厂坝间一般设有沉陷伸缩缝,并在压力钢管进入厂房处设置伸缩节。只有当地基条件不利或下游洪水位很高,为满足厂坝整体稳定或其他特殊要求时,经论证厂坝间可采用不设沉陷伸缩缝的连接形式。

坝后式厂房应避免向岸坡切入过大深度,致使开挖后高陡岸处于暴露状态,这样对岸坡和挡水坝段的稳定都是不利的。拱坝坝后式厂房的开挖不应影响坝肩的稳定性,必要时可采用弧形布置,但应妥善解决由此引起的厂房内桥吊的运行等问题。

当河谷狭窄,无法同时布置溢流坝段和厂房坝段时,则可采用河岸泄洪方案或采用溢流式、坝内式、地下式厂房布置方案。

河床式水电站由于采用起挡水作用的河床式厂房,厂房与坝位于同一纵轴上,故厂房位置对枢纽布置、施工程序和施工导流影响很大,应给予充分注意,妥善解决。

常见河床式水电站枢纽的布置方案见图9-16。

当河床较宽时,应将主要的混凝土建筑物(厂房、溢流坝、船闸)布置在岸边。可布置在同一岸(见图9-16(a));也可分两岸布置,如厂房和溢流坝位于一岸,船闸在另一岸(见图9-16(b))。当有河湾或滩地时,可将厂房和溢流坝布置在河湾凸岸或滩地上(见图9-16(c))。上述布置可以不用围堰或低围堰施工,且可将混凝土建筑物作为第一期工程,施工过程中较少受河流水文情势变化的影响。在河流由非溢流坝截流后,混凝土建筑物即可过水,这样可以缩短工期,争取提前发电,且有利于施工导流和减少建筑物的工程量。缺点是将增大厂房基坑、引水渠和尾水渠的开挖量。

当河床开阔而两岸较陡时,混凝土建筑物须布置在河床中(见图9-16(b)、(c)),占据了河床的全部或大部分宽度,混凝土建筑物须分期施工,且基坑要有较高围堰保护。洪水通过束窄后的部分河床下泄,必须充分考虑施工度汛问题。当河床较窄,泄洪前沿长度不足时,一般考虑在厂房坝段设泄水排沙孔。泄水孔进水口宜低于水轮机进水口,以利于排沙。出口一般布置在尾水管扩散段上面,以利于工作闸门操作。也有采用溢流式厂房的。

引水式水电站常用河岸式厂房。其特点是距枢纽较远,因此首部枢纽布置和施工条件对其影响甚小。而引水系统对其影响较大。所以,应首先依地形、地质、水文等自然条

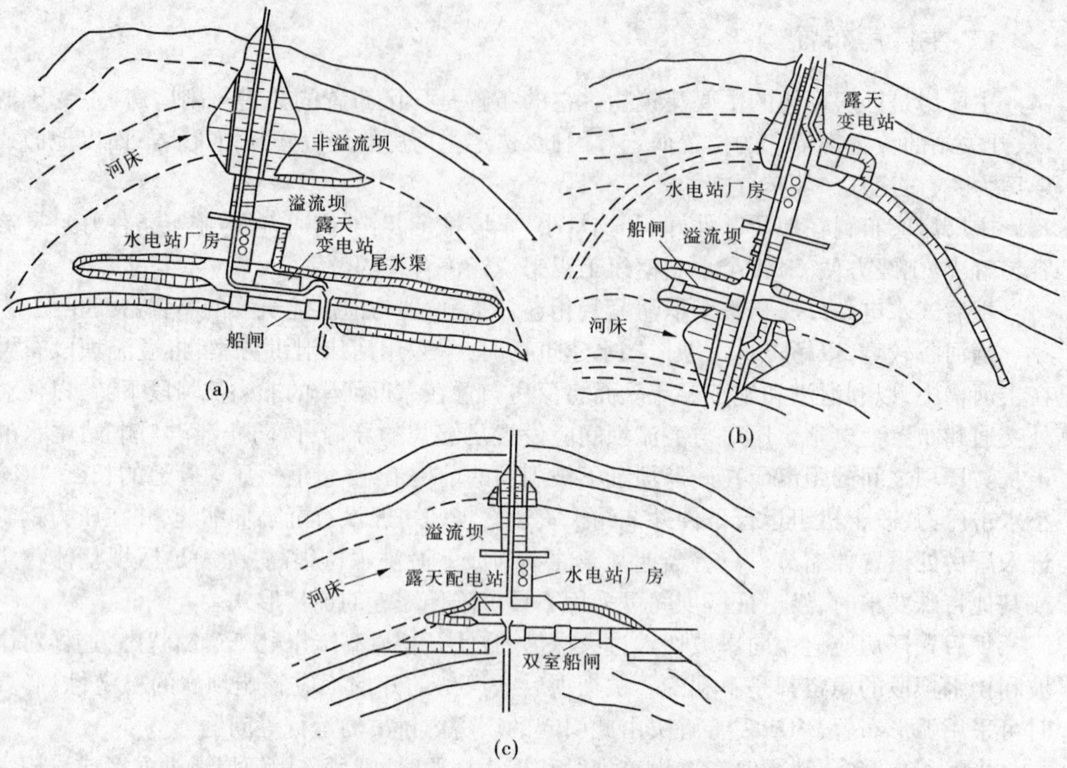

图 9-16　河床式水电站枢纽的常见布置方案

件选择引水方式后，再确定厂房的位置和布置。布置时应尽可能使厂房进出水平顺，最好采用正面进水，尾水渠要逐渐斜向下游，或加筑导墙以改善水流条件，免受河道洪水顶托而产生壅水、旋涡和淤积。

厂房背后山势陡峻时，应注意岸坡的稳定和处理方法。厂房屋顶结构以及布置在厂房附近的重要机电设备要考虑有防坠石破坏的安全措施。

引水系统中的调压室或压力前池的位置以选在地形较高、地质条件好而又尽量靠近厂房的地点为宜。

三、副厂房布置

大中型水电站都设有副厂房，小型水电站有时可不设专门的副厂房。水轮机辅助设备尽可能放在主厂房内，而电气辅助设备多装设在副厂房内。按副厂房的作用可分为如下三类：

(1)直接生产副厂房。是布置与电能生产直接有关的辅助设备的房间，如中央控制室、低压开关室等。直接生产副厂房应尽量靠近主厂房，以便运行管理和缩短电缆。

(2)检修试验副厂房。是布置机电修理和试验设备的房间，如电工修理间、机械修理间、高压实验室等。此类副厂房可结合直接生产副厂房布置。

(3)生产管理副厂房。是运行管理人员的办公和生活用房，如办公室、警卫室、盥洗室等。办公用房宜布置在对外联系方便的地方。

由于水电站的型式和规模不同,副厂房内房间的数量和尺寸也各不相同。副厂房的位置可以在主厂房的上游侧、下游侧或一端。水电站厂区的常见布置方案示意图见图9-17。

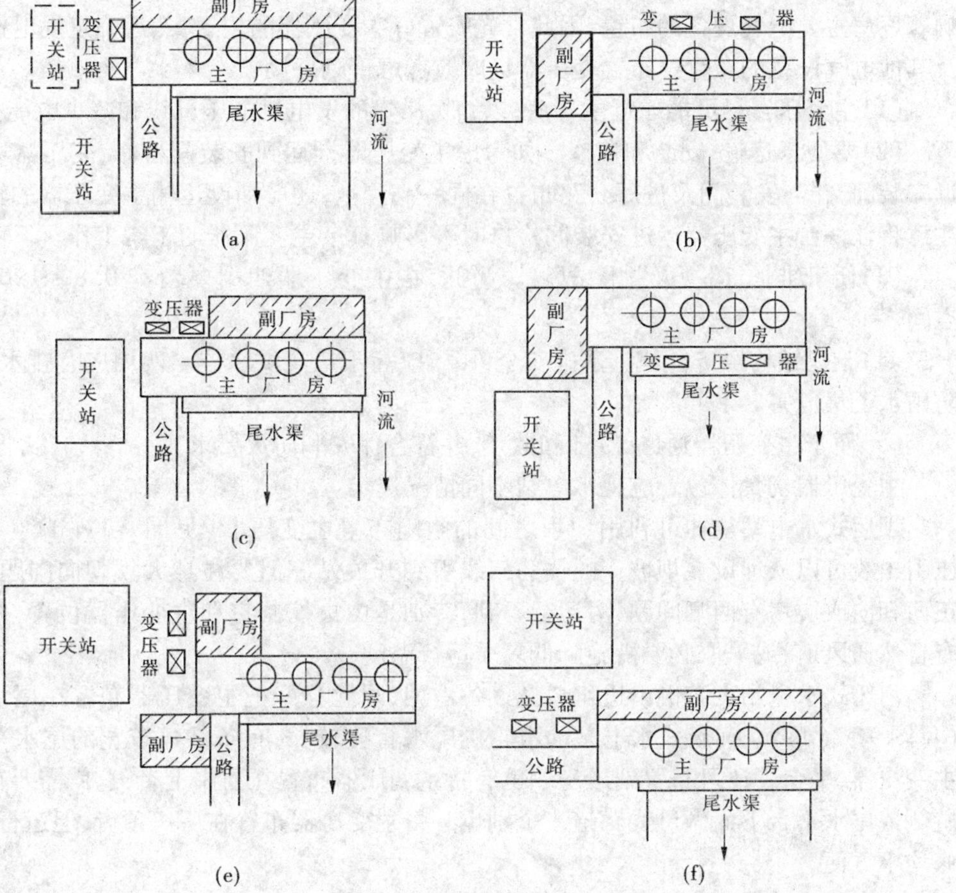

图9-17　水电站厂区布置方案示意图

副厂房布置在主厂房上游侧(见图9-17(a)、(c)、(f)),运行管理比较方便,电缆也较短,在结构上与主厂房连成一体,造价较经济。当主厂房上游侧比较开阔、通风采光条件好时可以采用。副厂房布置在下游会影响主厂房通风采光;尾水管加长会增大工程量,且尾水平台一般是有振动的,中央控制室不宜布置在该处。副厂房布置在主厂房一端时(见图9-17((b)、(d)),宜布置在对外交通方便的一端。当机组台数较多时,会使电缆及母线加长。

坝后式水电站应尽量利用厂坝间的空间并结合端部布置副厂房。河床式水电站可利用尾水平台以下空间及端部布置副厂房(见图9-17(a))。

引水式水电站的副厂房宜布置在主厂房一端,或利用主厂房与后山坡之间的空间,布置在主厂房上游侧(见图9-17(f))。对明管引水的高、中水头引水式水电站,副厂房的位置宜偏离压力水管管槽的正下方。

四、变压器场和开关站的布置

主变压器位于高、低压配电装置之间，起着连接升压作用，它的位置在很大程度上影响着厂房主要电气设备的布置，因此常先安置好主变压器的位置，然后确定发电机引出线及其他电气设备的布置。布置变压器场时应考虑下列原则：

(1)主变压器尽可能靠近主厂房，以缩短昂贵的发电机电压母线和减少电能损失。

(2)要便于运输、安装和检修。如考虑主变压器推运到安装间检修，变压器场最好靠近安装间，并与安装间及进厂公路布置在同一高程上，还应铺设运输主变压器的轨道。要注意将任一台主变压器运进安装间检修时不影响其余主变压器的正常工作。

(3)便于维护、巡视及排除故障。为此，在主变压器四周要留有 0.8 ~ 1.0 m 以上空间。

(4)土建结构经济合理。基础安全可靠，应高于最高洪水位。四周应有排水设施，以防雨水汇集危害。

(5)便于主变压器通风、冷却和散热，并符合保安和防火要求。

主变压器场具体位置应视水电站不同情况选定。

坝后式水电站往往可利用厂坝之间的空间布置主变压器(见图 9-17(b)、(c))。高压引出线可以从埋设在坝坡上的锚筋架线引到开关站。但要注意大坝朝向问题，如大坝正西朝向或厂房有西晒问题，对运行不利，特别是中央控制室和主变压器位置，要考虑留有自然通风道，或采取必要措施降低夏季运行温度。

河床式水电站上游侧由进水口及设备占用，因此只好把主变压器布置在尾水平台上(见图 9-17(d))。河床式水电站的水轮机尾水管比较长，有条件建较宽的尾水平台安装主变压器，平台下还可布置副厂房。也有将主变压器布置在河岸上者，这就需要在厂房上游侧或尾水平台下面做母线廊道。个别也有将主变压器布置在厂房顶者，但运行管理、检修均不方便。

引水式水电站厂房多数是顺河流沿山坡等高线布置，厂房与背后山坡间地方不大，为减少开挖量，可将主变压器布置在厂房一端的公路旁(见图 9-17(f))。当主变压器台数多、容量大、厂房上游有空间时，宜布置在上游侧，也有布置在下游侧的。

高压开关站一般为露天式。当地形陡峻时，为了减少开挖和平整的工程量，也可采用阶梯布置方案或高架方案。

高压开关站的布置原则与主变压器场相似，要求高压引出线及低压控制电缆安装方便而短，便于运输、检修、巡视，土建结构稳定。因为户外高压配电装置的故障率很低，所以靠近厂房和主变压器的山坡或河岸上有较为平坦的场地，出线方向和交通均较方便，即可布置开关站。当高压出线电压不是一个等级时，可以根据出线回路和出线方向，分设两个以上的高压开关站。

泄水建筑物在泄水时有水雾，对高压线不利，故开关站要距泄水建筑物远些，高压架空线尽量不跨越溢流坝。

对河床式水电站，高压开关站一般均布置在河岸上；对河岸式厂房，一般布置在岸边台地上，最好靠近主变压器场。有时为了节约开挖量可布置成阶梯式；对坝后式厂房，通常布置在厂坝之间，若场地不足亦可设置在岸坡上，也可按不同的电压等级分开设置，并以道路连接。若采用六氟化硫组合式高压开关，可在室内布置。

五、尾水渠、交通线的布置及厂区防洪排水

尾水渠应使水流顺畅下泄，根据地形地质条件、河道流向、泄洪影响、泥沙情况，并考虑下游梯级回水及枢纽各泄水建筑物的泄水对河床变化的可能影响进行布置。尾水渠尽可能远离溢洪道或泄洪洞出口，要避免泄洪时在尾水渠内形成壅水、水位波动和旋涡，对机组运行不利。尾水渠的位置还应使尾水与原河道水流能平顺衔接，并不被河道泥沙淤塞。在保证这些要求的同时，要尽量缩短尾水渠长度，以减少工程量。坝后式或河床式厂房的尾水渠宜与河道平行，与泄洪建筑物以足够长的导水墙隔开。河岸式厂房尾水渠应斜向河道下游，渠轴线与河道轴线交角不宜大于45°，必要时在上游侧加设导墙，保证泄洪时能正常发电。因为水轮机安装高程较低，故尾水渠常为倒坡。水轮机尾水管出口处水流紊乱、旋涡多，流速分布极不均匀，易发生淘刷，应根据地质情况加强衬砌保护。尾水渠下游河道不应弃渣，以防因弃渣而抬高水位，并在第一台机组发电前将围堰等障碍清除干净。

厂区内外铁路、公路及桥梁、涵洞，应充分考虑机电设备重件、大件的运输。有水运条件时应尽量利用。坝后式及河床式厂房常由下游进厂（见图9-17(a)、(d)），河岸式厂房受地形限制可沿等高线自端部进厂（见图9-17(f)）。进厂专用的铁路、公路应直接进入安装间，以便利用厂内桥吊卸货。厂区内还必须有公路与枢纽各建筑物及生活区相通。

厂区内的公路线的转弯半径一般不小于35 m，纵坡不宜大于9%，坡长限制在200 m内。单行道路宽不小于6.5 m，厂门口要有回车场。在靠近厂房处，公路最好有水平段，以保证车辆可平稳缓慢地进入厂房。厂区内铁路线的最小曲率半径一般为200～300 m，纵坡不大于2%～3%，路基宽度不小于4.6 m，并应符合新建铁路设计技术规范的规定。铁路进厂前也要有一段较长的平直段，以保证车辆能安全、缓慢地进入厂房，并停在指定的位置。铁路一般应从下游侧垂直厂房纵轴进厂。回车场应与安装间同高，并有向外倾斜的坡度，避免雨水流进厂内。

厂区防洪排水应给以足够重视，应保证厂房在各设计水位条件下不受淹没。当下游洪水位较高时，为防止厂房受洪水倒灌，可采用设尾水挡墙、防洪堤、防洪门、全封闭厂房，抬高进厂公路及安装间高程等措施，或综合采用以上几种措施加以解决。在可能条件下尽量采用尾水挡墙或防洪堤以保证进厂交通线及厂房不受洪水威胁；对汛期洪水峰高量大、下游水位陡涨陡落的电站，进厂交通线的高程可以低于最高尾水位，但进厂大门在汛期必须采用密封闸门关闭，而同时另设一条高于最高尾水位的人行交通道作为临时出入口。全封闭厂房不设进厂大门，交通线在最高尾水位以上，通过竖井、电梯等运送设备和人员进厂，但运行不方便，中小型电站较少采用。

主、副厂房周围应采取有效的排水和保护措施，以防可能产生的山洪、暴雨的侵袭。邻近山坡的厂房，应沿山坡等高线设一道或数道铺砌的截水沟。整个厂区可利用路边沟、雨水明暗沟等构成排水系统，以迅速排除地面雨水。位于洪水位以下的厂区，为防止洪水期的倒灌和内涝，应设置机械排水装置。

第十章　立式机组地面厂房布置设计

第一节　立式机组厂房设备布置

一、厂房设备布置的主要内容

厂房设备布置的主要内容如下：

(1)确定水轮机、发电机、调速设备、主阀、起重设备以及其他辅助设备在厂房内的合理位置、布置形式和支承方式；

(2)确定主、副厂房的布置方式以及主、副厂房的尺寸；

(3)确定主厂房内垂直和水平通道的位置与尺寸；

(4)提供设备布置的图纸和数据以供设备安装与厂房结构设计使用。

二、厂房设备布置的基本要求

厂房设备布置的基本要求如下：

(1)必须结合水电站枢纽的地形、地质条件、自然环境和水工建筑物在布置上的特点等，尽量减少土建工程量，使总造价经济合理；

(2)设备布置紧凑，位置合理，便于安装、运行、检修和操作管理，尽量减少安装工程量；

(3)能满足劳动保护、遥控、防空等特殊要求，以及防火、防淹、防潮等要求，并能适应水电站分期建设和提前发电的需要；

(4)应能满足水工结构和建筑的施工方面的要求，力求布置整齐美观。

三、立式机组地面厂房的结构轮廓

(一)主厂房的总体轮廓

主厂房中布置有许多机电设备，由于各种设备安装高程不同而将厂房在高度上分成几层，如图 10-1 所示。习惯上以发电机层楼板高程为界(如图 10-1 中 585 m 高程)，将厂房分为上部结构和下部结构。上下部结构高度之和(即由尾水管基底至屋顶的高度)就是主厂房的总高度。连接各机组中心的线称为主厂房的纵轴线，与之垂直的机组中心线称为横轴线。每台机组在纵轴线上所占的范围为一个机组段，各机组段和安装间长度的总和，就是厂房的总长度，厂房在横轴线上所占的范围，就是主厂房的宽度。

(二)主厂房的上部结构

上部结构包括屋顶结构、围墙、门窗、楼板、吊车梁以及支承屋顶结构和吊车梁的排架柱等，水电站中多为钢筋混凝土结构。主厂房发电机层楼板以上布置有发电机上机架、励磁机、机旁盘、调速器操作柜和油压装置、桥式吊车等机电设备及走道、楼梯、吊物孔等厂

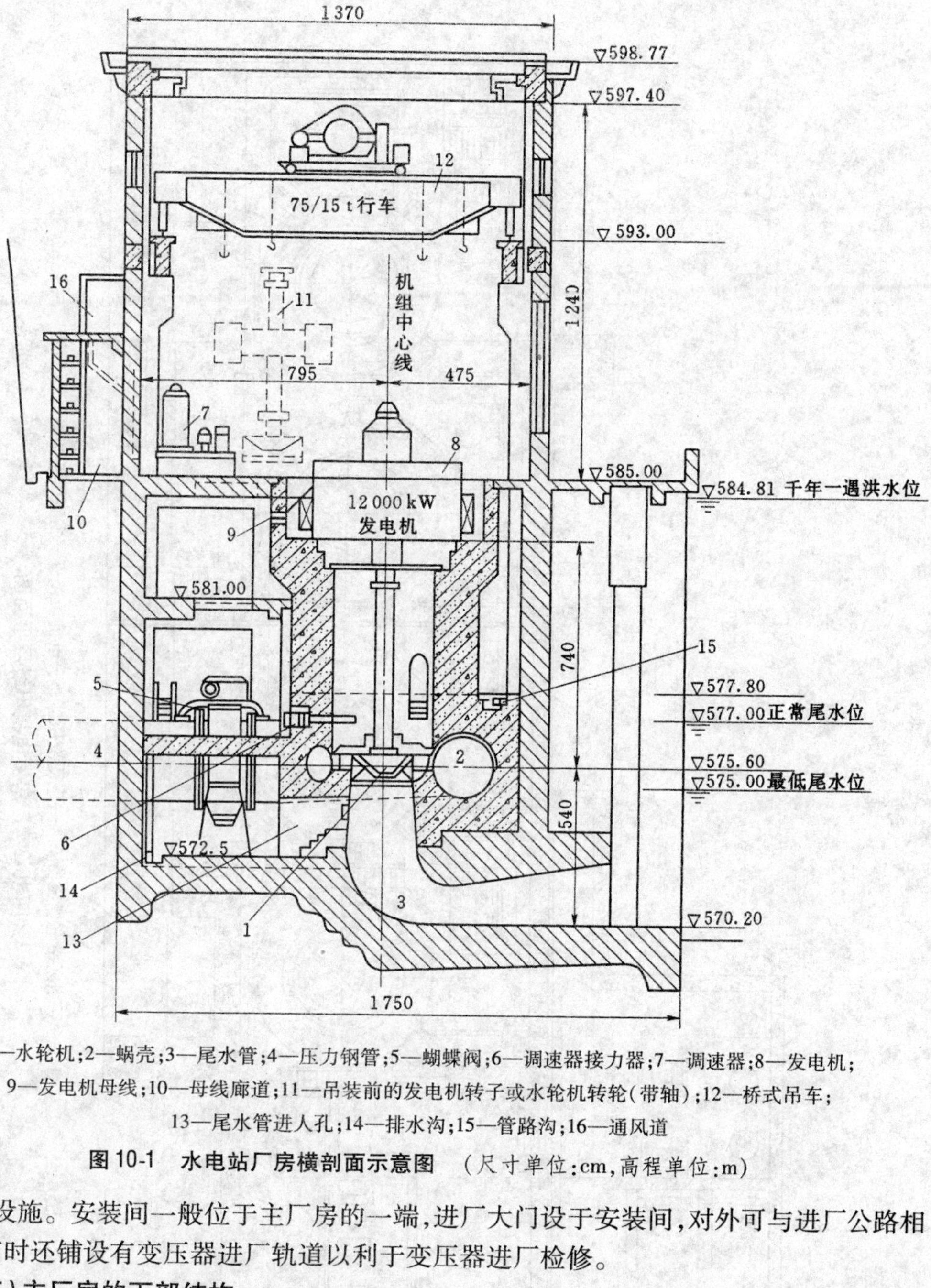

1—水轮机;2—蜗壳;3—尾水管;4—压力钢管;5—蝴蝶阀;6—调速器接力器;7—调速器;8—发电机;
9—发电机母线;10—母线廊道;11—吊装前的发电机转子或水轮机转轮(带轴);12—桥式吊车;
13—尾水管进人孔;14—排水沟;15—管路沟;16—通风道

图 10-1　水电站厂房横剖面示意图　(尺寸单位:cm,高程单位:m)

内交通设施。安装间一般位于主厂房的一端,进厂大门设于安装间,对外可与进厂公路相连接,有时还铺设有变压器进厂轨道以利于变压器进厂检修。

(三)主厂房的下部结构

下部结构一般可分为水轮机层和蜗壳尾水管层。如水轮机层高度较大,可在发电机层与水轮机层之间增设发电机出线层(如图 10-2 所示)。水轮机层以下是混凝土块体结构。

(1)水轮机层。如图 10-3 所示(楼板高程为 577.80 m)。该层布置有水轮机顶盖,调

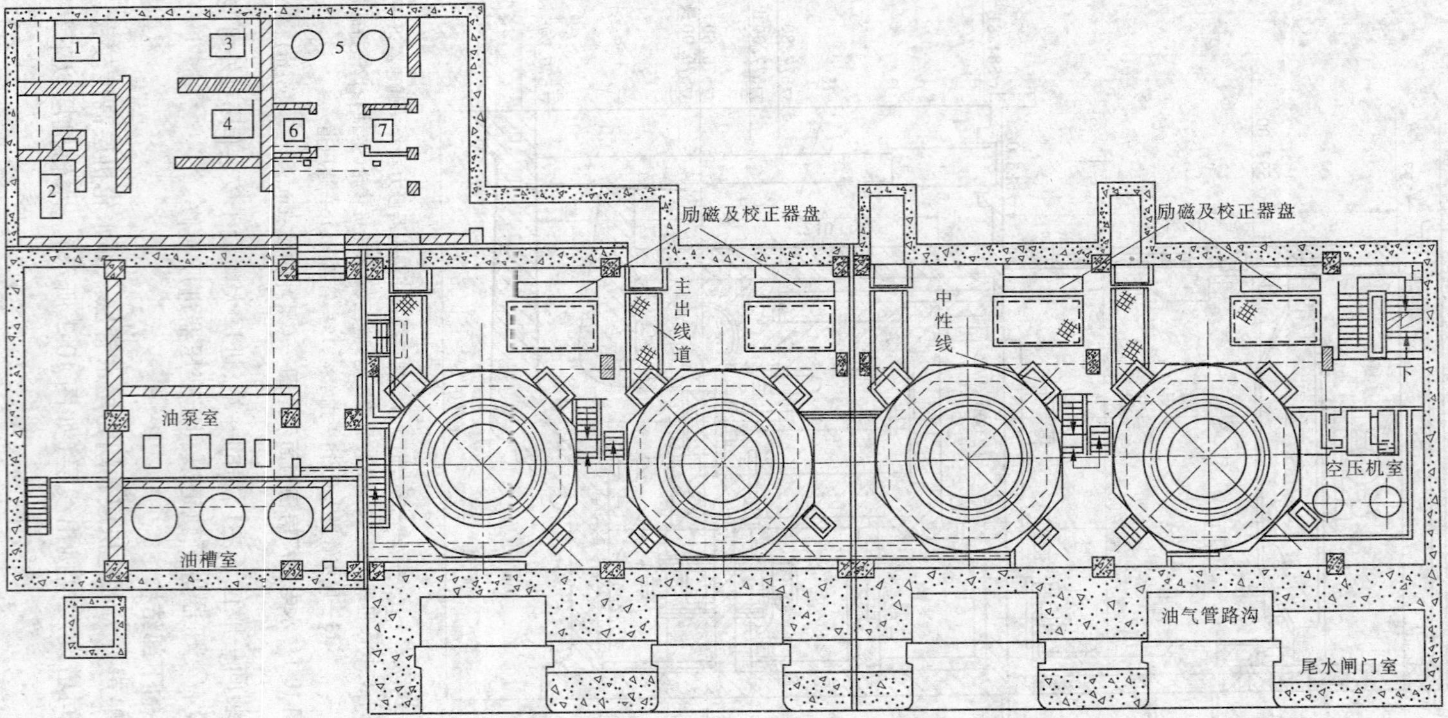

1、2—厂坝区用电变压器;3、4—厂用变压器;5—电抗器;6、7—主变压器开关

图 10-2　厂房发电机出线层平面图

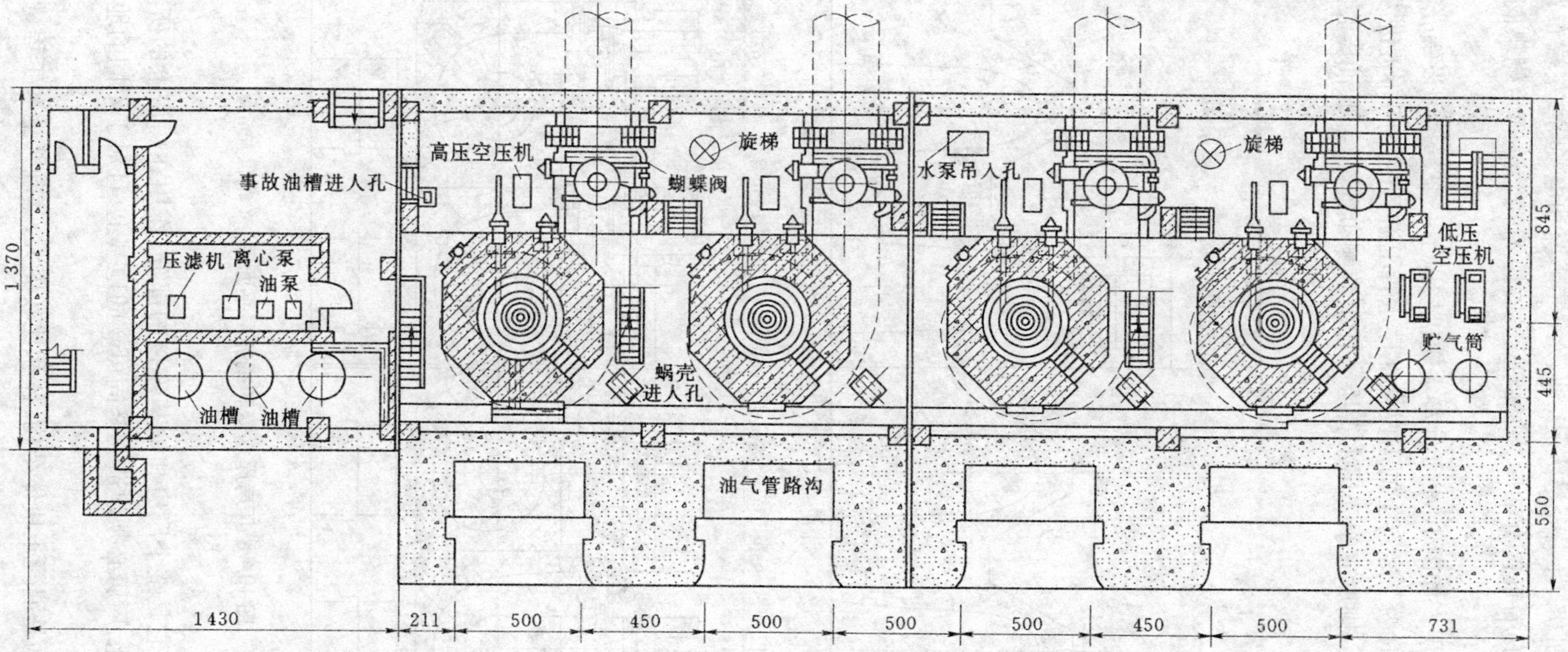

图10-3　厂房水轮机层平面图　（单位:cm）

速器的接力器,发电机机墩,蜗壳进人孔,油、水、气系统和电缆等,左端布置有低压空压机、贮气筒、楼梯等,右端布置有油库、油处理室、楼梯等。上游侧为蝴蝶阀室、走廊和母线道。

(2)蜗壳尾水管层。如图 10-4 所示。水轮机层以下一般都是埋设蜗壳和尾水管的混凝土块体结构,但有时为了运行上的需要常在尾水管上游侧的空间布置进人孔和主阀室,如果这部分空间较大,则形成蜗壳尾水管层。在上游侧布置有蝶阀、油压装置、蝶阀基础、楼梯等。

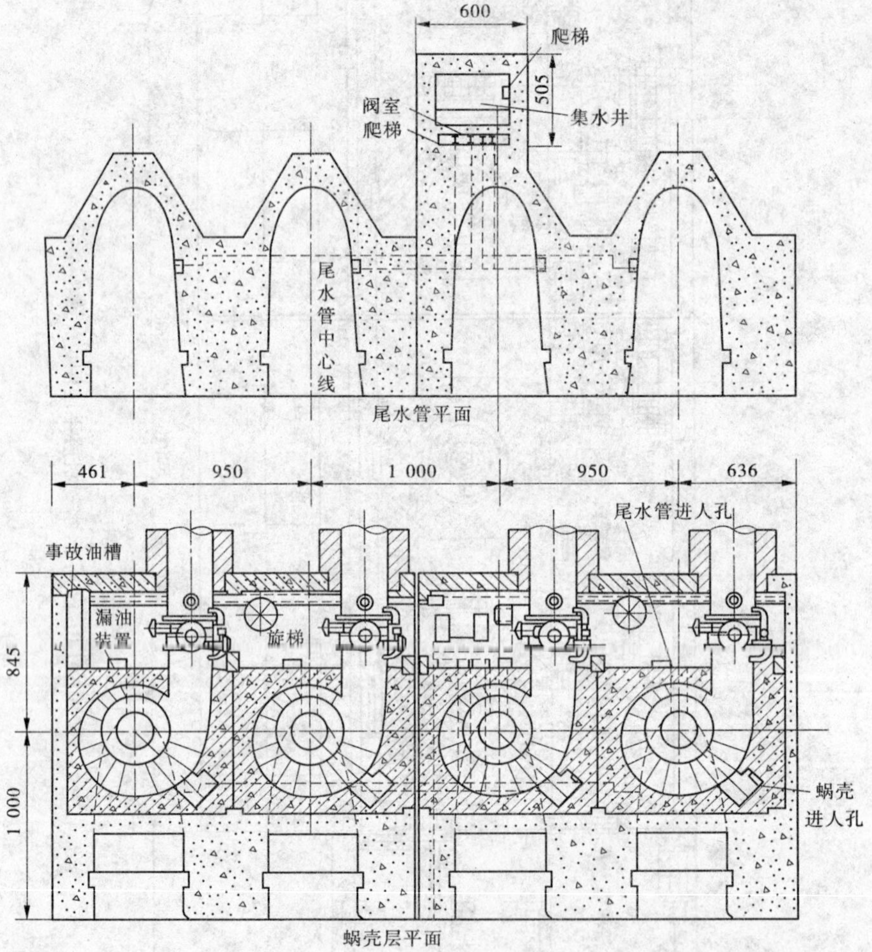

图 10-4 厂房尾水管和蜗壳层平面图 (单位:cm)

(3)基础结构。它是整个厂房和地基连接的部分,作用在厂房上的所有荷载都将由基础传给地基。因此,厂房必须建造在坚固可靠的地基上,且对于不同的地基采用不同的地下轮廓线。

厂房的下部结构是混凝土块体结构,体积比较庞大,基础开挖和工程量都比较大,并且下部结构中,埋设部件很多,使施工变得复杂,施工过程必须特别注意。

四、立式机组地面厂房的设备布置

(一)水轮机及其进出水设备的布置

水轮机及其进出水的设备包括水轮机和进水口、主阀、蜗壳、尾水管、尾水闸门等。这些设备都布置在水轮机层以下的块体结构中,其中以水轮机、蜗壳、尾水管对厂房下部块体的形状和尺寸的影响最大。

1. 水轮机的布置

水轮机选定之后,水轮机的安装高程是厂房的一个控制性标高,应通过计算确定。

2. 进水管和主阀的布置

进水管进入厂房后,应有一水平段,以便布置主阀和与蜗壳连接。此水平管段的中心线高程应与水轮机安装高程相同。

主阀的布置方式一般有以下两种形式:

(1)主厂房内的上游侧,并使之位于桥吊工作范围之内。阀上各层楼板都设有主阀吊物孔,可利用主厂房内的桥式吊车来安装和检修主阀。这种布置比较紧凑,运行管理方便,但往往会增加厂房宽度,并且万一主阀爆裂,水流会淹没主厂房。因此,主阀必须十分安全可靠。

(2)厂房外专设的阀室中。对于高水头的地下厂房,或在特殊的情况下才采用。此时主阀的运输、安装、检修需专设起重运输设备和通道,也不便于运行维护。采用这种布置时,主阀室要设置专门的水流出口,主阀爆裂时可将水流排走,以免对主厂房造成危险。

3. 蜗壳的布置

中、高水头水电站厂房内的混流式水轮机一般均采用金属蜗壳。金属蜗壳的内圈焊接在座环的上、下环上,上半部通常用弹性垫层与上面的混凝土隔开。为了在检修水轮机时能将蜗壳和主阀后面进水管中的水放空,通常在紧靠主阀下游钢管的底部装设通往尾水管或集水井的排水管,并装设控制阀门。同时,在进水钢管的顶部还应安装通气阀,以便于蜗壳和钢管放空或充水时,能自动进气和排气。蜗壳进人孔一般可设在主阀下游进水钢管处,也可从水轮机层向下用垂直孔洞连通一水平短洞进入蜗壳。

低水头的水电站厂房,可采用钢筋混凝土蜗壳,放空蜗壳和引水管的排水管,常设在进口处底部并通向尾水管。蜗壳进人孔多设在前半段。

4. 减压阀的布置

高水头水电站在厂房下部块体中,有时要装设减压阀,以减小水锤压力。一般安装在压力水管末端的蜗壳旁边。厂房内装设有减压阀时,机组段长度和厂房的总长度会增加。

5. 尾水管和尾水闸门的布置

一般大、中型水电站中,大多数采用弯曲形尾水管;小型水电站中才采用直锥形尾水管。尾水管在布置时,可使直锥段的顶端与水轮机的基础环相接,尾水管出口潜没于尾水中。

为了检修水轮机,还需要设置尾水管进人孔和排水管。进人孔一般设在尾水管的直锥段,当上游有主阀室时,尾水管进人孔可设在该处,由主阀室进入尾水管。如电站没有主阀室(例如坝后式水电站厂房中,上游端一般不设主阀),则进人孔可布置在下游侧,由水轮机层沿竖井下至尾水管进人孔高程后，再水平进入尾水管。

尾水管的排水管进口应设在尾水管的最低点。末端通入集水井，排水管上应设控制阀门。

当检修水轮机或机组作调相运行时，用尾水闸门封闭尾水管出口。尾水闸门常用平板闸门和叠梁闸门等，可数台机组共用一套闸门，平时将闸门存入专设的门库中或放置在尾水闸墩上，运用时沿尾水平台吊到指定地点。尾水闸门启闭机的型式，可根据起重量的大小选择门式起重机、桥式吊车、活动绞车或电动葫芦等。

6. 下部块体的最小尺寸

厂房下部块体结构的最小尺寸见图10-5。一般情况下，主厂房的长度及宽度主要取决于下部块体结构的尺寸，只有在高水头水电站上，才取决于发电机层的尺寸。决定厂房块体结构最小尺寸时，必须考虑厂房的施工（主厂房块体结构的混凝土一般分为两期进行浇筑）、运行及强度、刚度、稳定性等多方面的因素。

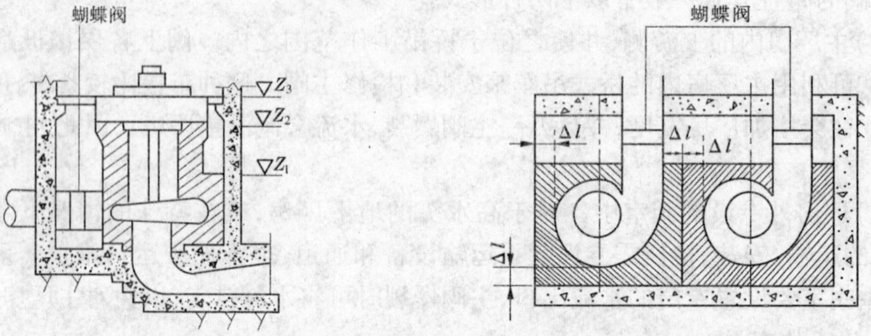

图10-5　下部块体结构示意图

立面尺寸：当水轮机安装高程和蜗壳、尾水管的尺寸选定后，可根据水轮机安装高程及转轮的尺寸定出尾水管的顶部高程，再减去尾水管的高度就得到尾水管的底部高程。尾水管的底板厚度可先凭经验估计，以后再进行验算。一般情况下，基岩上的尾水管底板厚度为1～2 m，蜗壳顶部到水轮机层地面高程之间的混凝土厚度一般可采用1.2～2.0 m。这样就大致决定了块体结构的高度。

平面尺寸：主要取决于蜗壳的平面尺寸和施工条件。为了蜗壳的拼装、焊接，以及便于蜗壳外侧预埋件的布置及绑扎钢筋、浇捣混凝土等，在蜗壳的四周，混凝土的厚度Δl至少要有0.8～1.0 m。这样蜗壳两边各加一个Δl后即得到机组段的最小长度。蜗壳下游侧在Δl外再加上外墙厚度，一般可估取1～3 m，在蜗壳上游侧Δl之外，再加上主阀室的宽度及外墙厚。块体结构的平面尺寸也就大致确定了。这样定出的尺寸就是块体结构的最小尺寸。当然这些尺寸还要通过结构检查校验。

（二）发电机的布置

1. 发电机的型式和布置方式

常用的发电机型式有悬式和伞式，如图10-6和图10-7所示。国内部分水轮发电机外形尺寸见附录四。

悬式发电机：推力轴承位于转子上方，支承在上机架上。

悬式发电机的传力方式为:转动部分重量(发电机转子、励磁机转子、水轮机转轮)—推力头—推力轴承—定子外壳—机座;固定部分重量(推力轴承、上机架、发电机定子、励磁机定子)—定子外壳—机墩。

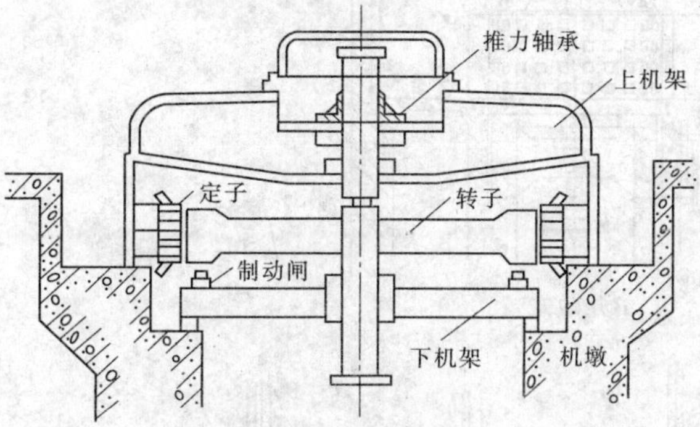

图 10-6 悬式发电机

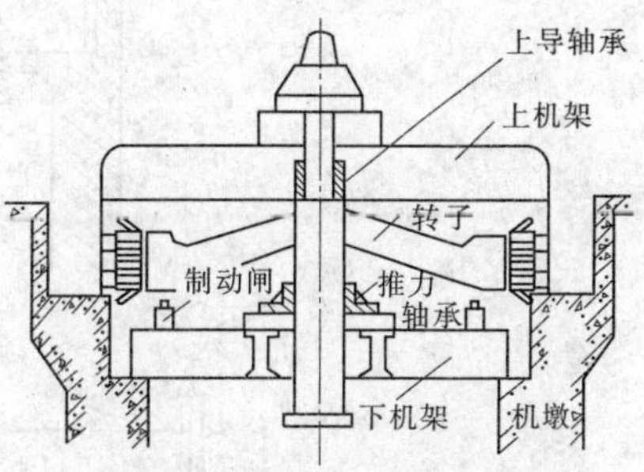

图 10-7 伞式发电机

伞式发电机:推力轴承位于转子下方,设在下机架上。

伞式发电机的传力方式为:机组转动部分的重量—推力头和推力轴承—下机架—机座。上机架只支撑上导轴承和励磁机定子。

悬式发电机的稳定性比伞式好,故转速大于 150 r/min 时,多采用悬式发电机。伞式发电机总高度较低,可降低水电站厂房高度,故转速小于 150 r/min 时,多采用伞式发电机。

发电机的布置方式主要有开敞式、埋没式和半岛式三种,如图 10-8 所示。开敞式布置方式一般适用于容量较小的机组;埋没式布置方式一般适用于大、中型电站;半岛式布置方式由于厂房内场地狭小、设备拥挤,给安装、检修造成不便,故采用不多。

2. 发电机的冷却与通风

发电机运行时会引起发热,如不进行冷却,会使机组效率降低甚至损坏。目前主要是依靠通风设备用冷空气冷却。发电机的通风方式与发电机的布置方式密切相关,主要有开敞式、川流式、半川流式和密闭式等四种。

小型立轴水轮发电机采用开敞式通风,自厂房及机坑内吸入冷空气,热空气排入主机房中,适用于开敞式布置的发电机,如图 10-8(a)所示。

单机容量在 10 000 kW 以下的埋没式或半岛式布置的发电机,常采用川流式或半川流式通风,如图 10-9、图 10-10 所示。冷空气自水轮机机坑内或室外进入发电机,从定子出来的热风排出厂外或机房。

对于大容量埋没式或半岛式布置的发电机,宜采用密闭式通风。定子周围设置空气冷却器,冷却器冷却后的冷风经专设风道进入转子,热风从定子送入空气冷却器冷却,循环冷却时空气量是固定的,如图 10-11 所示。

3. 发电机的支承结构——机墩

机墩的底部固结在水轮机层大体积混凝土上,上部与发电机层楼板或风罩连接。其作用是将发电机支承在预定的位置上,并给机组的安装、运行、维护、检修创造有利的条件。对于采用悬式或伞式发电机的立式机组,机墩将承受发电机和水轮机的全部动、静荷

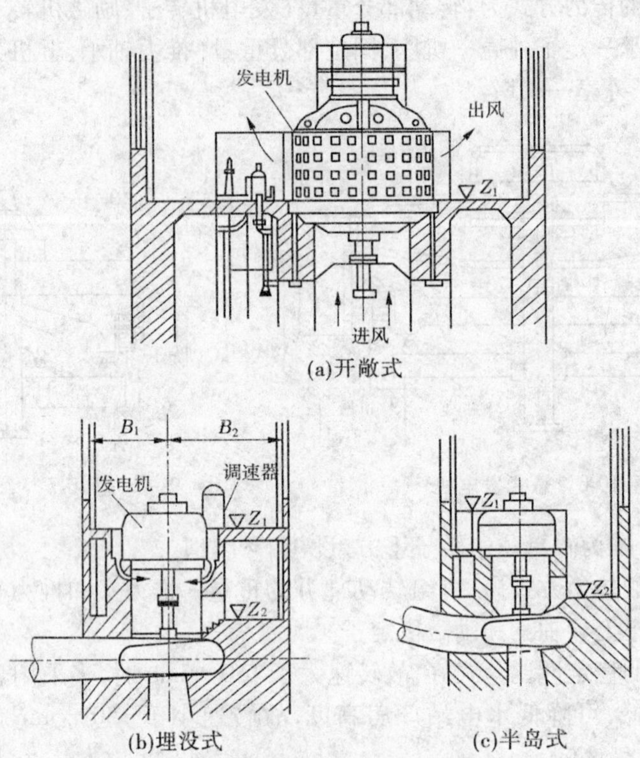

图 10-8 发电机的布置方式示意图

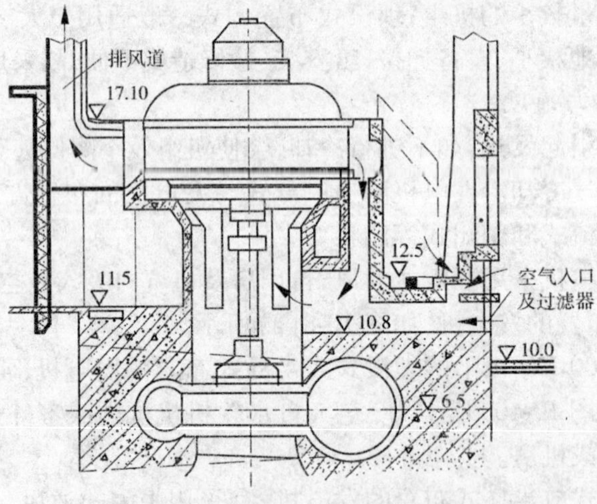

图 10-9 发电机的川流式通风 (单位:m)

载,有时还要承受发电机层楼板传来的部分荷载,并将这些荷载传给厂房的下部块体结构。为了承受这些荷载,机墩必须有足够的强度、刚度和稳定性。常用的机墩有如下几种型式:

(1)圆筒式机墩。它一般为上、下直径相同等厚的钢筋混凝土圆筒,如图 10-12 所示。有时为了施工立模便利,也有将外围做成正八角形的。圆筒式机墩的筒壁厚度一般在

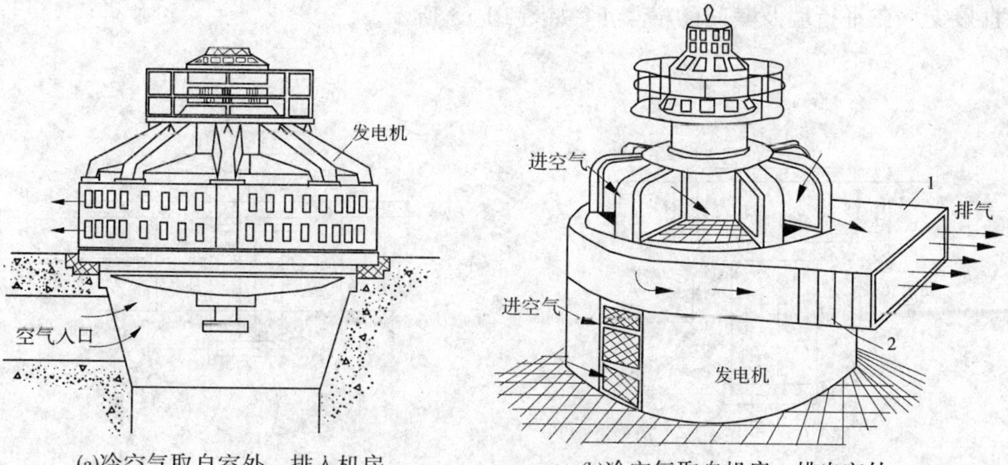

(a)冷空气取自室外，排入机房　　(b)冷空气取自机房，排出室外

1—集气槽;2—机房取暖用的孔口

图 10-10　发电机的半川流式通风

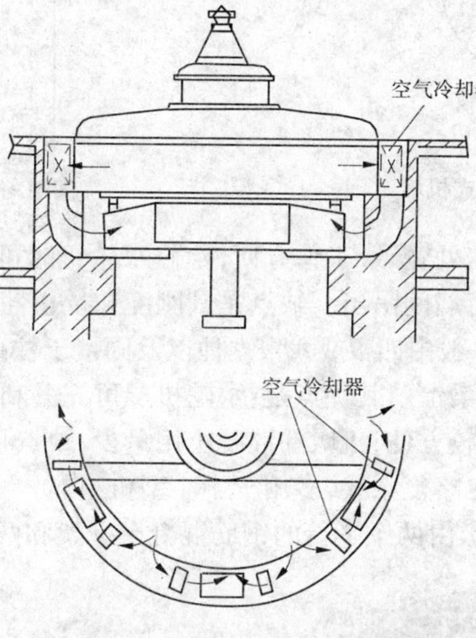

图 10-11　发电机的密闭循环通风

1.0 m 以上，其上端与发电机层楼板相连接或与发电机风罩墙(风罩)相连，下端则固结于蜗壳顶部的混凝土上。圆筒的内部空间称为水轮机井，机组的主轴位于其中。水轮机安装、检修时，转轮与顶盖可由井中吊进和吊出。水轮机井的下部直径，可略小于座环外径，一般为 1.3 ~ 1.4 倍转轮直径，这样可使机墩荷载的一部分经水轮机座环传至下部块体结构。机墩的一侧需布置接力器，另一侧布置机墩进人孔，其尺寸一般为 2 m × 1.2 m 左右。

圆筒式机墩广泛用于各种水头和容量的机组，其优点是：刚度大，抗扭、抗震性能好；结构简单，施工方便。缺点是：占水轮机层空间较大，使辅助设备布置和预埋管路等较为不便；水轮机井空间较小，使水轮机安装、检修也不够方便。

(2)平行墙式机墩。机墩由两平行承重钢筋混凝土墙及其间的两横梁所组成。发电机直接支承在平行墙及其间的横梁上，如图 10-13 所示。

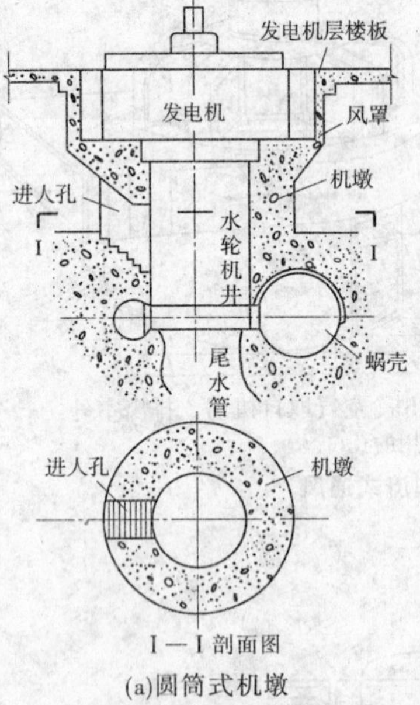

(a)圆筒式机墩

图 10-12　圆筒式机墩

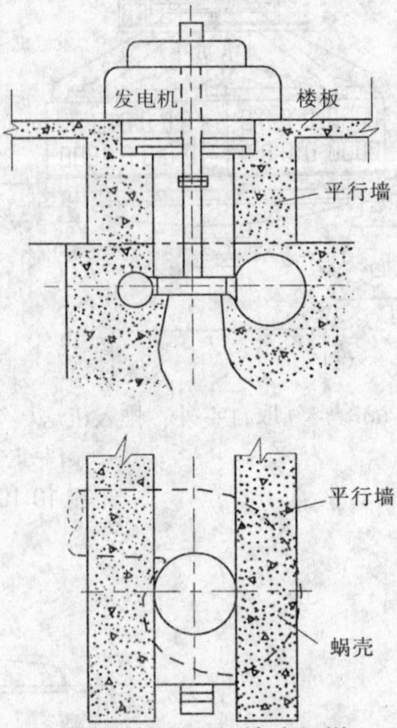

图 10-13　平行墙式机墩

其优点是：水轮机顶盖处宽敞，工作方便，检修水轮机时可以在不拆除发电机的情况下，将水轮机转轮从两平行墙间吊出。缺点是其刚度和抗扭性不如圆筒式机墩。

(3)环形梁式机墩。一般由四根或六根立柱以及固接于柱顶的环形梁组成，如图 10-14 所示。发电机支承在环形梁上。其优点是：水轮机层可充分利用立柱间的净空布置设备，机组的出线、安装、检修均较方便，机墩的混凝土用量少；缺点是：结构刚度及抗扭、抗震性能较圆筒式差，结构施工也略复杂些，多用于中小型机组。

(4)框架式机墩。机墩由两个平行的钢筋混凝土框架和两根横梁所组成，如图 10-15

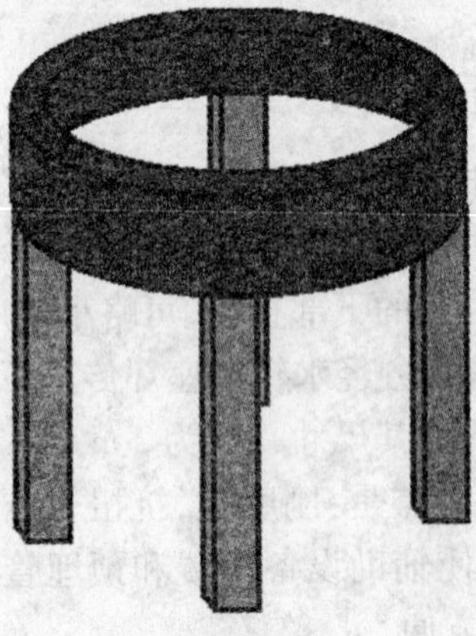
图 10-14　环形梁式机墩

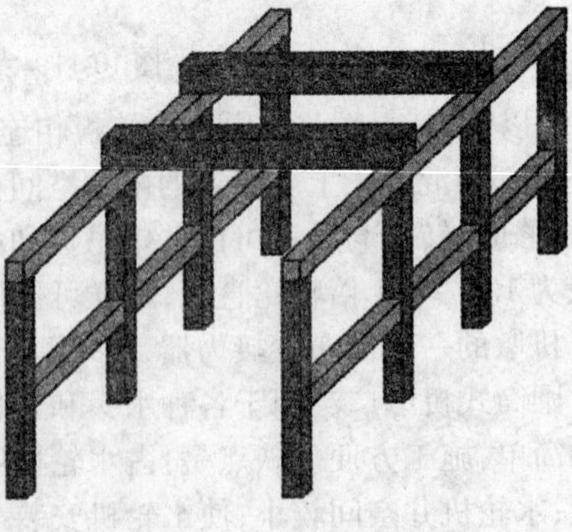
图 10-15　框架式机墩

所示。发电机支承在框架上部的梁系上。其优点是:可方便地利用框架下的空间布置辅助设备和管路等;机组的安装、检修都较方便;施工简单,节省材料,造价较低。缺点是:刚度、抗扭、抗震性能较差。其一般适用于小型机组。

对大型水电站还有矮机墩、钢机墩等。

(三)主厂房内附属设备和辅助设备的布置

水轮机的附属设备有调速器、油压装置、接力器和减压阀等,发电机的附属设备有主引出线、中性点设备、励磁系统、机旁盘和发电机的冷却设备等,厂房辅助设备有压缩空气系统、油系统和水系统等。

1. 水轮机附属设备——调速器的布置

调速器由操作柜、油压装置和接力器(或称作用筒)三个主要部分组成,并用油管和传动设备联成一体。操作柜在布置时应尽量靠近接力器,以缩短油管,并便于安排回复装置。同时,操作柜应尽可能靠近机旁盘,使值班人员在操作柜旁能通视机旁盘上的各种仪表,以便在开机或停机以及试验时进行手动操作。而油压装置应尽可能地靠近操作柜,并布置在同一高程,以缩短油管。

接力器的作用是直接控制水轮机导叶开度,调节进入水轮机的流量,以保持机组转速稳定,一般布置在蜗壳断面较小的上游侧,固定在机墩的孔洞中,如图10-16所示。

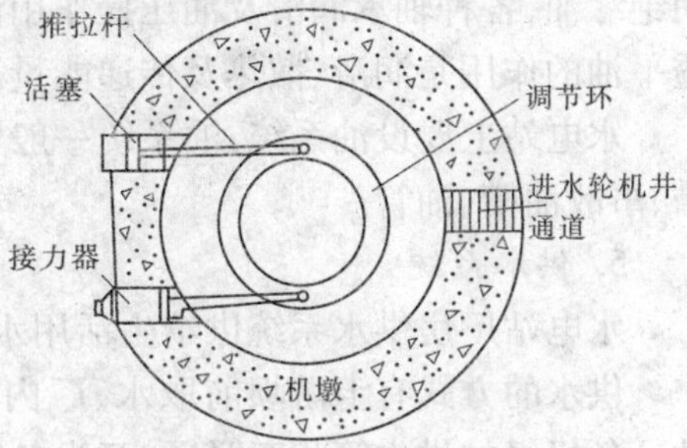

图10-16 接力器布置示意图

操作柜和油压装置均应布置在桥式吊车吊钩的工作范围之内,周围还应留1 m左右的通道,以便安装、检修。通常都是一台机组设有一套调速设备,且应尽量布置在本机组段内,以免主机组分期安装时给施工和安装带来困难。

当厂房上游侧设有蝴蝶阀时,如果油压装置的容量足够,则蝴蝶阀的操作也可以利用它的压力油。否则,应在蝴蝶阀的近旁布置专用的油压操作设备。

2. 发电机的附属设备及其布置

(1)发电机主引出线的布置:主引出线即母线,一般采用方形的汇流铜排或铝排。由于母线价格较贵,故要求在厂房内母线长度最短,并且是明线,没有干扰,出线要畅通,母线道应干燥,且通风散热条件好。因此,主引出线由发电机定子上的引出端接出后,通过主出线道进入母线道,经低压配电装置,最后接主变压器。引出线一般固定在出线层天花板的母线架上,并用铁丝网围护。在引出线上,常接有电压和电流互感器等。中性点的位置应与发电机主引出线位置错开一定角度。容量大的机组在中性点需设消弧线圈,可将它布置在机墩附近。

(2)励磁盘的布置:励磁盘是用于控制和调整发电机励磁电流的,每机有3~5块,它与励磁机联系较多,故最好布置在空气比较干燥的主机房内,或布置在与发电机层同高的副厂房内。

(3)机旁盘的布置:机旁盘一般包括机组自动操作盘、继电保护盘、测量盘和动力盘等,每机3~5块,用来监视和控制机组运行。采用电气液压调速器时,其电气元件盘常和机旁盘并列布置在一起。机旁盘常布置在发电机层主机的侧旁。对于采用金属蜗壳的中高水头水电站厂房,机旁盘与调速器操作柜常布置在发电机层上游侧。机旁盘与厂房墙之间应有不小于0.8 m的检修试验通道,盘面与发电机风道盖板边缘或吊物孔边缘之间应有0.6~0.8 m的通道,以便在机组或主阀检修时,盘前仍可通行。

3. 压缩空气系统

水电站上有许多设备使用压缩空气。为了向这些设备供应压缩空气需设压缩空气系统。压缩空气系统可分为高压和低压气系统。油压装置和高压空气断路器用气属高压气系统,一般为25个大气压(2.53 MPa);其他用气设备属低压气系统,一般为5~7个大气压(0.5~0.7 MPa)。压气系统设备包括高、低压空压机,贮气桶和相应的输气管及阀门等。压气机工作时噪声很大,故应远离中央控制室。

4. 油系统

水电站上各种机电设备所用的油主要有两种:各种变压器及油开关等电气设备需要用绝缘油,各种轴承润滑及油压操作用油叫透平油。绝缘油的作用是绝缘、散热及灭弧,透平油的作用是润滑、散热及传递能量。

水电站上要设油系统,油系统一般包括油库、油处理室、中间排油槽、补给油箱、废油槽、事故油槽、油管。

5. 供水系统

水电站厂房供水系统供给生活用水、消防用水及技术用水。

供水的方式有上游坝前取水、厂内引水钢管取水、下游水泵取水及地下水源取水四种。各机组的供水管相互联通,互为备用,并可同时供应消防和生活用水。常设水泵自下游抽水作为备用。

6. 排水系统

厂房中的技术用水、生活用水、各种设备及伸缩缝渗漏水,以及检修机组时压力水管、蜗壳、尾水管的放空水量,都需要排往下游。因此,厂房内必须设置排水系统。排水系统包括渗漏排水系统和检修排水系统两部分。

7. 起重设备及其布置

1)桥吊的任务、构造和工作范围

水电站厂房内的起重设备常用的为电动桥式吊车(桥吊),桥式吊车由大梁(移动桁架式)、小车、驱动操纵机构和提升机构等部分组成,如图10-17所示。桥吊大梁可在吊车梁的轨道上沿厂房纵向行驶,吊车梁则支承于主厂房上下游两侧的钢筋混凝土排架柱上。桥吊大梁上的小车又可沿大梁在厂房内横向移动,这样桥吊上的主、副吊钩就可以到达发电机层的绝大部分范围。桥吊大梁、小车移动的极限位置,构成了吊车的工作范围,如图10-18所示。厂房内所有需要用桥吊来吊运的设备,都必须布置在它的工作范围内。

2)桥吊的起重量

桥吊的起重量决定于厂房内设备的最重部件。中、高水头的水电站厂房内最重部件一般是带轴的发电机转子,低水头河床式水电站中有时可能是带轴的水轮机转轮;当主变压器需在厂内检修时,主变压器也可能是控制性最重部件。桥吊主钩起重量应能起吊最重部件。副钩主要用于安装和检修一些小而轻的设备与部件。如起重量为75/20 t,表示

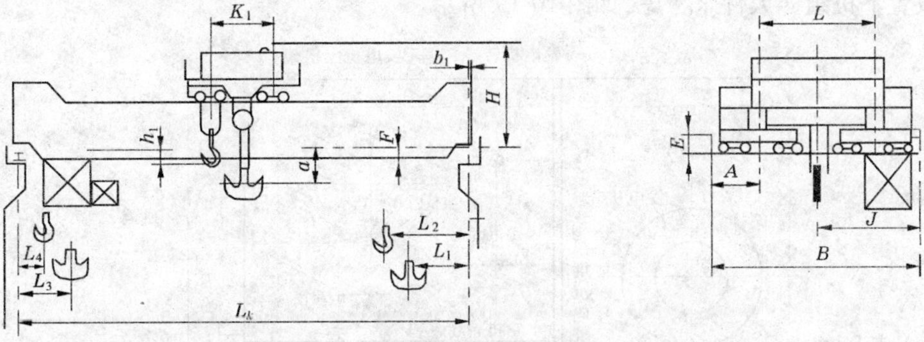

L_k—桥吊跨度；L_1、L_2、L_3、L_4—主、副钩至轨道中心极限距离；

a、h_1—主、副钩中心至轨顶的极限距离；F—桥吊大梁底面至轨顶的距离；

K_1—桥吊小车轮距；H—轨顶至桥吊顶端的距离；b_1—轨道中心至桥吊外端的距离；

B—桥吊最大宽度；J—桥吊宽度的一半；L—小车轨距；

A—车轮中心至缓冲器外端的距离；E—轨顶至缓冲器的距离

图 10-17　单小车桥式吊车构造型式

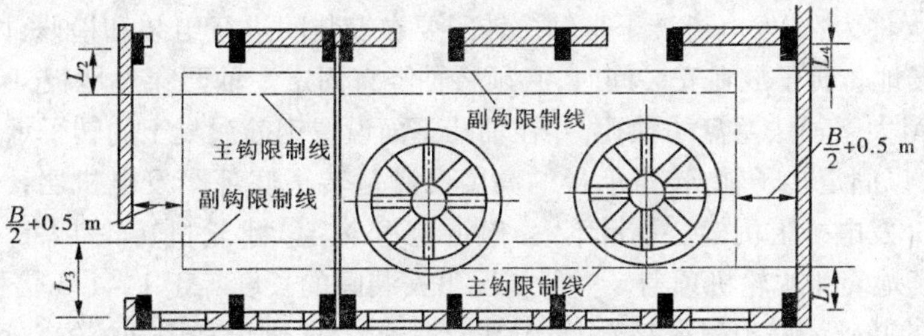

图 10-18　桥式起重机的工作范围

主、副钩分别起重 75 t 和 20 t。

3）桥吊的跨度和安装高程

桥吊的跨度是指大梁两端轮子的中心距，选择时应尽量采用标准系列产品中的标准跨度。起重量确定后，可按标准系列表选用合适的桥吊。选择桥吊跨度时还要与主厂房下部块体结构的尺寸相适应，使主厂房排架柱直接架立在下部块体结构的一期混凝土上。75～250 t 桥式起重机参考尺寸见附录五。

桥吊的安装高程是指吊车轨顶高程。桥吊的跨度和安装高程应满足在吊运最大部件时，不影响其他机组和设备的正常运行。吊运部件与周围建筑物和设备之间应留一定安全距离。

（四）安装间的布置

安装间是厂房对外的主要进出口，通常设在靠河岸对外交通方便的厂房一端。运输车辆都能够直接进入，以便利用桥吊装卸设备。安装间又是进行设备安装和检修的场所。它应与主厂房同宽，以便统一装置吊车轨道。安装间面积的大小，决定于安装和检修工作的内容。当机组台数在 4～6 台以下时，所需面积按装配或解体大修一台机组考虑。较小及较轻的部件可堆置于发电机层地板上，所以安装间面积通常按能在桥吊主、副钩工作范围内放置下机组四大件来考虑，如图 10-19 所示。

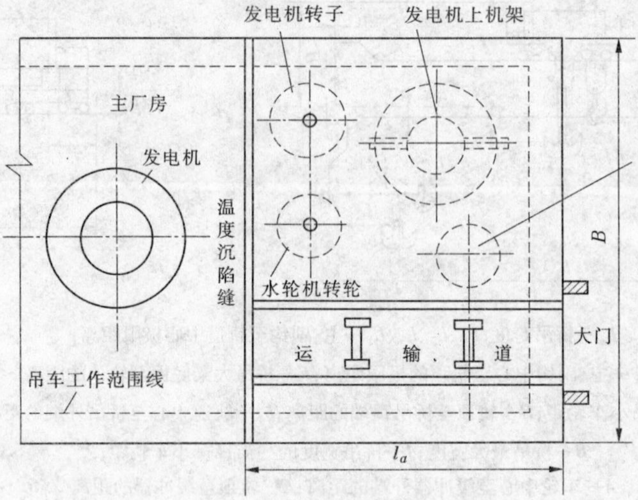

图 10-19 安装间布置示意图

机组四大件为：①发电机转子带轴。转子要在安装间进行组装和检修，四周要留 1 ~ 2 m 的工作场地。转子放在安装间时，必须将轴竖直固定。轴要穿过地板，所以地板上相应位置要预留大于轴法兰盘的轴孔，并在轴孔下面设置钢筋混凝土的转子承台，承台中预设地脚螺栓，以固定转子轴，转子承台的高度要满足转子底部距发电机层楼板有 1 ~ 1.5 m 的空间。②发电机上机架。重量不大，但占地不小。③水轮机转轮带轴。四周要留出 1 m 的工作场地。④水轮机顶盖。一般情况下安装间的长度等于 1 ~ 1.5 倍机组段长度。

安装间的基础最好坐落在基岩上，若基岩埋藏较深，则可利用开挖的空间布置空压机室、油处理室、水泵室等。

(五)厂内交通

为了便于设备的安装、维护、检修和运行人员的巡视检查与操作，保证运行的正常和工作的安全，厂房内部必须布置一定的交通通道。厂内交通包括水平交通和空间的上下交通。

1. 厂房的水平通道

厂房的水平通道包括门、运输轨道、过道、廊道等。

(1)门：厂房对外大门的高、宽应满足运输大部件的要求，可采用旁推门、上卷门或活动钢门。不运输大部件时大门应关闭，只开小门。有防洪要求时应做成防洪门。主机房至少应有两道进出的门。其他所有房间门按需要和规范确定。有防火要求时门都应向外开，例如蓄电池室、油系统室等。某些可能产生负压的房间，门应向里开，以便出现负压时门可自动开启，如闸门室、排水操作廊道等。

(2)运输轨道：主要是为了设备的运输、安装、检修而铺设的，如进厂铁道、变压器轨道等。尾水平台上的门式起重机也应有专门的轨道。

(3)过道：主厂房内各层及副厂房布置机电设备的房间内，都要有过道，以便运输设备，进行安装、检修，并供工作人员通行。其宽度一般为 1 ~ 2 m，狭窄处应不小于 0.75 m。

发电机层常设一条主要通道,纵贯全厂房。

(4)廊道:包括安装和操作设备的廊道,如排水操作廊道、主阀廊道等。

2. 厂房结构空间的上下交通

厂房空间的上下交通常为各种楼梯、斜坡、吊物孔、进人孔等。

(1)楼梯:为了各层不同高程的交通,必须布置足够的上下楼梯(普通楼梯、旋梯和爬梯),其位置布置以便于运行人员巡视和保证在发生事故时能迅速到达事故地点为原则。主厂房内至少每两台机组设一楼梯,并且全厂应不少于两道。楼梯的坡度为30°~46°,以34°为宜。单人楼梯宽0.9 m,双人楼梯宽1.2~1.4 m。旋梯可节省场地,但只适用在不经常上下的地方。偶尔使用的楼梯可做成爬梯,其坡度为60°~90°,宽0.7 m,在各层高差特别大时也有设电梯的。

(2)吊物孔:为了吊运各楼层设备,在主厂房各层楼板上常需开设吊物孔,如主阀吊孔、水泵吊孔、空压机吊孔、公用吊孔等。这些吊孔应恰好位于需吊部件的上方,大小合适,还应位于桥吊吊钩工作范围内,平时用钢板或钢筋网盖住。

(3)进人孔:为了检修和观察设备,常在某些部件上开设进人孔,如蜗壳、尾水管、机墩进人孔。

(六)厂房的采光、取暖、通风、防潮、生活卫生及保安与防火等问题

1. 采光

地面厂房应尽可能采用自然采光,布置主、副厂房时要考虑开窗的要求。主厂房很高大,自然采光主要靠厂房两侧的大窗,吊车梁以上的窗子主要起通风的作用。大窗开在排架柱之间的墙上,为长方形独立窗。窗宽度不要太小,使照明均匀些。窗的高度一般不小于房间进深的1/4。窗下槛比发电机层地板高出1~2 m以下,以保证窗子附近有足够的光线,并便于通风。

夜间及水下部分的房间要安排合适的人工照明。人工照明分为工作照明、事故照明(当交流电源中断时,自动投入直流电照明)、检修照明及警卫照明。中央控制室及主机房要注意不使日光直接照射到仪表盘面上,灯光照明时不能使仪表盘面上产生反光,以保证运行人员能清晰地观察仪表。

2. 取暖

厂房内的温度在冬天不能过低,以保证机电设备的正常运行。冬季如水电站正常发电,则发电机层、出线层、水轮机层、母线道等处靠机电设备发出的热量即可维持必需的温度。发热量不足以维持必需温度的房间,可用电炉取暖。中央控制室也有装设空气调节器的,以便在冬季取暖、在夏季降温。蓄电池室及油系统的取暖方式必须满足防火防爆的要求。

3. 通风

主、副厂房应尽量采用自然通风。只有在采用自然通风有困难时,或在产生过多热量的房间(如变压器室、配电装置室等),或在产生有害气体的房间(如蓄电池室、油处理室),才装设人工通风设施。通风的要求决定于每小时需换气的次数,各房间的换气次数大致为:主机房3~5次,中央控制室3~4次,电缆层及母线道4~10次,油开关室6次,修理工厂及实验室2次,一般副厂房1.5~2次。对于产生有害气体的房间,要设置专用的排风系统，以免有害气体渗入其他房间。

4. 防潮

地面厂房水下部分的房间要注意防潮，坝内及地下厂房的防潮问题更为重要。过分潮湿可能造成电气设备的短路、误动作及失灵，可能引起机械设备加速锈蚀，并使运行人员的工作条件恶化。防潮的措施主要有以下五项：

(1)防渗防漏。墙壁要防渗，必要时做防渗隔墙；漏水设备要减小滴水量。

(2)伸缩及沉陷缝要加设止水，冷却水管、混凝土墙及岩石表面如有结露滴水，则要用绝缘材料包扎。

(3)加强排水。已渗漏进厂房的水要迅速排走，不使其存积。

(4)加强通风，以减小空气中的湿度。

(5)局部烘烤。以电炉或红外线烘烤，防止设备受潮。

5. 生活卫生

主、副厂房值班和检修人员比较集中的场所，如主机房、中控室、实验室、修理室等，都应考虑布置一定的更衣室、厕所、浴池、进餐室等生活卫生房间。在这些房间中，除考虑以上几项外，还应设置上下水道及粪污处理设备。

6. 保安与防火

为了保证生产安全，防止坏人破坏，必须在厂房和厂区加强保安措施，从设备、建筑构造以及人事管理、规章制度和安全教育方面加以保证。

防火工作应按专门规程采取措施。如发电机的灭火、高压电气设备的灭弧、变压器的防爆、开关站的防雷、油系统的防火都应特别注意，除从工程布置、结构设计、建筑材料、规章制度方面加以保证外，还应有足够而有效的消防措施。

第二节　立式机组地面厂房主要尺寸的确定

一、厂房各层高度和主要高程的确定

在立式机组厂房中，各主要高程如图 10-20 所示。

(一)水轮机安装高程 Z_s

对于立轴反击型水轮机，其安装高程是指导叶中心线高程。它是一个控制性标高，是确定厂房各高程的依据。其计算公式为

$$Z_s = Z_a + H_s + \frac{b_0}{2}$$

式中　Z_s——安装高程，m；

Z_a——下游尾水位，m；

H_s——吸出高度，m；

b_0——导叶高度，m。

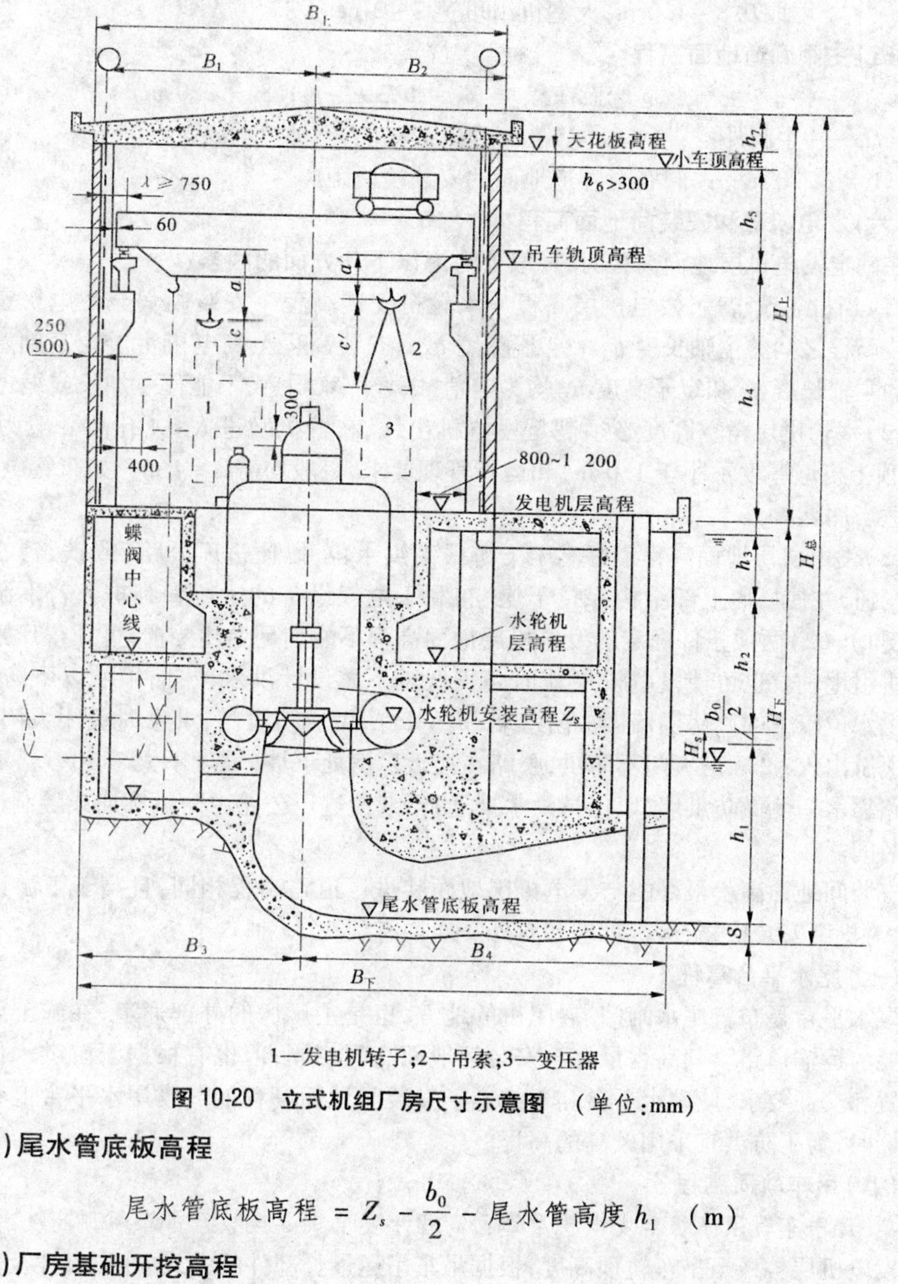

1—发电机转子;2—吊索;3—变压器

图 10-20 立式机组厂房尺寸示意图 （单位:mm）

(二)尾水管底板高程

$$尾水管底板高程 = Z_s - \frac{b_0}{2} - 尾水管高度\ h_1 \quad (m)$$

(三)厂房基础开挖高程

厂房基础开挖高程 = 尾水管底板高程 - 尾水管底板厚度 S (m)

初设阶段,岩基 $S=1.0\sim2.0$ cm,土基 $S=3\sim4$ m。

(四)水轮机层地面高程

$$水轮机层地面高程 = Z_s + \rho + \delta$$

式中 ρ——金属蜗壳进口断面半径,混凝土蜗壳为进口断面在水轮机安装高程以上的高度,m;

δ——蜗壳进口顶部混凝土厚度,决定于结构的强度和接力器的布置,初步计算时可取0.8～1.0 m,大型机组可达2～3 m。

(五)主阀廊道地面高程

$$主阀廊道地面高程 = Z_s - 1/2D_f - (1.8 \sim 2.0\ m)$$

式中 D_f——主阀外径;

1.8～2.0 m——阀底至廊道地面的安装检修距离。

(六)发电机层和安装间地面高程

在确定发电机层地面高程时,一般要考虑以下几方面的因素:

(1)当机组选定后,发电机层高程=水轮机安装高程+安装高程至发电机定子壳基础安装高程之间的主轴长度 h_2+定子高度 h_3。安装高程至发电机定子壳基础安装高程之间的主轴长度 h_2 和定子高度 h_3 均为定值,未经厂家同意,不能任意加长或缩短。

(2)水轮机层净空高度必须满足发电机出线、布置机墩进人孔(孔高一般为2～2.5 m,孔顶上机墩厚度不小于1.0 m)和运行管理要求,一般均需3～4 m。如布置电缆夹层,尚需适当加高。

(3)发电机层地面高程最好高于下游最高洪水位,以便进厂公路(或铁路)在洪水期也能畅通,并使厂房上部结构保持干燥,有利于电气设备的运行和维护。若下游洪水较高,按(1)、(2)两项条件确定的发电机层地面高程不能满足上述要求,可征得厂家同意后加长机组主轴。也可使发电机层地面高程低于下游设计洪水位,而采取以下防洪措施:①将洪水位以下的厂房围墙做成防水墙,进厂大门做成防洪门,洪水时关闭大门,工作人员由上游出入;②厂房大门不防洪,公路在接近厂房处下坡(坡度不大于10%),厂房下游的公路靠水一侧做防洪墙,以保持洪水期通行;③使进厂公路由防洪廊通或隧洞进入厂房的安装间。

安装间地面高程最好能与发电机层地面和进厂道路高程相同,且高于下游设计洪水位,这对机组安装检修、运行管理和对外交通均有利。

(七)尾水平台高程

尾水平台是布置尾水闸门、启闭机的地方,也是主厂房的外部通道,在施工期还可能是重要的运输道路。其高程最好与安装间地面高程相同,但也有根据下游洪水位以及设备布置和交通要求,使尾水平台高于或低于安装间地面高程的。当尾水平台上布置有主变压器时,为了防洪宜采用较高的高程。

(八)吊车轨顶高程

吊车轨顶高程=发电机层地面高程+发电机层楼板至吊车轨顶高度

发电机层楼板至吊车轨顶高度,根据吊车吊运最长部件的方式、外形尺寸及安全距离确定。

厂房内最长吊运部件一般为发电机转子带轴。伞式发电机,转子可与轴分开吊运。电站水头低、流量大时,最长吊运部件可能为水轮机转轮带轴。当主变压器需要到安装间检修时,还应考虑主变压器抽芯起吊高度。当发电机层地面与安装间地面同高时,发电机层楼板至吊车轨顶高度可按下式确定

$$发电机层楼板至吊车轨顶高度 = a + H_m + e + h$$

式中 a——垂直安全距离,不小于0.3 m;

H_m——最高部件高度；

e——吊钩至吊件顶部的距离，柔性吊具一般为1.2～1.5 m，使用刚性吊具时可缩短至0.8～1.0 m；

h——吊钩极限位置时，吊钩中心至吊车轨顶的高度，由产品目录查得，一般为1.2～1.3 m。

吊运最长部件时与周围建筑物及设备间，应有不小于0.4 m的水平向安全距离。

考虑主变压器进安装间检修时，整体吊装至专设的变压器坑内，吊出外罩或铁芯后进行检修，这时发电机层楼板至吊车轨顶高度按下式计算

$$\text{发电机层楼板至吊车轨顶高度} = 0.2\ \text{m} + H_{\text{变}} + e + h$$

式中 $H_{\text{变}}$——主变压器铁芯或外罩高度；

其他符号意义同前。

（九）厂房天花板高程和厂房顶高程

为了检修吊车和布置灯具，需在小车顶端到厂房天花板或屋顶大梁底面之间，留出 $h_6 > 0.3$ m的安全空间。吊车轨顶以上的高度 h_5 由吊车规格决定。

$$\text{天花板高程} = \text{吊车轨顶高程} + h_5 + h_6$$

再根据房顶结构型式和尺寸，最后定出厂房顶高程。

二、厂房长度的确定

影响主厂房长度的主要因素是机组台数 n、机组间距 L_c、边机组段长度 L_1 和 L_2 及安装间长度 L_a。主厂房长度计算图如图10-21所示。

（一）机组间距 L_c

机组间距 L_c 是相邻两机组轴心之间的水平距离，当机组等距离布置时，机组间距等于一个机组段长度。一般中、低水头大流量机组，L_c 常取决于蜗壳或尾水管的最大宽度；而高水头小流量机组，L_c 常取决于发电机定子外径和风道宽度。另外，辅助设备的布置和厂房的分缝，对机组段长度也有影响。

（1）当机组间距由发电机尺寸控制时

$$\begin{aligned} L_c &= \text{发电机风罩直径} + \text{风罩间过道宽} \\ &= \text{发电机定子外径} + 2 \times \text{风道宽} + \text{风道间通道宽} \end{aligned}$$

发电机定子外径由制造厂家提供，风道宽一般为0.8～1.5 m，风道之间的通道宽一般不小于2 m。通道的宽度除应满足附属设备调速器和楼板结构布置要求外，所剩通道净宽不小于0.8 m。

（2）当机组间距由蜗壳尺寸控制时

$$L_c = \text{蜗壳最大宽度}\ c + \text{蜗壳间混凝土厚度}\ d$$

金属蜗壳或混凝土蜗壳的最大宽度可由前面所述的方法确定，两蜗壳间混凝土厚度 d 等于蜗壳两侧混凝土厚度之和，每侧厚度不小于0.8 m。若蜗壳旁设有减压阀，则还应考虑布置减压阀所需增加的宽度。

（3）当机组间距由尾水管控制时

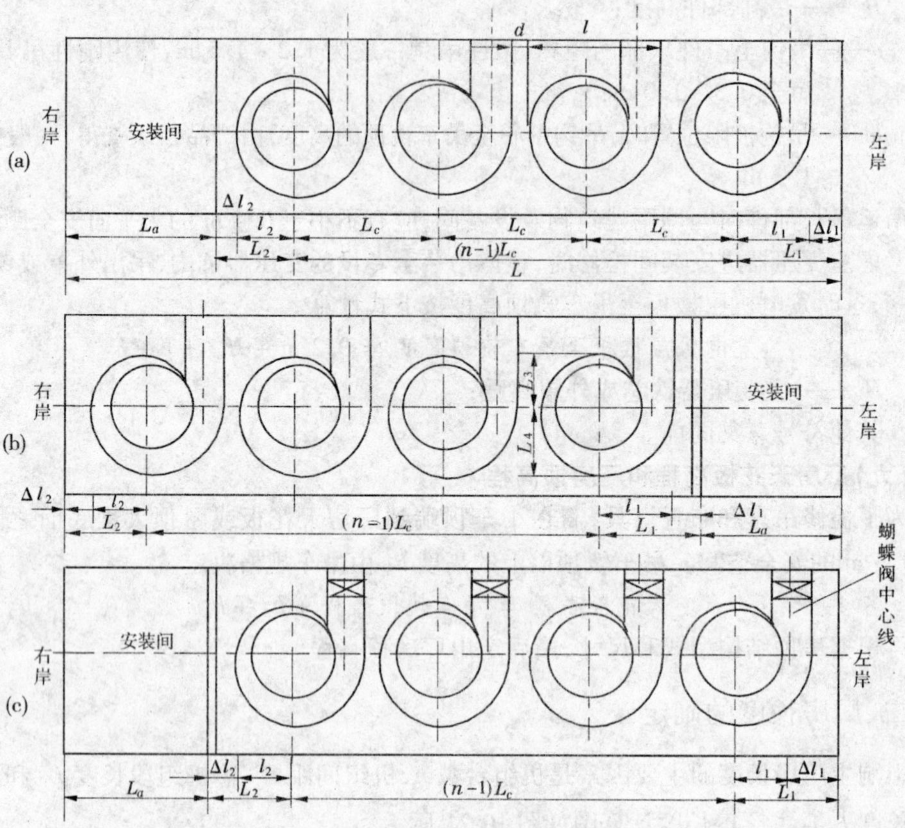

图 10-21 主厂房长度计算图(金属蜗壳)

$$L_c = \text{尾水管出口宽度(包括中墩)}B + \text{尾水闸墩厚度}\ T$$

尾水管出口宽度 B 可由前述方法确定,T 值由尾水闸门槽深度及设备布置决定,一般为 2 ~ 3 m,大、中型机组可达 3 ~ 4 m。当有减压阀时,则 $L_c = B + T +$ 空放阀泄水道宽度。

确定机组间距时,一般应先根据上述三种情况分别拟定出机组间距,从中选出最大者作为采用数据,再校核看是否能满足其他各方面的要求,并进行必要的修正。各机组间距最好布置成等距的,并与厂房排架柱间距一致,以简化厂房结构。对于坝后式厂房,机组段分缝常和大坝分缝相一致。此时,机组间距将受大坝分缝的影响。

(二)边机组段长度

边机组段长度 L_1 和 L_2 如图 10-21 所示。

与安装间相邻的边机组段长度,必须满足发电机层设备布置要求,下部块体结构尺寸应考虑蜗壳外围或尾水管边墙的混凝土厚度 Δl 在 0.8 ~ 1.0 m 以上,一般为 $L_c/2$。而与安装间相对一端的边机组长度(指离安装间最远的机组),除满足设备布置要求外,为了保证边机组在桥吊工作范围以内,则 L_1(或 L_2)$\geqslant J + x$,其中 J 为桥吊主钩至桥吊外侧的距离,x 为吊车梁末端挡车板距端墙的距离,x 一般为 0.4 ~ 0.9 m。

当蜗壳前装有主阀时,则还应满足主阀吊装和操作的要求,并以此来确定 L_1(或 L_2)。

（三）安装间的长度

当机组台数不超过4～6台时，可按能放置一台机组检修时的四大部件并留有足够的工作通道来确定。初步设计时，可采用$L_a=(1.25\sim1.5)L_c$。当机组台数多，需要两台机组同时安装或检修时，应加大安装间长度。

当n、L_c、L_1、L_2和L_a确定后，主厂房的总长度为

$$L=(n-1)L_c+L_1+L_2+L_a$$

水轮机层长度一般与发电机层同长，视安装间下面是否用来布置辅助设备及实际需要而定。尾水管层的长度则较短。

三、主厂房宽度的确定

主厂房宽度应从厂房上部和下部结构的不同因素来考虑确定。上部宽度取决于吊车的跨度、发电机直径、最大部件的吊运方式、辅助设备的布置与运行方式等条件。厂房下部宽度取决于蜗壳和尾水管的尺寸，若设有主阀，与主阀布置也有关系。

如图10-20所示，主厂房宽度以机组纵轴线分为上、下两部分。厂房上部结构上游侧的宽度与下部结构上游侧的宽度基本相等，即$B_1=B_3$。当上游侧作为吊运设备的主通道时，B_1由发电机风罩外半径、机电设备（如机旁盘、调速器等）、主阀吊孔的布置及吊运水轮机转轮和发电机转子的要求来确定，并应保证吊车外缘距排架柱内边空隙不小于6 cm，与墙内面间隙不小于60 cm。

主厂房下游侧宽度B_2的确定，考虑下述两种情况，取较大值。

（1）按蜗壳尺寸确定

$$B_2=\begin{matrix}\text{蜗壳在厂房纵轴}\\\text{线下游侧的宽度}\end{matrix}+\begin{matrix}\text{蜗壳外围混凝土厚度（据施工要求}\\\text{而定，一般不小于0.8～1.0 m）}\end{matrix}+\text{下游一期混凝土墙厚}$$

（2）按发电机尺寸确定

$$B_2=\begin{matrix}\text{发电机风}\\\text{罩外半径}\end{matrix}+\begin{matrix}\text{通道宽（一般不小于0.8～1.2 m，如作为}\\\text{主通道则应满足吊运主机设备的要求）}\end{matrix}+\text{排架柱断面高度}$$

发电机层总宽度$B_上=B_1+B_2$。确定采用的$B_上$值时，还应考虑桥吊标准跨度L_K，以便选用系列产品，争取提前供货和节约费用。

主厂房下部结构宽度$B_下=B_3+B_4$，B_3为下部结构的上游侧宽度，$B_3=B_1$。下部结构的下游侧宽度$B_4=B_2+$尾水平台宽度。显然，下部结构的宽度$B_下$等于上部结构宽度$B_上$加尾水平台宽度。尾水平台的宽度由尾水管在厂房下游侧墙外长度及尾水闸门启闭机的型式、尺寸、是否布置变压器及交通要求等因素确定，一般为3～4 m，大中型水电站有时达4～8 m。

第三节　水电站副厂房

副厂房是布置各种操作、控制电站运行的电气辅助设备、附属机械的房间及工作生活

用房,紧邻主厂房布置。由于水电站的型式及规模随具体条件的不同而不同,副厂房布置的内容、数量及面积互不相同,差异很大,所以副厂房设置应根据电站的地形、地质条件、在电力系统中的地位和作用、交通、自动化程度、管理机构级别等,进行具体分析确定,既满足安全运行要求,又节省投资。副厂房按性质可分为直接生产副厂房、检修试验副厂房和生产管理副厂房三类。直接生产副厂房是指布置各种与电能生产直接相关的辅助设备的房间;检修试验副厂房是指布置各种检修试验设备和仪表的房间;生产管理副厂房是指各种用于生产和生活管理的房间。表 10-1 为中型水电站副厂房的大致组成及所需面积。

表 10-1　中型水电站副厂房的大致组成及所需面积

副厂房名称		面积(m^2)	副厂房名称		面积(m^2)
直接生产副厂房	中央控制室、电缆室	按需要确定	检修试验副厂房	电工修理间	20~40
	继电保护盘室	按需要确定		机械修理间	40~60
	厂用动力盘室	按需要确定		工具间	15
	蓄电池室	40~50		仓库	10~25
	储酸室和套间	10~15		油处理室	按需要确定
	充电机室	15~20		油化验室	10~20
	蓄电池室的通风机室	15~20	生产管理副厂房	交接班室	20~25
	直流盘室	15~20		保安工具室	5~10
	载波电话室	20~50		办公室	每间 15~20
	油、气、水系统室	按需要确定		会议室	15~20
	厂用变压器室	按需要确定		浴室	按需要确定
检修试验副厂房	继电保护试验室	40~45		夜班休息室	按需要确定
	测量表计试验室	30~50		仓库	15
	精密仪表修理室	15~25		警卫室	10
	仪表室	10~15		卫生间	按标准确定
	高压试验室	20~40			

一、直接生产副厂房

(一)电气部分

1. 中央控制室

中小型厂房中的中央控制室是布置发电机的操作、控制、继电保护、信号、直流、同步及励磁等盘柜的房间,是整个电站运行、控制、监护的中心。

中央控制室与主厂房之间应设有宽敞的楼梯和方便的交通道,应有隔音设施,并设瞭望主机房的窗口和平台。净高不应小于 4.0~4.5 m,面积应根据各种表盘的数量及尺寸确定。地面及墙壁应进行建筑处理,满足防潮、隔音、通风、取暖要求。中央控制室照明应妥善解决，防止光线直射仪表盘面。

2. 载波电话室

载波电话是利用高压线载波与调度中心联系的专用通信设施。载波电话室应邻近中央控制室，有良好的隔音、采光、通风条件。载波机正面距墙不小于1.5 m，背面距墙不小于1.0 m，侧面距墙，无过道不小于0.8 m，有过道不小于1.2 m。

3. 电缆室

电缆室应位于中央控制室下部，其面积与中央控制室相等。电缆室的高度一般为2~2.5 m，能满足维护、检修人员工作即可。

4. 开关室

开关室即发电机电压配电装置室。开关室应尽量靠近主机房与主变压器场，以缩短电缆。长度在7 m以内时，可只设一个出口通向其他房间或户外；长度大于7 m时，应设两个出口，门朝外开。

5. 蓄电池室、储酸室、套间、通风机室、充电机室

厂房设有直流系统，蓄电池室为直流电源。蓄电池室主要用户为中央控制室，位置应尽量靠近地面，宜与厂外地坪同高，但不允许位于中央控制室及开关室的上部。蓄电池室入口处应有储酸室及套间，门朝外开。储酸室是储存硫酸的房间，套间是防止酸气外流的房间。

蓄电池室应按防火、防爆要求与其他房间隔开，门、窗、顶盖作为爆炸时的泄压设施，应防止影响邻近建筑物、设备及人身的安全。蓄电池室、储酸室的地面、墙壁、台架等，应用耐酸材料铺设，地面应有适当坡度以利于排水。墙壁及顶棚均应有防腐蚀措施，防止酸气外溢。室内照明灯具应为防爆式，避免阳光直射。房间应有良好的通风装置，设进风及排气管道。小型厂房的蓄电池室通风，可在外墙上装设进、排风扇解决。蓄电池温度不低于10 ℃，冬天应有采暖装置。

当采用可控硅整流装置作为蓄电池的充电设备时，整流装置可布置在直流盘室内，不设充电机室。当采用充电机作为蓄电池充电设备时，应在蓄电池室附近同一层专设充电机室，但应尽量远离中央控制室。

（二）水力机械部分

1. 高压气、低压气系统

中小型水电站厂房常把高压气系统与低压气系统统一布置在一个空压机房内。

空压机房应远离中央控制室，常布置在水轮机层副厂房端部位置，但与用户的距离应控制在300 m以内。空压机房的净空高度为3.5~4.9 m，室内地面应有一定坡度，设排水沟排水。室内顶部应设相应的吊装、检修设施。设备间距离不应小于1.5 m，满足防爆要求。

2. 水泵房与集水井

水泵房与集水井一般布置在块体结构中。当采用立式深井泵排水时，电动机装置于正常尾水位以上；当采用卧式水泵排水时，水泵房高程应用离心泵最大吸出高度校核。

集水井底高程应低于尾水管底板高程，以便检修排水。水泵启动水位应低于厂内最低排水点，以便排除渗漏水。

水泵房应设两台机组,互为备用。两台水泵机组之间突出基础的净距或机组突出部分与墙的净距,应能满足水泵轮轴及电动机转子的拆卸距离要求,净距不小于0.8 m。室内主要通道宽1.0~1.2 m。渗漏排水与检修排水合并的水泵房,应有可靠的防淹措施。

小型水电站厂房的检修排水常采用直接排水,将移动式水泵临时装在需检修的机组处,直接将积水抽排到下游。

3. 油库及油处理室

中小型厂房的透平油及绝缘油常布置在厂外同一油库中,成一列布置。油罐间净距应保持在1.5~2.0 m以上。油库高度应能保证罐顶进入的要求。

油库应用防火墙与其他房间隔开,设两个安全出口。出口设向外开启的防火门,门口设拦油槛,库内设置灭火设施。

油处理室应邻接油库,室内应有维护通道和运行通道,设备间净距不小于1.5 m,设备与墙间净距不小于1.0 m。油处理室的防火要求与油库相同。

单机容量500 kW以下的小型厂房,不需设置专门的油罐及油处理设备,可在安装间下或安装间旁放若干汽油桶供循环过滤用,亦可放部分清油。单机容量大于500 kW的小型厂房,可考虑设压力滤油机一台。单机容量3 000 kW以上的厂房,油库应设专用油罐及油处理设备,但不一定专设油处理室。

二、检修试验副厂房

(一)电气试验室

中小型厂房一般仅设电气试验室,包括继电保护、测量表计等,为电气二次回路设备和500 V以下的电气设备试验之用。高压设备不在厂内试验。

电气试验室地面宜做成水磨石地板,室内应有通风、采暖、防尘、防潮措施。调试工作台应有良好的自然采光和局部照明。

农村小型水电站厂房一般不设电气试验室,只设电工修理间。

(二)机械修理间

这是厂内简单的机械修理场所,根据机电设备容量、电站在电力系统中的位置及作用、外厂协作加工条件及梯级联合修理等因素,可另设机械修配厂或机修车间。

(三)工具间与仓库

工具间与仓库布置在发电机层旁边邻近安装间的位置,作为放置日常工具与零碎用品的场所。

三、生产管理副厂房

生产管理副厂房是指各种生产管理及生活用房,包括厂长室、总工程师室、行政党团工作办公室、图书资料室、会议室、传达警卫室及卫生和生活用房等,根据电站具体条件确定。不同电站差别很大。

小型水电站副厂房设置可予简化,根据对61座中小型水电站厂房的统计,副厂房的平均面积为1 132 m^2,变化范围为500~2 500 m^2。小型水电站副厂房的面积可在500 m^2以下。单机容量不足500 kW的小型水电站,属低压机组,可不设副厂房,只在主厂房上游侧或下游侧设各台机组的配电屏,另设工具间或仓库即可。在表 10-1 所列中型水电站的副厂房中,某些房间可安排在主厂房内,厂房面积有限时,部分检修试验用房及辅助用房可布置在厂外。副厂房可以布置在主厂房上游侧或布置在尾水管上,也可布置在主厂房一端。

第四节 地面厂房的结构设计原理

一、厂房的分缝和止水

(一)厂房结构的分缝

水电站厂房结构的分缝有沉陷缝、伸缩缝(温度缝)和施工缝三种。

沉陷缝和伸缩缝都是永久缝,施工缝则是临时缝。沉陷缝贯穿至地基,伸缩缝不到地基;沉陷缝能起伸缩缝的作用,伸缩缝不能起沉陷缝的作用。通常将两种缝结合起来设置,称为温度沉陷缝。施工缝是为便于施工而设置的缝,最后要进行灌浆处理,是临时缝。沉陷缝和伸缩缝均设置止水。

为解决不均匀沉陷使厂房结构产生很大的附加应力问题,通常在机组段之间、厂坝之间、主机房与安装间之间设置沉陷缝,使它们各自成为独立的部分,以使结构受力明确,结构构造和结构计算也可以简化。

伸缩缝间距一般为 20 ~ 30 m,有时也可放宽到 45 ~ 50 m,视地质条件和厂房布置允许沉陷量而定。一般情况下,下部结构缝宽为 1 ~ 2 cm,上部结构的缝宽可适当加大。沉陷缝将厂房分成若干段,每段包括 1 ~ 2 台机组,安装间常为单独一段。在机组段分缝处,排架、吊车梁和板也要断开。对于不太长的厂房,最好不设沉陷缝,只设伸缩缝,伸缩缝只做到下部块体结构为止。同时,采取能适应不均匀沉陷的措施。主副厂房、安装间、尾水平台间的永久缝设置如图 10-22 所示。

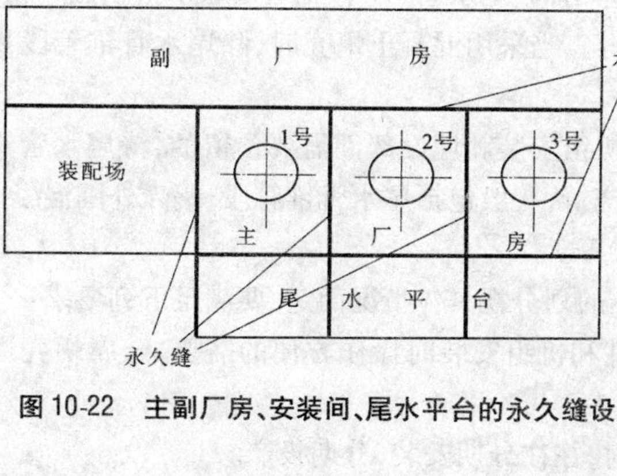

图 10-22 主副厂房、安装间、尾水平台的永久缝设置

(二)缝内止水

设置止水的目的是防止厂房上下游的水和地表水等通过永久变形缝进入厂房。

止水的布置有以下两种基本方式:

(1)开口式。如图 10-23(a)所示,缝内水与下游连通,水下房间和廊道穿过永久缝处周围都用止水保护。

(2)封闭式。如图 10-23(b)所示,缝内无水或可人为控制缝内水压。

厂房止水的构造与重力坝的止水相似。重要的部位应设两道止水,中间设沥青井,次要部位可不设沥青井。止水与基岩连接时应埋入基岩内 30 ~ 50 cm。

常用的止水片有金属止水片和塑料止水片两类。金属止水片按其材料,又可分为紫铜片、镀锌铁片和涂沥青钢片。

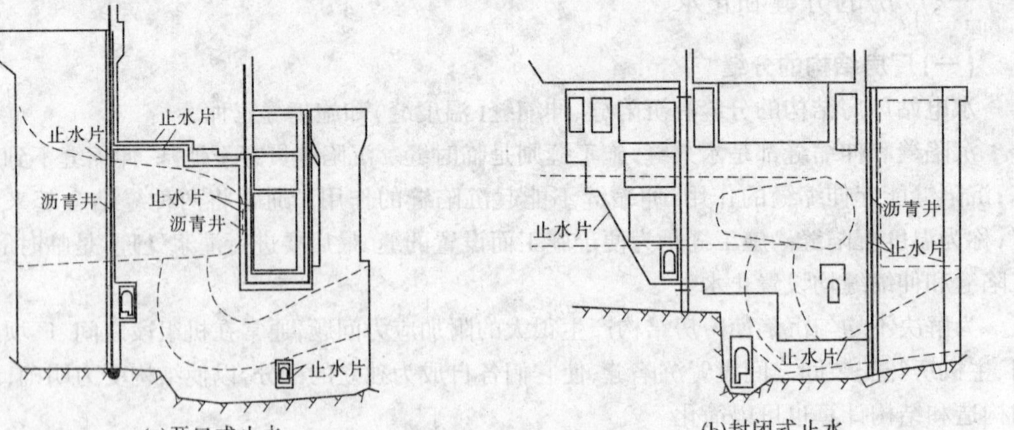

图 10-23　止水布置图

二、主厂房一、二期混凝土划分与分层分块

厂房内的混凝土并不是同步浇筑的,根据浇筑时间的不同可以分为一期、二期两种。在机组安装前浇筑的混凝十称为一期混凝土,在机组安装时才浇筑的称为二期混凝土。一期混凝土包括基础块体结构、尾水管(不包括锥管段)、上下游围墙、厂房排架、吊车梁及部分楼层的梁、板、柱等。当采用混凝土蜗壳时,除尾水管锥管段及座环附近局部混凝土外,也属于一期浇筑。

二期混凝土是为了机组安装和埋设部件需要预留的,待尾水管锥管段钢板里衬和金属蜗壳安装好后才分层浇筑,一般包括尾水管锥管段、蜗壳外围混凝土、机墩、风道墙以及与之相连的部分楼板、梁等。

厂房一、二期混凝土的划分视具体情况而定,要满足下列要求:

(1)为了满足预埋件和机组安装时操作方便的需要,金属蜗壳周围二期混凝土的最小厚度为 0.8 ~1.2 m。

(2)机组台数较多时,往往分期安装,分期投产。

(3)应使一、二期混凝土可靠地结合。

根据我国厂房规范,浇筑层的厚度,基础块一般为 1 ~2 m,底板厚度不大时,可直接取板厚为浇筑厚度;在基础约束范围外,一般采用 3 ~6 m;尾水闸墩和上、下游墙体可放宽到6～8 m。浇筑块的平面尺寸，除基础外，其边长一般不大于15～20 m，或面积不超过300 m^2。

主厂房一、二期混凝土划分与分层分块如图10-24所示。

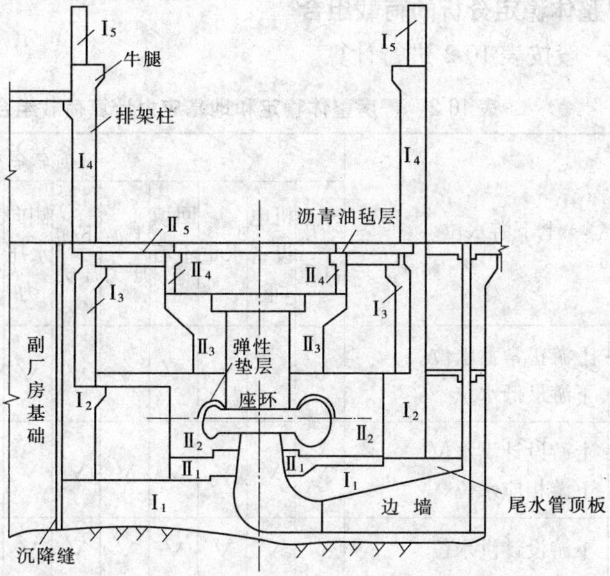

图10-24　主厂房一、二期混凝土划分与分层分块

三、作用于厂房的荷载及其组合

(一)作用于厂房的荷载

1. 基本荷载

作用于厂房上的基本荷载主要有以下几种：

(1)厂房结构及永久设备自重；

(2)回填土石重；

(3)正常蓄水位或设计洪水位情况下的静水压力；

(4)相应于正常蓄水位或设计洪水位情况下的扬压力；

(5)相应于正常蓄水位或设计洪水位情况下的浪压力；

(6)淤沙压力、土压力、冰压力；

(7)其他出现机会较多的荷载。

2. 特殊荷载

作用于厂房的特殊荷载主要有以下几种：

(1)校核洪水位或检修水位情况下的静水压力；

(2)相应于校核洪水位或检修水位情况下的扬压力；

(3)相应于校核洪水位或检修水位情况下的浪压力；

(4)地震力；

(5)其他出现机会较少的荷载。

进行荷载计算时必须注意的是:作用在厂房上的静水压力应根据厂房在不同运行工况下的上、下游水位确定。

(二)厂房整体稳定分析的荷载组合

荷载组合一般按表 10-2 进行计算。

表 10-2　厂房整体稳定和地基应力计算荷载组合

荷载组合	计算情况		上下游水位	荷载名称												
				结构自重	机电设备重	水重	回填土石重	上游压力	下游压力	侧向水压力	扬压力	土压力	浪压力	淤沙压力	冰压力	地震力
基本组合	正常运行	a1	上游正常蓄水位 下游最低水位	√	√	√	√	√	√	√		√	√	√	√	√
		a2	上游设计洪水位 下游相应水位	√	√	√	√	√	√	√	√	√	√	√	√	√
		b	下游设计洪水位	√	√	√	√	√	√	√	√	√	√	√	√	√
特殊组合	(1) 机组 检修	a	上游正常蓄水位 下游最低水位	√	√	√	√	√	√	√	√	√	√	√	√	√
		b	下游检修水位	√	√	√	√	√	√	√	√	√	√	√	√	√
	(2) 机组 未安装	a	上游正常蓄水位 下游最低水位	√	√	√	√	√	√	√	√	√	√	√	√	√
		b	下游设计洪水位	√	√	√	√	√	√	√	√	√	√	√	√	√
	(3) 非常 运行	a	上游校核洪水位 下游校核洪水位	√	√	√	√	√	√	√	√	√	√	√	√	√
		b	下游校核洪水位	√	√	√	√	√	√	√	√	√	√	√	√	√
	(4) 地震 情况	a	上游正常蓄水位 下游最低水位	√	√	√	√	√	√	√	√	√	√	√	√	√
		b	下游满载运行水位													

注:1. 表中 a 适用于河床式厂房,b 适用于坝后式及河岸式厂房;

2. 浪压力与冰压力非同时存在,依实际情况选择一种计算;

3. 正常运行 a2 下游相应水位,是指上游发生设计洪水时可能出现的对厂房最不利水位(包括枢纽溢洪情况);

4. 非常运行 a 下游校核洪水位,是指上游发生校核洪水时,下游可能出现的对厂房最不利水位(包括枢纽溢洪或不溢洪情况);

5. 特殊组合(1)、(2)的水重应根据实际情况扣除,(2)中蜗壳二期混凝土未浇。

四、作用于发电机机墩上的荷载与荷载组合

(一)作用于机墩上的荷载

作用于机墩上的荷载一般有以下四类:

(1)垂直静荷载 A_1。包括机墩自重,发电机层楼板重及其荷载,发电机定子、励磁机定子及附属设备等重,上机架、下机架重,定子基础板重,下支架在顶起转子时的负荷。这些荷载通过定子基础板作用于机墩顶部。

(2)垂直集中动荷载 A_2。包括发电机转子连轴及励磁机等重、水轮机转轮连轴重、轴向水推力,通过推力轴承传给机架再传至机墩。

(3)水平动荷载 A_3。由于发电机转子中心与转动中心不相重合,有一个偏心距 e,因而机组在运行中就产生了惯性离心力,从而引起机墩的振动离心力,通过导轴承传给机墩。

(4)扭矩荷载 A_4。转子磁场对定子磁场的引力受到切向力的作用,通过机墩基础板的固定螺栓形成机墩扭矩。

(二)荷载组合

机墩荷载组合按表 10-3 采用。

表 10-3　机墩荷载组合表

荷载组合	计算情况	荷载名称					
		A_1	A_2	A_3		A_4	
				正常	飞逸	正常	飞逸
基本组合	正常运行	√	√	√		√	
特殊组合	1. 短路时	√	√	√			√
	2. 飞逸时	√	√		√		

五、细部结构

(一)吊车梁

吊车梁与轨道的连接方式如图 10-25 所示。钢轨型号根据桥吊轮压选定。

吊车梁与排架柱的连接方式,如图 10-26 所示,根据吊车梁的型式确定。装配式吊车梁与排架柱一般采用钢板焊接或螺栓连接固定。梁柱连接钢板要承受吊车的横向水平制动力,应校核其强度。其构造型式如图 10-26(b)所示。对现浇吊车梁,需在浇筑排架柱时预埋伸入吊车梁的水平和垂直插筋,并在梁柱之间的空隙灌注 C20 以上的混凝土,如图 10-26(a)所示。吊车起重量不大、排架柱间距小的厂房,分缝处采用单排架,吊车梁与柱的连接应采用滑动支座。为减小摩擦力,梁下垫以钢板,避免温度变化时伸缩拉裂,如图 10-26(c)所示。

(二)机墩

机墩是立式水轮发电机的支承结构,底部固结于大体积混凝土或蜗壳顶板,顶部与风

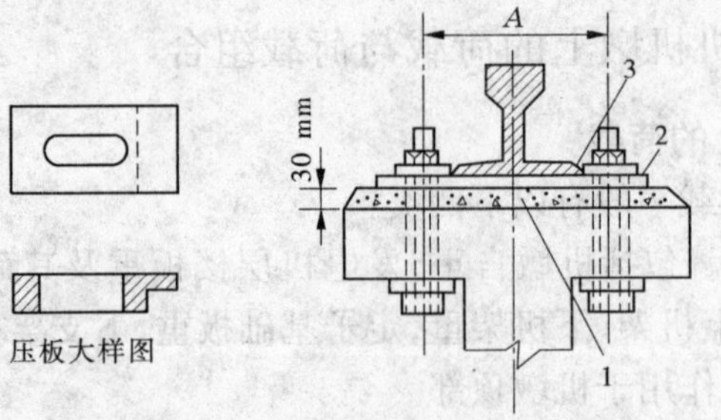

1—C30 细石混凝土找平；2—钢板（厚度大于 8 mm）；3—局部电弧焊

图 10-25　钢轨与吊车梁的连接方式

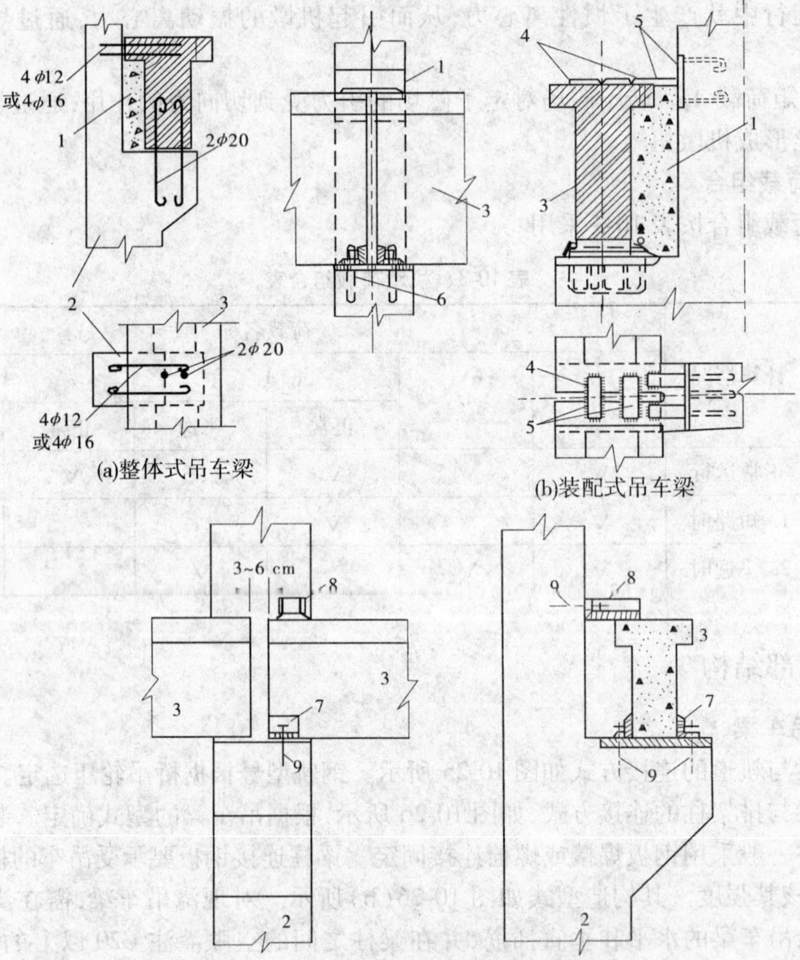

(a)整体式吊车梁

(b)装配式吊车梁

(c)滑动支座连接

1—灌注混凝土；2—柱；3—吊车梁；4—电弧焊；5—连接钢板或角钢；6—螺栓；

7—角钢焊于吊车梁并开长圆孔；8—由钢板焊成槽形杆件并开长圆孔；9—≥φ25 螺栓，用双螺母，但不拧紧

图 10-26　吊车梁与排架柱的连接方式

罩或发电机楼板连接。机组设备与发电机层楼板的部分荷载通过机墩传至基础。机墩或风罩与发电机层楼板连接的方式，生产实践中常见的有以下三种（如图 10-27 所示）：

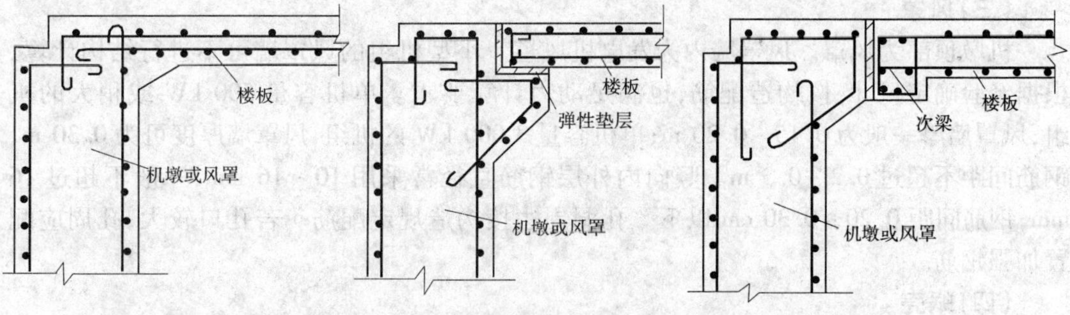

图 10-27　机墩或风罩与发电机层楼板连接的方式

（1）整体式，应用最广；

（2）简支式，应用较少；

（3）分离式，广泛应用于中小型水电站厂房中。

根据经验，机墩通常按构造配筋，一般采用 C15 混凝土，Ⅰ级钢筋，沿圆筒周围配置竖向钢筋、水平环向钢筋、孔口钢筋。一般不布置斜向钢筋。机墩配筋如图 10-28 所示。

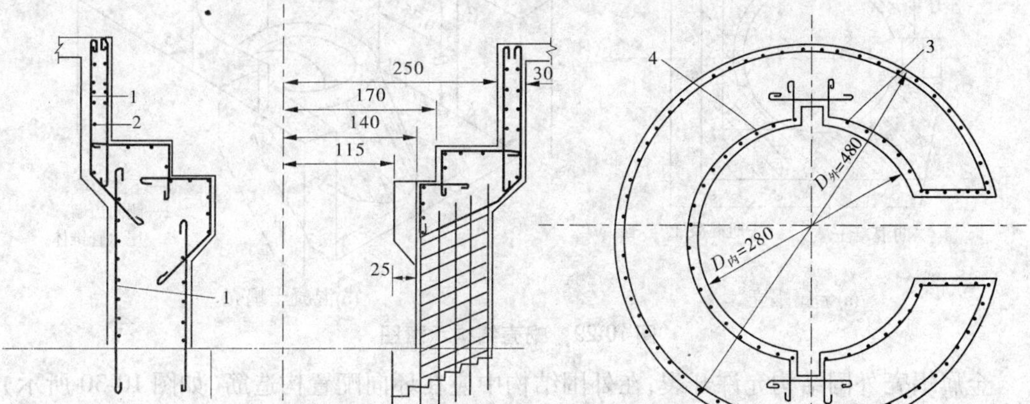

1—竖向钢筋 ϕ16@25；2—水平环向钢筋 ϕ12@25；3—竖向钢筋；4—水平环向钢筋

图 10-28　某机组圆筒式机墩配筋图　（尺寸单位：cm）

竖向受力钢筋除受力外，还起架立筋作用。钢筋按内力最大截面的需要配置，沿机墩内外壁各均匀布置一层，一般沿机墩高度不予切断。若机墩厚度较大，也可按少筋混凝土理论计算配筋。竖向钢筋直径一般不小于 16 mm，间距不大于 30 cm，与风罩的竖向受力钢筋应协调布置，以便连成整体钢筋骨架。弯入机墩顶部的竖向钢筋在定子基础板螺栓部位可局部加密。

水平环向钢筋起固定竖向钢筋和抵抗温度应力、混凝土收缩应力及环向力作用。由于机墩水平环向截面大，环向力相对较小，一般均按构造在机墩内外壁各布置一层。直径一般不小于 12 mm，间距不大于 30 cm，但在机墩顶部可适当加密。

孔口一般不配置加强钢筋,大孔口应根据孔口应力计算结果,按应力大小在孔口布置环向钢筋。

(三)风罩

机墩顶部为风罩。风罩墙内为发电机风道。小型机组的风罩墙可不进行结构计算,根据经验确定尺寸,按构造配筋,也满足动力计算要求。单机容量 500 kW 或稍大的机组,风罩墙厚一般为 0.15~0.20 m;单机容量 3 000 kW 的机组,风罩墙厚度可为 0.30 m,钢筋间距不超过 0.2~0.3 m。竖向内外层钢筋直径常采用 10~16 mm,一般不超过 16 mm,钢筋间距 0.20~0.30 cm 以下。孔洞周边按构造规定配筋。若孔口较大,孔周应配置加强钢筋。

(四)蜗壳

金属蜗壳的外围结构是指蜗壳外围水轮机层以下二期混凝土范围内的结构,是一个整体性较强的空间结构,体型复杂。如图 10-29 所示。钢筋混凝土蜗壳一般用于低水头大流量的水电站厂房。

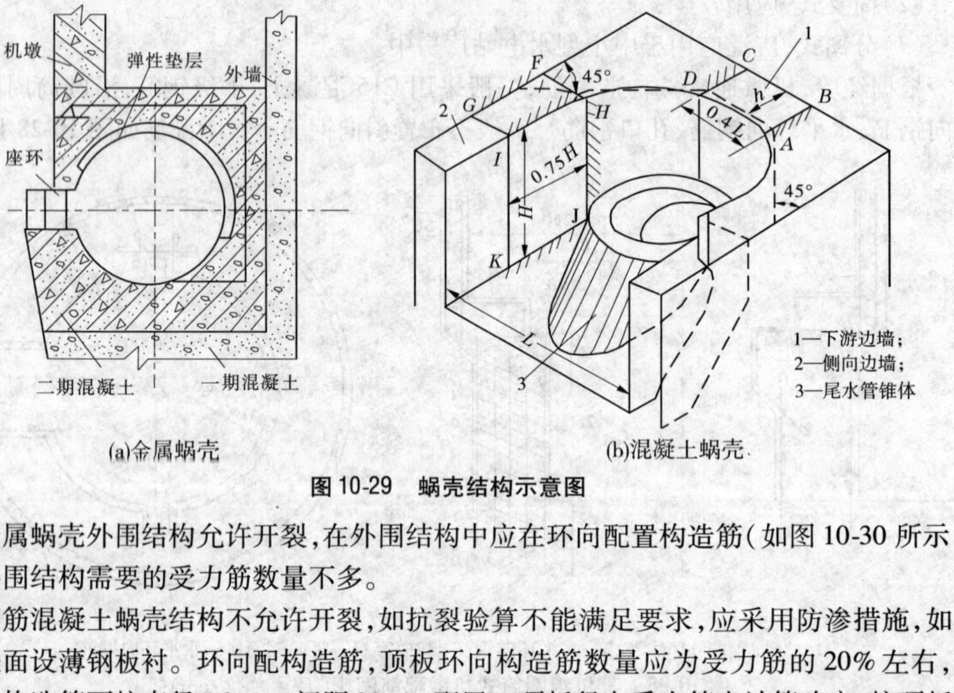

(a)金属蜗壳　　(b)混凝土蜗壳

图 10-29　蜗壳结构示意图

金属蜗壳外围结构允许开裂,在外围结构中应在环向配置构造筋(如图 10-30 所示)。一般外围结构需要的受力筋数量不多。

钢筋混凝土蜗壳结构不允许开裂,如抗裂验算不能满足要求,应采用防渗措施,如在结构表面设薄钢板衬。环向配构造筋,顶板环向构造筋数量应为受力筋的 20% 左右,边墙环向构造筋可按直径 16 mm、间距 30 cm 配置。顶板径向受力筋由计算确定,按顶板内缘需要配筋。辐向布筋到顶板外缘,根据需要加密钢筋。边墙竖向受力筋按最大弯矩配置,钢筋由顶直通到底,不予切断。所有钢筋在内外壁各置一层,其间每隔 1 m 设一直径为 12~16 mm 的联系筋。

(五)尾水管

弯曲形尾水管由直锥段、弯管段和扩散段三部分组成。

尾水管结构允许开裂,尾水管各部分的尺寸比较大,钢筋常按构造配置,并兼作温度筋与架立筋。配置钢筋时应照顾施工方便,尽量减少钢筋种类,钢筋间距也应尽可能协调

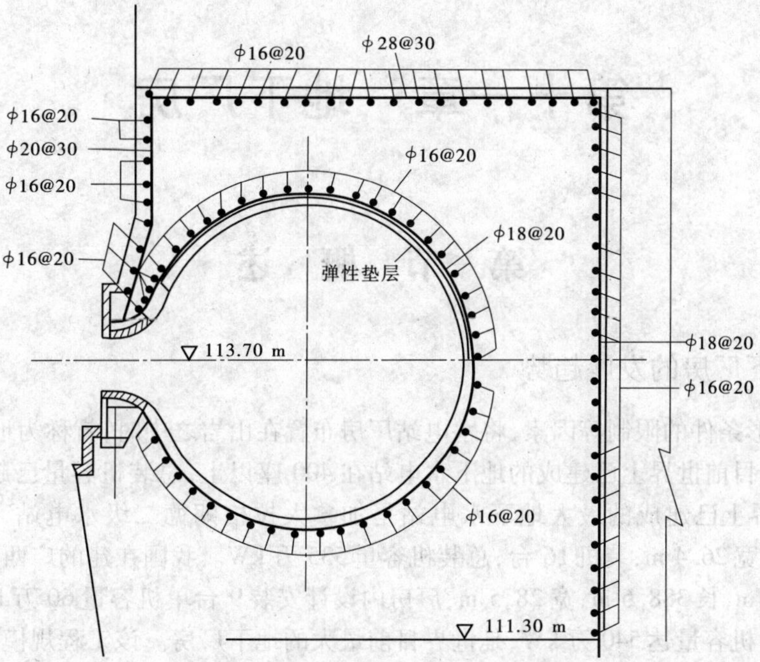

图 10-30　金属蜗壳外围结构配筋图

一致,以便排列。

扩散段按顺流向和垂直水流向两个方向双向配筋,内外壁各布置一层,内力不大时,按构造配筋。锥管段沿表面按构造布置斜直筋和水平环向筋,直径 16 ~ 25 mm,间距 20 ~ 30 cm。弯管段顶板沿内壁布置顺流向钢筋,间距宜与锥管段相同或成倍数,垂直水流方向需配环形筋。其底板也是双向布筋,直径与间距应与边墩协调一致。

第十一章　地下厂房

第一节　概　述

一、地下厂房的发展趋势

由于地形条件的限制等因素，将水电站厂房布置在山岩之中时，就称为地下厂房。据不完全统计，目前世界上已建成的地下水电站在400座以上，总装机容量已超过4 500万kW，其中世界上已建成的最大地下水电站是加拿大拉格朗德二级水电站，厂房高47.3 m，长483 m，宽26.4 m，装机16台，总装机容量535万kW。我国在建的广西龙滩水电站，厂房高74.5 m，长388.5 m，宽28.5 m，厂房内设计安装9台单机容量60万kW的水轮发电机组，总装机容量达540万kW，是世界目前最大的地下厂房。该工程规模宏大、施工技术含量高、工程地质条件复杂，其施工难度为世界水电建设史所罕见。近年来，由于地下岩石开挖技术的进步，高效能成套机械化设备以及喷锚支护等岩体加固新技术的采用，加快了地下工程的施工速度，提高了质量；又由于采用了水内冷发电机和变压器、高压封闭绝缘组合开关等电气设备，可以将升压变压器及高压配电装置布置在地下洞室内，缩短了电缆长度，避免了地面开关站的大量土石方工程，降低了工程造价，促进了地下水电站的建设和发展。

二、地下厂房的优缺点

地下厂房的优点主要表现在以下几方面：

(1)在深峡谷、大泄量的河道内，采用地下厂房有利于水工枢纽的总体布置。主要表现在：①可减少厂房与泄洪建筑物在布置上的矛盾；②厂房可免受泄洪挑流、雾化气浪的影响；③厂房可不受下游高水位的影响而淹没；④有利于施工导流布置，有时施工导流洞可与尾水洞结合；⑤减少厂房与其他水工建筑物在施工上的干扰，有时可提前发电。

(2)地下厂房可以避开不利地形如山岩不稳定区，厂房和压力管道可避免山坡崩坍的危害，以保证运行安全，可节省大量的高边坡开挖。

(3)有可能降低建筑物的工程造价。主要表现在：①地下压力管道可充分利用岩体承载能力以减薄钢衬等衬砌厚度，节省钢材；②引水隧洞建在地下，可使其线路尽可能直线布置，缩短长度，可减少水头损失、工程量和投资，增加电能；③在坚固的岩石条件下，可以利用围岩和喷锚支护代替钢筋混凝土结构承载，降低厂房造价；④运行和检修费用较地面省，使用年限长。

(4)在严寒、酷热或多雨地区，厂房的施工和运行不受气候的影响，可全年施工，有利于缩短工期。

(5)有利于保持地面自然景观。

地下厂房的缺点表现在:地下岩石开挖工程量大,施工难度较大;通风、防潮、采光条件差;当地质条件差时,支护费用很大。

三、地下厂房布置方式

因地形、地质条件不同,地下水电站的布置亦不同。根据地下厂房在压力引水发电系统中的位置不同,地下水电站可分为首部式、尾部式和中部式三种典型布置方式,见图 11-1。

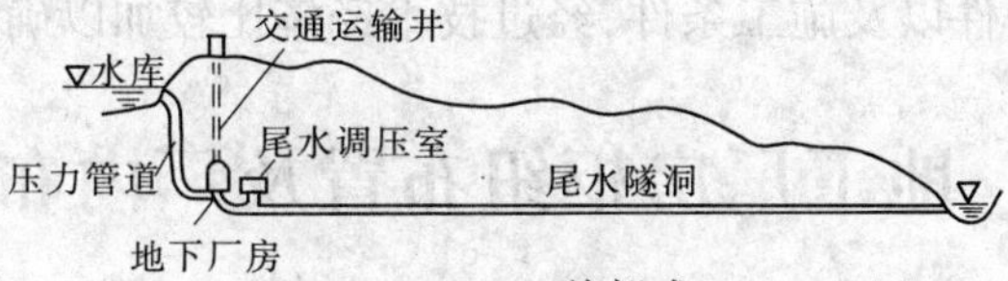

(a)首部式

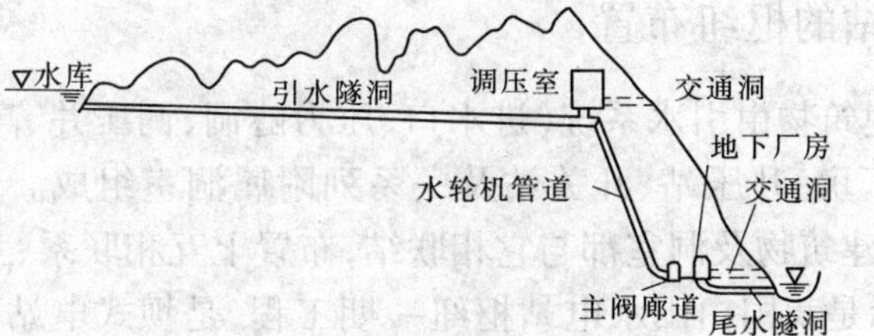

(b)尾部式

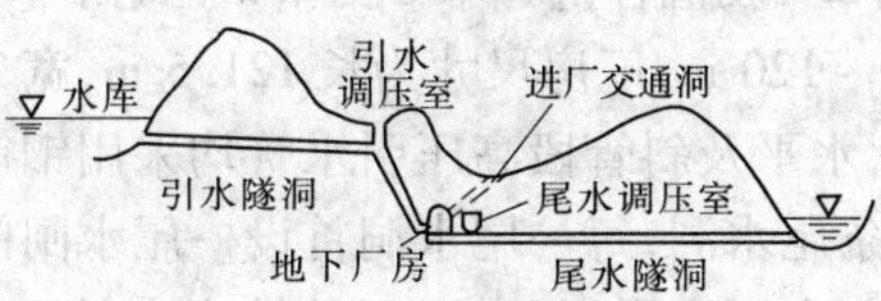

(c)中部式

图 11-1 地下水电站布置方式

(一)首部式布置

厂房布置在电站进水口附近,具有短的引水道和长的尾水洞,如图 11-1(a)所示。短的引水道上常可不设上游调压室。水轮机引水管道通常采用单元供水方式,压力管道型式多为竖井或斜井,事故快速闸门设在进水口处。进厂的交通运输洞、出线洞以及通风洞采用竖井。尾水洞较长,若为有压洞,常设有尾水调压室;若下游水位变幅不大,也可采用无压尾水洞而不设尾水调压室。

首部式布置的地下水电站,水头一般不能过高,否则厂房埋深过大,辅助洞可能过长,且运用不便,施工困难。由于厂房靠近水库,要防止在厂房洞室附近产生过大的渗水压力而漏水,甚至危及岩体稳定,所以要求地质条件好,并须做好防渗措施。这种布置方式由于压力引水道短,机组运行条件好,有利于担任系统调频任务。

(二)尾部式布置

厂房位于压力引水系统的尾部,靠近地表,尾水洞较短,如图 11-1(b)所示。这种布置方式不受水头大小的限制,水头可高达数百米甚至千米,应用较广泛。上游有压引水道比尾水洞长得多,一般均设有上游调压室,采用集中供水和分组供水方式。进厂交通洞通常采用平洞,各种辅助洞的长度比较短。尾水洞可不设调压室,下游水位变幅不大时,也可采用无压洞。我国多数地下式水电站属于这种布置方式。

(三)中部式布置

厂房位于引水系统的中部,厂房上游引水洞和下游尾水洞的长度大体相当,如图11-1(c)所示。这种布置比首部式适用的水头大,但因引水道在负荷变化时存在压力波动,所以必须同时在厂房的上、下游设置调压室。辅助洞可根据地形条件采用平洞或竖井。

总之,地下厂房采用何种布置方式要因地制宜,结合水电站的水能规划,当地的地形地质、交通运输、出线条件以及施工条件,经过技术经济比较加以确定。

第二节　地下厂房枢纽布置及厂内布置特点

一、地下水电站的枢纽布置

地下水电站的建筑物由引水系统(进水口、压力隧洞、调压井、高压管道、尾水调压室及尾水隧洞)、主副厂房、升压站、开关站及一系列附属洞室组成。主厂房是地下水电站的主体部分,各附属建筑物及洞室都与它相联结,布置上互相联系、互相影响。如图11-2、图11-3、图11-4所示是我国白山水电站枢纽一期工程,是坝式电站地下厂房。重力拱坝高150 m,总库容65.1亿m^3,装机容量3×30万kW。地下厂房位于右岸坝下游约90 m的山体内,上覆岩体厚60~120 m,厂房尺寸为长121.5 m,宽25 m,高55 m。机组采用单元引水,设有三个进水口,水平及斜管段高压引水管均采用钢筋混凝土及预应力混凝土衬砌,机组前不设主阀。三条尾水洞,每一尾水洞首设一尾水闸门室及尾水调压室。主变压器室位于主厂房下游侧,与主厂房平行,高压开关站也在地下,电气开关采用全封闭组合电器,出线六回,出线电压220 kV。此外,根据运行、运输的需要,还布置了一系列辅助洞室,如图11-4所示。铁路由右岸303.5 m高程经交通洞平坡进入地下厂房的卸货平台。

在地下厂房的布置中,地质条件往往起主导作用,由于地质构造和地应力状态是复杂的,对每一电站,都要具体分析最大主应力或局部应力以及地质构造对工程的影响。地下建筑物的布置以紧凑、简单与合理为原则,形状要简化,洞室应尽量少一些,并且要注意洞室的间距,避免密度大和交叉复杂而造成大的应力集中。地下厂房的布置有许多区别于地面厂房的特点。

二、厂内布置特点

地下厂房的水电站与一般河岸式地面厂房水电站相比,进水口、引水道、调压室、地下埋管等有共性的部分就不再重复介绍,下面仅就与地面厂房布置不同的部分加以介绍。

(一)主厂房纵轴方向的确定

主厂房纵轴方向是枢纽布置的关键。由于地下厂房长度及断面尺寸较大,顶拱和边墙暴露面很大。因此,布置厂房纵轴方向与地应力条件及断层、裂隙、岩层等的关系密切。厂房的最优方向应符合下列三个条件:

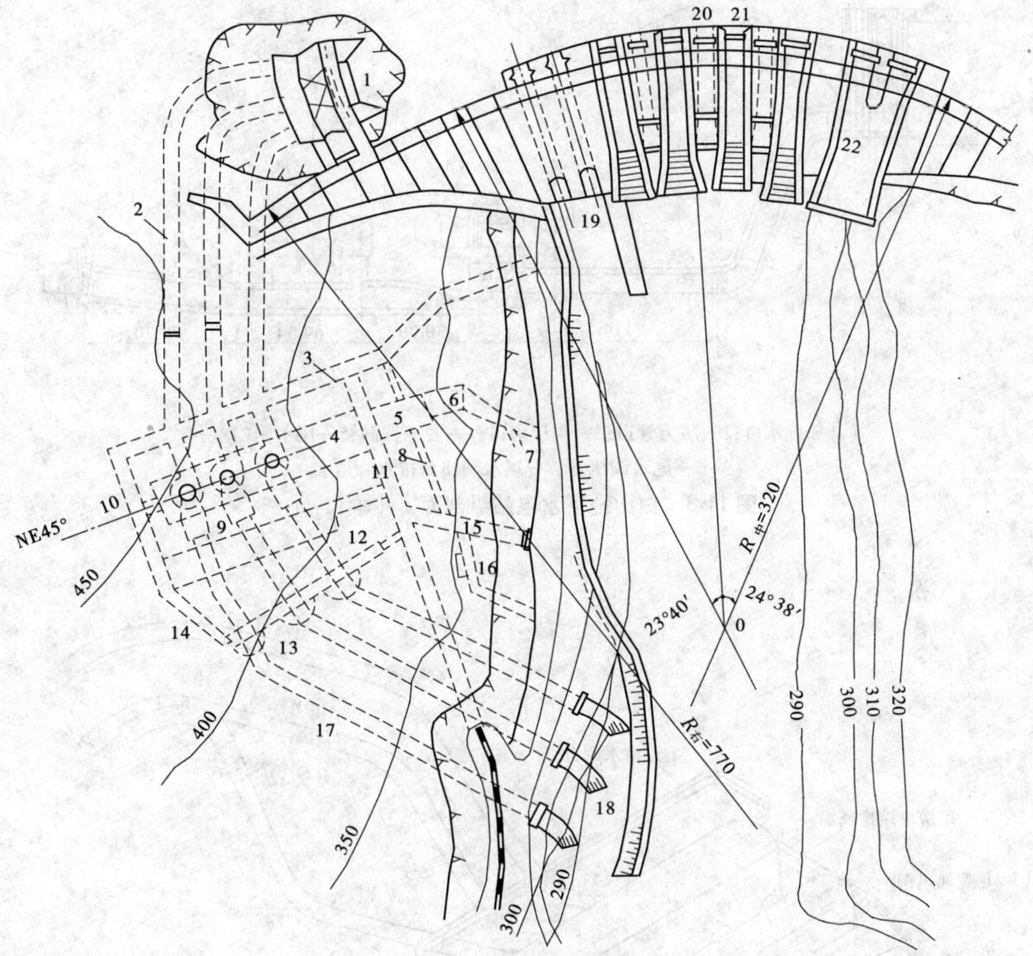

1—进水口；2—压力管道；3—排水廊道；4—主厂房；5—副厂房；6—空调室；7—进风洞；8—控制电缆洞；9—主变压器洞；10—联络洞；11—进厂交通洞；12—尾水闸门室；13—尾水调压井；14—排风洞；15—地下开关站兼排风洞；16—高压电缆洞；17—尾水洞；18—尾水渠；19—导流底孔；20—中溢洪孔；21—高溢洪孔；22—保坝洪水溢洪孔

图 11-2 白山地下水电站枢纽布置图 （单位：m）

(1)厂房洞室轴线与大断裂系统的方向不能一致。

(2)轴线应与岩层走向尽可能垂直；否则，开挖时地下挖空后会影响上层岩体的稳定。

(3)地应力的大小和方向与洞室围岩的稳定性密切相关。由于地应力具有高度的方向性，对地下工程围岩的变形和破坏在总体上起着控制作用。因此，在设计施工之前，首先应确定构造应力场的方向及主应力大小，然后合理选址、选线。

(二)主厂房埋藏深度的确定

由于地质条件、工程布置、施工要求的不同，选择厂址时厂房的埋藏深度也不同。为

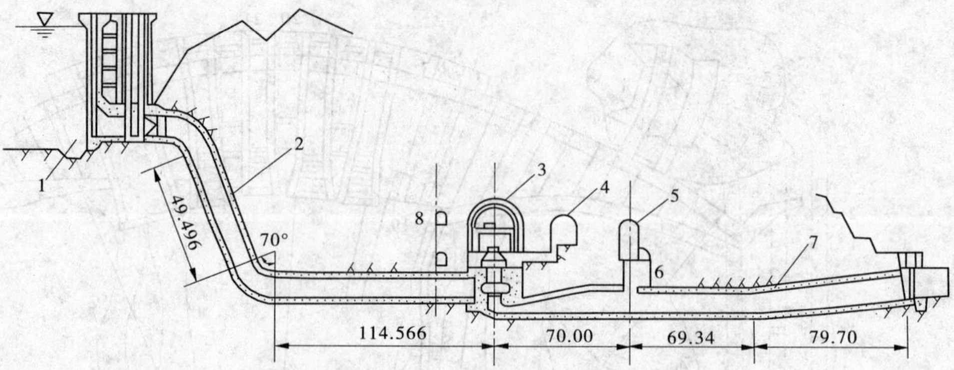

1—进水口;2—压力管道;3—主厂房;4—主变压器洞;5—尾水闸门室;
6—尾水调压井;7—尾水洞;8—排水廊道

图 11-3　白山地下水电站纵剖面　（单位:m）

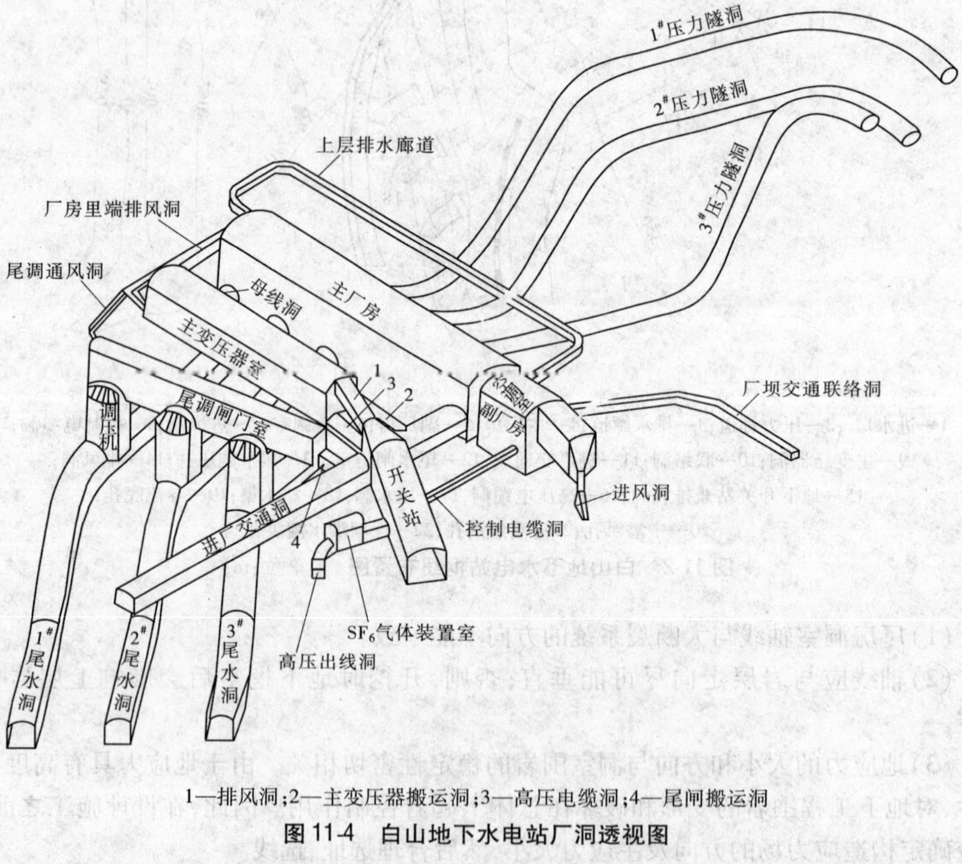

1—排风洞;2—主变压器搬运洞;3—高压电缆洞;4—尾闸搬运洞

图 11-4　白山地下水电站厂洞透视图

了保证厂房拱顶上覆岩体的稳定,需要有一定的埋深,它取决于洞室开挖后岩石应力重分布对洞室稳定的影响。如果顶部覆盖厚度太小,围岩稳定性往往较差。根据我国的实践经验，保持厂房顶部有不小于2～3倍厂房开挖宽度的覆盖厚度较为适宜。地下厂房亦不宜埋藏过深，否则附属洞室相应增长，运行不便，经济上也不合理。另外，埋藏过深则地应力大，易产生岩爆。因此，对埋深应合理选择。同时，埋深对引水建筑物、尾水洞及附属洞室布置的影响和运行经济性均要做利弊比较。

（三）变压器及开关站的布置

近年来修建的地下式水电站趋向于将主变压器布置于地下，其基本布置方式有两种：一种是将主变压器放置在专门的洞室中，洞室与主厂房平行，由低压母线洞与主厂房连接（如图11-3、图11-4所示），缩短母线长度，便于运行管理；另一种是将主变压器置于主厂房顶部。其中前一种方式应用较多。从运行角度来讲，主变压器距主厂房越近，母线洞的长度越短，坡度减小。

随着全封闭组合电器和高压电缆的使用，高压开关站也趋向于布置在地下，由高压电缆洞与主变压器连接。这不仅可以使设备布置紧凑，而且可避免改变地面景观，有利于环境保护。当采用地面布置的高压开关站时，常采用竖井或斜井电缆洞与主变压器相连接。

（四）附属洞室的布置

地下厂房除主厂房洞室外，还需布置各种用途的附属洞室（包括竖井），一般情况下均布置成若干不同断面尺寸和不同高程的洞室，如图11-4所示。附属洞室包括交通运输洞、尾水洞、出线洞、通风洞、排水洞、安全行人洞、施工洞等。附属洞室纵横交错，功用和要求各异，互相依赖，又常常在布置上互相矛盾，必须分清主次，统一考虑，合理协调布置。为了充分利用空间和减少地下开挖工程量，布置上应尽量减少附属洞室数量，力求做到"一洞多用"。如通常将交通运输洞兼作进风洞，出线洞兼作排风洞，主变压器室与尾水启闭机洞室或交通洞合用，地下开关站考虑利用废弃的施工支洞或导流洞，地质探洞考虑用做排水廊道，这些都必须在布置中通盘考虑。

附属洞室的洞口位置应选择在山体较厚、无滑坡和无堆积物的地段，这样便于施工进洞。

（五）安装间布置

为了进行安装和检修工作，在地下厂房中需配置安装间，它可利用水平的交通运输隧洞或垂直的运输（检修）竖井与地面连通。运输隧洞或竖井的尺寸应能保证交通工具及其所运载的设备顺畅地通过。通常在运输隧洞或竖井中要布置动力和控制电缆间、通风管道以及工作人员的进出通道。在运输竖井中需布置乘人电梯和工作楼梯。在运输竖井口的地面上布置有装卸场和进场交通线。安装间通常位于地下厂房的一端，这种布置方式便于在水电站厂房中布置工作间及辅助设备间。

（六）副厂房布置

地下副厂房是中央控制室等机电设备仪表比较集中的大断面洞室，其平面布置主要根据机电运行要求安排，一般力求与主厂房和安装间等成一字形布置，以减少厂房的开挖度。实践证明，这种布置方式运行方便，但对于规模较小的地下厂房，开挖跨度较小，难于使用大型施工机械，致使施工速度相对较慢。可采用将主、副厂房并列布置的方式，这样不仅机电布置和运行较方便，而且由于开挖宽度加大，为使用大型施工机械和加快建设速度创造了条件。

(七)主阀的布置

水轮机前引水道装置主阀的用途有二:当机组甩负荷时切断来水;当机组产生飞逸转速时能迅速关闭阀门,保护机组安全。

在地下厂房首部式布置中,大多采用每台机组单独有引水道和进水口的方式,此时若每个进水口已装置快速闸门,则在引水钢管上不再设主阀。对于中部式或尾部式布置,大多采用一条主引水道供 2 台或 2 台以上机组发电用水的布置方式。这样的布置方式则须在每台水轮机前引水管道上装置主阀。主阀的位置与型式有:紧挨调压井设在阀门井内的快速平板闸门、设在引水钢管末端主厂房外阀室内的蝶阀,还有设在引水钢管末端主厂房内的蝶阀。

第三节 地下厂房的布置

地下厂房是由主机洞、主变压器洞、压力管道及岔管、阀室、尾水调压室、尾水洞、交通运输洞及其他辅助洞室构成的一组洞群。这些洞室纵横交错,将山岩切割成很多临空面,使围岩稳定问题十分突出。洞室的围岩稳定与以下因素有关:

(1)围岩的物理力学特性;

(2)围岩所处的地质环境,如地应力场、地下水等;

(3)洞室的体型和尺寸大小;

(4)工程因素,如施工开挖方式、支护时间和支护措施等。

在地下厂房的布置设计中,应充分考虑上述因素,从布置方式上改善围岩稳定的条件,现分述如下。

一、厂房位置的选择

(1)厂房位置应选择在岩性均一完整、强度高、构造单一的岩体内,并有足够的埋藏深度以利于厂房顶拱的稳定。

(2)厂房纵轴的布置方位应考虑岩体的层面、节理等结构面的产状,厂房的纵轴应和这些主要薄弱面垂直或具有较大的夹角。

(3)地应力的大小以及主应力的方向对围岩稳定有重要影响。在层状围岩中,若主压应力方向与层面方向接近,则厂房的纵轴方向与层面的交角一般不宜小于35°。

(4)在深切峡谷边,由于受到地形切割的影响,山体内的地应力主方向发生很大的偏转。布置地下厂房时,厂房位置除要避开邻近峡谷的卸荷裂隙带外,还应避开地应力集中、转折和易于发生岩爆的地段。

二、厂房洞型和洞室间距选择

从有利于围岩稳定的角度出发,总是力求缩小厂房的跨度,以及加大洞室间距;然而,从有利于机电设备运行的角度,又总是希望主要机电设备能比较集中,这样又要增大厂房的跨度,缩小洞室间距。所以,在布置中,要合理地处理好水工布置与机电布置的矛盾,例如主阀是否放在主厂房内,主变压器室与主厂房的相对位置等,应根据具体情况,慎重分析选定。

(一)厂房洞型选择

地下厂房顶拱总是做成曲线形以利于稳定。以往常常采用带有拱座的钢筋混凝土顶拱,不仅加大了厂房跨度,而且使拱座处产生应力集中,不利于围岩的稳定。所以,目前倾向于采用无拱座的喷锚支护顶拱。若岩体比较完整坚硬,也可以不做支护或只做局部的喷锚支护措施。

地下厂房的边墙,一般做成直立的,便于施工。在岩体性能较差,而水平构造应力又比较大的情况下,采用曲线形边墙或倾斜边墙,均能改善边墙围岩的稳定性。

(二)洞室间距选择

一般在岩性较好的情况下,岩壁厚度要大于主机洞的宽度。当岩壁厚度大于主机室宽度时,洞室之间岩壁的塑性区一般不会贯穿。从机电布置要求而言,在洞室围岩稳定有保证的情况下,应尽量缩短主机洞与主变压器洞之间的距离,以缩短母线的长度。我国白山水电站的主机洞和主变压器洞的净距只有16.5 m,仅为主机洞宽度的0.66倍。虽然白山电站洞室围岩是特别好的花岗岩,但分析表明,洞室间岩壁的塑性区仍被贯穿。所以,两洞之间的岩壁上,用了24组间距为4 m×4 m的预应力锚索,每一组为6×7根ϕ4 mm的高强钢索,加预应力500 kN(约50 tf)予以加固。

其他各种附属洞室,如交通运输洞、高压出线洞、通风洞等,在满足功能和尽量缩短长度的基础上,也应尽量避免交叉,扩大洞室间距。洞室出口应布置在边坡稳定地段。

三、地下厂房的内部布置

地面厂房布置的一般原则,如厂房主要尺寸的拟定条件、运行方便和降低造价等原则,也同样适用于地下厂房。在满足机电设备运行良好的前提下,应尽量缩小厂房内部空间以减少石方开挖,并改善围岩稳定条件。机电设备的尺寸和构造,也应尽量适应缩小厂房洞室尺寸的要求。图11-5~图11-8为我国白山地下水电站厂房布置图。

地下厂房内部布置可采取如下的措施加以改进。

(一)改进发配电设备型式

采用水内冷发电机和变压器、高压全封闭绝缘组合开关等设备,使设备尺寸减小,从而减小设备所占的地下空间。

(二)改进吊车梁柱结构型式

地下厂房可以采用下列特有的吊车梁结构。图11-9(a)所示是悬挂式吊车梁,吊车梁悬挂在厂房顶拱拱座上。图11-9(b)所示是岩锚式,吊车梁用锚杆或锚索锚固在岩壁上。图11-9(c)是岩台式,吊车梁敷设在岩台上。这几种吊车梁可以不建支承梁的柱子,提早组装吊车,减小厂房的净跨度。

(三)改进安装场布置

机组台数较多(例如多于4台)时,可将安装场布置在机组中间。由于安装场高程以下岩体可以保留,起支撑边墙的作用,可以减小主厂房高边墙段的连续长度,有利于边墙围岩稳定。地下厂房安装场的布置要适当紧凑,特别是在地质条件差的情况下,因厂房在地下,设计时除考虑放置机组部件外,还应考虑其他安装检修工具设备,并留有适当的通道。

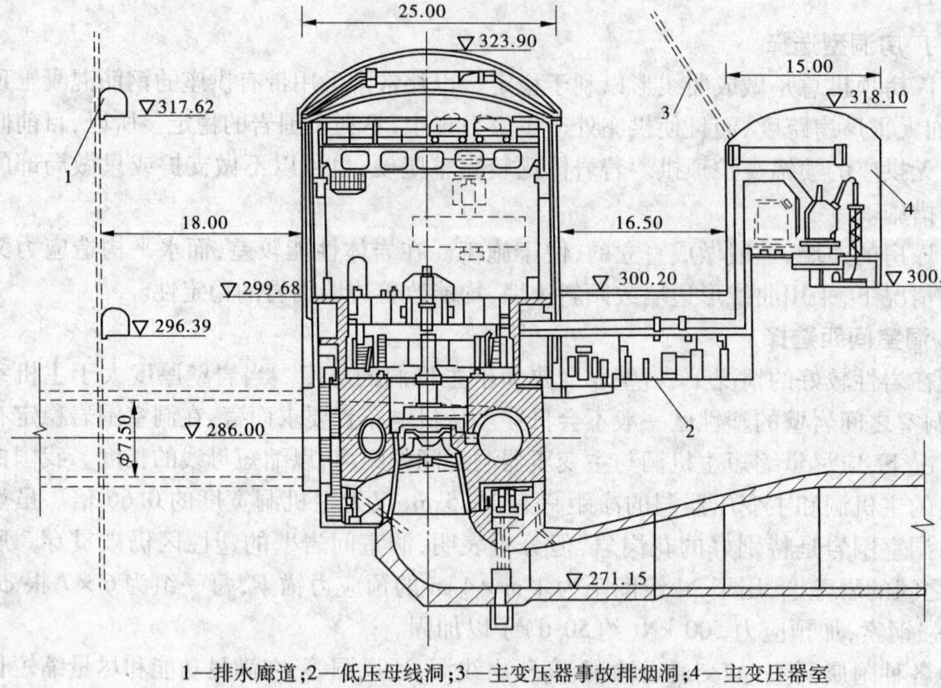

1—排水廊道;2—低压母线洞;3—主变压器事故排烟洞;4—主变压器室

图 11-5　白山地下水电站厂房横剖面　（单位：m）

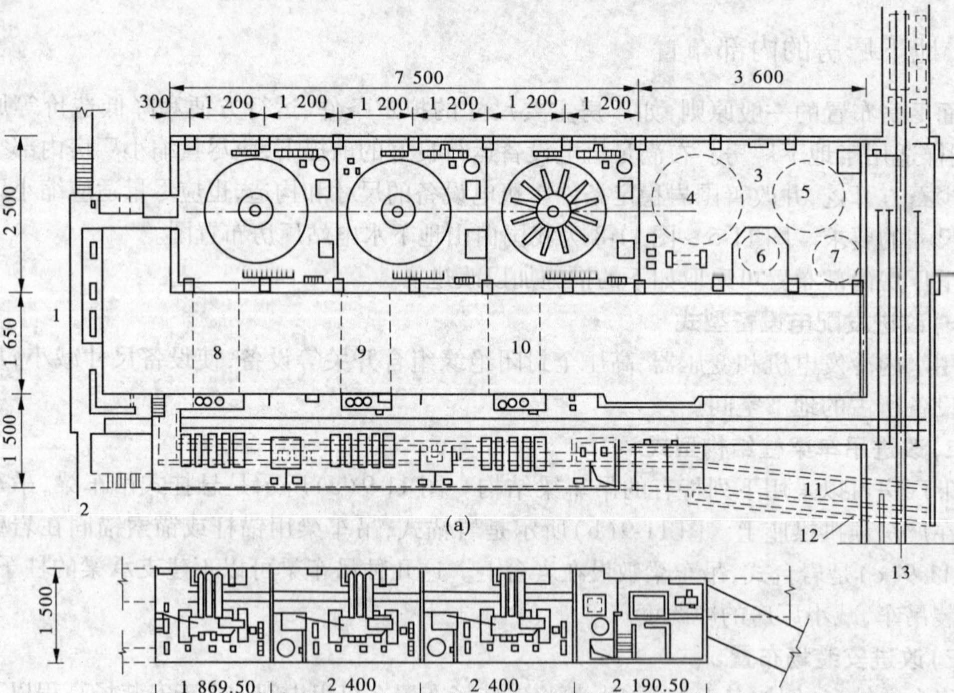

1—联络洞;2—至尾闸室;3—安装间;4—定子;5—转子;6—转轮;7—上盖;8—1#母线洞;9—2#母线洞;

10—3#母线洞;11—高压电缆洞;12—低压电缆洞;13—进厂铁路中心线

图 11-6　白山地下水电站发电机层平面　（单位：cm）

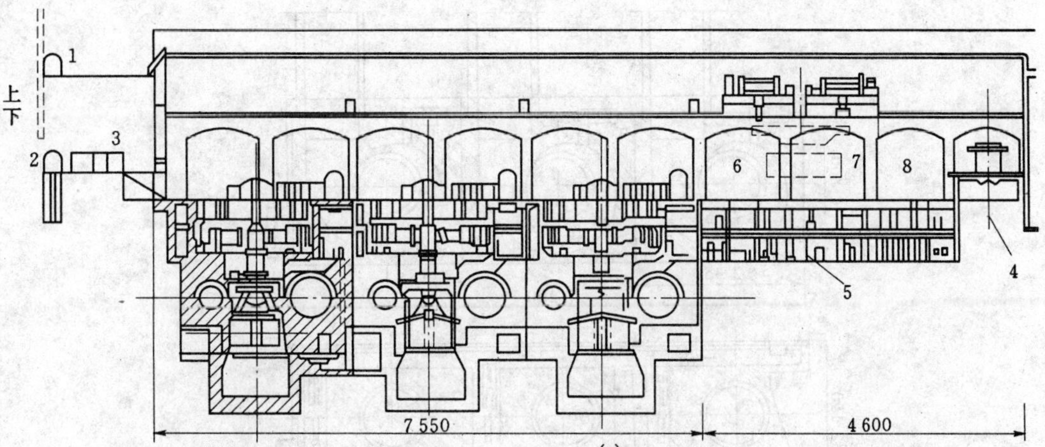

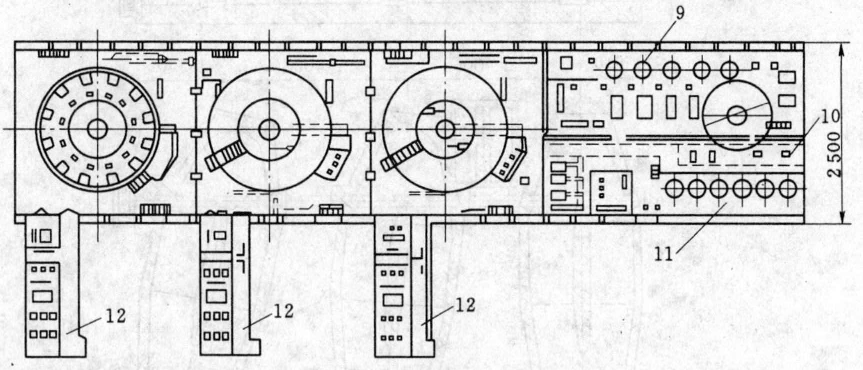

1—上排水廊道;2—下排水廊道;3—卸货平台;4—铁路中心线;5—空压机;6—充电机室;7—蓄电池室;
8—排风机室;9—空压机室;10—油处理室;11—透平油室;12—母线室

图 11-7　白山地下水电站厂房纵剖面及水轮机层平面　（单位：cm）

(四)改进副厂房布置

副厂房的位置多位于主厂房的一端,以免增加主厂房的跨度及影响主厂房洞室岩体应力分布和洞室稳定。当机组容量较大时,为避免增加厂房平面尺寸,可充分利用母线洞室和主变压器洞室空间布置低压电器及厂用变压器(如图 11-6、图 11-7 所示)。中央控制室是电厂运行的总枢纽,应尽量保证通风良好、运行管理方便、安全出口方便、控制电缆短、开挖量小及施工方便。

四、地下厂房布置需注意解决的问题

地下厂房与地面厂房在机电设备的选择及设计布置方面,内容基本相同。然而地下厂房在布置中,还有需要注意解决的特殊问题:

(1)狭窄。由于厂房的跨度、体积力求紧凑,厂房往往为窄长形布置。因此,影响到水下部分辅助设备及联络通道的布置,需要充分利用附属洞室的空间。

(2)防潮。由于地下水渗漏,厂房墙壁及设备潮湿结露,特别当地质条件较差及防渗

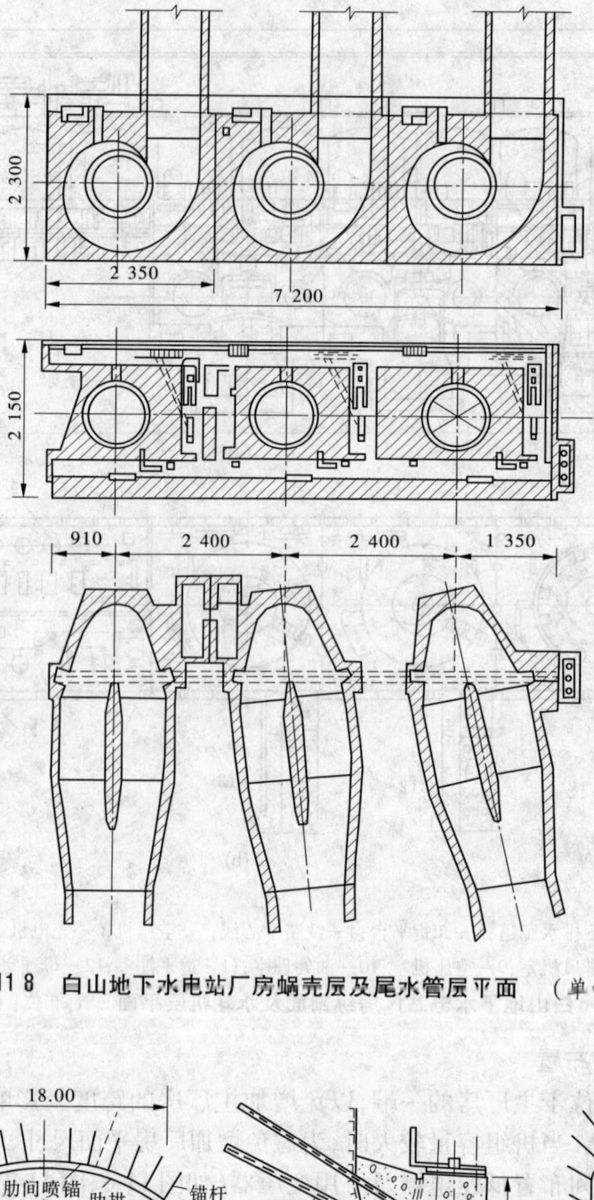

图 11 8　白山地下水电站厂房蜗壳层及尾水管层平面　（单位．cm）

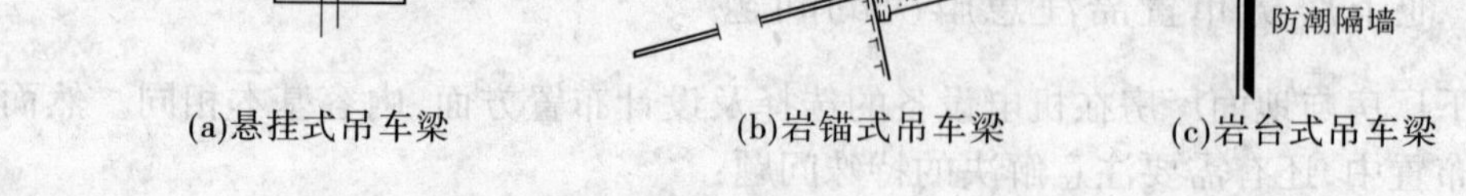

(a)悬挂式吊车梁　(b)岩锚式吊车梁　(c)岩台式吊车梁

图 11-9　吊车梁结构型式　（单位:m）

处理不妥时会产生渗漏水，造成电气设备绝缘水平下降，甚至发生事故，必须加强防潮措施。

(3)通风。由于厂房深埋地下,不能靠自然通风,必须强迫通风降温去湿,使设备运转和运行人员的健康不受影响。

(4)照明。地下厂房全为人工照明,必须注意光源选择和保证照明不中断,有充分的事故照明保证。同时,运行人员完全见不到阳光,应设置专门的保健设施。

其他如噪声、防爆、接地等问题,都是地下厂房设计布置时应予以重视的。

第四节　地下厂房的防潮、通风和照明

一、防渗、防潮

防渗、防潮是保证厂房内设备正常运行和管理维护人员安全工作的必要条件,以减少事故,延长设备寿命。地下厂房的防渗、防潮措施主要如下:

(1)设置周围廊道。在厂房周围设置上下游排水孔及排水廊道,拦截渗水并排走,是地下厂房防渗的有效措施。图11-7中白山水电站厂房上游侧设置了两层排水廊道。

(2)设置防潮隔墙。可以在厂房内四周设置防潮隔墙,墙内侧设排水沟,隔墙与岩面间留宽40~80 cm的夹层,夹层内通风去湿。

(3)厂房顶拱设置排水措施,以防向主机室漏水。厂房顶拱下可设轻型的吊顶天棚,以防岩面渗落水,天棚与岩面之间可兼作排风道。各重要洞室(如主变压器洞、母线洞)均需布置排水系统,排水孔直径一般在70~80 mm,深度和间距依地质条件和部位不同而变化,如图11-5所示。

(4)加强通风。潮湿与通风关系很大,在通风死角区,应有足够的机械通风量。

二、通风

厂内通风(包括空调)的目的是使作业区空气保持一定的温度、湿度、气流速度和新鲜度。通风也是防潮去湿的重要手段。地下厂房一般要求保持湿度不大于70%,室温不高于25 ℃,厂房两端沿气流方向温升不大于3 ℃,空气流动速度不大于3 m/s,以免产生噪声。

通风方式一般有机械排风、自然排风、全排风三种。全排风系统,采用机械排风使主厂房从进风洞自然进风,排风分上、下部,顶拱排风带走作业带以上余热,往下送入水下层,使冷却体表面充分吸热升温,减少结露,同时避免水下层湿空气散发至发电机层。全排风方式较好,它可避免不通风的死角。

新鲜空气可从交通运输洞或专门的进风管吸入,先进入空调室处理,使它达到所需的湿度和温度,然后通过配风管道分送到厂房各个部位。废旧空气可经过主变压器洞、出线洞或专门的排风洞排出,同时带走主变压器及母线散发的热量。进风口一般设在低处,出风口设在高处。

在夏季温度和湿度较高的地区,要降低进风的湿度,以避免潮湿的空气遇到较低温度部件的表面引起结露。去湿的办法有用冷冻机降温去湿,或用水库深层低温水作为冷源,对进风进行喷水降温去湿。

中央控制室宜有单独的空调设备,以满足比厂房其他部位更高的温度、湿度和新鲜度要求。蓄电池室应有单独的排风系统,以防止酸气进入室内腐蚀设备。

三、照明

地下厂房必须用人工照明,要绝对可靠。结合厂内建筑装修的处理,可对光源的种类、亮度、色调作统一考虑。例如透过天棚的"光棚"及厂房四壁的"光窗"照射进来的人工照明,可类似地面自然光;还可设置紫外光保健灯以改善运行人员的健康状态。

四、防噪声

噪声对人身的健康危害很大,地下厂房内的噪声往往难以散播出去,会在洞室内反射。噪声的主要来源是运转的设备,包括设备内的水流。首先应尽量使用振动小及噪声低的设备,同时还应采用有效的隔振、隔音措施。如采取气封的隔声门,将声源隔离;又如在机井门洞及中央控制室进口装设隔声门;厂房的墙板及天棚,也可做成吸音层以防噪声反射。

第五节　地下厂房的开挖与支护

一、地下厂房的开挖

地下厂房的开挖属大断面的洞室开挖,其开挖程序大多采用自上而下的分层开挖,首先开挖顶部中间导洞,由一端向另一端掘进,待顶拱全部挖完则立即做好顶拱支护;接着用台阶法开挖下一层,并及时做好该层的支护。施工方法大多采用钻孔爆破法,为了有利于岩层稳定和保证周边形状,在开挖周边时应严格控制钻孔方向、孔距和装药量,必要时可采取预裂爆破或打防震孔。

二、洞室支护

洞室开挖引起了岩石应力的重新分布,爆破时的震动和爆炸气体钻入岩石裂隙,引起岩石松动,均会造成洞室的不稳定和影响施工安全,因此必须设置钢筋混凝土衬砌或喷锚支护。

(一)刚性支护

钢筋混凝土衬砌是一种刚性支护,主要用于拱顶衬砌,以承受上部的山岩压力,当岩体破碎,沿裂隙有地下水出现时,亦可做边墙衬砌。由于施工程序和施工条件的限制,刚性衬砌往往要在洞室开挖完成后方可进行。同时,由于衬砌与岩石不能紧密结合,衬砌完工以后,岩体仍在变形,因而使衬砌被动地承受较大的山岩压力。

(二)柔性支护

喷锚支护是一种柔性支护,就是及时地向围岩表面高压快速地喷上一层薄而具有柔性的钢筋网混凝土,并埋设一定数量的锚杆或锚索,使洞四周的围岩形成自承拱来承担由于岩石开挖后而重新形成的应力。

喷锚支护应和岩石开挖进行平行交叉作业，使岩体变形在一定范围内很快稳定下来，从而最大限度地保护岩体原有的结构和力学性质。与钢筋混凝土衬砌相比，岩石开挖量和钢筋混凝土用量均可减少，不用模板，工序简单，施工速度快，工程造价约降低50%，技术和经济上的优越性是很明显的。因此，近年来喷锚支护在大型地下厂房的设计和施工中得到了广泛的应用，如前面所介绍的白山水电站地下式厂房，一方面由于岩石较为完整坚硬，另一方面又采用喷锚支护加固，于是便取消了厚重的混凝土顶拱和边墙，再加上其他措施（隔墙、悬挂的顶棚等），使整个厂房设计十分合理，紧凑而经济。

图11-10为我国乌江东风地下式水电站主厂房洞室开挖程序图。该水电站主厂房洞室的尺寸为105.5 m×20 m×48 m（长×宽×高），具有跨度大、边墙高的特点，地处缓倾角的灰岩地层，整个厂房均采用喷锚作为永久性支护。为了保证岩石的稳定和周边曲线的形状，在厂房上部采用由上向下分层分区爆破开挖，顶拱和周边运用光面爆破法施工，开挖和支护分层同步进行。开挖时，先打通中间导洞（I_1区），然后开挖两侧。第Ⅱ层的开挖是在第Ⅰ层开挖并进行永久性喷锚支护后进行的，厂房下部Ⅲ、Ⅳ、Ⅴ层均采用全断面爆破开挖，但在开挖时须控制其装药量以免影响上层岩面和混凝土喷层的稳定。

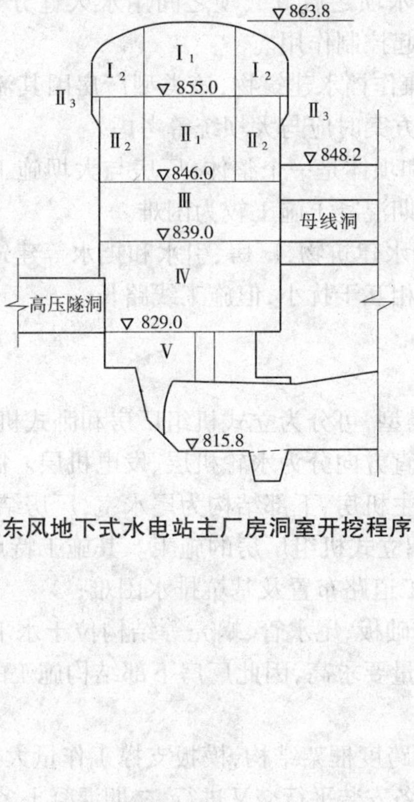

图11-10 乌江东风地下式水电站主厂房洞室开挖程序图 （单位：m）

第十二章　水电站厂房施工

水电站厂房包括主厂房和副厂房两部分，主厂房通常以发电机层为界，分为下部结构和上部结构。下部结构大多数是大体积钢筋混凝土，有尾水管、锥管、蜗壳、机墩等大的孔洞结构；上部结构，中小型厂房为一般钢筋混凝土板、梁、柱、屋架等轻型结构，与工业厂房基本相似。本章重点介绍主厂房的施工。

第一节　厂房施工特点及混凝土分期

一、厂房类型对施工的影响

(1)坝后式厂房位于挡水坝之后，厂、坝之间用永久缝分开，厂房可以与大坝分开施工，厂房施工对坝体工期不起控制作用。

(2)河床式厂房，厂房兼作挡水建筑物，该类型厂房因其流量较大，水头较低，常采用钢筋混凝土蜗壳，确定施工方案时应与大坝统筹考虑。

(3)坝内式厂房，厂房和坝体是一个整体，厂房与大坝施工干扰较大。由于机组安装在厂房封顶后进行，所以二期混凝土施工较为困难。

(4)引水式厂房远离挡水建筑物，厂房、引水和挡水等建筑物可以分别确定施工方案与场地布置，各建筑物施工相互干扰小，但施工线路长。

二、厂房施工特点

水电站厂房根据机组类型，可分为立式机组厂房和卧式机组厂房，立式机组水轮机与发电机是竖向布置的，在竖直方向分为水轮机层、发电机层。卧式机组水轮机与发电机是平行布置的，上部结构即为主机房，下部结构为尾水室，厂房结构较为简单，比立式机组厂房施工简单。本章主要介绍立式机组厂房的施工。其施工特点如下：

(1)地基开挖较深，施工道路布置及基坑排水困难；

(2)厂房下部结构的基础板、尾水管、蜗壳等结构位于水下，尾水管、蜗壳的结构形状复杂，孔洞多、预埋件多，质量要求高，因此厂房下部结构施工的关键是保证模板的形状及安装精度；

(3)厂房上部结构为大跨度框架结构，模板支撑工作量大；

(4)厂房施工与机电设备安装平行交叉进行，二期混凝土多，精度要求高，施工干扰大；

(5)大型厂房温度控制要求较严。

三、混凝土分期

厂房混凝土为了满足机组安装的要求，一般都分为两期浇筑，一期混凝土一般包括基础板、尾水管、厂房上下游墙、厂房排架、吊车梁及部分楼层的梁、板、柱等。二期混凝土是为了机组安装和埋设部件需要而预留的，待机组和有关设备到货安装后浇筑，如尾水管锥管段钢板里衬和金属蜗壳设备安装好后才分层浇筑。二期混凝土一般包括尾水管锥管段、金属蜗壳外围混凝土、机墩、风道墙以及与之相连接的部分楼板、梁等。厂房一、二期混凝土的划分，主要取决于厂房型式和机组到货情况及施工进度等要求，同时还要满足下列要求：

(1)为了满足预埋件和机组安装时操作方便的需要，二期混凝土应预留有足够的空间。如锥管里衬、金属蜗壳周围二期混凝土最小厚度要留0.8~1.2 m。

(2)机组台数较多的厂房，往往分期投产。对于后期安装的机组段，其一期混凝土结构应能满足初期运行时的强度、稳定性和防渗要求。

(3)为了一、二期混凝土之间的结合可靠，应保证其整体性。

第二节 厂房混凝土施工

一、水电站厂房混凝土浇筑的分层分块

水电站厂房上部结构，是属于板、梁、柱或框架组成的结构，其施工方法与一般的工业厂房基本相同。水电站厂房的下部结构，是介于大体积混凝土和杆件系统之间的结构型式，其尺寸大、孔洞多、受力条件复杂，必须分层分块进行浇筑。合理的分层分块是减小混凝土温度应力、保证工程质量和结构整体性的重要措施。

(一)分层分块原则

(1)根据厂房下部结构的特点、形状及应力情况进行分层分块，避免在应力集中、结构薄弱部位分缝。

(2)分层厚度应根据结构特点和温度控制要求确定。基础约束区一般为1~2 m，约束区以上可适当加厚。墩、墙侧面可以散热，分层可适当厚些。

(3)分块面积的大小是根据混凝土的浇筑能力和温度控制要求确定的。块体面积的长宽比不宜过大，一般以小于5:1为宜。

(4)分层分块应考虑土建施工和设备安装的方便，例如尾水管弯管底部应单独分层，以便于模板和钢筋绑扎，又如在钢蜗壳底部以下1 m左右要分层，便于钢蜗壳的安装。

(5)对于可能产生裂缝的薄弱部位，应布置防裂钢筋。

(二)分层分块形式

厂房下部结构分层分块可采用通仓、错缝、预留宽槽、设置封闭块和灌浆缝等形式，其施工方法简述如下：

(1)分层通仓浇筑。即整个厂房段不设纵缝，逐层浇筑，如图12-1所示。此法可加快施工进度，又有利于结构的整体性。其适用于厂房尺寸不大、混凝土浇筑可安排在低温季节或具有一定的温度控制能力的厂房施工。

(2)错缝分块浇筑(又称砌砖法)。即上、下层浇筑块相互搭接，相邻浇筑块均匀上升的施工方法。错缝分块长度一般为8~30 m，分层厚度2~4 m，下层浇筑块的搭接长度，

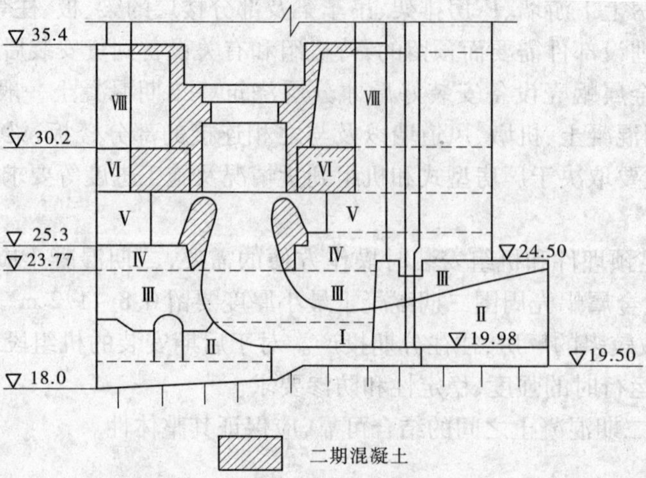

图 12-1　某水电站厂房通仓浇筑分层分块示意图　（单位：m）

一般为浇筑块厚度的 1/3～1/2。当采用台阶缝隙施工时，相邻块高差一般不得超过 4～5 m。在结构较薄弱部位的垂直或水平施工缝，必要时可设置键槽，埋设止浆片及灌浆系统进行灌浆。其适用于混凝土浇筑能力小的大型厂房。

(3) 预留宽槽。大型水电站厂房，为加快施工进度，减少施工干扰，可在某些部位设置宽槽，宽槽宽度一般为 1 m 左右，如葛洲坝二江厂房进口底板以下，在进口段与主机段之间，顺坝轴方向预留了宽槽。

(4) 设置封闭块。当厂房框架结构顶板的跨度大或者墩体刚度大时，施工期间会出现较大的温度应力，在采取一般温度控制措施仍不能解决时，应增设封闭块。待水化热散发和混凝土体积变形基本结束后，选择适当时间用微膨胀混凝土回填。

二、水电站厂房施工程序

水电站厂房总体施工程序如图 12-2 所示。

待一期混凝土的主厂房蜗壳底板和侧墙浇筑后，一方面进行蜗壳、座环、机坑里衬等设备的安装，完成设备外围及相关部位的二期混凝土浇筑；另一方面，浇筑厂房上下游柱、承重墙、吊车梁、屋顶等结构混凝土，完成厂房桥吊的安装。在上述两方面工作都完成后，可利用桥吊安装水轮机、发电机、调速器等设备。

三、厂房混凝土施工方案

厂房混凝土施工主要是确定混凝土的水平运输与垂直运输方案，施工布置应根据厂房型式、厂区地形、气象、水文、施工机械设备等条件，结合施工总体布置统筹安排，选择最优方案。

(一) 一期混凝土施工布置

1. 机械化施工方案

混凝土水平运输采用"机车立罐"或"汽车卧罐"等方法，垂直运输一般采用门座式或塔式、履带式起重机。施工初期，起重机械布置在厂房上、下游侧，沿厂房轴线方向移动，

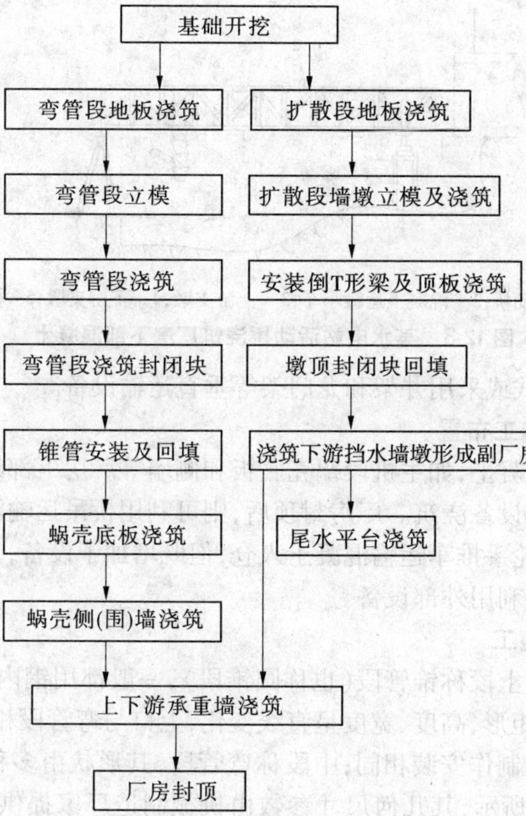

图 12-2　主厂房一期混凝土施工程序图

后期需要将门座式、塔式起重机迁至尾水平台或厂坝间等部位。该布置适用于河床式、坝内式或坝后式电站。

对于引水式电站厂房，一般厂房靠山布置，厂房上游侧施工场地狭窄，常将起重机布置在厂房下游侧。

对于设有缆索起重机的水利枢纽工程，由于受缆索起重机机械特性和厂房结构特点限制，缆索起重机可用于厂房下部结构混凝土施工，上部结构混凝土施工仍采用门座式或塔式起重机。

在采用上述施工方案时，当在门座式、塔式起重机的基础部分浇筑，或在起重机控制范围以外的部位浇筑，还需要布置辅助机械和设备，完成厂房混凝土的浇筑任务。如水平运输可采用“汽车卧罐”，垂直运输采用履带式起重机等方法。

2. 机械为主、人工为辅的施工方案

在起重设备数量不足的大中型工程中，混凝土工程量大的部位，或施工困难部位，可采用机械化施工，其他部位可采用活动栈桥等人工施工方案，如图 12-3 所示。

小型厂房工程中，厂房下部结构混凝土施工，常采用满堂脚手架方案，即在厂房基坑中布满脚手架，上面平铺马道板，用胶轮手推车运输混凝土，辅以溜筒入仓。但在施工过程中必须控制混凝土拌合物的离析现象。厂房上部结构的混凝土浇筑和屋顶结构的吊

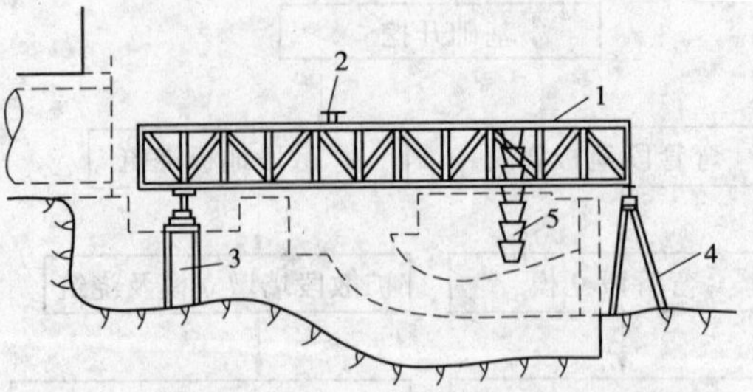

1—活动桥；2—混凝土运输小车；3—上游支墩；4—下游支墩；5—溜筒

图 12-3　某水电站活动桥浇筑厂房下部混凝土

装，还是需要配置履带式或采用井架和龙门架等垂直运输设备。

（二）二期混凝土施工布置

各台机组的二期混凝土，如主机段蜗壳底板和侧墙等厂房下部结构的二期混凝土，应在厂房封顶前利用外部设备浇筑。厂房封顶后，则可利用桥吊运输混凝土，也可采用混凝土泵、胶带输送机或胶轮手推车运输混凝土入仓，但既增加了设备，又影响了浇筑速度，在考虑施工方案时应尽量利用外部设备。

（三）尾水管模板施工

尾水管分为三段。上段称锥管段（也称圆锥段），一般都用钢内衬，不需要做模板；下段称扩散段，其截面为矩形，高度、宽度呈直线变化，上口与弯管段相连，中间常设置隔墩，其模板与一般平面模板制作安装相同；中段称弯管段，其形状由多种几何面组合而成，剖面呈肘弯形，如图 12-4 所示，其几何尺寸参数由机械制造厂家提供。由于弯管段模板主要承受混凝土的侧压力、浮托力、混凝土自重、振捣动荷载和模板结构自重，所以弯管段模板是厂房模板中最复杂的部位，必须特别重视。

1. 弯管段体形图

弯管段的体形由圆环面、斜圆锥面、斜平面、垂直圆柱面、垂直平面、水平圆柱面、水平面组成，共计 7 种类型、12 个几何面，如图 12-4 所示。

2. 弯管段模板结构类型、制作与安装

1）弯管段结构类型

尾水管弯管段模板的结构类型较多，一般根据材料来源和施工单位的习惯与施工经验而定。以往采用木结构较多，现在逐步采用以钢材为主的钢木混合结构。其常用结构类型见表 12-1。

2）模板型式

（1）小型整体式模板。当弯管段的高度小于 4 m 时，可采用整体式模板。即在水平方向划分为若干个剖面，将各剖面的单线图按 1∶1比例在样台上放出大样图，根据剖面单线图大样制作水平桁架，如图 12-5 所示，再按各剖面之间的高度，在现场拼装，并用竖向支撑固定为一个整体，如图 12-6 所示。为了方便现场拼装和保持一定精度，常在高度方向上分成三节，各节模板在加工厂拼装成独立的整体，在每节的接头处，应设置连接构件，以便用铁件连接固定。带圆弧面的模板，如圆环面模板，可用 3～5 层层板或 10 mm 厚的杉木板条钉成设计曲面，并适当增设弧形带木，增强模板整体性。

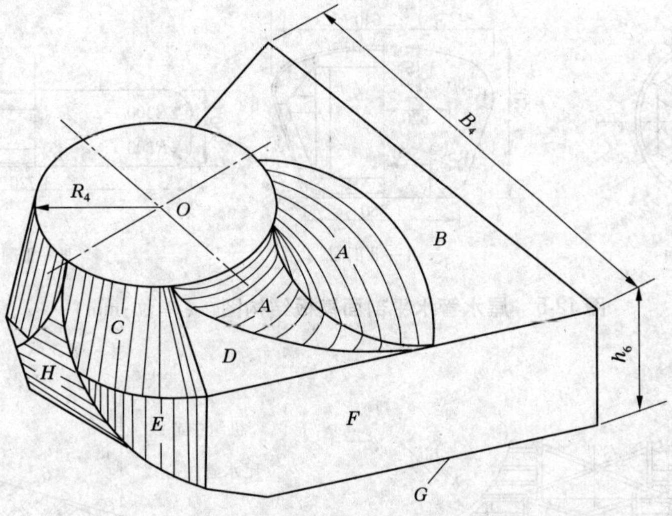

A—圆环面；B—上水平面；C—斜圆锥面；D—斜平面；E—垂直圆柱面；
F—垂直平面；G—下水平面；H—水平圆柱面

图 12-4　弯管段几何形状图

表 12-1　弯管段模板常用结构类型

部位	主要材料	结构类型	备注
上弯段	钢、木	1. 垂直钢桁架，桁架布置于混凝土仓面内，桁架留在混凝土内，无法取出； 2. 钢方撑架加垂直钢桁架； 3. 钢（圆）方撑架加木支撑	木面板
	木	1. 水平木桁架，中心不留孔（适用于小型立式机组）； 2. 水平木桁架，中心留孔（适用于小㈠型、中型立式机组）； 3. 垂直木桁架（适用于中型立式机组）	木面板
	砖	砖格或砖拱支撑，砂浆抹面（适用于小型立式机组）	
下弯段上游部分	钢、木	垂直钢桁架，桁架布置于混凝土仓面内，桁架留在混凝土内，无法取出	木面板
	木	1. 水平木桁架（适用于小型立式机组）； 2. 垂直木桁架（适用于中型立式机组）	木面板
	砖	砖格或砖拱支撑，砂浆抹面（适用于小型立式机组）	
下弯段下游部分	钢、木	型钢柱，组合型钢柱，型钢梁，垂直平面钢面板，水平平面和曲面木模	钢面板、木面板
	木	方或圆木柱，组合木柱	木面板
	砖、木	1. 砖墙承重，方木梁或型钢，水平面木模板，垂直面砂浆抹面； 2. 砖拱承重，砂浆抹面	

（2）分层式模板。对于高度为 5 ~ 8 m 的弯管段模板，宜分两层制作与安装。第一层

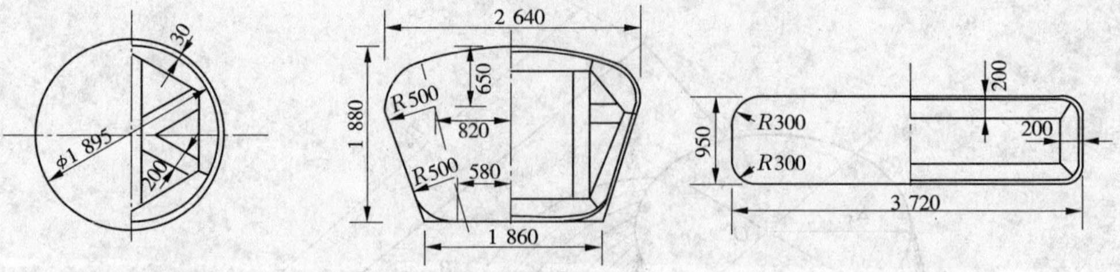

图 12-5 尾水管水平剖面模板结构图 （单位:mm）

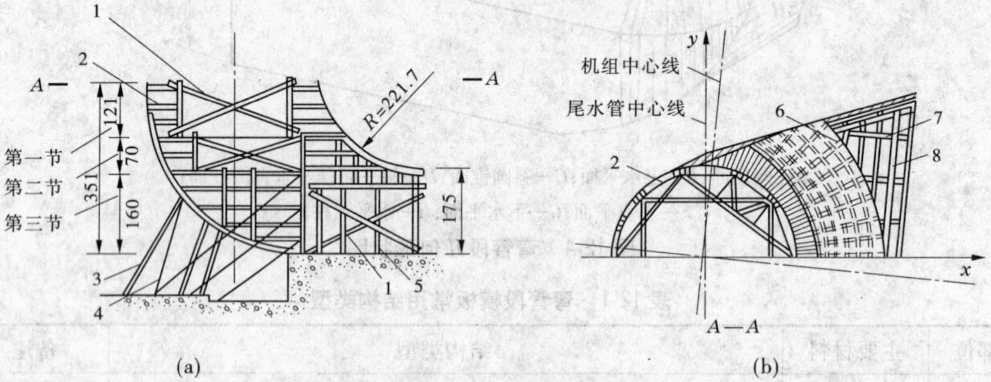

1—剪刀撑;2—框架;3—支撑;4—拉条;5—木柱;

6—龙骨架;7—主梁;8—次梁

图 12-6 整体式模板结构 （单位:mm）

为倒悬弧面模板,其承重桁架垂直布置,并用水平梁联成整体,用拉条和混凝土支撑固定,以防模板浮动变形,面板上留出活动仓口,以利于混凝土下料和振捣。第二层桁架按径向垂直布置,面层为小方木横梁,双层竖向木面板,同时设置组装式筒形中心体构架,以加强模板结构的整体性。某电站尾水管弯管段全高 7.6 m,分两层立模,第一层 3.44 m,第二层 4.16 m,如图 12-7 所示。

3)模板制作

模板制作在模板加工厂进行,应做好选料和搭设样台等准备工作。现以小型整体式模板为例,具体制作步骤简述如下:

(1)根据模板制作要求,在厂家提供的正视图上按水平方向划分为若干个剖面。

(2)在样台上按 1∶1比例放出各剖面单线大样图。

(3)在剖面单线大样图上,划出桁架或框架的结构图,并用杉木薄板制作上弦和下弦弧形带木样板。在制作样板时,应考虑模板厚度。

(4)用制作的上、下弦弧形带木样板,在选好的材料上划线、裁料,制作上、下弦弧形带木和桁架连杆等构件,并反复校正。

(5)将各水平桁架拼装成型,如图 12-7 所示,并与对应单线大样图校核。

(6)在模板加工厂进行整体试样拼装,检验合格后才能运往现场。对于小型弯管段模板,可在加工厂整体或分节拼装,并钉上面板,直接运至现场安装。

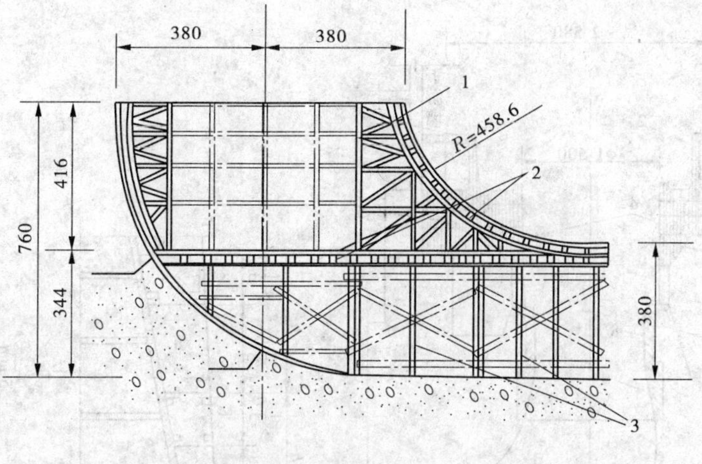

1—垂直钢桁架；2—方木；3—方木柱

图 12-7 某水电站弯管段模板结构 （单位：mm）

在模板制作过程中，圆环面部位模板应增设弧形带木，支撑在格形梁系及立柱上。模板上游的倒悬部位，即水平圆柱面处，也应增设弧形带木，用混凝土支撑和拉杆固定于已浇混凝土的预埋件上，防止浇筑时模板浮动移位，如图 12-6 所示。框架和弧形带木上，常用层板或 1 ~ 2 cm 厚的杉木板条钉成设计曲面，并将模板刨光，浇筑前刷脱模剂。

4）模板安装

当厂房基础混凝土按分层要求浇至底板高程后，在混凝土面上放出机组中心线、尾水管中心线、高程点、控制点和外围检查点的坐标，将拼装合格的尾水管模板吊入基坑，按控制点对位，使模板上的中心线坐标与混凝土面上的中心线坐标一致，并控制安装高程，校核定位后作临时固定，最后用混凝土支撑（或钢支撑）和拉杆固定于预埋件上。再作全面检查，复核模板中心线、高程及曲面形状等。其误差在规范允许偏差内，才能浇筑混凝土。

第三节 厂房二期混凝土施工

水电站厂房施工的特点之一，是土建与机电安装同时进行，而且土建必须满足机电安装的要求。为此，通常把机电设备埋件周围的混凝土划分为两期施工。如图 12-8 所示为葛洲坝水电站小机组钢筋混凝土蜗壳二期混凝土部位图。

厂房二期混凝土施工，要求与机电设备埋件安装密切配合，其特点是施工面狭小，互相干扰大，尤其是某些特殊部位，如混凝土蜗壳内圈的导水叶、钢蜗壳与座环相连的阴角处和基础螺栓孔等部位回填的混凝土，承受荷载大，质量要求高，但仓面小，钢筋密，进料和振捣困难，施工复杂，技术要求高。下面简单介绍主要部位二期混凝土施工措施。

一、圆锥面里衬二期混凝土施工

尾水管圆锥段，一般都用钢板作里衬，该部位可利用锥管里衬作为模板。为了防止里衬变形，应根据混凝土侧压力的大小，校核里衬钢板刚度是否满足要求，必要时可在里衬内侧布置桁架加强，如图 12-9 所示。或在仓内增设拉杆，支撑加固，如图 12-10 所示。

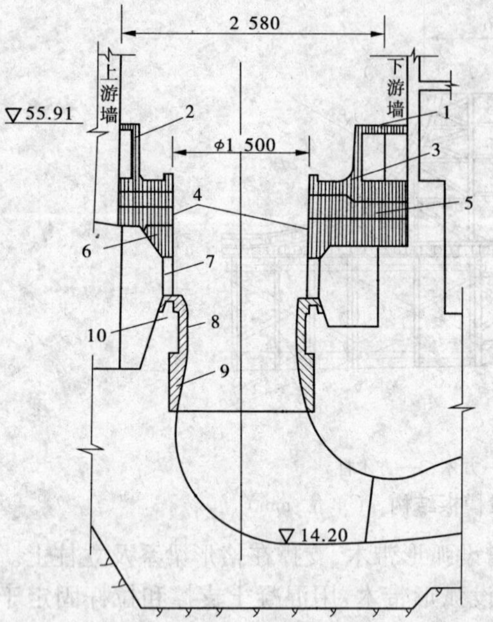

1—发电机层楼板；2—风罩；3—发电机墩；4—机井里衬；
5—蜗壳顶板；6—上锥体；7—座环、固体导水叶；
8—转轮室；9—锥管里衬；10—下锥体

图 12-8　葛洲坝水电站小机组钢筋混凝土蜗壳二期混凝土部位　（尺寸单位：cm，高程单位：m）

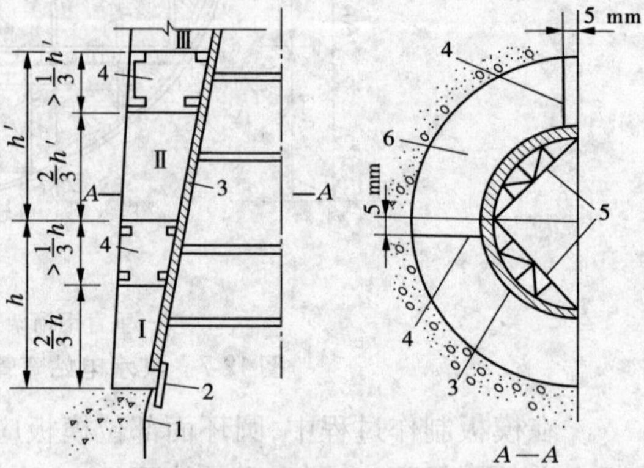

1—弯管段；2—韧性接头模板；3—钢板里衬；
4—引缝钢板；5—桁架；6—二期混凝土

图 12-9　锥管里衬二期混凝土与引缝片示意图

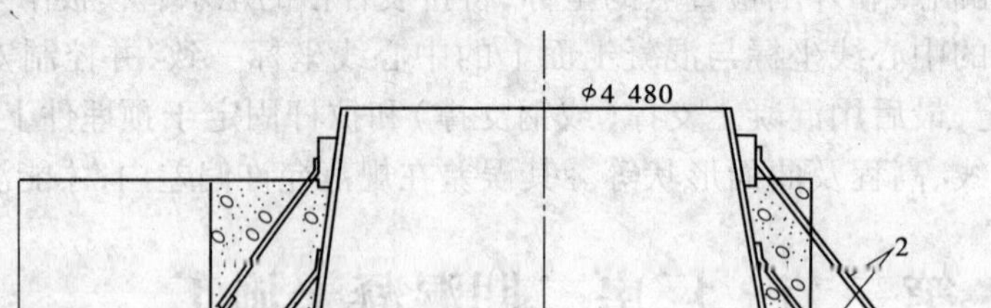

1—安装埋件；2—加固埋件

图 12-10　尾水管锥管里衬拉杆布置　（单位：mm）

二、钢蜗壳下半部二期混凝土施工

该部位施工难度最大的是钢蜗壳与座环相连的阴角处，该部位空间狭窄，进料困难，不易振捣。为保证质量，可采取以下专门措施：

（1）在座环和钢蜗壳上开孔进料施工措施。可向厂商提出要求，在座环上和钢蜗壳上预留若干进料孔，蜗壳下部二期混凝土浇筑工艺布置及预留孔口位置如图 12-11 所示。

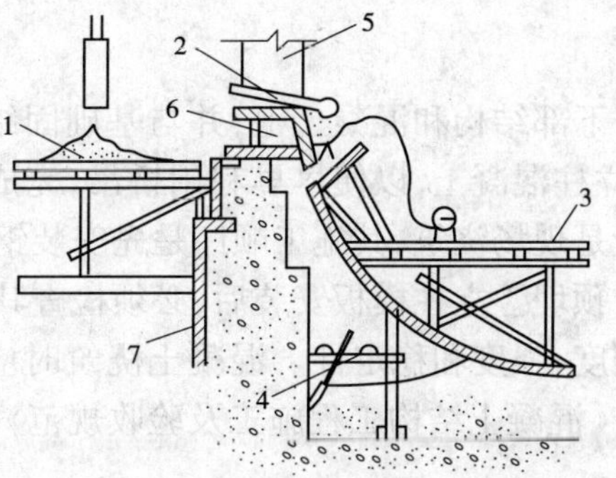

1—转料平台；2—转料工具；3—操作平台；

4—操作跳板；5—导叶；6—座环底板；7—钢板里衬

图 12-11　蜗壳阴角部位浇筑工艺布置图

(2)预填骨料或砌筑混凝土预制块灌浆施工措施。即在阴角部位预先用骨料填塞或砌筑预制混凝土砌块，预填骨料或预制砌块可用钢筋托位，并埋设灌浆管路。当蜗壳二期混凝土全部浇筑完 15 d 后，再灌注水泥砂浆，灌满为止。

三、钢蜗壳上半部二期混凝土施工

该部位施工是钢蜗壳上半部弹性垫层及水轮机井钢衬与钢蜗壳之间凹槽部位的混凝土浇筑。

为了保证钢蜗壳不承受上部混凝土结构传来的荷载，在蜗壳上半圆表面设置弹性垫层，使钢蜗壳与上部混凝土分开。在浇筑钢蜗壳前必须将弹性垫层做好，使其与蜗壳弧度吻合。在浇筑混凝土时，应防止水泥砂浆侵入垫层，防止垫层失去弹性作用。

水轮机井钢衬与蜗壳之间的凹槽部位，由于钢筋较密，二期混凝土采用细石混凝土，施工时应注意捣实。

钢蜗壳外围二期混凝土浇筑前，应考虑钢蜗壳承受外压时的刚度和稳定性，一般在蜗壳内设置临时支撑。

四、发电机机墩及风罩二期混凝土施工

机墩是发电机支承结构，采用圆环形结构。机墩内外侧模板可采用一次或二次架立，需要考虑模板的整体稳定性。通风槽底面积较大，安装模板时应考虑混凝土浇筑时的上浮力。定子地脚螺栓孔模板，应严格控制安装位置。机墩混凝土浇筑时，常采用溜筒入仓，薄层振捣，均匀上升。

第四节　厂房上部结构施工

水电站厂房上部结构类似于一般工业厂房，主要由立柱、吊车梁、联系梁、圈梁、预制屋架、屋面和柱间隔墙组成。下面简单介绍立柱、吊车梁、预制屋架和屋面的施工。

一、立柱施工

厂房立柱布置在厂房下部结构和混凝土上，并与基础固结。一般在立柱基础混凝土浇筑完成后，应立即浇筑立柱混凝土，以便尽早利用桥吊，完成机组埋件安装和二期混凝土施工。厂房的立柱一般是现场浇筑，其施工顺序是先安装钢筋，后支模板。立柱钢筋应在浇筑厂房下部混凝土时预埋。立柱模板安装后，必须检查其垂直度和模板尺寸，并使模板支撑系统保持一定的刚度、强度和稳定性。混凝土浇筑时应采用溜筒入仓，分层振捣。立柱施工缝的留设应符合《混凝土结构工程施工及验收规范》的要求。

二、吊车梁、屋架施工

（一）吊车梁施工

吊车梁一般采用预制。由于吊车梁钢筋较密，所以浇筑的混凝土应采用一级配，最好采用附着式振捣器振捣密实。

吊车梁的安装，大中型厂房可利用一期混凝土浇筑的起重设备。小型厂房可采用履带式起重机，也可采用桅杆式起重机吊装，吊车梁安装校核后，才能与牛腿预埋件焊接固定。

（二）屋架施工

大型或中型水电站厂房屋架，常采用预应力屋架，在厂房附近预制。小型厂房屋架，采用预制薄腹工字梁。由于跨度较大，断面较小，钢筋净距较小，混凝土粗骨料最大粒径采用 20 mm，并且在预制时要振捣密实，有条件的应用附着式振捣器。

屋架的安装，大中型水电站厂房，可利用浇筑一期混凝土的起重设备。小型厂房可用桅杆式起重机吊装，也可用桥吊配桅杆式起重机吊装。

附　录

附录一　尾水管尺寸

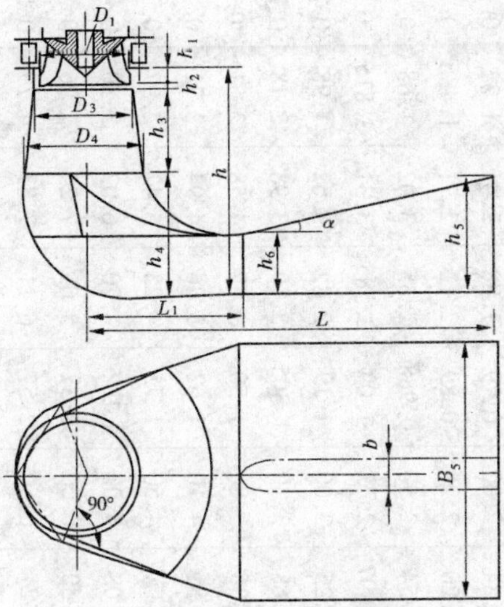

(a)尾水管外型尺寸

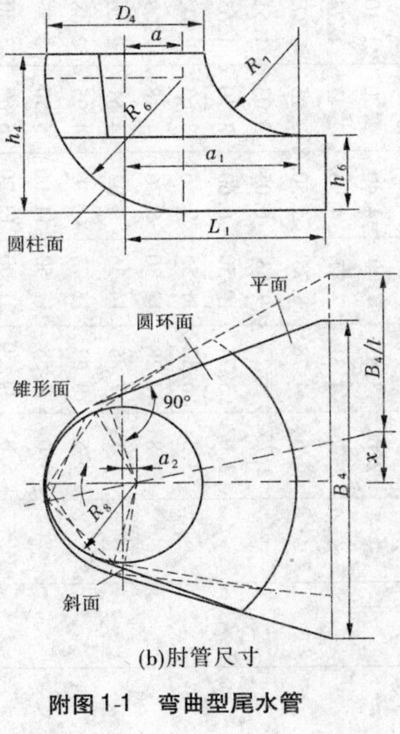

(b)肘管尺寸

附图 1-1　弯曲型尾水管

附表 1-1　弯肘型尾水管尺寸

（单位：m）

序号	类型		D_1	h	L	$B_5=B_4$	$D_4=h_4$	h_6	L_1	h_5	a	R_6	a_1	R_7	a_2	R_8	适用情况
	新型号	旧型号															
1	Z_1	4A	1.0	$1.915D_1$	3.50	2.20	1.10	0.55	1.417	1.00	0.395	0.94	1.205	0.66	0.087	0.634	低比转速轴流式水轮机（ZZ577，ZZ440）
			1.2	2.298	4.20	2.64	1.32	0.66	1.70	1.20	0.474	1.13	1.446	0.79	0.104	0.76	
			1.4	2.68	4.90	3.08	1.54	0.77	1.98	1.40	0.55	1.32	1.69	0.92	0.12	0.89	
			1.6	3.06	5.60	3.52	1.76	0.88	2.27	1.60	0.63	1.50	1.93	1.06	0.14	1.01	
			1.8	3.44	6.30	3.96	1.98	0.99	2.55	1.80	0.71	1.69	2.17	1.19	0.157	1.14	
			2.0	3.83	7.00	4.40	2.20	1.10	2.84	2.00	0.79	1.88	2.41	1.32	0.174	1.27	
			2.25	4.31	7.87	4.95	2.47	1.24	3.20	2.25	0.89	2.12	2.71	1.486	0.196	1.43	
			2.5	4.78	8.75	5.50	2.75	1.375	3.54	2.50	0.988	2.35	3.02	1.65	0.218	1.585	
			2.75	5.27	9.63	6.05	3.03	1.51	3.897	2.75	1.09	2.585	3.31	1.815	0.24	1.74	
			3.0	5.74	10.50	6.60	3.30	1.65	4.25	3.00	1.19	2.82	3.62	1.98	0.261	1.90	
			3.3	6.32	11.55	7.26	3.63	1.815	4.68	3.30	1.305	3.10	3.98	2.18	0.287	2.09	
			3.8	7.28	13.30	8.36	4.18	2.09	5.38	3.80	1.50	3.57	4.58	2.51	0.33	2.41	
			4.1	7.85	14.35	9.02	4.51	2.26	5.81	4.10	1.62	3.86	4.94	2.71	0.357	2.60	
			4.5	8.62	15.75	9.9	4.95	2.48	6.375	4.50	1.75	4.23	5.42	2.97	0.392	2.85	
			5.0	9.58	17.50	11.00	5.50	2.75	7.08	5.00	1.975	4.70	6.02	3.30	0.435	3.17	
			6.0	11.50	21.00	13.20	6.60	3.30	8.50	6.00	2.37	5.65	7.24	3.96	0.522	3.80	
			6.5	12.45	22.75	14.30	7.15	3.575	9.21	6.50	2.57	6.11	7.83	4.29	0.567	4.12	
			7.0	13.41	24.60	15.40	7.70	3.85	9.92	7.00	2.765	6.58	8.435	4.62	0.61	4.44	
			7.5	14.36	26.25	16.50	8.25	4.125	10.63	7.50	2.96	7.05	9.04	4.95	0.65	4.755	
			8.0	15.30	28.00	17.60	8.80	4.40	11.33	8.00	3.16	7.52	9.64	5.28	0.696	5.07	
			8.5	16.28	29.75	18.70	9.35	4.675	12.04	8.50	3.36	7.99	10.24	5.61	0.74	5.39	
			9.0	17.23	31.50	19.80	9.90	4.95	12.75	9.00	3.56	8.46	10.85	5.94	0.782	5.70	
			9.5	18.19	33.25	20.90	10.45	5.225	13.46	9.50	3.75	8.93	11.45	6.27	0.83	6.02	
			10.0	19.15	35.00	22.00	11.00	5.50	14.17	10.00	3.95	9.40	12.05	6.60	0.87	6.34	

续附表 1-1

序号	类型		D_1	h	L	$B_5=B_4$	$D_4=h_4$	h_6	L_1	h_5	a	R_6	a_1	R_7	a_2	R_8	适用情况
	新型号	旧型号															
2	Z_3	4C	1.0	2.30D_1	4.50	2.38	1.17	0.584	1.50	1.20	0.422	1.00	1.275	0.703	0.093 4	0.677	中比转速轴流式水轮机(ZZ440，ZZ510)
			1.2	2.76	5.40	2.86	1.40	0.70	1.80	1.44	0.51	1.20	1.53	0.84	0.112	0.81	
			1.4	3.22	6.30	3.33	1.64	0.82	2.10	1.68	0.59	1.40	1.79	0.98	0.13	0.95	
			1.6	3.68	7.20	3.81	1.87	0.93	2.40	1.92	0.68	1.60	2.04	1.12	0.15	1.08	
			1.8	4.14	8.10	4.28	2.11	1.05	2.70	2.16	0.76	1.80	2.286	1.265	0.168	1.22	
			2.0	4.60	9.00	4.76	2.34	1.17	3.00	2.40	0.844	2.00	2.54	1.406	0.187	1.354	
			2.25	5.17	10.13	5.35	2.63	1.315	3.375	2.70	0.95	2.25	2.86	1.582	0.21	1.52	
			2.5	5.75	11.25	5.95	2.92	1.46	3.75	3.00	1.055	2.50	3.18	1.76	0.23	1.69	
			2.75	6.325	12.38	6.55	3.22	1.61	4.13	3.30	1.16	2.75	3.51	1.93	0.26	1.86	
			3.0	6.90	13.50	7.14	3.51	1.75	4.50	3.60	1.27	3.00	3.81	2.11	0.28	2.03	
			3.3	7.59	14.85	7.85	3.86	1.93	4.95	3.96	1.39	3.30	4.19	2.20	0.31	2.23	
			3.8	8.74	17.10	9.04	4.45	2.22	5.70	4.56	1.60	3.80	4.85	2.67	0.35	2.57	
			4.1	9.43	18.45	9.76	4.80	2.39	6.15	4.92	1.73	4.10	5.21	2.88	0.38	2.78	
			4.5	10.35	20.25	10.70	5.26	2.62	6.75	5.40	1.90	4.50	5.72	3.16	0.42	3.05	
			5.0	11.50	22.50	11.90	5.85	2.92	7.50	6.00	2.11	5.00	6.50	3.52	0.47	3.39	
			6.0	13.80	27.00	14.29	7.02	3.50	9.00	7.20	2.53	6.00	7.62	4.22	0.56	4.06	
			6.5	14.95	29.25	15.47	7.61	3.80	9.75	7.80	2.74	6.50	8.29	4.57	0.61	4.40	
			7.0	16.10	31.50	16.66	8.19	4.09	10.50	8.40	2.95	7.00	8.93	4.92	0.65	4.74	
			7.5	17.25	33.75	17.85	8.78	4.38	11.25	9.00	3.17	7.50	9.56	5.27	0.70	5.08	
			8.0	18.40	36.00	19.03	9.36	4.67	12.00	9.60	3.38	8.00	10.16	5.62	0.75	5.42	
			8.5	19.55	38.25	20.23	9.95	4.96	12.75	10.20	3.59	8.50	10.84	5.98	0.79	5.75	
			9.0	20.70	40.50	21.40	10.52	5.25	13.50	10.80	3.80	9.00	11.43	6.33	0.84	6.09	
			9.5	21.85	42.75	22.61	11.12	5.55	14.25	11.40	4.01	9.50	12.11	6.68	0.89	6.43	
			10.0	23.00	45.00	23.80	11.70	5.84	15.00	12.00	4.22	10.00	12.75	7.03	0.93	6.77	

续附表 1-1

序号	类型		D_1	h		L	$B_5 = B_4$	$D_4 = h_4$	h_6	L_1	h_5	a	R_6	a_1	R_7	a_2	R_8	适用情况
	新型号	旧型号																
3	Z_5	4E	1.0	$2.3D_1$	$2.5D_1$	4.50	2.50	1.23	0.617	1.59	1.20	0.446	1.06	1.35	0.745	0.097 7	0.71	$h=2.3D_1$ 时，中比转速混流式水轮机（HL82，HL160）；$h=2.5D_1$ 时，中、高比转速轴流式水轮机（ZZ510，ZZ592）
			1.2	2.76	3.00	5.40	3.00	1.48	0.74	1.91	1.44	0.54	1.72	1.62	0.89	0.117	0.85	
			1.4	3.22	3.50	6.30	3.50	1.72	0.86	2.23	1.68	0.62	1.48	1.89	1.04	0.137	0.99	
			1.6	3.68	4.00	7.20	4.00	1.97	0.99	2.54	1.92	0.71	1.70	2.16	1.19	0.156	1.14	
			1.8	4.14	4.50	8.10	4.50	2.21	1.11	2.86	2.16	0.80	1.91	2.43	1.34	0.18	1.27	
			2.0	4.60	5.00	9.00	5.00	2.46	1.23	3.18	2.40	0.89	2.12	2.70	1.49	0.195	1.42	
			2.25	5.175	5.63	10.13	5.63	2.77	1.39	3.58	2.70	1.004	2.385	3.04	1.68	0.22	1.60	
			2.5	5.75	6.25	11.25	6.25	3.075	1.54	3.975	3.00	1.115	2.65	3.375	1.86	0.244	1.775	
			2.75	6.325	6.875	12.38	6.875	3.38	1.70	4.37	3.30	1.23	2.92	3.71	2.05	0.27	1.95	
			3.0	6.90	7.50	13.50	7.50	3.69	2.15	4.77	3.60	1.34	3.18	4.05	2.235	0.29	2.13	
			3.3	7.59	8.25	14.85	8.25	4.06	2.04	5.25	3.96	1.47	3.50	4.455	2.46	0.32	2.343	
			3.8	8.74	9.50	17.10	9.50	467	2.34	6.04	4.56	1.69	4.03	5.13	2.83	0.37	2.70	
			4.1	9.43	10.25	18.45	10.25	5.04	2.54	6.52	4.92	1.83	4.35	5.535	3.055	0.40	2.91	
			4.5	10.35	11.25	20.25	11.25	5.535	2.78	7.155	5.40	2.01	4.77	6.075	3.35	0.44	3.195	
			5.0	11.50	12.50	22.50	12.50	6.15	3.085	7.95	6.00	2.23	5.30	6.75	3.725	0.49	3.55	
			6.0	13.80	15.00	27.00	15.00	7.38	3.70	9.54	7.20	2.68	6.36	8.10	4.47	0.59	4.26	
			6.5	14.95	16.25	29.25	16.25	8.00	4.01	10.34	7.80	2.90	6.89	8.78	4.84	0.64	4.62	
			7.0	16.10	17.50	31.50	17.50	8.61	4.32	11.13	8.40	3.12	7.42	9.45	5.22	0.684	4.97	
			7.5	17.25	18.75	33.75	18.75	9.23	4.63	11.93	9.00	3.35	7.95	10.13	5.59	0.73	5.33	
			8.0	18.40	20.00	36.00	20.00	9.84	4.94	12.72	9.60	3.57	8.48	10.80	5.96	0.78	5.68	
			8.5	19.55	21.25	38.25	21.25	10.46	5.24	13.52	10.20	3.79	9.01	11.48	6.33	0.83	6.04	
			9.0	20.70	22.50	40.50	22.50	11.07	5.55	14.31	10.80	4.014	9.54	12.15	6.705	0.88	6.39	
			9.5	21.85	23.75	42.75	23.75	11.69	5.86	15.11	11.40	4.24	10.07	12.83	7.08	0.93	6.75	
			10.0	23.00	25.00	45.00	25.00	12.30	6.17	15.90	12.00	4.46	10.60	13.50	7.45	0.98	7.10	

续附表 1-1

序号	类型 新型号	类型 旧型号	D_1	h	h	L	$B_5=B_4$	$D_4=h_4$	h_6	L_1	h_5	a	R_6	a_1	R_7	a_2	R_8	适用情况
4	Z_6	4H	1.0	$2.5D_1$	$2.7D_1$	4.50	2.74	1.352	0.67	1.75	1.31	0.49	1.16	1.48	0.815	0.107	0.78	$h=2.5D_1$ 时，中高比转速混流式水轮机（HL160、HL80、HL211、HL240）；$h=2.7D_1$，高比转速轴流式水轮机（ZZ592）
			1.2	3.00	3.24	5.40	3.29	1.62	0.80	2.10	1.57	0.59	1.39	1.78	0.98	0.13	0.94	
			1.4	3.50	3.78	6.30	3.84	1.89	0.94	2.45	1.83	0.69	1.62	2.07	1.14	0.15	1.09	
			1.6	4.00	4.32	7.20	4.38	2.16	1.07	2.80	2.10	0.78	1.86	2.37	1.30	0.17	1.25	
			1.8	4.50	4.86	8.10	4.93	2.435	1.206	3.15	2.36	0.88	2.09	2.66	1.47	0.193	1.41	
			2.0	5.20	5.40	9.00	5.48	2.70	1.34	3.50	2.62	0.97	2.32	2.96	1.63	0.214	1.565	
			2.25	5.85	6.08	10.10	6.16	3.04	1.51	3.93	2.94	1.095	2.61	3.32	1.84	0.24	1.76	
			2.5	6.25	6.75	11.25	6.85	3.38	1.675	4.37	3.275	1.22	2.90	3.69	2.04	0.27	1.955	
			2.75	6.875	7.43	12.38	7.54	3.72	1.84	4.81	3.60	1.35	3.19	4.07	2.24	0.29	2.145	
			3.0	7.50	8.10	13.50	8.22	4.06	2.01	5.25	3.93	1.46	3.48	4.43	2.45	0.32	2.345	
			3.3	8.25	8.91	14.85	9.02	4.47	2.21	5.775	4.32	1.61	3.83	4.87	2.69	0.35	2.58	
			3.8	9.50	10.26	17.10	10.41	5.14	2.65	6.65	4.78	1.86	4.41	5.62	3.10	0.41	2.96	
			4.1	10.25	11.07	18.45	11.23	5.55	2.75	7.175	5.37	1.997	4.756	6.05	3.34	0.44	3.21	
			4.5	11.25	12.15	20.25	12.33	6.08	3.015	7.875	5.895	2.19	5.22	6.65	3.67	0.48	3.52	
			5.0	12.50	13.50	22.50	13.70	6.76	3.35	8.75	6.55	2.435	5.80	7.39	4.08	0.535	3.91	
			6.0	15.00	16.20	27.00	16.44	8.11	4.02	10.50	7.86	2.92	6.96	8.86	4.89	0.64	4.69	
			6.5	16.25	17.55	29.25	17.81	8.79	4.36	11.38	8.52	3.19	7.54	9.62	5.30	0.696	5.07	
			7.0	17.50	18.90	31.50	19.18	9.46	4.69	12.25	9.17	3.43	8.12	10.36	5.71	0.75	5.46	
			7.5	18.75	20.25	33.75	20.55	10.14	5.03	13.13	9.83	3.675	8.70	11.10	6.11	0.80	5.85	
			8.0	20.00	21.60	36.00	21.92	10.82	5.36	14.00	10.48	3.896	9.28	11.81	6.52	0.855	6.25	
			8.5	21.25	22.95	38.25	23.29	11.49	5.70	14.88	11.14	4.165	9.86	12.58	6.93	0.91	6.63	
			9.0	22.50	24.30	40.50	24.66	12.17	6.03	15.75	11.79	4.39	10.44	13.30	7.34	0.96	7.04	
			9.5	23.75	25.65	42.75	26.03	12.84	6.37	16.63	12.45	4.655	11.02	14.06	7.74	1.02	7.41	
			10.0	25.00	27.00	45.00	27.40	13.52	6.70	17.50	13.10	4.90	11.60	14.80	8.15	1.07	7.80	

续附表 1-1

序号	类型		D_1	h	L	$B_5=B_4$	$D_4=h_4$	h_6	L_1	h_5	a	R_6	a_1	R_7	a_2	R_8	适用情况
	新型号	旧型号															
5	Z_8	20	1.0	2.30D_1	3.50	2.17	1.04	0.51	1.41	0.937	0.369	0.879	1.135	0.64	0.080 3	0.59	低比转速混流式水轮机(HL533，HL246
			1.2	2.76	4.20	2.60	1.25	0.61	1.69	1.12	0.44	1.05	1.36	0.77	0.096	0.71	
			1.4	3.22	4.90	3.04	1.46	0.71	1.97	1.31	0.52	1.23	1.59	0.90	0.112	0.83	
			1.6	3.68	5.60	3.47	1.66	0.82	2.26	1.50	0.59	1.41	1.82	1.02	0.128	0.94	
			1.8	4.14	6.30	3.91	1.87	0.92	2.55	1.69	0.664	1.58	2.04	1.15	0.145	1.062	
			2.0	4.60	7.00	4.34	2.08	1.02	2.83	1.87	0.74	1.76	2.27	1.28	0.161	1.18	
			2.25	5.175	7.875	4.88	2.34	1.15	3.19	2.11	0.83	1.98	2.554	1.44	0.181	1.33	
			2.5	5.75	8.75	5.425	2.60	1.275	3.54	2.34	0.92	2.198	2.84	1.60	0.201	1.475	
			2.75	6.325	9.63	5.97	2.86	1.40	3.88	2.58	1.01	2.42	3.12	1.76	0.22	1.62	
			3.0	6.90	10.50	6.51	3.12	1.53	4.25	2.81	1.107	2.64	3.405	1.92	0.24	1.77	
			3.3	7.59	11.55	7.16	3.43	1.68	4.68	3.09	1.22	2.90	3.75	2.11	0.265	1.95	
			3.8	8.74	13.30	8.25	3.95	1.94	5.36	3.56	1.40	3.34	4.31	2.43	0.31	2.24	
			4.1	9.43	14.35	8.897	4.264	2.09	5.81	3.84	1.51	3.60	4.654	2.694	0.33	2.42	
			4.5	10.35	15.75	9.765	4.68	2.295	6.38	4.22	1.66	3.96	5.11	2.88	0.36	2.655	
			5.0	11.50	17.50	10.85	5.20	2.55	7.085	4.685	1.845	4.395	5.675	3.20	0.40	2.95	
			6.0	13.80	21.00	13.02	6.24	3.06	8.50	5.62	2.214	5.25	5.81	3.84	0.48	3.54	
			6.5	14.95	22.75	14.11	6.76	3.32	9.17	6.09	2.40	5.71	7.38	4.16	0.52	3.84	
			7.0	16.10	24.50	15.19	7.28	3.57	9.87	6.56	2.58	6.15	7.95	4.48	0.56	4.13	
			7.5	17.25	26.25	16.28	7.80	3.83	10.58	7.03	2.77	6.59	8.51	4.80	0.60	4.43	
			8.0	18.40	28.00	17.36	8.32	4.08	11.34	7.496	2.95	7.03	9.08	5.12	0.64	4.72	
			8.5	19.55	29.75	18.45	8.84	4.34	11.99	7.96	3.14	7.47	9.65	5.44	0.68	5.02	
			9.0	20.70	31.50	19.53	9.36	4.59	12.75	8.43	3.32	7.91	10.215	5.76	0.72	5.31	
			9.5	21.85	33.25	20.62	9.88	4.85	13.40	8.90	3.51	8.35	10.78	6.08	0.76	5.61	
			10.0	23.00	35.00	21.70	10.40	5.10	14.10	9.37	3.69	8.79	11.35	6.40	0.803	5.90	

注:除 ZZ440、HL160、HL240 外,其余皆为旧型号。

附录二 水轮机的主要综合特性曲线

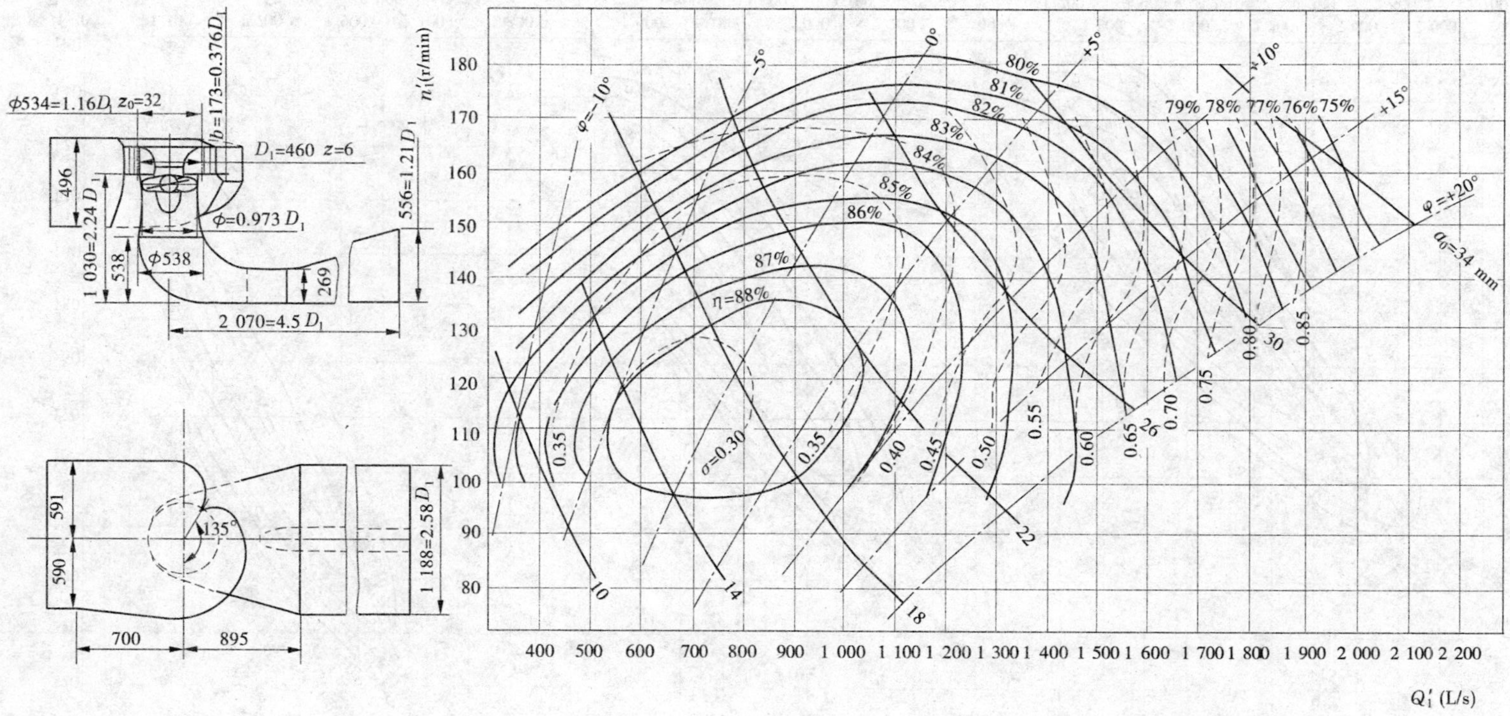

附图 2-1 ZZ440 转轮主要综合特性曲线 （尺寸单位:mm）

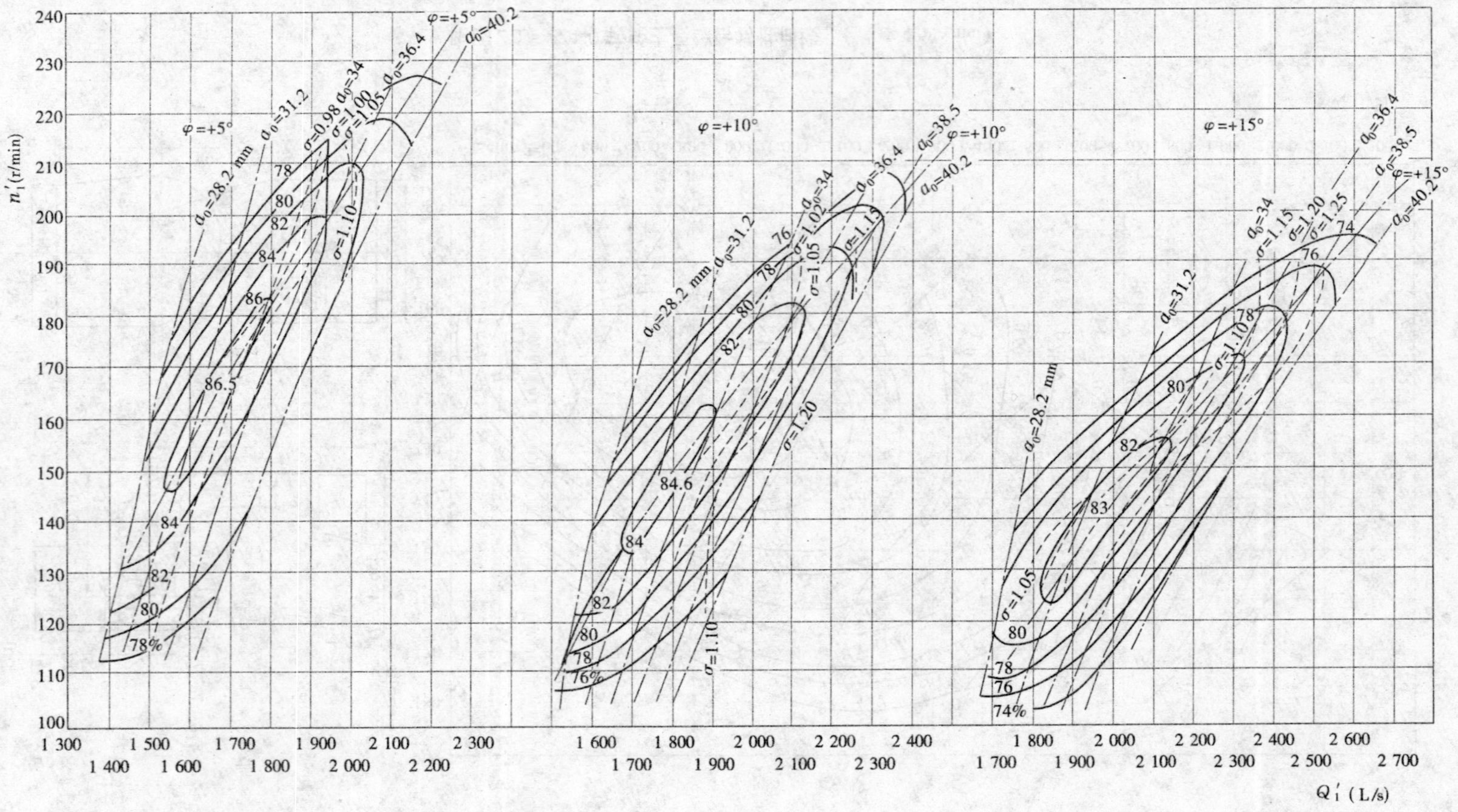

附图 2-2　ZD760 转轮主要综合特性曲线

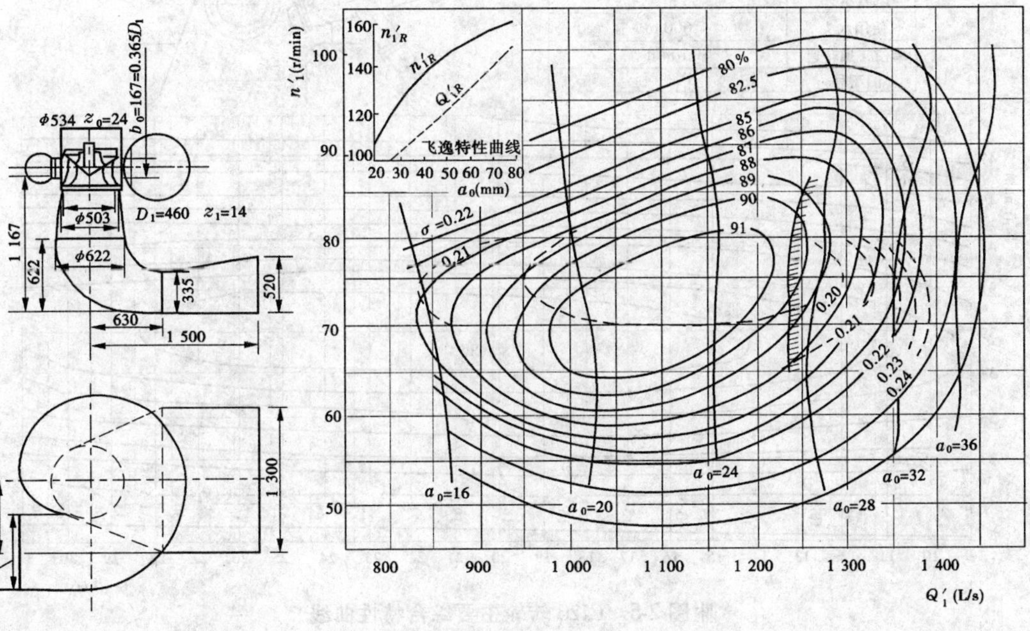

附图 2-3 HL240－46 转轮主要综合特性曲线 （尺寸单位:mm）

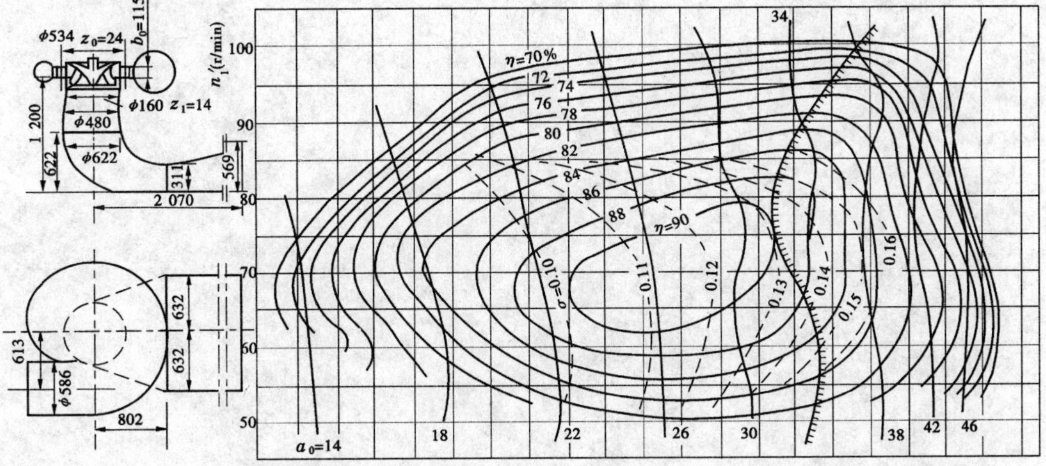

附图 2-4 HL220－46 转轮主要综合特性曲线 （尺寸单位:mm）

CJ20–40

试验水头	55 m
使用水头	<600 m
单位飞逸转速	80 r/min
旧型号	P_2

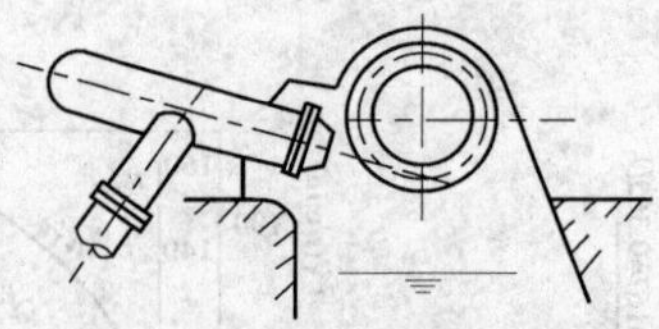

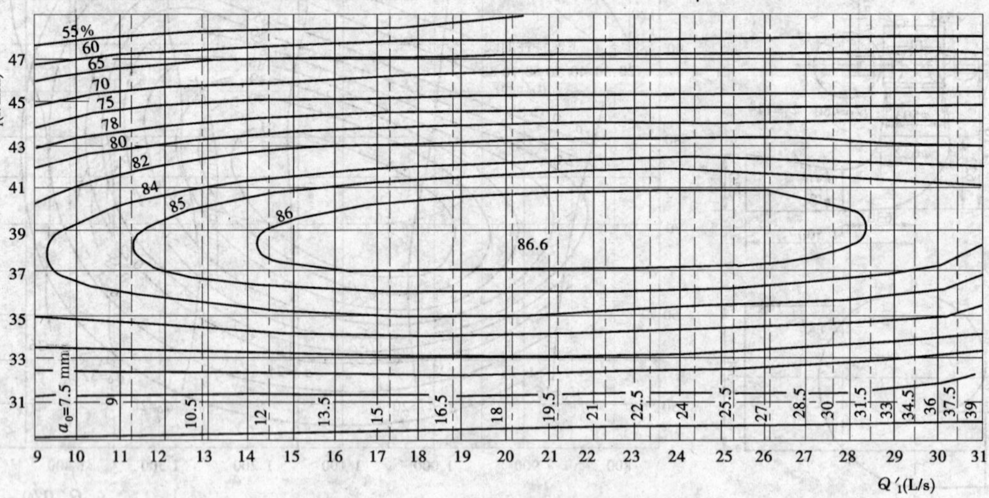

附图 2-5 CJ20 转轮主要综合特性曲线

附录三　水轮机暂行型谱

附表 3-1　大中型轴流式转轮型谱参数

适用水头范围 H(m)	转轮型号		转轮叶片数 z_1	转轮轮毂比 d_B	导叶相对高度 b_0	最优单位转速 n'_{10} (r/min)	推荐使用最大单位流量 Q'_1 (L/s)	模型汽蚀系数 σ_m	模型转轮直径 D_{1m} (mm)	试验水头 H_m (m)	备注
	规定型号	曾用型号									
3～8	ZZ600	4K,ZZ55	4	0.333	0.488 (0.45)	142	2 000	0.70	195	1.5	暂用
8～15	暂缺		4	0.36	0.4～0.45	140	2 150	0.77～0.95			建议暂用ZZ560
10～22	ZZ560	ZZ005, ZZA30	4	0.40	0.40	130	2 000	0.59～0.77	460	3.0	
15～26	ZZ460	ZZ105, 5K	5	0.50	0.382	116	1 750	0.60	195		暂用
20～36 (40)	ZZ440	ZZ587	6	0.50	0.375	115	1 650	0.38～0.65	460	3.5	
30～55	ZZ360		8	0.55	0.35	107	1 300	0.23～0.41	350		暂用
9 m以下	ZD760（金华一号）		4		0.45	$\varphi=+5°$时 165；$\varphi=+10°$时 148；$\varphi=+15°$时 140	$\varphi=+5°$时 1 670；$\varphi=+10°$时 1 795；$\varphi=+15°$时 1 965	$\varphi=+5°$时 0.99；$\varphi=+10°$时 0.99；$\varphi=+15°$时 1.15			

注：尾水管高度对轴流式水轮机性能影响较大，建议一般不应小于 $2.24D_1$。

附表 3-2　大中型混流式转轮型谱参数

适用水头范围 H (m)	转轮型号		导叶相对高度 b_0	最优单位转速 n'_{10} (r/min)	推荐使用最大单位流量 Q'_1 (L/s)	模型汽蚀系数 σ_m	模型转轮			备注
	规定型号	曾用型号					直径 D_{1m} (mm)	叶片数 z_1	试验水头 H_m (m)	
<30	HL310	HL365	0.391	88.3	1 400	0.36*	390	15	0.305	
25～45	HL240	HL123	0.365	72	1 320	0.2	460	14		
35～65	暂缺	HL263	0.3	73	1 250	0.165	404	15		暂用
	HL230		0.315	71	1 110	0.17*				
50～85	HL220	HL702	0.25	70	1 150	0.133	460	14		
70～105	暂缺		0.25	69	1 040	0.11				建议暂用HL220
90～125	HL200	HL741	0.20	68	960	0.10	460	14		
	HL180	HL662（改型）	0.20	67	860	0.085	460	14		

续附表 3-2

适用水头范围 H (m)	转轮型号		导叶相对高度 b_0	最优单位转速 n'_{10} (r/min)	推荐使用最大单位流量 Q'_1 (L/s)	模型汽蚀系数 σ_m	模型转轮			备注
	规定型号	曾用型号					直径 D_{1m} (mm)	叶片数 z_1	试验水头 H_m (m)	
110 ~ 150	HL160	HL638	0.224 (0.2)	67	670	0.065	460	17		
140 ~ 200	暂缺 HL110	HL129	0.16 0.118	64 61.5	530 280	0.06 0.055*	540	17		暂用
180 ~ 250	HL120	HLA41	0.12	62.5	380	0.06	380	15		
230 ~ 320	HL100	HLA45	0.10	61.5	280	0.04	400	17		
300 ~ 450	暂缺									

注:有 * 者为装置汽蚀系数,括号中数值为系列建议尺寸。

附表 3-3　中小型轴流式、混流式转轮型谱参数

适用水头范围 H(m)	转轮型号		最优单位转速 n'_{10} (r/min)	设计单位转速 n'_1 (r/min)	设计单位流量 Q'_1 (L/s)	模型汽蚀系数 σ_m	模型转轮	
	规定型号	曾用型号					直径 D_{1m} (mm)	叶片数 z_1
2 ~ 6	ZD760 $\varphi = +10°$	ZDJ001 $\varphi = +10°$	150	170	1 795	1.0		
4 ~ 14	ZD560 $\varphi = +10°$	ZDA30 $\varphi = +10°$	130	150	1 600	0.75		
5 ~ 20	HL310	HL365	90.8	95	1 470	0.36*	390	15
10 ~ 35	HL260	HL300	73	77	1 320	0.28*	350	15
30 ~ 70	HL220	HL702	70	71	1 140	0.133	460	14
45 ~ 120	HL160	HL638	67	71	670	0.065	460	17
20 ~ 180	HL110	HL129, E_2	61.5	61.5	360	0.055*	540	17
125 ~ 240	HL100	HLA45	61.5	62	270	0.035	400	17

注:有 * 者为装置汽蚀系数。

附表 3-4　水斗式水轮机转轮参数

适用水头范围 H(m)	转轮型号		水斗数 z_1	最优单位转速 n'_{10} (r/min)	推荐使用最大单位流量 Q'_1 (L/s)	转轮直径与射流直径比 D_1/d_0	备注
	使用型号	旧型号					
100 ~ 260	CJ22	Y_1	20	40	45	8.66	对 CJ22 适当加厚根部可用至 400 m 水头
400 ~ 600	CJ20	P_2	20 ~ 22	39	30	11.30	

附录四　国内部分水轮发电机和双绕组变压器外形尺寸

附表 4-1　国内部分 10 000 kW 以上水轮发电机外形尺寸

序号	发电机型号	定子铁芯主要尺寸(cm)			定子机座高度 h_1(mm)	上机架高度 h_2(mm)	推力轴承高度 h_3(mm)	励磁机高度 h_4(mm)	副励磁机高度 h_5(mm)
		外径 D_a	内径 D_i	长度 L_t					
1	SF300 − 48/1230	1 230	1 134	275	3 970	2 600	2 393		
2	SSF300 − 48/1260	1 264	1 191	160	4 000	1 158	1 200	1 550	2 012
3	SF250 − 48/1260	1 264	1 175	202	3 680	2 590	1 355	2 330	1 185
4	SF225 − 48/1260	1 264	1 175	202	3 680	2 590	1 355	2 330	1 185
5	SF210 − 40/1035	1 035	948	240	4 050	933	1 730	2 320	860
6	SF170 − 110/1760	1 760	1 699	200	3 635	1 625	1 410		
7	SSF170 − 110/1760	1 760	1 712	143	3 600	2 000	1 250		
8	SF150 − 60/1280	1 280	1 208	180	3 421	1 180	1 540	1 800	1 020
9	SF125 − 36/890	890	817	210	3 700	1 223	1 350	1 600	800
10	SF125 − 96/1560	1 560	1 500	159	3 510	1 200	1 340		
11	SF110 − 68/1280	1 280	1 210	150	3 040	1 180	1 560	1 810	1 040
12	SF100 − 78/1280	1 280	1 260	170	3 210	900			
13	SF100 − 40/854	854	781	210	3 650	1 850	1 608	1 960	1 195
14	SF85 − 44/854	854	781	190	3 320	1 876			
15	SF75 − 44/854	854	781	190	3 320	1 876		1 969	
16	SF75 − 40/854	854	781	156	2 980	1 560	950	1 969	
17	SF72.5 − 40/854	854	781	156	2 950	1 560	953	1 921	
18	SSF72.5 − 40/854	854	796	90	2 980				
19	SF65 − 28/640	640	568	180	3 000	1 650	880	1 488	
20	SF60 − 96/1350	1 350	1 302	135	2 665	1 485	1 980		
21	SF50 − 60/990	990	933	120	2 600	2 750	1 400		
22	SF50 − 44/920	920	862	115	2 540	835	1 100	2 400	
23	SF45 − 56/900	900	842	135	2 590	838	870	2 070	
24	SF45 − 48/854	854	796	120	2 560	1 860		2 222	
25	SF42.5 − 24/520	520	460	182	2 980	1 250			
26	SF40 − 12/425	425	340	125	2 900	1 260	810	2 255	

续附表 4-1

序号	发电机型号	定子铁芯主要尺寸(cm)			定子机座高度 h_1 (mm)	上机架高度 h_2 (mm)	推力轴承高度 h_3 (mm)	励磁机高度 h_4 (mm)	副励磁机高度 h_5 (mm)
		外径 D_a	内径 D_i	长度 L_t					
27	SF36－56/900	900	842	95		888			
28	SF36－40/725	725	667	106	2 300	822	1 000	2 238	
29	SF35－12/384	384		140	2 700	1 385			
30	SF34－16/410	410	338	159	2 900	1 385	1 100	2 030	
31	SF25－16/410	410	338	132	2 630	1 385	1 100	2 030	
32	SF20－20/425	425	369	120	2 550	1 250	570	2 105	
33	SF18－10/300	300	230	110	2 500	1 000	710	1 800	
34	SF17－28/550	550	493	80	1 790	900			
35	SF15－28/550	550	493	79	1 800	1 220	1 000	1 510	
36	SF15－8/260	260	194	116	2 195	1 180			
37	SFD $\frac{12.75}{15}-\frac{22}{24}$/487	487	425	79	1 895	990			
38	SF12.5－12/286	286	230	115	1 780	900	560	1 280	
39	SF12.5－44/650	650	600	63	1 710	1 500			
40	SF12－32/550	550	495	80	1 840	1 265	920	1 875	
41	SF10.5－12/260	260	210	135	1 920	900	660	1 520	
42	SF10－8/260	260	194	79	1 780	1 180	1 180		
43	SFG10－76/487	487	452	140	3 050	2 500	1 500		

序号	发电机型号	永磁机及转速继电器高度 h_6 (mm)	下机架高度 h_7 (mm)	定子支承面至下机架支承面距离 h_8 (mm)	下机架支承面至法兰底面距离 h_9 (mm)	转子磁轭轴向高度 h_{10} (mm)	定子水平中心线至法兰底面距离 h_{12} (mm)	发电机主轴高度 h_{13} (mm)
1	SF300－48/1230	817		1 110		3 308	2 475	10 000.6
2	SSF300－48/1260	1 038	2 260	2 840		2 910	4 740	10 000.5
3	SF250－48/1260	1 500		1 014	66	3 056	2 740	9 670
4	SF225－48/1260	1 500		1 014	66	3 056	2 740	9 670
5	SF210－40/1035	694	1 600	2 262	770	3 178	4 950	(上)(中)(下) 2 156、2 160、4 085
6	SF170－110/1760	722		1 090		2 500	6 850	3 135、1 730、6 000
7	SSF170－110/1760	700		1 125		2 250	6 350	3 360、1 720、5 480

续附表 4-1

序号	发电机型号	永磁机及转速继电器高度 h_6（mm）	下机架高度 h_7（mm）	定子支承面至下机架支承面距离 h_8（mm）	下机架支承面至法兰底面距离 h_9（mm）	转子磁轭轴向高度 h_{10}（mm）	定子水平中心线至法兰底面距离 h_{12}（mm）	发电机主轴高度 h_{13}（mm）
8	SF150－60/1280	960	2 720	2 009	890	2 540	4 535	3 175、1 700、4 085
9	SF125－36/890	707	1 500	1 915	1 165	2 680	4 780	2 560、1 870、3 940
10	SF125－96/1560	810		950		2 000	4 200	3 250、2 010、3 080
11	SF110－68/1280	950	2 720	2 340	940	2 240	4 685	3 175、1 700、3 785
12	SF100－78/1280	780		2 215	2 960	1 960	6 685	
13	SF100－40/854	1 027	840	1 000	750	3 120	3 450	9 350
14	SF85－44/854			230	1 081.5	2 550	2 931.5	8 203.5
15	SF75－44/854			560	1 080	2 580	3 261	8 535
16	SF75－40/854	811		580	1 040	2 150	3 040	8 164
17	SF72.5－40/854	647	610	650	1 190	2 150	3 190	8 248
18	SSF72.5－40/954							
19	SF65－28/640	692	650	710	1 350	2 410	3 530	8 308
20	SF60－96/1350	860	2 200	2 430	2 320	2 017	6 010	2 190、1 440、5 270
21	SF50－60/990	808		1 000	－50	1 918	2 150	8 434
22	SF50－44/920	650	1 215	2 215	940	2 012	4 330	2 660、1 445、3 560（副）（主）
23	SF45－56/900	455		785		1 980	6 120	2 035、7 020
24	SF45－48/854			1 077	808	1 888	2 365	6 500
25	SF42.5－24/520	600		540	1 105	2 550	3 180	6 968
26	SF40－12/425	594	620	410	930	2 290	2 816	6 873
27	SF36－56/900					1 700		
28	SF36－40/725	630	1 600	1 000	2 199	1 860	4 259	8 543
29	SF35－12/384					2 340	2 570	5 915
30	SF34－16/410	645	560	510	750	2 420	2 685	6 035
31	SF25－16/410	645	560	500	750	2 150	2 550	5 765
32	SF20－20/425	730	560	560	795	1 928	2 560	5 730
33	SF18－10/300	520	620	520	710	1 780	2 450	5 630
34	SF17－28/550			1 280	900	1 370	2 510	6 330

续附表 4-1

序号	发电机型号	永磁机及转速继电器高度 h_6（mm）	下机架高度 h_7（mm）	定子支承面至下机架支承面距离 h_8（mm）	下机架支承面至法兰底面距离 h_9（mm）	转子磁轭轴向高度 h_{10}（mm）	定子水平中心线至法兰底面距离 h_{12}（mm）	发电机主轴高度 h_{13}（mm）
35	SF15 - 28/550	500	430	610	1 150	1 350	2 570	5 020
36	SF15 - 8/260	520		655	790	1 790	2 620	4 353
37	SFD $\frac{12.75}{15}-\frac{22}{24}$/487			705	975	1 580	2 960	6 202
38	SF12.5 - 12/286	500	560	960	590	1 790	2 230	4 990
39	SF12.5 - 44/650			1 533	500	1 130	2 745	3 480
40	SF12 - 32/550	450	615	615	1 045	1 370	2 490	5 300
41	SF10.5 - 12/260	500	450	613	880	1 810	2 268	4 973
42	SF10 - 8/260			790	560	1 350	2 210	4 740
43	SFG10 - 76/487					1 830	1 770	3 770

序号	发电机型号	法兰盘底面至发电机顶部高度 H（mm）	定子支承面至发电机层地板高度 h（mm）	机座外径 D_1（mm）	风罩内径 D_2（mm）	转子外径 D_3（mm）	下机架最大跨度 D_4（mm）	水轮机机坑直径 D_5（mm）	推力轴承装置外径 D_6（mm）	励磁机外径 D_7（mm）
1	SF300 - 48/1230	10 890	6 570	14 060	16 500	11 288		7 700	4 800	
2	SSF300 - 48/1260	14 688	7 160	14 300	16 500	11 846	8 400	7 700	4 800	5 480
3	SF250 - 48/1260	13 750	8 420	14 312	16 500	11 696		7 700	4 800	4 700
4	SF225 - 48/1260	13 750	8 420	14 312	16 500	11 696		7 700	4 800	4 700
5	SF210 - 40/1035	11 889	4 983	11 850	14 500	9 436	8 500	7 400	4 200	3 760/472
6	SF170 - 110/1760	14 302	5 205	20 000	22 500	9 436		15 000	5 800	
7	SSF170 - 110/1760	14 465	4 115	20 000	22 500	17 072		15 000	5 800	
8	SF150 - 60/1280	10 100	4 601	14 500	17 000	12 038	9 800	7 700	4 200	3 000/4 000
9	SF125 - 36/890	11 100	4 120	10 300	13 000	8 122	7 540	6 000	4 200	2 650
10	SF125 - 96/1560	11 950	4 760	17 700	21 800	14 960		13 300	5 700	
11	SF110 - 68/1280	10 100	4 220	14 460	16 500	12 062	8 920	7 700	4 200	3 600
12	SF100 - 78/1280	12 415	4 110	14 600	17 000	12 126		11 500		

续附表 4-1

序号	发电机型号	法兰盘底面至发电机顶部高度 H (mm)	定子支承面至发电机层地板高度 h (mm)	机座外径 D_1 (mm)	风罩内径 D_2 (mm)	转子外径 D_3 (mm)	下机架最大跨度 D_4 (mm)	水轮机机坑直径 D_5 (mm)	推力轴承装置外径 D_6 (mm)	励磁机外径 D_7 (mm)
13	SF100－40/854	12 500	4 250	9 800	12 800	7 756	7 000	6 000	4 200	2 650/4 200
14	SF85－44/854	9 168.5	4 020	9 800	12 600	7 775		6 000	3 800	
15	SF75－44/854	10 471.5	4 020	9 800	12 600	7 775	7 000	6 000	3 800	2 650/3 800
16	SF75－40/854	9 880	3 680	10 100	12 800	7 768	7 000	6 000	3 800	2 650/3 800
17	SF72.5－40/854	9 832	3 600	10 100	12 500	7 768	7 000	6 000	3 800	2 650/3 800
18	SSF72.5－40/854			10 100	12 800	7 918	7 000	6 000	3 800	
19	SF65－28/640	9 790	3 570	7 600	10 000	5 643	5 300	4 600	3 020	2 500/3 000
20	SF60－96/1350	11 600	3 150	15 300	18 100	12 948	10 930	9 700	4 400	
21	SF50－60/990	11 063	5 350	11 350	14 000	9 300	8 300	8 150	3 600/ 4 800	
22	SF50－44/920	9 580	3 875	10 400	13 000	8 590	6 470	5 600	3 600	2 660/3 400
23	SF45－56/900	9 055	3 428	10 170	12 800	8 390	7 760	6 000	3 200	2 640/3 000
24	SF45－48/854	7 215		9 730	12 000	7 932	7 400	5 800		
25	SF42.5－24/520	7 406	3 655	6 390	8 800	4 572	4 100	3 700		
26	SF40－12/425	9 159	4 160	5 250	7 300	3 364	3 900	3 250	2 200	1 160/2 230
27	SF36－56/900			10 100	12 700	8 390	8 250	7 800	3 200	
28	SF26－40/725	10 689	3 122	8 390	10 900	6 640	6 630	6 130	3 600	2 640/3 200
29	SF35－12/384	7 955		4 850	6 500	3 011	3 600	2 980		
30	SF34－16/410	8 220	3 308	5 100	6 800	3 348	3 320	2 980	2 600	1 680/3 200
31	SF25－16/410	7 950	3 110	5 100	6 800	3 348	3 320	2 980	2 600	1 680/3 200
32	SF20－20/425	7 990	3 225	5 200	7 100	3 666	3 500	3 200	2 700	1 160/2 700
33	SF18－10/300	7 750	2 950	3 800	6 000	2 258	2 740	2 700	2 280	1 420/2 280
34	SF17－28/550	8 175		6 500	8 800	4 904	3 880	3 350	2 200	1 650/2 600
35	SF15－28/550	7 360	2 130	6 470	8 400	4 904	3 840	3 350	2 200	1 650/2 600
36	SF15－8/260	7 160		3 400	4 900	1 904	2 860	2 400		
37	SFD $\frac{12.75}{15}-\frac{22}{24}$/487	8 500	3 820	5 770	8 000	4 220	4 700	4 500		
38	SF12.5－12/286	6 596	2 160	3 600	5 500	2 267	2 800	2 300	2 020	1 450/2 020
39	SF12.5－44/650	6 248	2 230	7 560	10 000	5 974	6 600	6 000		
40	SF12－32/550	7 090		6 460	8 800	4 930	3 700	3 380	2 020	1 690/2 800
41	SF10.5－12/260	6 753		3 400	5 000	2 070	2 820	2 400	1 800	1 400/1 400
42	SF10－8/260	6 560		3 400	5 000	1 902	2 860	2 400		
43	SFG10－76/487	7 400	3 130	5 500	10 000	4 510		8 100	2 400	

附表 4-2　国内部分双绕组电力变压器重量及外形尺寸

序号	型号	重量(t)				外形尺寸(mm)			轨距(mm)
		器身重	油重	总重	运输重	长	宽	高	
1	SFL－6300/110	6.97	4.2	15.67	12				1 435
2	SFL－8000/110	8.4	4.55	17.45	13.6				1 435
3	SFL－10000/110	9.93	5.05	19.91	15.52				1 435
4	SFL－16000/110	13.5	5.9	25.17	19.69				1 435
5	SFL－20000/110	15.8	6.55	29.75	22.4	5 360	4 040	4 510	1 435
6	SFL－31500/110	22.6	8.9	40.6					1 435
7	SFPL－50000/110	33.3	7.73	51.93	41.73	6 300	4 520	5 500	1 435
8	SFPL－68000/110	42.15	10.95	67.4	56.3	6 690	4 295	6 500	2 000×1 435
9	SFPL－90000/110	51	12.68	82	77.3	6 760	4 300	6 670	2 000×1 435
10	SFPL－120000/110	64.1	15.8	97.7	83.7	6 950	4 360	6 350	2 000×1 435
11	SSPL－10000/110	9.93	4.62	18.7	15.74				1 435
12	SSPL－20000/110	15.8	5.53	26.17	22.52				1 435
13	SSPL－63000/110	42.1	11	62	55.7				2 000×1 435
14	SSPL－90000/110	55	9.5	76.5	68.2	5 724	3 560	5 704	2 500×1 524
15	SSPL－150000/110	92.4	18.7	138	108	8 800	4 400	7 100	2 000×2/1 435
16	SSPL－31500/220	27.87	13.89	57	48.54				1 435
17	SFPL－60000/220	40	16.8	74.7	62.7				2 000×1 435
18	SSPL－70000/220	38.3	23.4	86.5	72.2	6 390	3 960	6 800	2 000×1 435
19	SSPL－90000/220	62.5	22.65	108.7	75	6 950	4 010	6 890	2 000×1 435
20	SFPL－120000/220	51.8	27.2	112	90.1	8 060	4 960	7 300	2 000×2/1 435
21	SSPL－150000/220	79	37.5	152.9	99	8 110	4 238	7 160	2 000×2/1 435
22	SSPL－180000/220	86.5	36.7	159.2	108	8 033	3 025	7 150	2 000×2/1 435
23	SSPL－260000/220	96.1	39.5	175.6	119	8 520	4 650	7 150	2 000×3/1 435
24	SSP－360000/220	141.2	44.2	223.9	168.1	8 570	4 430	7 355	
25	SSP－360000/330	142.7	54.0	238.0	168.0	9 570	4 710	5 910	2 000,2 080 2 000/1 435

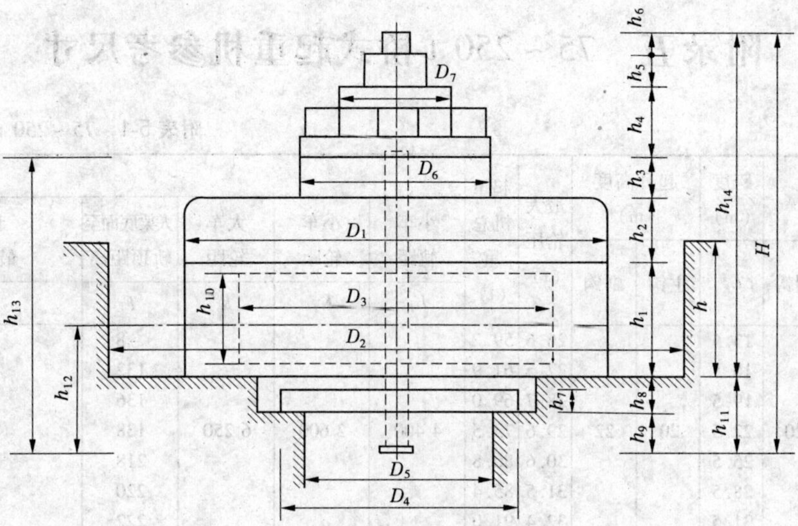

(a)悬式水轮发电机

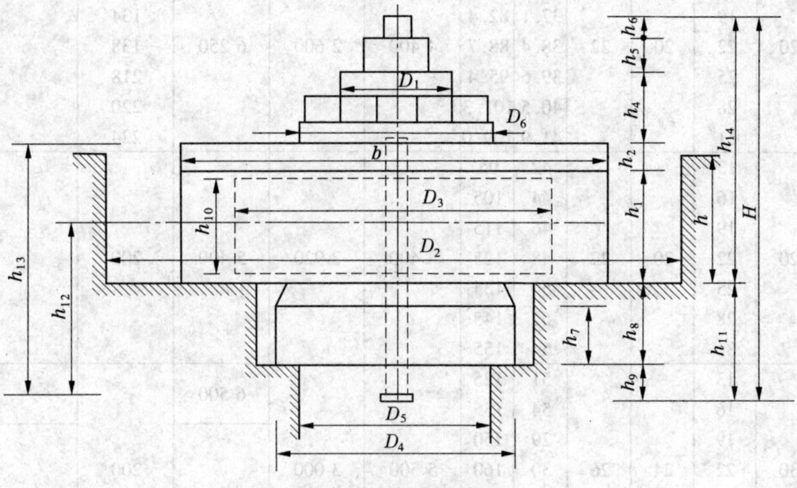

(b)伞式水轮发电机

附图 4-1　水轮发电机参考尺寸

附录五　75～250 t 桥式起重机参考尺寸

附表 5-1　75～250 t 桥式起重机

序号	起重量（t）		跨度（m）	起升高度（m）		最大轮压（t）	起重机总重（t）	主要				
								小车轨距	小车轮距	大车轮距	大梁底面至轨顶距离	起重机最大宽度
	主钩	副钩	L_K	主钩	副钩			L_T	K_T	K	F	B
			13.5			26.6	59.2				-8	
			16.5			27.5	61.9				132	
			19.5			28.7	69.0				136	
1	75	20	22.5	20	22	29.6	73.5	4 400	2 600	6 250	138	8 616
			25.5			30.6	80.8				218	
			28.5			31.5	85.4				220	
			31.5			32.4	91.0				222	
			13			34.9	72.6				128	
			16			35.9	77.3				130	
			19			37.1	82.4				134	
2	100	20	22	20	22	38.4	88.7	4 400	2 600	6 250	138	8 616
			25			39.6	95.4				218	
			28			40.5	101.3				220	
			31			41.9	109.0				224	
			13			42	95					
			16			44	105					
			19			46	115					
3	125	20	22	20	22	48	125	4 400	2 920	5 400	200	8 800
			25			50	135					
			28			52	145					
			31			54	155					
			13			51	125			6 500		9 900
			16			54	135					
			19			29	150					
4	150	30	22	24	26	30	160	5 500	3 000		200	
			25			31	170			5 500		10 400
			28			32	180					
			31			33	195					
			13			32	140					
			16			34	150					
			19			36	160					
5	200	30	22	19	21	37	170	5 000	3 000	5 500	200	10 400
			25			38	185					
			28			39	200					
			31			40	210					
			16			41	170					
			19			42	185					
			22			44	205					
6	250	30	25	16	18	45	225	5 500	3 000	5 500	200	10 400
			28			46	235					
			31			48	250					

主要参数及尺寸

尺寸(mm)					极限尺寸(mm)						推荐用大车轨道型号
轨道中心至起重机外端距离	轨顶至起重机顶端距离	轨顶至缓冲器距离	车轮中心至缓冲器外端距离	操作室底面至轨顶距离	吊钩至轨面距离		吊钩至轨道中心距离				
					主钩	副钩	主钩		副钩		
B_1	H	H_1	A	h_3	h	h_1	L_1	L_2	L_3	L_4	
400	3 654	1 200	1 183	2 480	1 186	479	2 480	1 700	1 300	2 880	QU80 QU100
	3 660				1 182	483					
	3 885			2 170	960 958 956	705 707 709					
400	3 692	1 200	1 183	1 734	1 476	−105	2 655	1 900	1 300	2 355	QU100
				1 732	1 474	−107					
				1 722	1 472	−109					
	3 698			1 718	1 468	−117					
				1 554	1 246	−335					
	3 924			1 552	1 244	−337					
				1 542	1 242	−339					
400	3 700	1 200	1 280	2 400	1 200	200	2 700	1 900	1 300	3 300	QU120
	4 000					−200					
450	4 800	1 200	690	2 400	1 200	350	3 200	2 500	1 900	3 800	QU120
450	4 800	1 200	690	2 400	1 200	150	3 200	2 500	1 900	3 800	QU120
450	4 800	1 200	690	2 400	1 200	0	3 200	2 500	1 900	3 800	QU120
	5 200										

附表 5-2　2×50～2×300 t 双小车桥式

序号	名义起重量（t）	小车起重量（t）		跨度（m）	起升高度（m）	最大轮压（t）	起重机总重（t）	主要				
		主钩	副钩	L_K				小车轨距 L_T	小车轮距 K_T	大车轮距 K	大梁底面至轨顶距离 F	起重机最大宽度 B
1	2×50	2×50	2×10	10.5	26	34.5	70	4 400	4 200	4 400	220	9 200
				11.5		35.5	72					
				12.5		36.0	73					
				13.5		36.5	75					
				16		37.5	79					
				19		38.5	83					
				22		40.5	94				640	
2	2×75	2×75	2×20	10.5	26	46.0	71	4 400	4 200	4 400	220	9 200
				11.5		46.5	73					
				12.5		47.0	74					
				13.5		48.0	76					
				16		49.0	80					
				19		51.0	90					
				22		52.0	98				640	
3	2×100	100	20	14	26	60.0	88	4 400	2 000	4 400	160	9 200
				16		61.5	94				650	
				19		63.5	100					
				22		33.5	128				140	9 300
4	2×125	125	25	14	25	38.5	117	4 400	2 000	4 400	140	9 300
				16		39.0	120					
				19		40.0	127					
				22		41.5	144				230	
5	2×150	150	25	16	20	45.0	122	4 400	2 000	4 400	140	9 300
				19		46.0	129					
				22		47.5	147				240	
				25		48.5	156					
6	2×200	200	40	16	32	53.0	167	5 800	2 700	5 800	250	10 680
				19		56.0	178					
				21		57.0	183					
				25		60.0	198					
7	2×250	250	50	16	32	64.0	195	5 800	2 880	5 800	250	10 680
				19		68.0	207					
				22		70.0	217					
				25		72.0	227					
				27		75.0	239					
8	2×300	300	50	16	25.5	74.0	201	5 800	2 880	5 800	250	10 680
				19		78.0	215					
				22		81.0	228					
				25		84.0	238					

起重机主要参数及尺寸

尺寸(mm)					极限尺寸(mm)					推荐用大车轨道型号
轨道中心至起重机外端距离	轨顶至起重机顶端距离	轨顶至缓冲器距离	车轮中心至缓冲器外端距离	操作室底面至轨顶距离	两小车吊钩间距离	吊钩至轨面距离		吊钩至轨道中心距离		
						主钩	副钩			
B_1	H	H_1	A	h_3	L	h	h_1	L_1	L_2	
400	3 700	1 200	1 980	2 500	2 700	970	500	1 100	1 600	QU－100
460				2 900						
400	3 700	1 200	1 980	2 500	2 700	920	700	1 100	1 600	QU－100
460				2 900						
400	3 700	1 200	1 980	2 400	3 100	1 240	700	1 100	1 600	QU－100
460				2 900						
	4 200		920	2 400						
460	4 300	1 200	920	2 400	3 100	700	200	1 100	1 600	QU－100
	4 600			2 450		390	－120			
460	4 300	1 200	920	2 400	3 100	840	240	1 100	1 600	QU－100
	4 600			2 500		520	－80			
460	5 000	1 200	920	2 500	3 600	1 100	690	1 600	1 800	QU－100
460	5 400	1 200	920	2 500	4 300	1 300	610	1 600	1 800	QU－120
460	5 400	1 200	920	2 500	4 300	1 300	610	1 600	1 800	QU－120

参 考 文 献

[1] 马善定,汪如泽.水电站建筑物[M].2版.北京:中国水利水电出版社,1996.

[2] 史海珊.水电站[M].北京:水利电力出版社,1993.

[3] 张治滨,季奎,王莜生,等.水电站建筑物设计参考资料[M].北京:中国水利水电出版社,1997.

[4] 金钟元.水电站[M].2版.北京:中国水利水电出版社,1998.

[5] 刘启钊.水电站[M].3版.北京:中国水利水电出版社,1998.

[6] 张洪楚.水电站[M].3版.北京:中国水利水电出版社,1994.

[7] 顾鹏飞,喻远光.水电站厂房设计[M].北京:水利电力出版社,1987.

[8] 杨述仁,周文铎,等.地下水电站厂房设计[M].北京:水利电力出版社,1993.

[9] 杨欣先,李彦硕.水电站进水口设计[M].大连:大连理工大学出版社,1990.

[10] 徐招才,刘申.水电站[M].北京:中国水利水电出版社,1994.

[11] 金钟元.水力机械[M].北京:水利电力出版社,1991.

[12] 刘启钊.水力机械[M].3版.北京:中国水利水电出版社,1998.

[13] 王永年.小型水电站[M].北京:水利电力出版社,1989.

[14] 水电站机电设计手册编写组.水电站机电设计手册(水力机械)[M].北京:水利电力出版社,1989.

[15] 李协生.地下水电站建设[M].北京:水利电力出版社,1993.

[16] 骆如蕴.水电站动力设备设计手册[M].北京:水利电力出版社,1990.

[17] 侯才水,胡天舒.水电站[M].北京:中国水利水电出版社,2005.

[18] 索丽生,任旭华,胡明.水利水电工程专业毕业设计指南[M].北京:中国水利水电出版社,2001.

[19] 焦爱萍.水利水电工程专业毕业设计指南[M].郑州:黄河水利出版社,2003.

[21] 王树人.水电站建筑物[M].2版.北京:清华大学出版社,1992.

[22] 袁俊森.水电站[M].郑州:黄河水利出版社,2002.

水利水电工程质量检测人员
从业资格考核培训系列教材

量测类

中国水利工程协会
丁　凯　　曹征齐　主编

黄河水利出版社
·郑州·

图书在版编目(CIP)数据

量测类/中国水利工程协会主编. —郑州:黄河水利出版社,2010.3
(水利水电工程质量检测人员从业资格考核培训系列教材)
ISBN 978-7-80734-782-8

Ⅰ.①量… Ⅱ.①中… Ⅲ.①水利工程-工程质量-质量检验-技术培训-教材②水利发电工程-工程质量-质量检验-技术培训-教材③水利工程测量-技术培训-教材 Ⅳ.①TV512②TV221

中国版本图书馆 CIP 数据核字(2010)第005513号

出 版 社:黄河水利出版社
地址:河南省郑州市顺河路黄委会综合楼14层 邮政编码:450003
发行单位:黄河水利出版社
发行部电话:0371-66026940、66020550、66028024、66022620(传真)
E-mail:hhslcbs@126.com
承印单位:河南省瑞光印务股份有限公司
开本:787 mm×1 092 mm 1/16
印张:27
字数:620千字 印数:1—3 000
版次:2010年3月第1版 印次:2010年3月第1次印刷

定价:98.00元